"十二五"普通高等教育本科国家级规划教材

普通高等教育"十一五"国家级规划教材

2011 年获中国大学出版社图书奖第二届
优秀教材奖二等奖

内 容 简 介

本书是综合性大学和高等师范院校数学系本科生数学分析课程的教材. 全书共分三册. 第一册共六章, 内容为函数、序列的极限、函数的极限与连续性、导数与微分、导数的应用、不定积分; 第二册共六章, 内容为定积分、广义积分、数项级数、函数序列与函数项级数、幂级数、傅里叶级数; 第三册共五章, 内容为n维欧氏空间与多元函数的极限和连续、多元函数微分学、重积分与广义重积分、曲线积分与曲面积分及场论、含参变量积分. 本书每章配有适量习题, 书末附有习题答案或提示, 供读者参考.

作者多年来在北京大学为本科生讲授数学分析课程, 按照教学大纲, 精心选取教学内容并对课程体系优化整合, 经过几届学生的教学实践, 收到了良好的教学效果. 本书注重基础知识的讲述和基本能力的训练, 按照认知规律, 以几何直观、物理背景作为引入数学概念的切入点, 对内容讲解简明、透彻, 做到重点突出、难点分散, 便于学生理解与掌握.

本书可作为高等院校数学院系、应用数学系本科生的教材, 对青年教师本书也是一部很好的教学参考书. 为了帮助读者学习, 本书配有学习辅导书《数学分析解题指南》(材源渠、方企勤编. 书号: ISBN 978-7-301-06550-1; 定价: 24.00 元)供读者参考.

作 者 简 介

伍胜健 北京大学数学科学学院教授、博士生导师. 1992 年在中国科学院数学研究所获博士学位. 主要研究方向是复分析. 在北京大学长期讲授数学分析、复变函数、复分析等课程.

北京大学数学教学系列丛书

数学分析

(第三册)

伍胜健　编著

北京大学出版社
PEKING UNIVERSITY PRESS

图书在版编目(CIP)数据

数学分析·第三册/伍胜健编著. —北京: 北京大学出版社, 2010.8

(北京大学数学教学系列丛书)

ISBN 978-7-301-17675-7

Ⅰ.数… Ⅱ.伍… Ⅲ.数学分析-高等学校-教材 Ⅳ.O17

中国版本图书馆 CIP 数据核字（2010）第 161160 号

书　　名: 数学分析(第三册)

著作责任者: 伍胜健　编著

责 任 编 辑: 曾琬婷

标 准 书 号: ISBN 978-7-301-17675-7/O·0824

出 版 发 行: 北京大学出版社

地　　址: 北京市海淀区成府路 205 号　100871

网　　址: http://www.pup.cn　电子邮箱: zpup@pup.pku.edu.cn

电　　话: 邮购部 62752015　发行部 62750672　编辑部 62752021

出版部 62754962

印 刷 者: 河北博文科技印务有限公司

经 销 者: 新华书店

890 毫米×1240 毫米　A5 开本　10.375 印张　280 千字

2010 年 8 月第 1 版　2025年 6 月第11 次印刷

定　　价: 42.00 元

目　　录

第十三章　多元函数的极限和连续

在本套教材的第一册与第二册中, 我们已经系统地学习了一元微积分与级数理论. 但在理论与实践中, 仅仅一元函数远远不能满足需要. 这是因为, 在许多事物的变化过程中, 一个变量的变化过程往往依赖于多个变量. 就拿我们每天生活的空间来说, 它是一个三维的立体空间, 因此几乎所有跟空间位置有关的变量一般都要用空间点的坐标来描述, 从而它们就不太可能用一元函数来刻画.

另外, 即使在数学研究中, 由于一元函数的研究仅仅是局限于数轴 $\mathbb{R}$ 的子集上定义的函数, 它们基本上已不再是现代数学研究的主要对象. 在当今的数学研究中, 大部分的研究对象都是关于高维空间 ($n(n \geqslant 2)$ 维空间) 的一些问题. 因此, 我们对多元函数 (映射) 的学习是十分必要的.

多元微积分的主要内容是将一元函数的微积分理论推广到高维空间上的多元函数. 大家会发现, 我们将平行于一元微积分的基本理论来研究多元微积分. 值得指出的是, 由于多元函数的微积分理论是建立在一元微积分的基础之上的, 读者如果具备一元微积分的坚实基础, 并且有较好的空间想象能力, 就能学好多元微积分.

§13.1　欧氏空间 $\mathbb{R}^n$

13.1.1　欧氏空间 $\mathbb{R}^n$

在本节中, 我们先来讨论多元函数定义域的问题. 多元函数的定义域是高维空间的子集, 这些子集相对于 $\mathbb{R}$ 中的子集将更为复杂. 为了研究高维空间的子集, 我们必须先研究一下它们所在的空间

$$\mathbb{R}^n = \{(x_1, x_2, \cdots, x_n) : x_i \in \mathbb{R}, i = 1, 2, \cdots, n\} = \underbrace{\mathbb{R} \times \mathbb{R} \times \cdots \times \mathbb{R}}_{n\text{ 个}}.$$

读者应特别注意当 $n = 2$ 时的情形. 多元微积分与一元微积分的许多本质区别将在 $n = 1$ 和 $n = 2$ 两者之间发生, 对于 $n > 2$ 的情形则与 $n = 2$ 的情形具有很大的相似性.

在以下讨论中我们将假定 $n \geqslant 2$. 记 $\boldsymbol{x} = (x_1, x_2, \cdots, x_n) \in \mathbb{R}^n$, 我们称 $\boldsymbol{x}$ 为 $\mathbb{R}^n$ 中的一个**点**或**向量**, $x_i(i = 1, 2, \cdots, n)$ 称为 $\boldsymbol{x}$ 的第 i 个**坐标**或**分量**. 今后, 我们也常常用列向量 $(x_1, x_2, \cdots, x_n)^{\mathrm{T}}$ 来表示同一个 $\boldsymbol{x}$, 这里 $(x_1, x_2, \cdots, x_n)^{\mathrm{T}}$ 是 $(x_1, x_2, \cdots, x_n)$ 的转置. 另外, 记 $\mathbf{0} = (\underbrace{0, 0, \cdots, 0}_{n\text{ 个}})$ 为 $\mathbb{R}^n$ 中的原点或零向量. 在代数课程中, 我们已经在 $\mathbb{R}^n$ 中引进了加法与数乘运算. 由于在今后要经常用到它们, 在这里我们做一下简单介绍.

$\mathbb{R}^n$ 中的加法运算定义如下: 设 $\boldsymbol{x} = (x_1, x_2, \cdots, x_n), \boldsymbol{y} = (y_1, y_2, \cdots, y_n) \in \mathbb{R}^n$, 定义

$$\boldsymbol{x} + \boldsymbol{y} = (x_1 + y_1, x_2 + y_2, \cdots, x_n + y_n) \in \mathbb{R}^n,$$

并称 $\boldsymbol{x} + \boldsymbol{y}$ 为 $\boldsymbol{x}$ 与 $\boldsymbol{y}$ 的**和**.

$\mathbb{R}^n$ 中的数乘运算定义如下: 设 $\alpha \in \mathbb{R}, \boldsymbol{x} = (x_1, x_2, \cdots, x_n) \in \mathbb{R}^n$, 定义

$$\alpha\boldsymbol{x} = (\alpha x_1, \alpha x_2, \cdots, \alpha x_n) \in \mathbb{R}^n,$$

并称 $\alpha\boldsymbol{x}$ 为 α 与 $\boldsymbol{x}$ 的**数乘**.

这两种运算称为 $\mathbb{R}^n$ 中的线性运算. 在 $n = 2, 3$ 时, 它们具有鲜明的几何意义. 对于 $\forall \boldsymbol{x}, \boldsymbol{y}, \boldsymbol{z} \in \mathbb{R}^n, \alpha, \beta \in \mathbb{R}$, 容易验证它们满足:

(1) **交换律** $\boldsymbol{x} + \boldsymbol{y} = \boldsymbol{y} + \boldsymbol{x}$;

(2) **结合律** $(\boldsymbol{x} + \boldsymbol{y}) + \boldsymbol{z} = \boldsymbol{x} + (\boldsymbol{y} + \boldsymbol{z}), (\alpha\beta)\boldsymbol{x} = \alpha(\beta\boldsymbol{x})$;

(3) **分配律** $\alpha(\boldsymbol{x} + \boldsymbol{y}) = \alpha\boldsymbol{x} + \alpha\boldsymbol{y}, (\alpha + \beta)\boldsymbol{x} = \alpha\boldsymbol{x} + \beta\boldsymbol{x}$.

另外, 在加法运算中, 存在零元素 $\mathbf{0} \in \mathbb{R}^n$, 它满足: 对于 $\forall \boldsymbol{x} \in \mathbb{R}^n$, 有

$$\boldsymbol{x}+\boldsymbol{0}=\boldsymbol{x};$$

在数乘运算中, 存在单位元 $1\in\mathbb{R}$, 它满足: 对于 $\forall\boldsymbol{x}\in\mathbb{R}^n$, 有

$$1\boldsymbol{x}=\boldsymbol{x}.$$

对 $\mathbb{R}^n$ 赋予上述线性运算后, 我们称 $\mathbb{R}^n$ 为一个 n **维向量空间** (简称**空间**). 在这个空间中, 它还有一个重要的运算 —— 内积运算, 它的定义如下:

设 $\boldsymbol{x}=(x_1,x_2,\cdots,x_n)$, $\boldsymbol{y}=(y_1,y_2,\cdots,y_n)\in\mathbb{R}^n$, 则 $\boldsymbol{x}$ 与 $\boldsymbol{y}$ 的**内积**定义为

$$\boldsymbol{xy}=\sum_{i=1}^{n}x_iy_i\in\mathbb{R}.$$

从内积的定义容易看出它具有以下一些基本性质:

(1) **正定性** 对于 $\forall\boldsymbol{x}\in\mathbb{R}^n$, 有 $\boldsymbol{xx}\geqslant 0$, 并且上述等号成立当且仅当 $\boldsymbol{x}=\boldsymbol{0}$;

(2) **对称性** 对于 $\forall\boldsymbol{x},\boldsymbol{y}\in\mathbb{R}^n$, 有 $\boldsymbol{xy}=\boldsymbol{yx}$;

(3) 对于 $\forall\boldsymbol{x},\boldsymbol{y},\boldsymbol{z}\in\mathbb{R}^n$, 有 $\boldsymbol{x}(\boldsymbol{y}+\boldsymbol{z})=\boldsymbol{xy}+\boldsymbol{xz}$;

(4) 对于 $\forall\alpha\in\mathbb{R}$ 和 $\forall\boldsymbol{x},\boldsymbol{y}\in\mathbb{R}^n$, 有 $(\alpha\boldsymbol{x})\boldsymbol{y}=\alpha(\boldsymbol{xy})$.

向量空间 $\mathbb{R}^n$ 有了内积运算后, 我们称 $\mathbb{R}^n$ 为**欧几里得** (Euclid) **空间**或**欧氏空间**. 利用内积运算, 我们定义向量 $\boldsymbol{x}\in\mathbb{R}^n$ 的**模**如下:

$$\|\boldsymbol{x}\|=\sqrt{\boldsymbol{xx}}=\sum_{i=1}^{n}x_i^2.$$

在代数学中, 我们已经知道, $\mathbb{R}^n(n\geqslant 2)$ 中两个非零向量 $\boldsymbol{x}$ 与 $\boldsymbol{y}$ 的内积

$$\boldsymbol{xy}=\|\boldsymbol{x}\|\cdot\|\boldsymbol{y}\|\cos\langle\boldsymbol{x},\boldsymbol{y}\rangle,$$

其中 $\langle\boldsymbol{x},\boldsymbol{y}\rangle$ 是向量 $\boldsymbol{x}$ 与 $\boldsymbol{y}$ 的夹角. 由此我们可以清楚地知道内积的几何意义.

利用向量的模, 我们可以给出 $\mathbb{R}^n$ 中两个点之间的距离的定义.

定义 13.1.1 设 $\boldsymbol{x}=(x_1,x_2,\cdots,x_n)$ 与 $\boldsymbol{y}=(y_1,y_2,\cdots,y_n)$ 为 $\mathbb{R}^n$ 中任意两个点, 则 $\boldsymbol{x}$ 与 $\boldsymbol{y}$ 的**距离**定义为

$$|\boldsymbol{x}-\boldsymbol{y}| = \|\boldsymbol{x}-\boldsymbol{y}\| = \sqrt{\sum_{i=1}^{n}(x_i - y_i)^2}.$$

显然, 在 $\mathbb{R}$,$\mathbb{R}^2$ 或 $\mathbb{R}^3$ 中, 两个点 $\boldsymbol{x}$ 与 $\boldsymbol{y}$ 的距离即是连接 $\boldsymbol{x}$ 与 $\boldsymbol{y}$ 的线段的长度. 请读者注意, 我们用 $|\boldsymbol{x}-\boldsymbol{y}|$ (而不是用 $\|\boldsymbol{x}-\boldsymbol{y}\|$) 来表示 $\boldsymbol{x},\boldsymbol{y}$ 之间的距离主要是为了记号简便, 且这个记号与 $\mathbb{R}$ 中两点之间距离的相应记号保持一致. 由于对于 $\forall \boldsymbol{x}\in\mathbb{R}^n$, 我们有 $\|\boldsymbol{x}\| = |\boldsymbol{x}-0| = |\boldsymbol{x}|$, 因此, 今后我们也用 $|\boldsymbol{x}|$ 来记 $\boldsymbol{x}$ 的模.

从距离的定义容易推出它满足以下的性质:

(1) **正定性**　对于 $\forall \boldsymbol{x},\boldsymbol{y}\in\mathbb{R}^n$, 有 $|\boldsymbol{x}-\boldsymbol{y}|\geqslant 0$, 并且 $|\boldsymbol{x}-\boldsymbol{y}|=0$ 的充分必要条件是 $\boldsymbol{x}=\boldsymbol{y}$;

(2) **对称性**　对于 $\forall \boldsymbol{x},\boldsymbol{y}\in\mathbb{R}^n$, 有 $|\boldsymbol{x}-\boldsymbol{y}|=|\boldsymbol{y}-\boldsymbol{x}|$;

(3) **三角不等式**　对于 $\forall \boldsymbol{x},\boldsymbol{y},\boldsymbol{z}\in\mathbb{R}^n$, 有 $|\boldsymbol{x}-\boldsymbol{z}|\leqslant|\boldsymbol{x}-\boldsymbol{y}|+|\boldsymbol{y}-\boldsymbol{z}|$.

距离与向量的模两个概念是可以相互转化的, 因此我们也称定义了距离后的空间 $\mathbb{R}^n$ 为欧氏空间. 当 $n=2$ 时, 我们常用 (x,y) 来表示平面 $\mathbb{R}^2$ 中的点; 当 $n=3$ 时, 用 (x,y,z) 来表示空间 $\mathbb{R}^3$ 中的点. 今后在 $\mathbb{R}^2$ 中, 为了记号方便, 我们也用 $\boldsymbol{i}$ 来表示单位向量 (1,0), 用 $\boldsymbol{j}$ 来表示单位向量 $(0,1)$, 并称它们为**单位坐标向量**. 因此, 对于 $\forall(x,y)\in\mathbb{R}^2$, 我们有

$$(x,y) = x\boldsymbol{i}+y\boldsymbol{j}.$$

相应地, 在 $\mathbb{R}^3$ 中, 我们则记 $\boldsymbol{i}=(1,0,0),\boldsymbol{j}=(0,1,0),\boldsymbol{k}=(0,0,1)$. 于是对于 $\forall(x,y,z)\in\mathbb{R}^3$, 有

$$(x,y,z) = x\boldsymbol{i}+y\boldsymbol{j}+z\boldsymbol{k}.$$

例 13.1.1　设

$$\boldsymbol{A} = \begin{pmatrix} a_{11} & a_{12} & \cdots & a_{1n} \\ a_{21} & a_{22} & \cdots & a_{2n} \\ \vdots & \vdots & & \vdots \\ a_{m1} & a_{m2} & \cdots & a_{mn} \end{pmatrix}$$

是一个 $m\times n$ 矩阵, 其中 $a_{ji}\in\mathbb{R}(j=1,2,\cdots,m;i=1,2,\cdots,n)$. 定义

$$\|\boldsymbol{A}\|=\left(\sum_{j=1}^{m}\sum_{i=1}^{n}a_{ji}^2\right)^{\frac{1}{2}}.$$

对于 $\forall\boldsymbol{x}=(x_1,x_2,\cdots,x_n)^{\mathrm{T}}\in\mathbb{R}^n$, 证明 $|\boldsymbol{A}\boldsymbol{x}|\leqslant\|\boldsymbol{A}\||\boldsymbol{x}|$.

证明 利用柯西–施瓦茨不等式我们有

$$\begin{aligned}|\boldsymbol{A}\boldsymbol{x}|^2&=\sum_{j=1}^{m}\left(\sum_{i=1}^{n}a_{ji}x_i\right)^2\leqslant\sum_{j=1}^{m}\left(\sum_{i=1}^{n}a_{ji}^2\sum_{i=1}^{n}x_i^2\right)\\&=\left(\sum_{j=1}^{m}\sum_{i=1}^{n}a_{ji}^2\right)\left(\sum_{i=1}^{n}x_i^2\right)=(\|\boldsymbol{A}\||\boldsymbol{x}|)^2.\end{aligned}$$

对上面不等式的两边分别开方即得所证.

注 $\|\boldsymbol{A}\|=\left(\sum_{j=1}^{m}\sum_{i=1}^{n}a_{ji}^2\right)^{\frac{1}{2}}$ 称为矩阵 $\boldsymbol{A}$ 的**范数**, 在本书后面章节我们还会遇到它.

13.1.2 点列极限

下面我们给出欧氏空间 $\mathbb{R}^n$ 中邻域的概念.

定义 13.1.2 设 $\boldsymbol{x}_0=(x_1^0,x_2^0,\cdots,x_n^0)\in\mathbb{R}^n,\delta>0$, 称集合

$$U(\boldsymbol{x}_0,\delta)=\{\boldsymbol{x}=(x_1,x_2,\cdots,x_n)\in\mathbb{R}^n:|\boldsymbol{x}-\boldsymbol{x}_0|<\delta\}$$

为以 $\boldsymbol{x}_0$ 为心的 δ **邻域**; 称集合 $U_0(\boldsymbol{x}_0,\delta)=U(\boldsymbol{x}_0,\delta)\backslash\{\boldsymbol{x}_0\}$ 为 $\boldsymbol{x}_0$ 的 δ **去心邻域**.

上述定义的邻域通常称为**球形邻域**. 我们经常要用到的另外一种邻域是方形邻域. 设 $\boldsymbol{x}_0=(x_1^0,x_2^0,\cdots,x_n^0)\in\mathbb{R}^n,\delta>0$, 定义

$$N(\boldsymbol{x}_0,\delta)=\{\boldsymbol{x}=(x_1,x_2,\cdots,x_n):|x_i-x_i^0|<\delta,i=1,2,\cdots,n\},$$

并称它为 $\boldsymbol{x}_0$ 的**方形邻域**. 容易证明这两种邻域有下面的包含关系:

$$U(\boldsymbol{x}_0,\delta)\subset N(\boldsymbol{x}_0,\delta)\subset U(\boldsymbol{x}_0,\sqrt{n}\delta).$$

另外, 我们称 $N_0(\boldsymbol{x}_0,\delta)=N(\boldsymbol{x}_0,\delta)\backslash\{\boldsymbol{x}_0\}$ 为**方形去心邻域**.

在 $\mathbb{R}$ 中, 我们也曾经给出过邻域的定义. 容易看出, $\mathbb{R}$ 中球形和方形两种邻域的定义是一样的. 在 $\mathbb{R}^2$ 中, $\boldsymbol{x}_0$ 的 δ 邻域即为以 $\boldsymbol{x}_0$ 为中心, δ 为半径的圆盘; 而方形邻域则是以 $\boldsymbol{x}_0$ 为中心, 各边均平行于坐标轴, 边长为 2δ 的正方形. 对于 $\mathbb{R}^3$ 的情形, $\boldsymbol{x}_0$ 的 δ 邻域是以 $\boldsymbol{x}_0$ 为中心, δ 为半径的球体, 方形邻域则为一立方体.

有了邻域后, 我们可以引进 $\mathbb{R}^n$ 中点列收敛的概念. 在这里我们需要特别指出的是, 由于多元微积分的理论本质上是将一元微积分的理论从低维空间 $\mathbb{R}$ 向高维空间 $\mathbb{R}^n(n\geqslant 2)$ 推广, 在推广的过程中, 有时我们可以将低维的概念重新给予描述, 当这种描述不依赖于低维的特性时, 就可以很容易将低维的概念推广到高维情形. 例如, 在讨论 $\mathbb{R}$ 中序列的极限时, 一个序列 $\{x_k\}$ 满足 $\lim\limits_{k\to\infty}x_k=a$ 的实际意义是: 当 k 充分大时, x_k 与 a 的距离可以小于预先任意给定的正数. 对于函数极限 $\lim\limits_{n\to a}f(x)=A$ 也是如此, 它的一种描述是: 当 x 与 a 的距离很小时, $f(x)$ 与 A 的距离也可以小于预先任意给定的正数. 因此在研究高维空间的点列极限和函数极限时, 用两个点的距离变化来精确描述这些极限过程就是水到渠成的事情了. 读者应该注意慢慢地熟悉并掌握这种推广的方法.

由上面分析, 高维空间点列极限可以自然地定义为: 设 $\{\boldsymbol{x}_k\}$ 是 $\mathbb{R}^n$ 中的一个点列, 若存在 $\boldsymbol{x}_0\in\mathbb{R}^n$, 使得有 $\lim\limits_{k\to\infty}|\boldsymbol{x}_k-\boldsymbol{x}_0|=0$, 则称 $\{\boldsymbol{x}_k\}$ **收敛于** $\boldsymbol{x}_0$, 并称 $\boldsymbol{x}_0$ 为该点列的**极限**. 用邻域来精确描述这一概念, 我们有以下定义.

定义 13.1.3 设 $\{\boldsymbol{x}_k\}$ 是 $\mathbb{R}^n$ 中的一个点列, 若存在 $\boldsymbol{x}_0\in\mathbb{R}^n$, 使得对于 $\forall\varepsilon>0,\exists K\in\mathbb{N}$, 当 $k>K$ 时, 有 $|\boldsymbol{x}_k-\boldsymbol{x}_0|<\varepsilon$, 即 $\boldsymbol{x}_k\in U(\boldsymbol{x}_0,\varepsilon)$, 则称 $\{\boldsymbol{x}_k\}$ 是**收敛点列**, 并称 $\{\boldsymbol{x}_k\}$ **收敛于** $\boldsymbol{x}_0$, 记做 $\lim\limits_{k\to\infty}\boldsymbol{x}_k=\boldsymbol{x}_0$. 这

时也称 $\boldsymbol{x}_0$ 为 $\{\boldsymbol{x}_k\}$ 的**极限**. 若不存在 $\boldsymbol{x}_0 \in \mathbb{R}^n$, 使得 $\lim\limits_{k\to\infty}|\boldsymbol{x}_k-\boldsymbol{x}_0|=0$, 则称 $\{\boldsymbol{x}_k\}$ **发散**.

我们以后总用 $\{\boldsymbol{x}_k\}$ (而不用 $\{\boldsymbol{x}_n\}$) 表示 $\mathbb{R}^n$ 中的点列, 并记 $\boldsymbol{x}_0=(x_1^0,x_2^0,\cdots,x_n^0)$ 和 $\boldsymbol{x}_k=(x_1^k,x_2^k,\cdots,x_n^k)\in\mathbb{R}^n, k=1,2,\cdots$. 关于点列极限, 下面的结果是今后常常用到的.

定理 13.1.1 设 $\{\boldsymbol{x}_k\}$ 是 $\mathbb{R}^n$ 中的一个点列, $\boldsymbol{x}_0=(x_1^0,x_2^0,\cdots,x_n^0)\in\mathbb{R}^n$, 则 $\lim\limits_{k\to\infty}\boldsymbol{x}_k=\boldsymbol{x}_0$ 的充分必要条件是: 对于 $\forall i\ (1\leqslant i\leqslant n)$, 有

$$\lim_{k\to\infty}x_i^k=x_i^0.$$

证明 对于 $\forall\, i(1\leqslant i\leqslant n)$ 及 $\forall\, k\in\mathbb{N}$, 我们有

$$|x_i^k-x_i^0|\leqslant|\boldsymbol{x}_k-\boldsymbol{x}_0|\leqslant\sum_{j=1}^{n}|x_j^k-x_j^0|.$$

由此不等式容易推出定理 13.1.1. 证毕.

下面我们来讨论一下点列极限的一些基本性质. 我们称一个集合 $E\subset\mathbb{R}^n$ 是**有界**的, 若存在 $M>0$, 使得对于 $\forall\boldsymbol{x}\in E$, 有 $|\boldsymbol{x}|\leqslant M$. 特别地, 我们称一个点列 $\{\boldsymbol{x}_k\}$ 是有界的, 若存在 $M>0$, 使得对于 $\forall\, k\in\mathbb{N}$, 有 $|\boldsymbol{x}_k|\leqslant M$.

读者可以将 $\mathbb{R}$ 中序列极限的一些在高维空间有意义的性质平行地推广至 $\mathbb{R}^n$ 中的点列. 例如, 在 $\mathbb{R}^n$ 中我们有:

性质 13.1.2 设 $\{\boldsymbol{x}_k\}$ 是 $\mathbb{R}^n$ 中的一个收敛点列, 则其极限必是唯一的.

性质 13.1.3 设 $\{\boldsymbol{x}_k\}$ 是 $\mathbb{R}^n$ 中的一个收敛点列, 则 $\{\boldsymbol{x}_k\}$ 必有界.

性质 13.1.4 设 $\mathbb{R}^n$ 中的点列 $\{\boldsymbol{x}_k\}$ 与 $\{\boldsymbol{y}_k\}$ 满足 $\lim\limits_{k\to\infty}\boldsymbol{x}_k=\boldsymbol{x}_0, \lim\limits_{k\to\infty}\boldsymbol{y}_k=\boldsymbol{y}_0$, 再设 $\alpha,\beta\in\mathbb{R}$, 则有

(1) $\lim\limits_{k\to\infty}(\alpha\boldsymbol{x}_k+\beta\boldsymbol{y}_k)=\alpha\boldsymbol{x}_0+\beta\boldsymbol{y}_0$;

(2) $\lim\limits_{k\to\infty}\boldsymbol{x}_k\boldsymbol{y}_k=\boldsymbol{x}_0\boldsymbol{y}_0$.

对于以上性质, 我们只证性质 13.1.4 的 (2), 读者应该注意这个性

质说的是两个收敛点列的内积收敛到点列极限的内积.

证明　对于 $\forall i\,(1 \leqslant i \leqslant n)$, 有

$$\lim_{k\to\infty} x_i^k = x_i^0 \quad 及 \quad \lim_{k\to\infty} y_i^k = y_i^0.$$

由序列极限的性质有

$$\lim_{k\to\infty} x_i^k y_i^k = x_i^0 y_i^0,$$

从而有

$$\lim_{k\to\infty} \boldsymbol{x}_k \boldsymbol{y}_k = \lim_{k\to\infty} \sum_{i=1}^n x_i^k y_i^k = \sum_{i=1}^n x_i^0 y_i^0 = \boldsymbol{x}_0 \boldsymbol{y}_0.$$

证毕.

注　上面关于点列内积的极限可以看成是 $\mathbb{R}$ 中序列乘积极限的推广. 但值得注意的是, 当 $n \geqslant 2$ 时, 在 $\mathbb{R}^n$ 中有些结论与 $\mathbb{R}$ 中相对应的结论是有区别的. 例如, 在 $\mathbb{R}$ 中, 当两个序列存在非零的极限时, 它们对应项乘积组成的序列的极限存在并且非零. 但是这个结论显然在 $\mathbb{R}^n(n \geqslant 2)$ 不成立, 因为此时两个非零向量的内积可以是零 (这时我们称它们**正交**). 读者在今后的学习中要特别注意高维与一维的这些不同之处.

例 13.1.2　对 $k = 1, 2, \cdots$, 设

$$\boldsymbol{x}_k = \left(\frac{\sqrt{k}\sin k}{k}, k^4 \mathrm{e}^{-k^2}, \cos k \ln\left(1 + \frac{1}{k}\right), k \tan\frac{1}{k}\right) \in \mathbb{R}^4,$$

求 $\lim\limits_{k\to\infty} \boldsymbol{x}_k$.

解　由于

$$\lim_{k\to\infty} \frac{\sqrt{k}\sin k}{k} = 0, \quad \lim_{k\to\infty} k^4 \mathrm{e}^{-k^2} = 0,$$

$$\lim_{k\to\infty} \cos k \ln\left(1 + \frac{1}{k}\right) = 0, \quad \lim_{k\to\infty} k \tan\frac{1}{k} = 1,$$

我们有 $\lim\limits_{k\to\infty} \boldsymbol{x}_k = (0, 0, 0, 1)$.

13.1.3　聚点

聚点是极限理论中重要的概念. 我们曾在 $\mathbb{R}$ 中讨论过它 (见第一

册). 对于 $\mathbb{R}^n$ 的一般情形, 聚点的定义如下:

定义 13.1.4 设 $E \subset \mathbb{R}^n$ 是一个给定的集合, 若 $\boldsymbol{x} \in \mathbb{R}^n$ 的任何 δ 邻域 $U(\boldsymbol{x}, \delta)(\delta > 0)$ 都有 E 中异于 $\boldsymbol{x}$ 的点, 则称 $\boldsymbol{x}$ 为 E 的**聚点**或**极限点**.

显然, 将上述定义中的球形邻域换成方形邻域可得到聚点的等价定义. 另外, 我们容易看出: 若 $\boldsymbol{x}$ 是 E 的聚点, 则 $U(\boldsymbol{x}, \delta)(\delta > 0)$ 中必有 E 中的无限多个点. 值得特别指出的是, $\boldsymbol{x}$ 是 E 的聚点与 $\boldsymbol{x}$ 是否属于 E 无关.

由聚点的定义, 若 $\boldsymbol{x}$ 不是一个集合 E 的聚点, 则存在 $\delta_0 > 0$, 使得 $U_0(\boldsymbol{x}, \delta_0)$ 中没有 E 的点. 特别地, 当 $\boldsymbol{x} \in E$ 且 $\boldsymbol{x}$ 不是 E 的聚点时, 则称 $\boldsymbol{x}$ 为 E 的**孤立点**. 此时必存在 $\delta_0 > 0$, 使得 $U(\boldsymbol{x}, \delta_0) \cap E = \{\boldsymbol{x}\}$.

利用点列的极限, 我们可以描述一个集合的聚点.

定理 13.1.5 设 $E \subset \mathbb{R}^n$ 非空, 则 $\boldsymbol{x}$ 是 E 的聚点的充分必要条件是: 存在 E 中一个两两不同的点列 $\{\boldsymbol{x}_k\}$, 使得 $\lim\limits_{k\to\infty} \boldsymbol{x}_k = \boldsymbol{x}$.

定理 13.1.5 的证明与 $\mathbb{R}$ 中的情形类似, 请读者自己给出.

例 13.1.3 设 $E = \{(x_1, x_2, \cdots, x_n) \in \mathbb{R}^n$: 对于 $\forall i\,(1 \leqslant i \leqslant n), x_i$ 是有理数$\}$, 试求 E 的聚点集合.

解 任意取定 $\boldsymbol{x}_0 = (x_1^0, x_2^0, \cdots, x_n^0) \in \mathbb{R}^n$, 对于 $\forall \delta > 0$, 我们取 $\boldsymbol{x}_0$ 的方形邻域 $N(\boldsymbol{x}_0, \delta)$. 因对于 $\forall i\,(1 \leqslant i \leqslant n)$, 在 $(x_i^0 - \delta, x_i^0 + \delta)$ 内必存在有理数 $x_i' \neq x_i^0$, 故 $(x_1', x_2', \cdots, x_n')$ 是 $N(\boldsymbol{x}_0, \delta) \cap E$ 中的点, 且异于 $\boldsymbol{x}_0$, 从而 $\boldsymbol{x}_0$ 是 E 的聚点. 由 $\boldsymbol{x}_0$ 的任意性知, E 的聚点集合是 $\mathbb{R}^n$.

注 若集合 A 中每一个点的任何邻域中都有集合 B 中的点, 则称 B 在 A 中**稠密**. 上述例子说明 E 在 $\mathbb{R}^n$ 中稠密. 作为练习, 请读者将 E 中的点排成一个点列.

13.1.4 开集与闭集

设 $E \subset \mathbb{R}^n$ 是一个给定的集合, 我们将 E 在 $\mathbb{R}^n$ 中的补集 $\mathbb{R}^n \backslash E$ 记为 E^c. 利用邻域的概念, 我们可以将 $\mathbb{R}^n$ 中的点关于 E 做一分类.

定义 13.1.5 设 $E \subset \mathbb{R}^n, \boldsymbol{x} \in \mathbb{R}^n$.

(1) 若存在 $\delta > 0$, 使得 $U(\boldsymbol{x}, \delta) \subset E$, 则称 $\boldsymbol{x}$ 是 E 的**内点**. 记 E° 为 E 中所有内点构成的集合, 并称之为 E 的**内部**.

(2) 若存在 $\delta > 0$, 使得 $U(\boldsymbol{x}, \delta) \cap E = \varnothing$, 则称 $\boldsymbol{x}$ 是 E 的**外点**. E 的所有外点构成的集合称为 E 的**外部**.

(3) 若对于 $\forall \delta > 0$, 有 $U(\boldsymbol{x}, \delta) \cap E \neq \varnothing$, 并且 $U(\boldsymbol{x}, \delta) \cap E^c \neq \varnothing$, 则称 $\boldsymbol{x}$ 是 E 的**边界点**, 并用 ∂E 来记 E 的边界点集, 称之为 E 的**边界**.

从定义可以看出, E 的内点一定属于 E; E 的外点则一定不属于 E, 并且 E 的外部即为 E^c 的内部 $(E^c)^\circ$; 而 E 的边界点则可以是 E 中的点, 也可以不是 E 中的点; $\boldsymbol{x}$ 为 E 的边界点的充分必要条件是: $\boldsymbol{x}$ 既不是 E 的内点也不是 E 的外点.

例 13.1.4 设集合 $E = \{(x, y) : x^2 + y^2 < 1, y \geqslant x\}$, 试求 $E^\circ, (E^c)^\circ$ 及 ∂E.

解 从定义容易得到 (参见图 13.1.1)

$$E^\circ = \{(x, y) : x^2 + y^2 < 1, y > x\} = E \backslash \{(x, y) : y = x\},$$

$$(E^c)^\circ = \mathbb{R}^2 \backslash \{(x, y) : x^2 + y^2 \leqslant 1, y \geqslant x\},$$

$$\partial E = \{(x, y) : x^2 + y^2 = 1, y \geqslant x\} \cup \{(x, y) : x^2 + y^2 < 1, y = x\}.$$

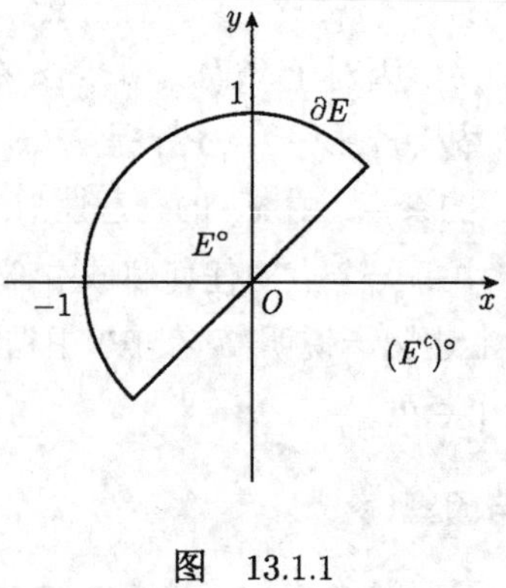

图 13.1.1

在一元微积分中, 开区间与闭区间起着重要的作用. 在 $\mathbb{R}^n$ 中与它们密切相关的概念是开集与闭集. 开集与闭集是 $\mathbb{R}^n$ 中两类重要的子集, 在今后的学习中将常常遇到. 下面我们分别对它们加以介绍.

定义 13.1.6 设 $E \subset \mathbb{R}^n$, 若 $E = E^\circ$, 则称 E 为**开集**.

另外, 我们将空集 $\varnothing$ 规定为开集.

显然, $\mathbb{R}^n$ 中每一个点的球形邻域与方形邻域都是开集. 在 $n=1$ 时, $\mathbb{R}$ 中的一个集合 E 若是一些开区间的并, 则 E 是开集. 反过来, 也容易证明 $\mathbb{R}$ 中的任何一个开集是可数个开区间的并. 事实上, 这可以从每个开区间都含有有理数这个事实推出. 在 $\mathbb{R}^2$ 的情形, 不是很严格地说, 可以认为开集是由平面内一些不带边界的集合组成. 例如:

$$E = \left\{(x,y) : |(x,y)-(0,k)| < \frac{1}{2}, k \in \mathbb{Z}\right\}$$

就是一个开集, 它由无穷多个两两不交的圆盘组成. 另外, 我们要注意的是, 即使一个开集就由一块组成, 它的边界也可以是很复杂的. 例如, 设

$$E = \left\{(x,y) : \frac{1}{2} \leqslant y \leqslant 1, x = \frac{1}{k}, k = 1, 2, \cdots\right\},$$

则 $D = ((0,1)\times(0,1))\backslash E$ 的边界即为 $E \cup \partial([0,1]\times[0,1])$. 容易看出 D 是一个开集.

定理 13.1.6 $\mathbb{R}^n$ 中的开集具有以下性质:

(1) $\mathbb{R}^n$ 与 $\varnothing$ 是开集;

(2) 任意个开集的并是开集;

(3) 有限个开集的交是开集.

定理 13.1.6 的证明是容易的, 只要根据开集的定义即可推出.

注 设 $\boldsymbol{x} \in \mathbb{R}^n$, 容易看出

$$\{\boldsymbol{x}\} = \bigcap_{k=1}^{+\infty} U\left(\boldsymbol{x}, \frac{1}{k}\right).$$

由此说明, $\mathbb{R}^n$ 中的任意个开集的交未必一定是开集.

在 $\mathbb{R}$ 中, 闭区间的一个显著特征是它的余集是一个开集. 类似地, 我们引入下面的概念.

定义 13.1.7　设 $E \subset \mathbb{R}^n$, 若 E^c 是开集, 则称 E 是**闭集**.

前面我们说过 $\mathbb{R}$ 中的开集是一些开区间的并, 因此一个 $\mathbb{R}$ 中的闭集是 $\mathbb{R}$ 中挖掉一些开区间后留下的部分. 在实变函数课程中, 我们将知道, 闭集则不一定是可数个闭区间 (单点也作为闭区间) 的并.

对任何开集 $E \subset \mathbb{R}^n$, 若 $F = E \cup \partial E$, 则由闭集的定义容易看出 F 必为闭集.

定理 13.1.7　$\mathbb{R}^n$ 中的闭集具有以下性质:

(1) $\mathbb{R}^n$ 与 $\varnothing$ 是闭集;

(2) 有限个闭集的并是闭集;

(3) 任意个闭集的交是闭集.

此定理中的性质 (1) 成立是显然的. 对于性质 (2), (3), 读者可以直接利用闭集的定义加以证明, 也可以利用下面的德・摩根 (de Morgan) 公式并结合开集的相应性质来证明.

德・摩根公式　对于 $\mathbb{R}^n$ 中任何一族集合 $\{E_\lambda\}_{\lambda\in\Lambda}$, 其中 Λ 是一个指标集, 有

(1) $\left(\bigcup_{\lambda\in\Lambda} E_\lambda\right)^c = \bigcap_{\lambda\in\Lambda} E_\lambda^c$;

(2) $\left(\bigcap_{\lambda\in\Lambda} E_\lambda\right)^c = \bigcup_{\lambda\in\Lambda} E_\lambda^c$.

闭集还可以通过聚点来描述. 给定集合 E, 记 E' 为 E 的全体聚点组成的集合, 并称 E' 为 E 的**导集**. 再记 $\overline{E} = E \cup E'$, 并称 $\overline{E}$ 为 E 的**闭包**. 我们有以下的结果.

定理 13.1.8　设 $E \subset \mathbb{R}^n$, 则 E 是闭集的充分必要条件是 $E = \overline{E}$.

证明　从 $\overline{E}$ 的定义可以看出 $E = \overline{E}$ 的充分必要条件是 $E' \subset E$, 也就是说 E 的聚点含于 E 中, 故只要证明 E 为闭集的充分必要条件是 $E' \subset E$.

充分性　若 E 的聚点都在 E 中, 则 E^c 中没有 E 的聚点. 因此对于 $\forall \boldsymbol{x} \in E^c$, 存在 $\delta_{\boldsymbol{x}} > 0$ (这里我们用 $\delta_{\boldsymbol{x}}$ 表示该 δ 是依赖于 $\boldsymbol{x}$ 的),

使得 $U(\boldsymbol{x},\delta_{\boldsymbol{x}})\cap E=\varnothing$, 即 $U(\boldsymbol{x},\delta_{\boldsymbol{x}})\subset E^c$. 这说明 E^c 是开集, 从而由闭集的定义知 E 是闭集.

必要性 若 E 是闭集, 即 E^c 是开集, 则对于 $\forall \boldsymbol{x}\in E^c$, 存在 $\delta_{\boldsymbol{x}}>0$, 使得 $U(\boldsymbol{x},\delta_{\boldsymbol{x}})\subset E^c$. 这说明 $\boldsymbol{x}$ 不是 E 的聚点. 因此 E^c 中无 E 中的聚点, 这就是说 E 的聚点在 E 中. 于是 $E=E\cup E'=\overline{E}$. 证毕.

13.1.5 欧氏空间 $\mathbb{R}^n$ 中的基本定理

我们在第一册中曾经讨论过实数系的基本定理, 即完备性定理、闭区间套定理、聚点原理等. 下面我们在 $\mathbb{R}^n$ 中来讨论这些定理的推广.

1. 完备性

设 $\{\boldsymbol{x}_k\}$ 是 $\mathbb{R}^n$ 中的一个点列, 若对于 $\forall\varepsilon>0$, $\exists K\in\mathbb{N}$, 当 $k',k''>K$ 时, 有 $|\boldsymbol{x}_{k'}-\boldsymbol{x}_{k''}|<\varepsilon$, 则称 $\{\boldsymbol{x}_k\}$ 为**柯西点列**. 在数学研究中, 我们常常将 $\mathbb{R}^n$ 中的一些特别的子集作为一个空间, 如 $\mathbb{R}^n$ 就是一个空间. 另外, $U(\boldsymbol{0},1)$ 也是一个很有趣的空间. 以后我们还将遇到各式各样的空间. 如果一个空间 $X\subset\mathbb{R}^n$ 中的任何柯西点列都是收敛的, 并且其极限属于 X, 则我们称空间 X 是**完备**的.

定理 13.1.9 欧氏空间 $\mathbb{R}^n$ 是完备的.

证明 设 $\boldsymbol{x}_k=(x_1^k,x_2^k,\cdots,x_n^k)\in\mathbb{R}^n(k=1,2,\cdots)$ 是一个柯西点列, 则 $\{\boldsymbol{x}_k\}$ 中的每个分量构成的序列 $\{x_i^k\}$ $(i=1,2,\cdots,n)$ 是 $\mathbb{R}$ 中的柯西序列. 因此定理 13.1.9 可由 $\mathbb{R}$ 的完备性推得. 证毕.

$\mathbb{R}$ 的完备性是极限理论中重要而基本的结果, 这在一元微积分中读者应该有所体会. 同样地, $\mathbb{R}^n$ 的完备性也将在多元微积分的理论中起着重要作用.

2. 闭集套定理

利用 $\mathbb{R}^n$ 的完备性, 我们可以推广 $\mathbb{R}$ 中的闭区间套定理. 设 $E\subset\mathbb{R}^n$ 是一个非空集合, 记 $\operatorname{diam}(E)$ 为 E 的**直径**, 它的定义为

$$\operatorname{diam}(E)=\sup_{\boldsymbol{x},\boldsymbol{y}\in E}\{|\boldsymbol{x}-\boldsymbol{y}|\}.$$

定理 13.1.10 设 $F_k\subset\mathbb{R}^n(k=1,2,\cdots)$ 是一列非空闭集, 并且

它们满足:

(1) 对于 $\forall\, k\in\mathbb{N}$, 有 $F_k\supset F_{k+1}$;

(2) $\lim\limits_{k\to\infty}\operatorname{diam}(F_k)=0$,

则存在唯一的 $\boldsymbol{x}_0\in\mathbb{R}^n$, 使得对于 $\forall k\in\mathbb{N}$, 有 $\boldsymbol{x}_0\in F_k$, 即

$$\{\boldsymbol{x}_0\}=\bigcap_{k=1}^{+\infty}F_k.$$

证明　在 F_k 中任取一点 $\boldsymbol{x}_k(k=1,2,\cdots)$, 我们下面证明 $\{\boldsymbol{x}_k\}$ 是一个柯西点列. 事实上, 由 (2), 对于 $\forall\varepsilon>0,\exists K\in\mathbb{N}$, 当 $k>K$ 时, 有

$$\operatorname{diam}(F_k)<\varepsilon.$$

因为当 $k''>k'>K$ 时, 有 $\boldsymbol{x}_{k'}\in F_{k'},\boldsymbol{x}_{k''}\in F_{k''}\subset F_{k'}$. 这样我们有

$$|\boldsymbol{x}_{k'}-\boldsymbol{x}_{k''}|\leqslant\operatorname{diam}(F_{k'})<\varepsilon,$$

即 $\{\boldsymbol{x}_k\}$ 为柯西点列. 由定理 13.1.9 知它为收敛点列. 令 $\boldsymbol{x}_0=\lim\limits_{k\to\infty}\boldsymbol{x}_k$. 由于对于 $\forall k_0\in\mathbb{N}$, 当 $k>k_0$ 时, $\boldsymbol{x}_k\in F_{k_0}$, 注意到 F_{k_0} 是闭集, 从而 $\boldsymbol{x}_0\in F_{k_0}$. 由 k_0 的任意性知

$$\boldsymbol{x}_0\in\bigcap_{k=1}^{+\infty}F_k.$$

另外, 若存在 $\boldsymbol{x}'\in\bigcap\limits_{k=1}^{+\infty}F_k$, 则有

$$|\boldsymbol{x}'-\boldsymbol{x}_0|\leqslant\lim_{k\to\infty}\operatorname{diam}(F_k)=0.$$

因此 $\boldsymbol{x}'=\boldsymbol{x}_0$. 证毕.

显然, $\mathbb{R}$ 中一个闭区间套是一列满足定理 13.1.10 的闭集套, 从而定理 13.1.10 推广了区间套定理. 由于闭集比闭区间更为广泛, 定理 13.1.10 的适用范围也比区间套定理要广泛得多.

对于 $\mathbb{R}$ 中的区间套定理, 我们不能把闭区间换成开区间. 同样, 当 $F_k(k=1,2,\cdots)$ 不是闭集时, 定理 13.1.10 的结论也可不真.

3. 聚点原理

在 $\mathbb{R}^n$ 中, 我们同样有以下的聚点原理.

定理 13.1.11 (波尔查诺–魏尔斯特拉斯定理) 设 $\{\boldsymbol{x}_k\}$ 为 $\mathbb{R}^n$ 中的一个有界点列, 则它必存在收敛子列.

证明 注意到 $\{\boldsymbol{x}_k=(x_1^k,x_2^k,\cdots,x_n^k)\}$ 为有界点列的充分必要条件是: 对于 $\forall i\,(1\leqslant i\leqslant n), \{x_i^k\}$ 是 $\mathbb{R}$ 中的有界序列. 因此 $\{x_1^k\}$ 存在收敛子列 $\{x_1^{k'_j}\}$, 而对 $\{x_2^{k'_j}\}$ 又存在收敛子列 $\{x_2^{k''_j}\}, \cdots$, 经过 n 次取子列即可得到 $\{\boldsymbol{x}_k\}$ 的子列 $\{\boldsymbol{x}_{k_j}\}$, 使得它的每个分量组成的序列均是收敛序列, 从而 $\{\boldsymbol{x}_{k_j}\}$ 为 $\{\boldsymbol{x}_k\}$ 的收敛子列. 证毕.

容易看出, 定理 13.1.11 与以下定理等价.

定理 13.1.12 $\mathbb{R}^n$ 中任何有界无穷集合 E 至少有一个聚点.

证明 设 E 是无穷集合, 任取一个点列 $\{\boldsymbol{x}_k\}\subset E$, 使得 $\{\boldsymbol{x}_k\}$ 中的点两两不同. 由于 E 是有界集, $\{\boldsymbol{x}_k\}$ 是 $\mathbb{R}^n$ 中的一个有界点列, 从而由定理 13.1.11 知, 它必有一个收敛子列. 设该子列的极限为 $\boldsymbol{x}_0$. 由于 $\{\boldsymbol{x}_k\}$ 中的点两两不同, $\boldsymbol{x}_0$ 必为集合 $\{\boldsymbol{x}_k\}$ 的聚点, 从而它必是 E 的聚点. 证毕.

4. 紧集

我们知道, 在 $\mathbb{R}$ 中的有界闭区间上连续函数的许多局部性质可以成为在该区间上的整体性质. 这种从局部到整体的过程一般是通过有限覆盖定理来完成. 为了讨论更广泛的成立有限覆盖定理的一类集合, 我们有必要在 $\mathbb{R}^n$ 中引入紧集的概念.

设 $E\subset\mathbb{R}^n, \{O_\lambda\}_{\lambda\in\Lambda}$ 是 $\mathbb{R}^n$ 中的一个开集族. 若 $E\subset\bigcup\limits_{\lambda\in\Lambda}O_\lambda$, 则称 $\{O_\lambda\}_{\lambda\in\Lambda}$ 为 E 的一个**开覆盖**. 若此时指标集合 Λ 中只有有限个元素, 则称 $\{O_\lambda\}_{\lambda\in\Lambda}$ 是 E 的一个**有限开覆盖**.

定义 13.1.8 设 $E\subset\mathbb{R}^n$, 若 E 的任何开覆盖 $\{O_\lambda\}_{\lambda\in\Lambda}$ 都存在**有限子覆盖**, 即 $\exists O_1,O_2,\cdots,O_K\in\{O_\lambda\}_{\lambda\in\Lambda}$, 其中 $K<+\infty$, 使得 $E\subset\bigcup\limits_{k=1}^{K}O_k$, 则称 E 为**紧集**, 或称 E 是**紧**的.

我们在这里再强调一下, 一个集合 E 是紧集是指 E 的**任何**开覆盖都存在有限子覆盖. 有些初学者总是去找 E 的一个固定的有限开覆盖来说明 E 是紧集 (如果仅仅要找有限个开集来覆盖一个给定的集合的话, 取 $\mathbb{R}^n$ 即可), 希望读者不要犯此类错误.

在 $\mathbb{R}$ 中, 由有限个有界闭区间的并构成的集合一定是紧集. 对于 $\mathbb{R}^n$ 中的任何一个集合 E, 当 E 是无界集合时, 容易看出它不可能是紧的. 事实上, $\{U(\mathbf{0},k)\}_{k\in\mathbb{N}}$ 是 E 的一个开覆盖, 但由于 E 无界, 该开覆盖不存在有限开覆盖. 再设 $E=\left\{\dfrac{1}{k}:k\in\mathbb{N}\right\}$, 它也不是 $\mathbb{R}$ 中的紧集. 不过 $E\cup E'=\left\{\dfrac{1}{k}:k\in\mathbb{N}\right\}\cup\{0\}$ 一定是紧的. 我们有以下定理.

定理 13.1.13　设 $E\subset\mathbb{R}^n$, 则 E 为紧集的充分必要条件是: E 为 $\mathbb{R}^n$ 中的有界闭集.

证明　**必要性**　对于 $\mathbb{R}^n$ 中的任意集合, $\{U(\mathbf{0},k)\}_{k\in\mathbb{N}}$ 总是它的一个开覆盖, 特别地, 它也是 E 的一个开覆盖. 由于 E 是紧集, 存在 $U(\mathbf{0},k_1),U(\mathbf{0},k_2),\cdots,U(\mathbf{0},k_J)$ $(0<k_1<k_2<\cdots<k_J<+\infty)$, 使得 $E\subset\bigcup\limits_{j=1}^{J}U(\mathbf{0},k_j)=U(\mathbf{0},k_J)$. 这说明 E 是有界集合.

现用反证法证明 E 是闭集. 倘若 E 不是闭集, 则存在 E 的一个聚点 $\boldsymbol{x}_0\notin E$. 任取 $\boldsymbol{x}\in E$, 则 $\boldsymbol{x}\neq\boldsymbol{x}_0$, 从而存在 $r_{\boldsymbol{x}}=\dfrac{1}{2}|\boldsymbol{x}-\boldsymbol{x}_0|>0$, 使得

$$U(\boldsymbol{x},r_{\boldsymbol{x}})\cap U(\boldsymbol{x}_0,r_{\boldsymbol{x}})=\varnothing.$$

由于

$$\bigcup_{\boldsymbol{x}\in E}U(\boldsymbol{x},r_{\boldsymbol{x}})\supset E,$$

从而可取出有限个开集 $U(\boldsymbol{x}_1,r_{\boldsymbol{x}_1}),U(\boldsymbol{x}_2,r_{\boldsymbol{x}_2}),\cdots,U(\boldsymbol{x}_K,r_{\boldsymbol{x}_K})$, 使得

$$\bigcup_{k=1}^{K}U(\boldsymbol{x}_k,r_{\boldsymbol{x}_k})\supset E.$$

记 $r_K=\min\limits_{1\leqslant k\leqslant K}\{r_{\boldsymbol{x}_k}\}>0$, 则

$$U(\boldsymbol{x}_0, r_K) \cap \left\{ \bigcup_{k=1}^{K} U(\boldsymbol{x}_k, r_{\boldsymbol{x}_k}) \right\} = \varnothing.$$

因此 $U(\boldsymbol{x}_0, r_K) \cap E = \varnothing$. 这与 $\boldsymbol{x}_0$ 是 E 的聚点矛盾, 从而 E 是闭集.

充分性 设 E 是有界闭集, 倘若 E 不紧, 则存在 E 的一个开覆盖 $\{O_\lambda\}_{\lambda\in\varLambda}$, 使得该开覆盖中的任何有限个开集都不能覆盖 E. 我们下面为了叙述简便以 $E \subset \mathbb{R}^2$ 为例证之, 对于 $\mathbb{R}^n$ 的情形, 只是形式上比较复杂, 但证明的思路与 $\mathbb{R}^2$ 的情形是一样的.

我们不妨设 $E \subset [-a, a] \times [-a, a] \triangleq I_0 (a > 0)$. 取 I_0 对边中点的连线将 I_0 分成四个小闭正方形, 则必存在一个小正方形, 使得 E 落在其中的部分不能被 $\{O_\lambda\}_{\lambda\in\varLambda}$ 中有限个开集所覆盖. 记该小闭正方形为 I_1. 对 I_1 重复刚才对 I_0 的讨论, 可得 I_2. 依此类推, 我们可得到一列满足以下条件的闭正方形 $\{I_k\}$:

(1) $I_k \supset I_{k+1}$ $(k = 1, 2, \cdots)$;

(2) $\lim\limits_{k\to\infty} \operatorname{diam}(I_k) = 0$;

(3) 对每个 $k \in \mathbb{N}$, $I_k \cap E$ 都不能被 $\{O_\lambda\}_{\lambda\in\varLambda}$ 中有限个开集覆盖.

对 $k = 1, 2, \cdots$, 记 $E_k = I_k \cap E$, 则 $\{E_k\}$ 满足定理 13.1.10 的条件. 由定理 13.1.10, 存在唯一的 $\boldsymbol{x}_0$, 使得 $\{\boldsymbol{x}_0\} = \bigcap\limits_{k=1}^{+\infty} E_k$. 由于 $\boldsymbol{x}_0 \in E$, 因此在 $\{O_\lambda\}_{\lambda\in\varLambda}$ 中存在 O_{λ_0}, 使得 $\boldsymbol{x}_0 \in O_{\lambda_0}$. 由于 O_{λ_0} 为开集, 因此对充分大的 k, 有 $E_k \subset O_{\lambda_0}$. 这与 E_k 不能被 $\{O_\lambda\}_{\lambda\in\varLambda}$ 中的任意有限个开集所覆盖矛盾. 证毕.

§13.2 多元函数与向量函数的极限

13.2.1 多元函数的概念

我们前面已经指出, 在许多问题中因变量的变化会依赖于多个其他的变量. 例如, 我们生活的三维空间每一个点处的温度就依赖于点的位置和时间的变化. 再如, 在火箭升空的过程中, 火箭离地球表面的高度依赖于更多的变量：火箭向上的推力、地球的引力，另外由于火箭的燃料不断减少，火箭的质量也在不断变化，这些因素都会对火箭升空产生影响. 总之，这种例子在科学技术与日常生活中比比皆是.

有了前面的准备，现在我们可以很自然地引入 n 元函数的概念.

定义 13.2.1　对于给定的集合 $E \subset \mathbb{R}^n$，如果存在某种对应法则 f，使得对于 E 中每一个点 $\boldsymbol{x} = (x_1, x_2, \cdots, x_n)$，在 $\mathbb{R}$ 中存在唯一的数 u 与之对应，则称 f 为从 E 到 $\mathbb{R}$ 的一个 n **元函数** (简称函数)，记做

$$f : E \to \mathbb{R}, \quad \boldsymbol{x} \mapsto u = f(\boldsymbol{x}) = f(x_1, x_2, \cdots, x_n),$$

其中 u 称为函数 f 在点 $\boldsymbol{x}$ 处的值，E 称为函数 f 的**定义域**，数集 $\{f(\boldsymbol{x}) : \boldsymbol{x} \in E\} \subset \mathbb{R}$ 称为函数 f 的**值域**.

当 $n \geqslant 2$ 时，n 元函数统称为**多元函数**. 如同一元函数，我们通常用 $u = f(\boldsymbol{x})(\boldsymbol{x} \in E)$ 来记一个多元函数. 倘若需要，我们还可以用 $g(\boldsymbol{x}), h(\boldsymbol{x})$ 等表示不同的函数.

显然，当 $n = 1$ 时，n 元函数的定义与我们原来一元函数的定义一致. 今后，当 $n = 1$ 时，我们通常用 $y = f(x)$ 来表示一个一元函数；当 $n = 2$ 时，用 $z = f(x,y)$ 来表示一个二元函数；当 $n = 3$ 时，用 $u = f(x,y,z)$ 来表示一个三元函数. 对于一个二元函数 $z = f(x,y)((x,y) \in E)$，当它具有较好的性质时，我们可以用三维空间的一块曲面来表示它的图像 $\{(x, y, f(x,y)) : (x,y) \in E\}$ (见图 13.2.1).

例 13.2.1　在 $\mathbb{R}^3$ 中，以 $(0,0,0)$ 为心的单位球面可以由方程

$$x^2 + y^2 + z^2 = 1$$

表示，因此 $z = \sqrt{1 - x^2 - y^2}$ 是定义在 $\mathbb{R}^2$ 中以 $(0,0)$ 为心的闭单位圆盘 $\overline{\Delta} = \{(x,y) : x^2 + y^2 \leqslant 1\}$ 上的一个函数，它的图像是该单位球面的上半部分. 同理，$z = -\sqrt{1 - x^2 - y^2}$ 也是定义在闭单位圆盘 $\overline{\Delta}$ 上的一个函数，它的图像是该单位球面的下半部分.

设 $u = f(\boldsymbol{x})(\boldsymbol{x} \in E \subset \mathbb{R}^n)$ 是一个函数，若 $f(E)$ 是 $\mathbb{R}$ 中的有界集，则我们称函数 f 在 E 中是**有界的**. 自然地，我们还可以定义 $f(\boldsymbol{x})$ 在

E 中的上界、下界以及上、下确界等. 请读者对一个二元函数来描述上述概念的几何意义.

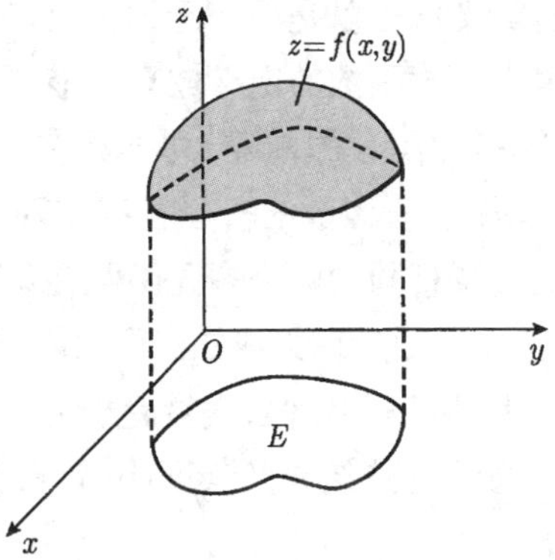

图 13.2.1

13.2.2 多元函数的极限

我们已经知道 $\mathbb{R}^n$ 中点列收敛的定义, 很自然地有以下定义.

定义 13.2.2 设 $f(\boldsymbol{x})$ 是定义在集合 $E \subset \mathbb{R}^n$ 上的函数, $\boldsymbol{x}_0 = (x_1^0, x_2^0, \cdots, x_n^0) \in E'$. 若存在 $A \in \mathbb{R}$, 使得对于 $\forall \varepsilon > 0$, $\exists \delta > 0$, 当 $\boldsymbol{x} = (x_1, x_2, \cdots, x_n) \in U_0(\boldsymbol{x}_0, \delta) \cap E$ 时, 即 $0 < |\boldsymbol{x} - \boldsymbol{x}_0| < \delta$ 且 $\boldsymbol{x} \in E$ 时, 有

$$|f(\boldsymbol{x}) - A| < \varepsilon,$$

则称 A 为当 $\boldsymbol{x}$ (在 E 中) 趋于 $\boldsymbol{x}_0$ 时 $f(\boldsymbol{x})$ 的**极限**, 记为

$$\lim_{E \ni \boldsymbol{x} \to \boldsymbol{x}_0} f(\boldsymbol{x}) = A$$

或

$$\lim_{E \ni (x_1, x_2, \cdots, x_n) \to (x_1^0, x_2^0, \cdots, x_n^0)} f(x_1, x_2, \cdots, x_n) = A.$$

在上述记号中, 若 $\boldsymbol{x}_0$ 的某个空心邻域 $U_0(\boldsymbol{x}_0, \delta_0) \subset E$, 则在极限的下标中不再注明 $\boldsymbol{x} \in E$.

值得注意的是, 上述多元函数极限的定义可以适用于非常广泛的函数类. 读者不难验证, 对于一元函数 $y = f(x)(x \in [a, b])$, 上述定义

实际上给出了自变量 x 趋于 $x_0 \in (a,b)$ 时的极限以及趋于 a 或 b 时的单侧极限的统一定义. 不仅如此, 上述极限也不要求函数在一个区间上处处有定义, 它的定义域可以是很广泛的集合. 对于多元函数, 上述定义则更为广泛, 因为这时函数的定义域有可能更加复杂.

对于上述定义的多元函数的极限, 同样具有许多类似于一元函数极限的性质. 例如, 一个多元函数的极限若存在则必定唯一, 此时函数必定局部有界; 若定义域相同的两个多元函数在某点处的极限都存在, 则它们四则运算相应的极限定理必成立. 我们还可以引入无穷小量及无穷大量的概念. 读者甚至可以就自变量趋于 ∞ 以及函数趋于 ∞ 等各种情形进行讨论. 由于这些结果及其证明与一元函数的情形甚为相似, 在此不再赘述了.

类似于一元函数极限与数列极限的关系, 读者容易证明以下结论.

定理 13.2.1　设 $f(\boldsymbol{x})$ 是定义在 $E \subset \mathbb{R}^n$ 上的函数, $\boldsymbol{x}_0 \in E'$, 则 $\lim\limits_{E \ni \boldsymbol{x} \to \boldsymbol{x}_0} f(\boldsymbol{x}) = A$ (可以是 ∞) 的充分必要条件是: 对 $E \backslash \{\boldsymbol{x}_0\}$ 中任一满足 $\lim\limits_{k \to \infty} \boldsymbol{x}_k = \boldsymbol{x}_0$ 的点列 $\{\boldsymbol{x}_k\}$, 有 $\lim\limits_{k \to \infty} f(\boldsymbol{x}_k) = A$.

由函数极限的定义知, 当一个函数 $f(\boldsymbol{x})$ 在 $\boldsymbol{x}_0 \in E'$ 存在极限时, 由于 $\mathbb{R}^n$ 中点 $\boldsymbol{x}$ 趋向 $\boldsymbol{x}_0$ 的方式非常复杂, 因此该极限过程蕴含着许多信息. 反之, 若 $\boldsymbol{x}$ 以某种特殊的方式 (如沿曲线、点列等) 趋于 $\boldsymbol{x}_0$ 时, $f(\boldsymbol{x})$ 的极限不存在, 则极限 $\lim\limits_{E \ni \boldsymbol{x} \to \boldsymbol{x}_0} f(\boldsymbol{x})$ 必不存在.

例 13.2.2　求极限 $\lim\limits_{(x,y) \to (0,0)} \dfrac{\sin(x^3+y^3)}{x^2+y^2}$.

解　注意到

$$|\sin(x^3+y^3)| \leqslant |x^3+y^3|, \quad \forall (x,y) \in \mathbb{R}^2,$$

由于

$$|x^3+y^3| = |x+y||x^2+y^2-xy| \leqslant \frac{3}{2}|x+y|(x^2+y^2),$$

因此对于 $\forall (x,y) \neq (0,0)$, 有

$$\left|\frac{x^3+y^3}{x^2+y^2}\right| \leqslant \frac{3}{2}|x+y|.$$

由于 $\lim\limits_{(x,y)\to(0,0)}\dfrac{3}{2}|x+y|=0$, 从而有

$$\lim_{(x,y)\to(0,0)}\left|\frac{\sin(x^3+y^3)}{x^2+y^2}\right|\leqslant\lim_{(x,y)\to(0,0)}\left|\frac{x^3+y^3}{x^2+y^2}\right|=0.$$

从上式我们推出

$$\lim_{(x,y)\to(0,0)}\frac{\sin(x^3+y^3)}{x^2+y^2}=0.$$

例 13.2.3 设函数 $f(x,y)=\dfrac{xy}{x^2+y^2}$, 试问: 当 $(x,y)\to(0,0)$ 时, $f(x,y)$ 是否存在极限?

解法 1 取点列 $\left\{\left(0,\dfrac{1}{k}\right)\right\}$, 则有

$$\lim_{k\to\infty}f\left(0,\frac{1}{k}\right)=\lim_{k\to\infty}0=0.$$

再取点列 $\left\{\left(\dfrac{1}{k},\dfrac{1}{k}\right)\right\}$, 我们有

$$\lim_{k\to\infty}f\left(\frac{1}{k}.\frac{1}{k}\right)=\lim_{k\to\infty}\frac{\dfrac{1}{k^2}}{2\dfrac{1}{k^2}}=\frac{1}{2}.$$

因此当 (x,y) 趋于 $(0,0)$ 时, $f(x,y)$ 不存在极限.

解法 2 取 $y=kx(k\in\mathbb{R})$, 则当 $x\to0$ 时, 有 $y\to0$. 由于

$$\lim_{x\to0}f(x,kx)=\lim_{x\to0}\frac{kx^2}{(1+k^2)x^2}=\frac{k}{1+k^2},$$

这说明自变量 (x,y) 沿射线 $y=kx$ 趋于 $(0,0)$ 时, $f(x,y)$ 的极限依赖于射线的选取, 从而极限 $\lim\limits_{(x,y)\to(0,0)}f(x,y)$ 必不存在.

解法 3 在 Oxy 平面上取极坐标

$$\begin{cases}x=r\cos\theta,\\ y=r\sin\theta,\end{cases}$$

其中 $r \in (0,+\infty), \theta \in [0,2\pi)$, 则 $f(x,y)$ 在极坐标下为 $f(x,y) = \frac{1}{2}\sin 2\theta$. 由于 $(x,y) \to (0,0)$ 时必有 $r \to 0+0$, 而 $\frac{1}{2}\sin 2\theta$ 与 r 无关但又不是常数函数, 从而极限 $\lim\limits_{(x,y)\to(0,0)} f(x,y)$ 也不存在.

例 13.2.4 设函数 $f(x,y) = \dfrac{x^2y}{x^4+y^2}$, 讨论 $\lim\limits_{(x,y)\to(0,0)} f(x,y)$ 是否存在.

解 如果取 $y = kx(k \in \mathbb{R})$, 则当 (x,y) 沿该射线趋于 $(0,0)$ 时, 有

$$\lim_{x\to 0} f(x,kx) = \lim_{x\to 0}\frac{kx^3}{(x^2+k^2)x^2} = 0;$$

如果取 $y = x^2$, 则当 (x,y) 沿该抛物线趋于 $(0,0)$ 时, 有

$$\lim_{x\to 0} f(x,x^2) = \lim_{x\to 0}\frac{x^4}{x^4+x^4} = \frac{1}{2}.$$

这说明 $\lim\limits_{(x,y)\to(0,0)} f(x,y)$ 不存在.

此例说明, 一个函数沿任何射线的极限都存在且相等也不足以保证该函数的极限存在.

例 13.2.5 设函数

$$f(\boldsymbol{x}) = f(x,y,z) = [\sin 1 - \sin(x^2+y^2+z^2)]\ln[1-(x^2+y^2+z^2)].$$

记 $E = \{\boldsymbol{x} = (x,y,z) : |\boldsymbol{x}| < 1\}$, 并设 $\boldsymbol{x}_0 \in \partial E$, 求极限 $\lim\limits_{E\ni\boldsymbol{x}\to\boldsymbol{x}_0} f(\boldsymbol{x})$.

解 显然 f 的定义域为 E. 当 $E \ni \boldsymbol{x} \to \boldsymbol{x}_0$ 时, $t = x^2+y^2+z^2 \to 1-0$, 因此

$$\lim_{E\ni\boldsymbol{x}\to\boldsymbol{x}_0} f(\boldsymbol{x}) = \lim_{t\to 1-0}(\sin 1 - \sin t)\ln(1-t) = 0.$$

最后一步的极限可由求一元函数极限的方法求得 (如用洛必达法则).

13.2.3 累次极限

设 $f(\boldsymbol{x}) = f(x_1,x_2,\cdots,x_n)$ 在 $\boldsymbol{x}_0 \in \mathbb{R}^n$ 的邻域内有定义, 现在继续考虑 $\boldsymbol{x}$ 趋于 $\boldsymbol{x}_0$ 时极限行为的方式. 当 $\boldsymbol{x}$ 趋于 $\boldsymbol{x}_0$ 时具有许多种方

式, 且 $\boldsymbol{x}$ 沿着某些特殊方式趋于 $\boldsymbol{x}_0$ 时具有特别的意义. 在以后的章节中我们常常会遇到以下形式的累次极限. 我们以一个二元函数的情形为例来讲述这种极限, 对 $n(n \geqslant 3)$ 元函数的情形是类似的, 只是形式复杂而已.

定义 13.2.3 设函数 $z = f(x,y)$ 在 $E \subset \mathbb{R}^2$ 上有定义, 且邻域 $N_0((x_0,y_0),\delta_0) \subset E(\delta_0 > 0)$. 若在 $N_0((x_0,y_0),\delta_0)$ 内, 对每个固定的 $y \neq y_0$, $\lim\limits_{x\to x_0} f(x,y) = \varphi(y)$ 存在, 并且 $\lim\limits_{y\to y_0} \varphi(y) = A$ (A 为常数), 则称 A 为 $f(x,y)$ 当 (x,y) 趋于 (x_0,y_0) 时先 x 后 y 的**累次极限**, 记为

$$A = \lim_{y\to y_0} \lim_{x\to x_0} f(x,y).$$

类似地, 我们可以定义先 y 后 x 的累次极限 $\lim\limits_{x\to x_0} \lim\limits_{y\to y_0} f(x,y)$.

从定义 13.2.3 可以看出, 一个二元函数在 (x_0,y_0) 处的累次极限存在与否与函数在直线 $x = x_0$ 与 $y = y_0$ 上的值无关. 因此容易举出例子来说明一个函数的两个累次极限都存在, 但有可能极限却不存在. 例如, 设函数

$$f(x,y) = \begin{cases} 0, & xy = 0, \\ 1, & xy \neq 0, \end{cases}$$

则有 $\lim\limits_{x\to 0} \lim\limits_{y\to 0} f(x,y) = \lim\limits_{y\to 0} \lim\limits_{x\to 0} f(x,y) = 1$, 而 $\lim\limits_{(x,y)\to(0,0)} f(x,y)$ 却不存在.

另外, 当函数的极限存在时, 人们很自然地会猜测累次极限必定存在且等于函数的极限. 对于该猜测, 我们的答案是否定的. 例如, 设

$$f(x,y) = \begin{cases} (x+y)\sin\dfrac{1}{x}\sin\dfrac{1}{y}, & xy \neq 0, \\ 0, & xy = 0. \end{cases}$$

由于对于 $\forall (x,y) \in \mathbb{R}^2$, 有 $|f(x,y)| \leqslant |x| + |y|$, 因此

$$\lim_{(x,y)\to(0,0)} f(x,y) = 0.$$

注意到对每个 $x \neq 0, \dfrac{1}{k\pi}$ (k 为整数), 极限 $\lim\limits_{y\to 0} f(x,y)$ 不存在; 而对每个

$y \neq 0, \dfrac{1}{k\pi}$ (k 为整数), 极限 $\lim\limits_{x\to 0} f(x,y)$ 也不存在. 因此无法讨论 (x,y) 趋于 $(0,0)$ 时的累次极限, 所以 $f(x,y)$ 的两个累次极限都不存在.

考查以上例子, 其累次极限不存在的本质是存在任意小的 $x \neq 0$, 极限 $\lim\limits_{y\to 0} f(x,y)$ 不存在. 若假定后者处处存在, 则可以证明人们的猜测是正确的.

定理 13.2.2 设函数 $f(x,y)$ 在 $N_0((x_0,y_0),\delta_0)(\delta_0 > 0)$ 上有定义, 并且满足:

(1) $\exists A$ (可以是 ∞), 使得 $\lim\limits_{(x,y)\to(x_0,y_0)} f(x,y) = A$;

(2) 对于 $U_0(y_0,\delta_0)$ 内任意固定的 $y \neq y_0$, 极限 $\lim\limits_{x\to x_0} f(x,y) = \varphi(y)$ 存在,

则有

$$\lim_{y\to y_0} \varphi(y) = \lim_{y\to y_0} \lim_{x\to x_0} f(x,y) = A.$$

证明 我们只证 $A \neq \infty$ 的情形.

由 $\lim\limits_{(x,y)\to(x_0,y_0)} f(x,y) = A$ 可知, 对于 $\forall \varepsilon > 0, \exists \delta\, (0 < \delta < \delta_0)$, 当 $(x,y) \in N_0((x_0,y_0),\delta)$ 时, 有

$$|f(x,y) - A| < \frac{\varepsilon}{2}. \tag{13.2.1}$$

对任意的 $y \neq y_0$, 当 $(x,y) \in N((x_0,y_0),\delta)$ 时, 由于 $\lim\limits_{x\to x_0} f(x,y) = \varphi(y)$ 存在, 因此可在式 (13.2.1) 中令 $x \to x_0$, 从而当 $0 < |y - y_0| < \delta$ 时, 有

$$|\varphi(y) - A| \leqslant \frac{\varepsilon}{2} < \varepsilon,$$

即 $\lim\limits_{y\to y_0} \varphi(y) = A$. 证毕.

13.2.4 向量函数的定义与极限

设 A, B 为任意两个非空集合 (不一定是数集), 若对 A 中每个元素 a, 根据对应法则 f, 在 B 中有唯一一个元素 b 与之对应, 则称 f 是 A 到 B 的一个**映射**, b 称为 a 在映射 f 下的**像**, 记为

$$f: A \to B, \quad a \mapsto b = f(a).$$

类似于函数的有关定义, 我们可以给出一个映射的定义域、值域等概念. 同样, 对于映射我们可以引进单射、满射以及一一对应等概念. 利用映射的概念, 容易给出向量函数的定义.

定义 13.2.4 设 $E\subset\mathbb{R}^n$, 若 $\boldsymbol{f}$ 是 E 到 $\mathbb{R}^m(m\geqslant 1)$ 的一个映射, 则称 $\boldsymbol{f}$ 是 E 上的一个 m **维** (n **元**) **向量函数** (**简称向量函数**), 记为 $\boldsymbol{u}=\boldsymbol{f}(\boldsymbol{x}),\boldsymbol{x}\in E$.

设 $E\subset\mathbb{R}^n$, 显然, 一个 $E\to\mathbb{R}$ 的向量函数即是前面我们讨论的 n 元函数. 对于上述定义的 m 维向量函数, 记 $\boldsymbol{x}=(x_1,x_2,\cdots,x_n)\in E$, $\boldsymbol{u}=(u_1,u_2,\cdots,u_m)=\boldsymbol{f}(x_1,x_2,\cdots,x_n)\in\mathbb{R}^m$, 则 $\boldsymbol{f}(\boldsymbol{x})$ 的每个分量 u_j 都是 E 上的一个 n 元函数, 即对于 $j=1,2,\cdots,m$, 有 $u_j=f_j(\boldsymbol{x})$ $(\boldsymbol{x}\in E)$. 因此 $\boldsymbol{u}=\boldsymbol{f}(\boldsymbol{x}):E\to\mathbb{R}^m$ 为一个向量函数的充分必要条件是: 存在 m 个定义在 E 上的 n 元函数 $f_j(\boldsymbol{x})(j=1,2,\cdots,m)$, 使得

$$\boldsymbol{f}(\boldsymbol{x})=(f_1(\boldsymbol{x}),f_2(\boldsymbol{x}),\cdots,f_m(\boldsymbol{x})).$$

自然地, 若 $\boldsymbol{f}(E)$ 是 $\mathbb{R}^m$ 的有界集, 则称 $\boldsymbol{f}(\boldsymbol{x})$ 在 E 是有界的.

例如, 平面 $\mathbb{R}^2$ 中子集 $E=\{(r,\theta):0\leqslant r<+\infty,0\leqslant\theta<2\pi\}$ 到 $\mathbb{R}^2$ 上的极坐标变换 $\boldsymbol{f}(r,\theta)=(x,y)=(r\cos\theta,r\sin\theta)$ 是一个二维 (二元) 向量函数. 作为映射, 容易看出它是 $E\backslash\{(0,\theta):0\leqslant\theta<2\pi\}$ 到 $\mathbb{R}^2\backslash\{(0,0)\}$ 的一一对应. 在 $(0,0)$ 处它不是单射. 事实上, 对于 $\forall\theta(0\leqslant\theta<2\pi)$, 我们有 $\boldsymbol{f}(0,\theta)=(0,0)$.

定义 13.2.5 设 $E\subset\mathbb{R}^n,\boldsymbol{x}_0\in E'$, $\boldsymbol{f}(\boldsymbol{x})=(f_1(\boldsymbol{x}),f_2(\boldsymbol{x}),\cdots,f_m(\boldsymbol{x}))$ 是定义在 E 上的一个 m 维向量函数. 若对于 $\forall j\ (1\leqslant j\leqslant m)$, 有

$$\lim_{E\ni\boldsymbol{x}\to\boldsymbol{x}_0}f_j(\boldsymbol{x})=A_j,$$

其中 $A_j\in\mathbb{R}(j=1,2,\cdots,m)$, 则称 $\boldsymbol{f}(\boldsymbol{x})$ 当 $\boldsymbol{x}$ (在 E 中) 趋于 $\boldsymbol{x}_0$ 时的极限为 $(A_1,A_2,\cdots,A_m)$, 记为

$$\lim_{E\ni\boldsymbol{x}\to\boldsymbol{x}_0}\boldsymbol{f}(\boldsymbol{x})=(A_1,A_2,\cdots,A_m).$$

若 $\exists\ j_0(1\leqslant j_0\leqslant m)$, $\lim\limits_{E\ni\boldsymbol{x}\to\boldsymbol{x}_0}f_{j_0}(\boldsymbol{x})$ 不存在, 则称 $\boldsymbol{f}(\boldsymbol{x})$ 当 $\boldsymbol{x}$ (在 E 中)

趋于 $\boldsymbol{x}_0$ 时极限不存在.

例 13.2.6　设向量函数 $\boldsymbol{f}(r,\theta)=(r\cos\theta, r\sin\theta)$, 其中 $(r,\theta)\in E=(0,+\infty)\times[0,2\pi)$, 再设 $r_0>0$, 求极限

$$\lim_{E\ni(r,\theta)\to(r_0,0)}\boldsymbol{f}(r,\theta)\quad 和\quad \lim_{E\ni(r,\theta)\to(r_0,2\pi)}\boldsymbol{f}(r,\theta).$$

解　由定义 13.2.5 我们有

$$\lim_{E\ni(r,\theta)\to(r_0,0)}\boldsymbol{f}(r,\theta)=\lim_{E\ni(r,\theta)\to(r_0,0)}(r\cos\theta, r\sin\theta)=(r_0,0),$$

$$\lim_{E\ni(r,\theta)\to(r_0,2\pi)}\boldsymbol{f}(r,\theta)=\lim_{E\ni(r,\theta)\to(r_0,2\pi)}(r\cos\theta, r\sin\theta)=(r_0,0).$$

§13.3　多元连续函数

13.3.1　多元连续函数

与一元函数类似, 我们可以引进多元函数连续性的相关概念.

定义 13.3.1　设函数 $u=f(\boldsymbol{x})$ 在 $E\subset\mathbb{R}^n$ 上有定义, $\boldsymbol{x}_0\in E$. 若 $\boldsymbol{x}_0$ 是 E 的孤立点或当 $\boldsymbol{x}_0\in E'$ 时有 $\lim\limits_{E\ni\boldsymbol{x}\to\boldsymbol{x}_0}f(\boldsymbol{x})=f(\boldsymbol{x}_0)$, 则称 $f(\boldsymbol{x})$ 在 $\boldsymbol{x}_0$ 处**连续**. 若 $f(\boldsymbol{x})$ 在 E 中的每一点都连续, 则称 $f(\boldsymbol{x})$ 在 E 上连续. 若 $\lim\limits_{E\ni\boldsymbol{x}\to\boldsymbol{x}_0}f(\boldsymbol{x})$ 不存在, 或存在但不等于 $f(\boldsymbol{x}_0)$, 则称 $f(\boldsymbol{x})$ 在 $\boldsymbol{x}_0$ 处**不连续**或**间断**, 此时 $\boldsymbol{x}_0$ 也称做 $f(\boldsymbol{x})$ 的**间断点**.

首先, 当 $\boldsymbol{x}_0$ 是 E 的孤立点时, 我们自然地认为 $f(\boldsymbol{x})$ 在 $\boldsymbol{x}_0$ 处连续. 当 $\boldsymbol{x}_0$ 是 E 的内点时, $f(\boldsymbol{x})$ 在 $\boldsymbol{x}_0$ 处的连续性是我们在一元函数里通常见到的情形, 但是以上定义还包括了非常广泛的情形, 例如一元函数在闭区间的连续的定义等. 读者可以容易将一元连续函数的一些局部性质 (即局部有界、保号等) 以及和、差、积、商等结果平行推广到多元连续函数的情形.

例 13.3.1　讨论函数 $f(x,y)=\begin{cases}x\sin\dfrac{1}{y}, & xy\neq 0,\\ 0, & xy=0\end{cases}$ 在 $\mathbb{R}^2$ 中的连续性.

解 显然当 $(x_0,y_0)\in\mathbb{R}^2$ 且 $x_0y_0\neq 0$ 时, $f(x,y)$ 在 (x_0,y_0) 处连续. 由于对于 $\forall y\in(-\infty,+\infty)\backslash\{0\}$, 有 $\left|x\sin\dfrac{1}{y}\right|\leqslant|x|$, 注意到当 $y=0$ 时, 有 $f(x,0)=0$, 于是对于 $\forall\ y_0\in(-\infty,+\infty)$, 有

$$\lim_{(x,y)\to(0,y_0)}f(x,y)=0=f(0,y_0).$$

这说明 $f(x,y)$ 在 y 轴上连续.

当 $x_0\neq 0$ 时, 由于

$$\lim_{(x_0,y)\to(x_0,0)}f(x_0,y)=\lim_{(x_0,y)\to(x_0,0)}x_0\sin\frac{1}{y}$$

不存在, 所以 $\lim\limits_{(x,y)\to(x_0,0)}f(x,y)$ 也不存在, 因此 $f(x,y)$ 在 $\mathbb{R}^2$ 中的间断点集是正负实轴构成的集合, 即 $\{(x,y):x\neq 0,y=0\}$.

13.3.2 多元连续向量函数

对于多元向量函数, 我们自然地引进下述定义.

定义 13.3.2 设 $\boldsymbol{f}(\boldsymbol{x})=(f_1(\boldsymbol{x}),f_2(\boldsymbol{x}),\cdots,f_m(\boldsymbol{x}))$ 是 $E\subset\mathbb{R}^n$ 到 $\mathbb{R}^m$ 的一个 m 维向量函数, 并设 $\boldsymbol{x}_0\in E$. 若 $\boldsymbol{x}_0$ 是 E 的孤立点或当 $\boldsymbol{x}_0\in E'$ 时有

$$\begin{aligned}\lim_{E\ni\boldsymbol{x}\to\boldsymbol{x}_0}\boldsymbol{f}(\boldsymbol{x})=&\Big(\lim_{E\ni\boldsymbol{x}\to\boldsymbol{x}_0}f_1(\boldsymbol{x}),\lim_{E\ni\boldsymbol{x}\to\boldsymbol{x}_0}f_2(\boldsymbol{x}),\cdots,\lim_{E\ni\boldsymbol{x}\to\boldsymbol{x}_0}f_m(\boldsymbol{x})\Big)\\=&(f_1(\boldsymbol{x}_0),f_2(\boldsymbol{x}_0),\cdots,f_m(\boldsymbol{x}_0))=\boldsymbol{f}(\boldsymbol{x}_0),\end{aligned}$$

则称 $\boldsymbol{f}(\boldsymbol{x})$ 在 $\boldsymbol{x}_0$ **处连续**. 若 $\boldsymbol{f}(\boldsymbol{x})$ 在 E 中的每一点都连续, 则称 $\boldsymbol{f}(\boldsymbol{x})$ 在 E 上连续. 若存在 $j_0(1\leqslant j_0\leqslant m)$, $f_{j_0}(\boldsymbol{x})$ 在 $\boldsymbol{x}_0$ 处不连续, 则称 $\boldsymbol{f}(\boldsymbol{x})$ 在 $\boldsymbol{x}_0$ **处不连续**, 并称 $\boldsymbol{x}_0$ 是 $\boldsymbol{f}(\boldsymbol{x})$ 的**间断点**.

由定义可知, $\boldsymbol{f}(\boldsymbol{x})$ 在 $\boldsymbol{x}_0$ 处连续的充分必要条件是它的每个分量函数 $f_j(\boldsymbol{x})(j=1,2,\cdots,m)$ 都在 $\boldsymbol{x}_0$ 处连续. 容易验证, 对于定义域相同的两个多元连续向量函数, 它们的和、差以及数乘还是多元连续向量函数.

下面我们不加证明地给出经常用到的多元复合向量函数的连续性定理.

定理 13.3.1　设 $E\subset\mathbb{R}^n$, 向量函数 $\boldsymbol{y}=\boldsymbol{f}(\boldsymbol{x})=(f_1(\boldsymbol{x}),f_2(\boldsymbol{x}),\cdots,f_m(\boldsymbol{x}))$ 在 E 上连续, $\boldsymbol{g}(\boldsymbol{y})=(g_1(\boldsymbol{y}),g_2(\boldsymbol{y}),\cdots,g_l(\boldsymbol{y}))$ 在 $\boldsymbol{f}(E)\subset\mathbb{R}^m$ 上连续, 则

$$\begin{aligned}\boldsymbol{g}(\boldsymbol{f}(\boldsymbol{x}))=(&g_1(f_1(\boldsymbol{x}),f_2(\boldsymbol{x}),\cdots,f_m(\boldsymbol{x})),g_2(f_1(\boldsymbol{x}),f_2(\boldsymbol{x}),\cdots,f_m(\boldsymbol{x})),\\&\cdots,g_l(f_1(\boldsymbol{x}),f_2(\boldsymbol{x}),\cdots,f_m(\boldsymbol{x})))\end{aligned}$$

在 E 上连续.

例 13.3.2　设函数

$$f(x,y)=\begin{cases}\sqrt{1-x^2-y^2}\ln(1-x^2-y^2), & x^2+y^2<1,\\ 0, & x^2+y^2=1,\end{cases}$$

讨论 $f(x,y)$ 的连续性.

解　记 $\varDelta=\{(x,y):x^2+y^2<1\}$, 则 $f(x,y)$ 的定义域是 $\overline{\varDelta}$. 任取 $(x_0,y_0)\in\varDelta$, 容易看出 $1-x^2-y^2$ 在 (x_0,y_0) 处连续且值大于零, 从而由复合函数的连续性知 $\sqrt{1-x^2-y^2}$ 及 $\ln(1-x^2-y^2)$ 在 (x_0,y_0) 处连续. 所以 $f(x,y)$ 在 (x_0,y_0) 处连续. 当 $(x_0,y_0)\in\partial\varDelta$ 且 $\varDelta\ni(x,y)\to(x_0,y_0)$ 时, 我们有 $t=x^2+y^2\to1-0$. 由于 $\lim\limits_{t\to1-0}\sqrt{1-t}\ln(1-t)=0$, 所以

$$\lim_{\varDelta\ni(x,y)\to(x_0,y_0)}\sqrt{1-x^2-y^2}\ln(1-x^2-y^2)=0=f(x_0,y_0).$$

另外, 我们显然有

$$\lim_{\partial\varDelta\ni(x,y)\to(x_0,y_0)}f(x,y)=0=f(x_0,y_0),$$

从而有

$$\lim_{\overline{\varDelta}\ni(x,y)\to(x_0,y_0)}f(x,y)=0=f(x_0,y_0).$$

这说明 $f(x,y)$ 在 $\overline{\varDelta}$ 上连续.

13.3.3 集合的连通性

设 $D=[\alpha,\beta]\subset\mathbb{R}(\alpha<\beta)$, 我们通常称 D 上的一个 n 维连续函数

$$\boldsymbol{h}(t)=(x_1(t),x_2(t),\cdots,x_n(t))$$

为 $\mathbb{R}^n$ 中的一条**连续曲线** (简称曲线). 当 $n=1,2,3$ 时, 连续曲线具有鲜明的几何意义. 一条连续曲线也称为 $\mathbb{R}^n$ 中的一条**道路** (或**路径**).

定义 13.3.3 设 $E\subset\mathbb{R}^n$ 是一个非空集合, 若对于 $\forall\boldsymbol{x},\boldsymbol{y}\in E$, 都存在一条道路 $\boldsymbol{h}(t):t\in[\alpha,\beta]$, 使得 $\boldsymbol{h}(\alpha)=\boldsymbol{x},\boldsymbol{h}(\beta)=\boldsymbol{y}$, 且对于 $\forall t\in[\alpha,\beta]$, 有 $\boldsymbol{h}(t)\in E$, 则称 E 是**道路连通**的.

注 对于一般集合的连通性在后续课程中有更为广泛的定义与讨论. 但在本书中, 我们提到的连通性则是指上述定义中的道路连通. 今后, 我们将省略 "道路" 两字, 仅仅说一个集合是否是连通的.

在 $\mathbb{R}$ 中, 一个集合 E 连通的充分必要条件是 E 是一个区间. 在 $\mathbb{R}^2$ 或 $\mathbb{R}^3$ 中, 若一个集合 E 是连通的, 则它的形式可以多种多样. 特别地, 若 E 是连通的开集, 则直观地看 E 只能由 "一块" 组成.

若 $E\subset\mathbb{R}^n$ 是一个连通的开集, 则称 E 为一个**区域**. 一般用 D,Ω 等来表示区域. 设 D 是一个区域, 称 $D\cup\partial D$ 是一个**闭区域**. 今后我们也经常用 D,Ω 等来表示一个闭区域. 例如, 以原点为心, 1 为半径的单位圆盘 $\Delta=\{(x,y):x^2+y^2<1\}$ 与 $\mathbb{R}^2\setminus\overline{\Delta}$ 都是区域. 在今后的学习中, 我们遇到比较多的是 $\mathbb{R}^2$ 和 $\mathbb{R}^3$ 中的区域. 一般来说, 在微积分课程中, 我们在 $\mathbb{R}^2$ 中遇到的有界区域一般是由有限多条分段光滑曲线所围的区域. 如图 13.3.1 所示的区域 D, 它是由 $K+1$ 条封闭曲线所围成的有界区域. 而在 $\mathbb{R}^3$ 中, 我们则主要考虑由若干块曲面所围的区域. 例如, 单位球面 $x^2+y^2+z^2=1$ 的内部位于 Oxy 平面上方的部分就是一个区域, 它由单位球面的上半部分与 Oxy 平面所围成.

区域在多元微积分中所起的作用与开区间在一元微积分中所起的作用相似, 而闭区域在多元微积分中所起的作用与闭区间在一元微积分中所起的作用相似.

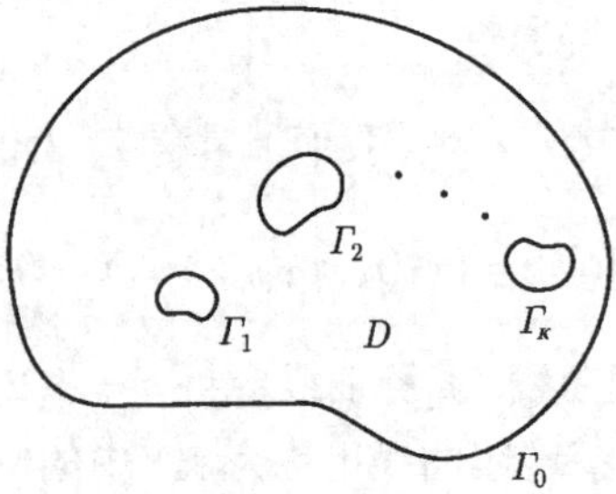

图　13.3.1

今后我们还会遇到凸域的概念. 设 $D \subset \mathbb{R}^n$ 是一个区域, 若对于 $\forall \boldsymbol{x}, \boldsymbol{y} \in D$, 有 $t\boldsymbol{x} + (1-t)\boldsymbol{y} \in D(t \in [0,1])$, 即连接 $\boldsymbol{x}$ 与 $\boldsymbol{y}$ 的线段在 D 内, 则称 D 为**凸域**.

13.3.4　连续函数的性质

在本小节中, 我们将闭区间上一元连续函数的性质推广到多元 (或向量) 函数的情形. 将一个已知数学定理作推广, 考查该定理的证明过程非常重要. 例如, 对于有界闭区间上的一元连续函数必有界并取到最大、最小值这一定理, 如果利用有界序列存在收敛子列这一结论来证的话, 则只要求该闭区间是紧集即可. 而用类似的论证方法很容易就可以证明高维情形的相应结果.

定理 13.3.2　设 $E \subset \mathbb{R}^n$ 为一个紧集, 向量函数

$$\boldsymbol{u} = \boldsymbol{f}(\boldsymbol{x}) = (f_1(\boldsymbol{x}), f_2(\boldsymbol{x}), \cdots, f_m(\boldsymbol{x}))$$

在 E 上连续, 则 $\boldsymbol{f}(E)$ 是 $\mathbb{R}^m$ 中的紧集.

证明　首先我们证明 $\boldsymbol{f}(E)$ 是有界集合. 倘若结论不真, 则存在 E 中的点列 $\{\boldsymbol{x}_k\}$, 使得 $\lim\limits_{k\to\infty} |\boldsymbol{f}(\boldsymbol{x}_k)| = +\infty$. 由 E 的紧性, 存在 $\{\boldsymbol{x}_k\}$ 的子序列 $\{\boldsymbol{x}_{k_j}\}$, 使得 $\lim\limits_{j\to\infty} \boldsymbol{x}_{k_j} = \boldsymbol{x}_0 \in E$. 再由 $\boldsymbol{f}(\boldsymbol{x})$ 在 E 上的连续性知 $\lim\limits_{j\to\infty} \boldsymbol{f}(\boldsymbol{x}_{k_j}) = \boldsymbol{f}(\boldsymbol{x}_0)$. 此矛盾证明了 $\boldsymbol{f}(E)$ 的有界性.

再证明 $\boldsymbol{f}(E)$ 是闭集. 设 $\boldsymbol{u}_0$ 是 $\boldsymbol{f}(E)$ 的一个聚点, 我们要证 $\boldsymbol{u}_0 \in$

$\boldsymbol{f}(E)$. 由于 $\boldsymbol{u}_0$ 是 $\boldsymbol{f}(E)$ 的聚点, 从而存在 $\{\boldsymbol{x}'_k\} \subset E$, 使得 $\lim\limits_{k\to\infty} \boldsymbol{f}(\boldsymbol{x}'_k) = \boldsymbol{u}_0$. 再由 E 是紧集知, $\{\boldsymbol{x}'_k\}$ 必存在收敛子列 $\{\boldsymbol{x}'_{k_j}\}$. 设 $\lim\limits_{j\to\infty} \boldsymbol{x}'_{k_j} = \boldsymbol{x}'_0$, 则有 $\boldsymbol{x}'_0 \in E$. 最后由 $\boldsymbol{f}(\boldsymbol{x})$ 在 $\boldsymbol{x}'_0$ 处连续, 有

$$\boldsymbol{u}_0 = \lim_{j\to\infty} \boldsymbol{f}(\boldsymbol{x}'_{k_j}) = \boldsymbol{f}(\boldsymbol{x}'_0) \in \boldsymbol{f}(E).$$

证毕.

由于对 $\mathbb{R}$ 中的紧集 E 必有 $\sup E = \max E$ 和 $\inf E = \min E$, 从定理 13.3.2 我们可以推出下面的结论.

推论 设 $E \subset \mathbb{R}^n$ 为一个紧集, 函数 $f(\boldsymbol{x})$ 在 E 上连续, 则

(1) $f(\boldsymbol{x})$ 在 E 上有界;

(2) $f(\boldsymbol{x})$ 在 E 上取到最大、最小值.

一个区间上的一元连续函数具有介值性质. 这一性质成立的充分必要条件是该函数的值域是一个区间, 而这正是连通集合的特征. 对于多元向量函数, 我们有以下定理.

定理 13.3.3 设 $E \subset \mathbb{R}^n$ 是连通集, 向量函数 $\boldsymbol{f}(\boldsymbol{x}) = (f_1(\boldsymbol{x}), f_2(\boldsymbol{x}), \cdots, f_m(\boldsymbol{x}))$ 在 E 上连续, 则 $\boldsymbol{f}(E)$ 是 $\mathbb{R}^m$ 中的连通集.

证明 设 $\boldsymbol{u}_1, \boldsymbol{u}_2 \in \boldsymbol{f}(E) \subset \mathbb{R}^m$, 则 $\exists\, \boldsymbol{x}_1, \boldsymbol{x}_2 \in E$, 使得

$$\boldsymbol{u}_j = \boldsymbol{f}(\boldsymbol{x}_j) \quad (j = 1, 2).$$

由 E 是连通的, 存在连接 $\boldsymbol{x}_1, \boldsymbol{x}_2$ 的道路 $\boldsymbol{h}(t) = (x_1(t), x_2(t), \cdots, x_n(t))$ $(t \in [0,1])$, 即对于 $\forall t \in [0,1]$, 有 $\boldsymbol{h}(t) \in E$, 且 $\boldsymbol{h}(0) = \boldsymbol{x}_1, \boldsymbol{h}(1) = \boldsymbol{x}_2$. 容易看出

$$\begin{aligned}\boldsymbol{f}(\boldsymbol{h}(t)) = (&f_1(x_1(t), x_2(t), \cdots, x_n(t)), f_2(x_1(t), x_2(t), \cdots, x_n(t)),\\ &\cdots, f_m(x_1(t), x_2(t), \cdots, x_n(t)))\end{aligned}$$

是 $\boldsymbol{f}(E)$ 中连接 $\boldsymbol{u}_1, \boldsymbol{u}_2$ 的一条道路. 这说明 $\boldsymbol{f}(E)$ 是 $\mathbb{R}^m$ 中的连通集. 证毕.

推论 设 $E \subset \mathbb{R}^n$ 是连通集, 函数 $u = f(\boldsymbol{x})$ 在 E 上连续, 再设 $u_1, u_2 \in f(E)$, 且 $u_1 < u_2$, 则对于 $\forall c \in (u_1, u_2)$, 存在 $\boldsymbol{\xi} \in E$, 使得

$$f(\boldsymbol{\xi}) = c.$$

证明 取 $\boldsymbol{x}_1, \boldsymbol{x}_2 \in E$, 使得 $u_1 = f(\boldsymbol{x}_1), u_2 = f(\boldsymbol{x}_2)$, 并任取 E 中的道路 $\boldsymbol{h}(t)(0 \leqslant t \leqslant 1)$ 连接 $\boldsymbol{x}_1, \boldsymbol{x}_2$, 则 $f(\boldsymbol{h}(t))$ 是 $[0,1]$ 上的连续函数. 由定理 13.3.1 (或一元连续函数的介值定理) 知, 存在 $\eta \in (0,1)$, 使得 $f(\boldsymbol{h}(\eta)) = c$. 记 $\boldsymbol{\xi} = \boldsymbol{h}(\eta) \in E$, 即得 $f(\boldsymbol{\xi}) = c$. 证毕.

在上述推论中, 当 E 是 $\mathbb{R}^n(n \geqslant 2)$ 的一个区域时, 满足 $f(\boldsymbol{\xi}) = c$ 的集合 $\{\boldsymbol{\xi} \in E : f(\boldsymbol{\xi}) = c\}$ 一般有无穷多个点. 这是因为 E 中连接两点可以有无穷多条道路并且任两条道路仅仅只在端点重合.

设 $f(\boldsymbol{x})(\boldsymbol{x} \in E \subset \mathbb{R}^n)$ 是一个 n 元函数, 如果对于 $\forall \varepsilon > 0, \exists \delta > 0$, 当 $\boldsymbol{x}', \boldsymbol{x}'' \in E$ 且 $|\boldsymbol{x}' - \boldsymbol{x}''| < \delta$ 时, 有

$$|f(\boldsymbol{x}') - f(\boldsymbol{x}'')| < \varepsilon,$$

则称 $f(\boldsymbol{x})$ 在 E 上**一致连续**. 设 $\boldsymbol{f}(\boldsymbol{x}) = (f_1(\boldsymbol{x}), f_2(\boldsymbol{x}), \cdots, f_m(\boldsymbol{x}))(\boldsymbol{x} \in E \subset \mathbb{R}^n)$ 是一个 m 维向量函数, 如果对于 $\forall j(1 \leqslant j \leqslant m), f_j(\boldsymbol{x})$ 在 E 上一致连续, 则称 $\boldsymbol{f}(\boldsymbol{x})$ 在 E 上**一致连续**.

定理 13.3.4 设 $E \subset \mathbb{R}^n$ 是紧集, 若向量函数 $\boldsymbol{f}(\boldsymbol{x})$ 在 E 上连续, 则 $\boldsymbol{f}(\boldsymbol{x})$ 在 E 一致连续.

定理 13.3.4 的证明与有界闭区间上的一元连续函数的情形类似, 请读者自证.

例 13.3.3 设函数 $f(x,y) = \sin xy$, 证明: $f(x,y)$ 在 $\mathbb{R}^2$ 中的任何紧集上是一致连续的, 但它在 $\mathbb{R}^2$ 中不是一致连续的.

证明 显然 $f(x,y) = \sin xy$ 在 $\mathbb{R}^2$ 内处处连续, 由定理 13.3.4 知 $f(x,y)$ 在 $\mathbb{R}^2$ 中的任何紧集上是一致连续的.

下证 $f(x,y)$ 在 $\mathbb{R}^2$ 中不一致连续. 事实上, 对 $k = 1, 2, \cdots$, 令 $\boldsymbol{x}'_k = \left(k, \dfrac{1}{k}\right)$ 和 $\boldsymbol{x}''_k = \left(k, \dfrac{2}{k}\right)$, 则

$$\lim_{k\to\infty}|\boldsymbol{x}_k'-\boldsymbol{x}_k''|=\lim_{k\to\infty}\frac{1}{k}=0.$$

但对于 $\forall\ k\in\mathbb{N}$, 我们有

$$\left|f\left(k,\frac{1}{k}\right)-f\left(k,\frac{2}{k}\right)\right|=|\sin 1-\sin 2|\neq 0.$$

这就证明了 $f(x,y)$ 在 $\mathbb{R}^2$ 中不一致连续.

13.3.5 同胚映射

设 $E\subset\mathbb{R}^n,\boldsymbol{y}=\boldsymbol{f}(\boldsymbol{x})=(f_1(\boldsymbol{x}),f_2(\boldsymbol{x}),\cdots,f_m(\boldsymbol{x}))$ 是定义在 E 上的一个向量函数. 作为映射, 若 $\boldsymbol{f}(\boldsymbol{x}):E\to\boldsymbol{f}(E)$ 是一个一一对应, 则存在逆映射 $\boldsymbol{x}=\boldsymbol{f}^{-1}(\boldsymbol{y}):\boldsymbol{f}(E)\to E$. 如果 $\boldsymbol{f}(\boldsymbol{x})$ 在 E 上连续以及 $\boldsymbol{f}^{-1}(\boldsymbol{y})$ 在 $\boldsymbol{f}(E)$ 上连续, 则称 $\boldsymbol{y}=\boldsymbol{f}(\boldsymbol{x})$ 是 $E\to\boldsymbol{f}(E)$ 的**同胚映射** (简称**同胚**). 同胚映射 $\boldsymbol{f}(\boldsymbol{x})$ 也称为 E 到 $\boldsymbol{f}(E)$ 的**变换**, 它的逆映射也称为**逆变换**.

例 13.3.4 证明: 不存在 $\mathbb{R}$ 到 $\mathbb{R}^2$ 的同胚映射.

证明 用反证法. 倘若存在 $\mathbb{R}$ 到 $\mathbb{R}^2$ 的同胚映射 $\boldsymbol{y}=\boldsymbol{f}(x)$. 取 $E=\mathbb{R}\backslash\{0\}$, 则 E 是 $\mathbb{R}$ 中的不连通集. 令 $\mathbb{R}^2\backslash\{\boldsymbol{f}(0)\}=\boldsymbol{f}(E)$, 则 $\boldsymbol{f}(E)$ 在 $\mathbb{R}^2$ 中仍然是连通集. 由于 $\boldsymbol{f}^{-1}(\boldsymbol{y})$ 在 $\boldsymbol{f}(E)$ 上连续, 从而它将 $\boldsymbol{f}(E)$ 映成 $\mathbb{R}$ 中的连通集, 但 $\boldsymbol{f}^{-1}(\boldsymbol{y})$ 将 $\boldsymbol{f}(E)$ 映成 E. 此矛盾便证明了我们的结论.

对于一个区间上的一元连续函数, 若它存在反函数, 则其反函数必定连续. 这是因为在一元函数的情形, 我们涉及的函数具有单调性的缘故. 对于多元函数, 则上述结论可以不真.

事实上, 考虑极坐标变换 $(x,y)=\boldsymbol{f}(r,\theta)=(r\cos\theta,r\sin\theta)$, 则 $\boldsymbol{f}(r,\theta)$ 将 $D=\{(r,\theta):0<r<+\infty,0\leqslant\theta<2\pi\}$ 连续地并且一一地映成 $\Omega=\mathbb{R}^2\backslash\{(0,0)\}$, 因此它的逆映射 $(r,\theta)=\boldsymbol{f}^{-1}(x,y)$ 存在. 我们可以清楚地写出它的表达式:

$$r=\sqrt{x^2+y^2},$$

$$\theta = \begin{cases} \arctan(y/x), & x > 0, y \geqslant 0, \\ \pi/2, & x = 0, y > 0, \\ \pi + \arctan(y/x), & x < 0, \\ 3\pi/2, & x = 0, y < 0, \\ 2\pi + \arctan(y/x), & x > 0, y < 0. \end{cases}$$

从几何上来看, 对于极坐标变换 $\boldsymbol{f}: \begin{cases} x = r\cos\theta, \\ y = r\sin\theta \end{cases}$ 来说, 例 13.2.6 告诉我们, 若取定 $r_0 > 0$, 则当 (r,θ) 趋于 $(r_0, 0)$ 时, 对应的 (x,y) 从第一象限趋于 $(r_0, 0)$; 而当 (r,θ) 趋于 $(r_0, 2\pi)$ 时, 对应的 (x,y) 从第四象限趋于 $(r_0,0)$. 这说明当 $(x,y) \to (r_0, 0)$ 时, $(r,\theta) = \boldsymbol{f}^{-1}(x,y)$ 不存在极限, 即 $\boldsymbol{f}^{-1}(x,y)$ 在正实轴上处处不连续.

从上述的例子我们可以看出, 极坐标变换的定义域 D 不是区域, 而 $\boldsymbol{f}(D)$ 是一个区域. 若取 $D = \{(r,\theta): 0 < r < +\infty, 0 < \theta < 2\pi\}$, 则 $\boldsymbol{f}(D) = \mathbb{R}^2 \backslash \{(x,y): x \geqslant 0, y = 0\}$, 即 $\boldsymbol{f}(D)$ 为 $\mathbb{R}^2$ 中挖去正 x 轴与原点的区域. 此时读者不难看出, $\boldsymbol{f}(r,\theta)$ 是 D 到 $\boldsymbol{f}(D)$ 的变换.

习 题 十 三

1. 证明 $\mathbb{R}^n$ 中两点间的距离满足三角不等式: 对于 $\forall \boldsymbol{x}, \boldsymbol{y}$ 和 $\boldsymbol{z} \in \mathbb{R}^n$, 成立 $|\boldsymbol{x} - \boldsymbol{z}| \leqslant |\boldsymbol{x} - \boldsymbol{y}| + |\boldsymbol{y} - \boldsymbol{z}|$.

2. 若 $\lim\limits_{k\to\infty} |\boldsymbol{x}_k| = +\infty$, 则称 $\mathbb{R}^n$ 中的点列 $\{\boldsymbol{x}_k\}$ 趋于 ∞. 现在设点列 $\{\boldsymbol{x}_k = (x_1^k, x_2^k, \cdots, x_n^k)\}$ 趋于 ∞, 试判断下列命题是否正确:

(1) 对于 $\forall i\,(1 \leqslant i \leqslant n)$, 序列 $\{x_i^k\}$ 趋于 ∞;

(2) $\exists i_0 (1 \leqslant i_0 \leqslant n)$, 序列 $\{x_{i_0}^k\}$ 趋于 ∞.

3. 求下列集合的聚点集:

(1) $E = \left\{ \left(\dfrac{q}{p}, \dfrac{q}{p}, 1 \right) \in \mathbb{R}^3 : p, q \in \mathbb{N} \text{ 互素, 且 } q < p \right\}$;

(2) $E = \left\{ \left(\ln\left(1 + \dfrac{1}{k}\right)^k, \sin\dfrac{k\pi}{2} \right) : k = 1, 2, \cdots \right\}$;

(3) $E=\left\{\left(r\cos\left(\tan\frac{\pi}{2}r\right),r\sin\left(\tan\frac{\pi}{2}r\right)\right)\in\mathbb{R}^2:0\leqslant r<1\right\}$.

4. 求下列集合的内部、外部、边界及闭包:

(1) $E=\{(x,y,z)\in\mathbb{R}^3:x>0,y>0,z=1\}$;

(2) $E=\{(x,y)\in\mathbb{R}^2:x>0,x^2+y^2-2x>1\}$.

5. 设 $\{(x_k,y_k)\}\subset\mathbb{R}^2$ 是一个点列, 判断如下命题是否为真: 点列 $\{(x_k,y_k)\}$ 在 $\mathbb{R}^2$ 中有聚点的充分必要条件是 $\{x_ky_k\}$ 在 $\mathbb{R}$ 中有聚点.

6. 设 $E\subset\mathbb{R}^n$, 证明:

(1) $\overline{E}=E^\circ\cup\partial E$;

(2) $E'=\overline{E}'$.

7. 设 $\{A_\lambda\}_{\lambda\in\Lambda}$ 为 $\mathbb{R}^n$ 的一族集合, 证明:

(1) 当 Λ 为有限指标集时, 成立 $\overline{\bigcup\limits_{\lambda\in\Lambda}A_\lambda}\subseteq\bigcup\limits_{\lambda\in\Lambda}\overline{A_\lambda}$, $\bigcap\limits_{\lambda\in\Lambda}A_\lambda^\circ\subseteq\left(\bigcap\limits_{\lambda\in\Lambda}A_\lambda\right)^\circ$;

(2) 对任意的指标集, 成立 $\bigcup\limits_{\lambda\in\Lambda}A_\lambda^\circ\subseteq\left(\bigcup\limits_{\lambda\in\Lambda}A_\lambda\right)^\circ$, $\overline{\bigcap\limits_{\lambda\in\Lambda}A_\lambda}\subseteq\bigcap\limits_{\lambda\in\Lambda}\overline{A_\lambda}$.

8. 设 $E\subset\mathbb{R}^n$, 证明:

(1) E' 是闭集; (2) ∂E 是闭集.

9. 设 $E\subset\mathbb{R}^2$, 记 $E_1=\{x\in\mathbb{R}:\exists(x,y)\in E\},E_2=\{y\in\mathbb{R}:\exists(x,y)\in E\}$, 判断下列命题是否为真 (说明理由):

(1) E 为 $\mathbb{R}^2$ 中的开 (闭) 集时, E_1 和 E_2 均为 $\mathbb{R}$ 中的开 (闭) 集;

(2) E_1 和 E_2 均为 $\mathbb{R}$ 中的开 (闭) 集时, E 为 $\mathbb{R}^2$ 中的开 (闭) 集.

10. 构造 $\mathbb{R}^2$ 中单位圆盘 $\Delta=\{(x,y):x^2+y^2<1\}$ 内的一个点列 $\{(x_k,y_k)\}$, 使得它的点构成的集合的聚点集恰为单位圆周 $\partial\Delta$.

11. 设 $E_1,E_2\subset\mathbb{R}^n$ 为两个非空集合, 定义 E_1,E_2 间的距离如下:

$$d(E_1,E_2)=\inf_{\boldsymbol{x}\in E_1,\boldsymbol{y}\in E_2}|\boldsymbol{x}-\boldsymbol{y}|.$$

(1) 举例说明存在开集 E_1,E_2, 使得 $E_1\cap E_2=\varnothing$, 但 $d(E_1,E_2)=0$;

(2) 举例说明存在闭集 E_1,E_2, 使得 $E_1\cap E_2=\varnothing$, 但 $d(E_1,E_2)=0$;

(3) 证明: 若紧集 E_1, E_2 满足 $d(E_1, E_2) = 0$, 则必有 $E_1 \cap E_2 \neq \varnothing$.

12. 设 $F \subset \mathbb{R}^n$ 是紧集, $E \subset \mathbb{R}^n$ 是开集, 且 $F \subset E$. 证明: 存在开集 O, 使得 $F \subset O \subset \overline{O} \subset E$.

13. 求下列函数的定义域:

(1) $f(x, y, z) = \ln(y - x^2 - z^2)$;　　(2) $f(x, y, z) = \sqrt{x^2 + y^2 - z^2}$;

(3) $f(x, y, z) = \dfrac{\ln(x^2 + y^2 - z)}{\sqrt{z}}$.

14. 确定下列函数极限是否存在, 若存在则求出极限:

(1) $\lim\limits_{E \ni (x,y) \to (0,0)} \dfrac{\sin(x^3 + y^3)}{x^2 + y}$, 其中 $E = \{(x, y) : y > x^2\}$;

(2) $\lim\limits_{(x,y) \to (0,0)} x \ln(x^2 + y^2)$;　　(3) $\lim\limits_{|(x,y)| \to +\infty} (x^2 + y^2) \mathrm{e}^{-(|x|+|y|)}$;

(4) $\lim\limits_{|(x,y)| \to +\infty} \left(1 + \dfrac{1}{|x| + |y|}\right)^{\frac{x^2}{|x|+|y|}}$;

(5) $\lim\limits_{(x,y,z) \to (0,0,0)} \left(\dfrac{xyz}{x^2 + y^2 + z^2}\right)^{x+y}$;

(6) $\lim\limits_{E \ni (x,y,z) \to (0,0,0)} x^{yz}$, 其中 $E = \{(x, y, z) : x, y, z > 0\}$;

(7) $\lim\limits_{(x,y,z) \to (0,1,0)} \dfrac{\sin(xyz)}{x^2 + z^2}$;　　(8) $\lim\limits_{(x,y,z) \to (0,0,0)} \dfrac{\sin xyz}{\sqrt{x^2 + y^2 + z^2}}$;

(9) $\lim\limits_{\boldsymbol{x} \to \boldsymbol{0}} \dfrac{\left(\sum\limits_{i=1}^{n} x_i\right)^2}{|\boldsymbol{x}|^2}$.

15. 试给出三元函数 $f(x, y, z)$ 累次极限 $\lim\limits_{x \to x_0} \lim\limits_{y \to y_0} \lim\limits_{z \to z_0} f(x, y, z)$ 的定义, 并构造一个三元函数 $f(x, y, z)$, 使得它满足: $\lim\limits_{(x,y,z) \to (0,0,0)} f(x, y, z)$ 存在, 但 $\lim\limits_{x \to 0} \lim\limits_{y \to 0} \lim\limits_{z \to 0} f(x, y, z)$ 不存在.

16. 设 $y = f(x)$ 在 $U_0(0, \delta_0) \subset \mathbb{R}$ 中有定义, 满足 $\lim\limits_{x \to 0} f(x) = 0$, 且对于 $\forall x \in U_0(0, \delta_0)$, 有 $f(x) \neq 0$. 记 $E = \{(x, y) : xy \neq 0\}$, 证明:

(1) $\lim\limits_{E \ni (x,y) \to (0,0)} \dfrac{f(x) f(y)}{f^2(x) + f^2(y)}$ 不存在;

(2) $\lim\limits_{E\ni(x,y)\to(0,0)}\dfrac{yf^2(x)}{f^4(x)+y^2}$ 不存在.

17. 试构造二元函数 $f(x,y)((x,y)\in\mathbb{R}^2)$, 使得对 $k=1,2,\cdots,K$, 有 $\lim\limits_{x\to 0}f(x,x^k)=0$, 但 $\lim\limits_{(x,y)\to(0,0)}f(x,y)$ 不存在.

18. 设函数 $f(x,y)$ 在 $\mathbb{R}^2$ 内除直线 $x=a$ 与 $y=b$ 外处处有定义, 并且满足:

(a) $\lim\limits_{y\to b}f(x,y)=g(x)$ 存在;

(b) $\lim\limits_{x\to a}f(x,y)=h(y)$ 一致存在, 即对于 $\forall\varepsilon>0,\exists\delta>0$, 使得对于 $\forall(x,y)\in\{(x,y):0<|x-a|<\delta\}$, 有 $|f(x,y)-h(y)|<\varepsilon$.

证明: 存在 $c\in\mathbb{R}$, 使得有

(1) $\lim\limits_{x\to a}\lim\limits_{y\to b}f(x,y)=\lim\limits_{x\to a}g(x)=c$;

(2) $\lim\limits_{y\to b}\lim\limits_{x\to a}f(x,y)=\lim\limits_{y\to b}h(y)=c$;

(3) $\lim\limits_{E\ni(x,y)\to(a,b)}f(x,y)=c$, 其中 $E=\mathbb{R}^2\backslash\{(x,y):x=a$ 或 $y=b\}$.

19. 设函数 $f(x)$ 在 $[0,1]$ 上连续, 函数 $g(y)$ 在 $[0,1]$ 上有唯一的第一类间断点 $y_0=\dfrac{1}{2}\left(g(y)\text{ 在 }[0,1]\backslash\left\{\dfrac{1}{2}\right\}\text{ 上连续}\right)$. 试求函数 $F(x,y)=f(x)g(y)$ 在 $[0,1]\times[0,1]$ 上的全体间断点.

20. 设函数 $f(x,y)$ 在 $D=[0,1]\times[0,1]$ 上有定义, 且对固定的 x, $f(x,y)$ 是 y 的连续函数, 对固定的 y, $f(x,y)$ 是 x 的连续函数. 证明: 若 $f(x,y)$ 满足下列条件之一:

(1) 对固定的 x, $f(x,y)$ 是 y 的单调上升函数;

(2) 对于 $\forall\varepsilon>0,\exists\delta>0$, 使得当 $y_1,y_2\in[0,1]$ 且 $|y_1-y_2|<\delta$ 时, $|f(x,y_1)-f(x,y_2)|<\varepsilon$ 对于 $\forall x\in[0,1]$ 成立,

则 $f(x,y)$ 在 D 内连续.

21. 设 $E\subset\mathbb{R}^n$, 证明: 向量函数 $\boldsymbol{f}(\boldsymbol{x}):E\to\mathbb{R}^m$ 在 $\boldsymbol{x}_0\in E$ 处连续的充分必要条件是对任何在 $U(\boldsymbol{f}(\boldsymbol{x}_0),\delta)(\delta>0)$ 内连续的函数 $h(\boldsymbol{y})$, $h(\boldsymbol{f}(\boldsymbol{x}))$ 在 $\boldsymbol{x}_0$ 处连续.

22. 设 $U \subset \mathbb{R}^n$ 是一个非空开集, 证明: 向量函数 $\boldsymbol{f}: U \to \mathbb{R}^m$ 在 U 内连续的充分必要条件是开集的原像是开集, 即对 $\mathbb{R}^m$ 中的任意开集 E, $\boldsymbol{f}^{-1}(E)$ 是 $\mathbb{R}^n$ 中的开集.

23. 设 $D \subset \mathbb{R}^2$ 是一个有界区域, $z = f(x,y)$ 是 $\overline{D}$ 上的连续函数, 且对于 $\forall (x,y) \in D$, 有 $f(x,y) > 0$. 再设 $z = g(x,y)$ 在 $\overline{D}$ 上有定义, 且存在 $(x_0,y_0) \in D$, 使得 $g(x_0,y_0) > 0$, 以及对于 $\forall (x,y) \in \overline{D} \backslash \{(x_0,y_0)\}$, 有 $f(x,y) = g(x,y)$. 问:

(1) 当 $g(x_0,y_0)$ 满足什么条件时, $\{(x,y,z) : (x,y) \in D, 0 < z < g(x,y)\}$ 是 $\mathbb{R}^3$ 中的开集?

(2) 当 $g(x_0,y_0)$ 满足什么条件时, $\{(x,y,z) : (x,y) \in \overline{D}, 0 \leqslant z \leqslant g(x,y)\}$ 是 $\mathbb{R}^3$ 中的闭集?

24. 设 $E = \{(x,y) : x \in \mathbb{Q}, y \in \mathbb{Q}\}$, 证明:

(1) E 是可数集;　　(2) $\mathbb{R}^2 \setminus E$ 是连通集.

25. 设函数 $f(x,y)$ 在 $D = [0,1] \times [0,1]$ 上连续, 它的最大值为 M, 最小值为 m. 证明: 对于 $\forall c \in (m,M)$, 存在无限多个 $(\xi,\eta) \in D$, 使得

$$f(\xi,\eta) = c.$$

26. 设 $\boldsymbol{A}$ 是 $n \times n (n \geqslant 2)$ 非退化矩阵, 证明: $\exists \lambda > 0$, 对于 $\forall \boldsymbol{x} \in \mathbb{R}^n$, 有 $|\boldsymbol{A}\boldsymbol{x}| \geqslant \lambda |\boldsymbol{x}|$(这里 $\boldsymbol{x}$ 为列向量).

27. 设 $E \subset \mathbb{R}^n$, 证明: 函数 $f(\boldsymbol{x}) = \inf\limits_{\boldsymbol{y} \in E} |\boldsymbol{x} - \boldsymbol{y}|$ 在 $\mathbb{R}^n$ 内一致连续.

28. 证明: 函数 $f(x,y) = \sqrt{xy}$ 在闭区域 $D = \{(x,y) : x \geqslant 0, y \geqslant 0\}$ 上不一致连续.

29. 试用有限覆盖定理与聚点原理分别证明 $\mathbb{R}^n$ 中紧集上的连续函数是一致连续的.

30. 证明: 函数 $f(\boldsymbol{x})$ 在 $U(\boldsymbol{0},1) \subset \mathbb{R}^n$ 内一致连续的充分必要条件是存在 $\overline{U(\boldsymbol{0},1)}$ 上的连续函数 $g(\boldsymbol{x})$, 使得在 $U(\boldsymbol{0},1)$ 内处处成立

$$g(\boldsymbol{x}) = f(\boldsymbol{x}).$$

31. 设 $E \subset \mathbb{R}^n$ 是开集, $D \subset E$ 称为 E 的一个**分支**, 若 D 是区域, 并且对任意区域 $D' \subset E$, 只要 $D \cap D' \neq \varnothing$, 总有 $D' \subset D$. 证明: $\mathbb{R}^n$ 中的任何开集都是可数个分支的并.

32. 试构造 $\varDelta = \{(x,y) : x^2 + y^2 < 1\}$ 到 $\mathbb{R}^2$ 的一个同胚映射.

第十四章　多元微分学

在本章中, 我们将讨论多元函数的微分学. 将一元函数微分学的理论推广到多元函数 (向量) 函数是本章的中心内容. 除此之外, 由于多元函数与一元函数具有一些本质的差别, 在本章中我们还要研究一些只有在多元函数的情形才具有的问题, 如隐函数存在定理等.

§14.1　偏导数与全微分

对于一个多元函数 $u=f(x_1,x_2,\cdots,x_n)$, 用一元微分学的工具来研究它是一个很自然的问题, 因此引进偏导数以及方向导数等概念是水到渠成的事情. 在本节中, 我们主要引进这些概念, 并讨论它们的简单性质.

14.1.1　偏导数

定义 14.1.1　设函数 $u=f(\boldsymbol{x})=f(x_1,x_2,\cdots,x_n)$ 在区域 $D\subset\mathbb{R}^n$ 上有定义, $\boldsymbol{x}_0=(x_1^0,x_2^0,\cdots,x_n^0)\in D$. 对于 $1\leqslant i\leqslant n$, 若一元函数

$$f(x_1^0,\cdots,x_{i-1}^0,x_i,x_{i+1}^0,\cdots,x_n^0)$$

在 x_i^0 处的导数, 即

$$\lim_{x_i\to x_i^0}\frac{f(x_1^0,\cdots,x_{i-1}^0,x_i,x_{i+1}^0,\cdots,x_n^0)-f(x_1^0,x_2^0,\cdots,x_n^0)}{x_i-x_i^0}$$

存在, 则称 $f(\boldsymbol{x})$ 在 $\boldsymbol{x}_0$ 处关于 x_i **可偏导**, 并称上述极限为 $f(\boldsymbol{x})$ 在 $\boldsymbol{x}_0$ 处关于 x_i 的**偏导数**, 记为 $\dfrac{\partial f(\boldsymbol{x}_0)}{\partial x_i}, f'_{x_i}(\boldsymbol{x}_0), \left.\dfrac{\partial u}{\partial x_i}\right|_{\boldsymbol{x}_0}$ 等.

容易看出, 当一个 n 元函数 $f(\boldsymbol{x})$ 关于每个分量都可偏导时, $f(\boldsymbol{x})$ 具有 n 个偏导数. 若 $f(\boldsymbol{x})$ 在 D 内的每一点关于 x_i 都可偏导, 则将

其偏导数记为 $\dfrac{\partial f(\boldsymbol{x})}{\partial x_i}$, $f'_{x_i}(\boldsymbol{x})$, $\dfrac{\partial u}{\partial x_i}$ 等. 此时, 对每个固定的分量 x_i, $\dfrac{\partial f(\boldsymbol{x})}{\partial x_i}$ 仍然是 D 中的一个 n 元函数.

特别地, 若 $z=f(x,y)$ 是一个二元函数, 则我们用 $\dfrac{\partial f(x,y)}{\partial x}\left(\text{或 } f'_x(x,y), \dfrac{\partial z}{\partial x}\right)$ 与 $\dfrac{\partial f(x,y)}{\partial y}\left(\text{或 } f'_y(x,y), \dfrac{\partial z}{\partial y}\right)$ 来记它的两个偏导数. 同理, 对三元函数 $u=f(x,y,z)$, 可以类似地给出相应记号: $\dfrac{\partial f(x,y,z)}{\partial x}$, $\dfrac{\partial f(x,y,z)}{\partial y}$, $\dfrac{\partial f(x,y,z)}{\partial z}$, 或 $f'_x(x,y,z), f'_y(x,y,z), f'_z(x,y,z)$, 或 $\dfrac{\partial u}{\partial x}, \dfrac{\partial u}{\partial y}, \dfrac{\partial u}{\partial z}$.

对一个二元函数 $z=f(x,y)((x,y)\in D)$, 我们可以讨论其在 $(x_0,y_0)\in D$ 处偏导数的几何意义. 当函数具有较好的性质时, 该函数的图像是 $\mathbb{R}^3$ 中的一块曲面. $y=y_0$ 是一个过点 $(x_0,y_0,0)$ 且平行于 Ozx 平面的平面, 它与曲面 $z=f(x,y)((x,y)\in D)$ 的交线为

$$L:\begin{cases} x=x, \\ y=y_0, \\ z=f(x,y_0). \end{cases}$$

因此, $\dfrac{\partial f(x_0,y_0)}{\partial x}$ 是平面 $y=y_0$ 内的曲线 L 在 $x=x_0$ 处的切线斜率 k_1. 同样, $\dfrac{\partial f(x_0,y_0)}{\partial y}$ 是平面 $x=x_0$ 与曲面 $z=f(x,y)((x,y)\in D)$ 的交线在 $y=y_0$ 处的切线斜率 k_2 (在图 14.1.1 中, $k_1=\tan\alpha, k_2=\tan\beta$).

读者应该注意的是, 函数 $z=f(x,y)$ 在 (x_0,y_0) 处的两个偏导数存在与否只与曲面与 $x=x_0$ 及 $y=y_0$ 的交线性质有关. 因此, 一个二元函数在点 (x_0,y_0) 处即使两个偏导数都存在, 该函数在点 (x_0,y_0) 处也未必连续. 例如, 设函数

$$f(x,y)=\begin{cases} 0, & xy=0, \\ 1, & xy\neq 0, \end{cases}$$

容易看出 $f'_x(0,0)=f'_y(0,0)=0$, 但 $f(x,y)$ 在 $(0,0)$ 处不连续.

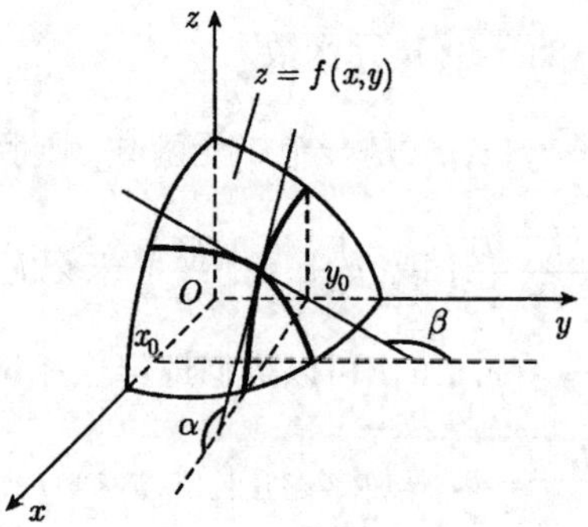

图 14.1.1

下面我们举两个例子:

例 14.1.1 设函数 $f(x,y)=\tan\dfrac{x^2}{y}$, 求 $\dfrac{\partial f(0,1)}{\partial x}$ 及 $\dfrac{\partial f(0,1)}{\partial y}$.

解 由偏导数的定义有

$$\frac{\partial f(0,1)}{\partial x}=(\tan x^2)'\Big|_{x=0}=2x\sec^2 x^2\Big|_{x=0}=0,$$

$$\frac{\partial f(0,1)}{\partial y}=(0)'\Big|_{y=1}=0.$$

例 14.1.2 设函数 $f(x,y)=\arcsin\dfrac{x}{\sqrt{x^2+y^2}}$, 求 $f'_x(x,y)$ 及 $f'_y(x,y)$.

解 对这种计算题, 我们在求 $f'_x(x,y)$ 时将 y 看成常数即可. 因此, 我们有

$$\begin{aligned}f'_x(x,y)=&\frac{1}{\sqrt{1-\dfrac{x^2}{x^2+y^2}}}\cdot\frac{1}{x^2+y^2}\left(\sqrt{x^2+y^2}-\frac{x^2}{\sqrt{x^2+y^2}}\right)\\=&\frac{1}{\sqrt{y^2}}\cdot\frac{y^2}{x^2+y^2}=\frac{y\,\mathrm{sgn}\,y}{x^2+y^2};\end{aligned}$$

同理,

$$f'_y(x,y)=\frac{1}{\sqrt{1-\dfrac{x^2}{x^2+y^2}}}\left(-\frac{xy}{(x^2+y^2)^{3/2}}\right)=\frac{-x\operatorname{sgn}y}{x^2+y^2},$$

其中 $\operatorname{sgn}y$ 是符号函数.

14.1.2 方向导数

一个多元函数的方向导数是用来刻画定义域内从一点出发的射线上函数的变化情况的. 从一点出发的一条射线可以看成是一个方向, 而一个方向可由以原点为心的单位球面上的点所确定. 设 n 维单位球面为 $x_1^2+x_2^2+\cdots+x_n^2=1$, 则每一个以原点为起点, 终点在该球面上的有向线段表示一个单位向量 $\boldsymbol{v}$, 它可以记为 $\boldsymbol{v}=(\cos\theta_1,\cos\theta_2,\cdots,\cos\theta_n)$, 其中 $\theta_i(1\leqslant i\leqslant n)$ 是该向量与 x_i 轴正向的夹角, $\cos\theta_i(1\leqslant i\leqslant n)$ 也称为是 $\boldsymbol{v}$ 的**方向余弦**. 特别地, 对于 $\mathbb{R}^2$ 内任一个单位向量 $\boldsymbol{v}$, 记它与正实轴的夹角为 θ, 则有 $\boldsymbol{v}=(\cos\theta,\sin\theta)$. 有了这些准备, 我们可以给出以下定义.

定义 14.1.2 设函数 $u=f(\boldsymbol{x})$ 在区域 $D\subset\mathbb{R}^n$ 上有定义, $\boldsymbol{x}_0\in D$, $\boldsymbol{v}=(\cos\theta_1,\cos\theta_2,\cdots,\cos\theta_n)$ 为一方向. 如果极限

$$\lim_{t\to0+0}\frac{f(\boldsymbol{x}_0+t\boldsymbol{v})-f(\boldsymbol{x}_0)}{t}$$

存在, 则称该极限为 $f(\boldsymbol{x})$ 在 $\boldsymbol{x}_0$ 处沿方向 $\boldsymbol{v}$ 的**方向导数**, 记为 $\dfrac{\partial f(\boldsymbol{x}_0)}{\partial\boldsymbol{v}}$ 或 $\left.\dfrac{\partial u}{\partial\boldsymbol{v}}\right|_{\boldsymbol{x}_0}$.

注 1 在上述定义中, 若记 $\boldsymbol{x}_0+t\boldsymbol{v}=\boldsymbol{x}$, 则

$$\frac{\partial f(\boldsymbol{x}_0)}{\partial\boldsymbol{v}}=\lim_{\boldsymbol{x}\to\boldsymbol{x}_0}\frac{f(\boldsymbol{x})-f(\boldsymbol{x}_0)}{(\boldsymbol{x}-\boldsymbol{x}_0)\boldsymbol{v}}.$$

从上述定义可以看出, 一个函数在某点处的方向导数不依赖于坐标系的选取.

注 2 设 $f(\boldsymbol{x})$ 在 $\boldsymbol{x}_0=(x_1^0,x_2^0,\cdots,x_n^0)$ 处关于 x_i 的偏导数 $\dfrac{\partial f(\boldsymbol{x}_0)}{\partial x_i}(1\leqslant i\leqslant n)$ 存在并等于 A, 若记 $\boldsymbol{v}_i$ 是第 i 个分量为 1 的单位向量, 则 $\dfrac{\partial f(\boldsymbol{x}_0)}{\partial \boldsymbol{v}_i}=A$. 但读者应该注意的是 $\dfrac{\partial f(\boldsymbol{x}_0)}{\partial(-\boldsymbol{v}_i)}=-A$.

例 14.1.3 设函数 $f(x,y)=\sqrt{x^2+y^2}$, 试求 $f(x,y)$ 在 $(0,0)$ 处各个方向的方向导数.

解 设 $\boldsymbol{v}=(\cos\theta,\sin\theta)(0\leqslant\theta<2\pi)$, 则

$$\begin{aligned}\frac{\partial f(0,0)}{\partial \boldsymbol{v}}&=\lim_{t\to0+0}\frac{f(t\cos\theta,t\sin\theta)-f(0,0)}{t}\\&=\lim_{t\to0+0}\frac{\sqrt{t^2\cos^2\theta+t^2\sin^2\theta}}{t}\\&=\lim_{t\to0+0}\frac{t}{t}=1.\end{aligned}$$

从注 2 我们可知, 在上例中, $f(x,y)$ 在 $(0,0)$ 处两个偏导数都不存在. 当然, 我们也可从偏导数的定义直接证明这一结果.

例 14.1.4 设函数

$$f(x,y)=\begin{cases}1, & y=x^2,\ 且\ x\neq0,\\0, & 其他,\end{cases}$$

即 $f(x,y)$ 在抛物线 $y=x^2$ 上除去原点外取值为 1, 其余各处取值为 0. 证明: 对任意方向 $\boldsymbol{v}$, 有 $\dfrac{\partial f(0,0)}{\partial \boldsymbol{v}}=0$, 但 $f(x,y)$ 在 $(0,0)$ 处不连续.

证明 记 $\mathbf{0}=(0,0)$, 对任意方向 $\boldsymbol{v}$, 当 t 很小时, $\mathbf{0}+t\boldsymbol{v}$ 与抛物线不交, 从而 $f(t\boldsymbol{v})=0=f(0,0)$, 因此 $\dfrac{\partial f(0,0)}{\partial \boldsymbol{v}}=0$. 由于

$$\lim_{k\to\infty}f\left(\frac{1}{k},\frac{1}{k^2}\right)=1\neq f(0,0),$$

所以 $f(x,y)$ 在 $(0,0)$ 处不连续.

14.1.3 全微分

一元函数 $y=f(x)$ 的微分是函数关于自变量的一阶线性的近似, 由其几何意义, 实际上是用切线来局部近似曲线 $y=f(x)$. 对于一个二元函数, 由于它的图像一般是一块曲面, 因此需用切平面来局部近似它, 而这些都与多元函数的全微分有关. 对一个 n 元函数, 我们有以下定义.

定义 14.1.3 设函数 $f(\boldsymbol{x})=f(x_1,x_2,\cdots,x_n)$ 在区域 $D\subset\mathbb{R}^n$ 上有定义, 且 $\boldsymbol{x}_0=(x_1^0,x_2^0,\cdots,x_n^0)\in D$. 记 $\Delta\boldsymbol{x}=(\Delta x_1,\Delta x_2,\cdots,\Delta x_n)$, 并称它为自变量的**全增量**. 再设 $\boldsymbol{x}=\boldsymbol{x}_0+\Delta\boldsymbol{x}=(x_1+\Delta x_1,x_1+\Delta x_2,\cdots,x_n+\Delta x_n)\in D$. 若存在仅依赖于 $\boldsymbol{x}_0$ 的常数 $A_i(i=1,2,\cdots,n)$, 使得

$$\Delta f(\boldsymbol{x}_0)=f(\boldsymbol{x}_0+\Delta\boldsymbol{x})-f(\boldsymbol{x}_0)=\sum_{i=1}^{n}A_i\Delta x_i+o(|\Delta\boldsymbol{x}|),\quad |\Delta\boldsymbol{x}|\to 0,$$

则称 $f(\boldsymbol{x})$ 在 $\boldsymbol{x}_0$ 处**可微**, 并称 $\sum\limits_{i=1}^{n}A_i\Delta x_i$ 为 $f(\boldsymbol{x})$ 在 $\boldsymbol{x}_0$ 处的**全微分**, 记为 $\mathrm{d}f(\boldsymbol{x}_0)$, 即

$$\mathrm{d}f(\boldsymbol{x}_0)=\sum_{i=1}^{n}A_i\Delta x_i.$$

若 $f(\boldsymbol{x})$ 在 D 内每一点处均可微, 则称 $f(x)$ 在 D 内是**可微函数**.

当 $x_i(1\leqslant i\leqslant n)$ 是自变量时, 定义 $\mathrm{d}x_i=\Delta x_i$. 因此 $f(\boldsymbol{x})$ 在 $\boldsymbol{x}_0$ 处的全微分可以记为 $\mathrm{d}f(\boldsymbol{x}_0)=\sum\limits_{i=1}^{n}A_i\mathrm{d}x_i$.

从全微分的定义可立即推出, 当 $f(\boldsymbol{x})$ 在 $\boldsymbol{x}_0$ 处可微时, 它的全微分是函数改变量的线性主要部分. 本书中涉及一个多元函数的微分时, 一般情形下总是指上述的全微分, 因此今后我们将全微分简称为微分.

定理 14.1.1 设函数 $f(\boldsymbol{x})$ 在区域 $D\subset\mathbb{R}^n$ 上有定义, 在 $\boldsymbol{x}_0=(x_1^0,\cdots,x_n^0)\in D$ 处可微, 记其微分为 $\mathrm{d}f(\boldsymbol{x}_0)=\sum\limits_{i=1}^{n}A_i\mathrm{d}x_i$, 则

(1) $f(\boldsymbol{x})$ 在 $\boldsymbol{x}_0$ 处连续;

(2) 对于 $i\,(1\leqslant i\leqslant n) f(\boldsymbol{x})$ 关于 x_i 可偏导, 并且有 $\dfrac{\partial f(\boldsymbol{x}_0)}{\partial x_i}=A_i$.

证明 (1) 记 $\Delta\boldsymbol{x}=\boldsymbol{x}-\boldsymbol{x}_0$, 则 $\boldsymbol{x}\to\boldsymbol{x}_0$ 等价于 $\Delta\boldsymbol{x}\to\boldsymbol{0}$, 即它等价于: 对于 $\forall i\,(1\leqslant i\leqslant n)$, 有 $\Delta x_i\to 0$. 由此我们有

$$\lim_{\Delta\boldsymbol{x}\to\boldsymbol{0}}[f(\boldsymbol{x}_0+\Delta\boldsymbol{x})-f(\boldsymbol{x}_0)]=\lim_{\Delta\boldsymbol{x}\to\boldsymbol{0}}\left[\sum_{i=1}^{n}A_i\Delta x_i+o(|\Delta\boldsymbol{x}|)\right]=0,$$

即 $f(\boldsymbol{x})$ 在 $\boldsymbol{x}_0$ 处连续.

(2) 对任何固定的 $i\,(1\leqslant i\leqslant n)$, 当 $j=1,2,\cdots,n$ 且 $j\neq i$ 时, 令 $x_j=x_j^0$, 即 $\Delta x_j=0$. 此时我们有 $\Delta\boldsymbol{x}=(0,\cdots,\Delta x_i,\cdots,0)$ 和 $|\Delta\boldsymbol{x}|=|\Delta x_i|$, 因此有

$$\begin{aligned}&\lim_{\Delta x_i\to 0}\frac{f(x_1^0,x_2^0,\cdots,x_{i-1}^0,x_i^0+\Delta x_i,x_{i+1}^0,\cdots,x_n^0)-f(\boldsymbol{x}_0)}{\Delta x_i}\\&\quad=\lim_{\Delta x_i\to 0}\left(A_i+\frac{o(|\Delta x_i|)}{\Delta x_i}\right)\\&\quad=A_i,\end{aligned}$$

从而 $f(\boldsymbol{x})$ 关于 x_i 可偏导, 并且有 $\dfrac{\partial f(\boldsymbol{x}_0)}{\partial x_i}=A_i$. 证毕.

上述定理说明, 当函数 $f(\boldsymbol{x})$ 在 $\boldsymbol{x}_0$ 处可微时, 必有

$$\mathrm{d}f(\boldsymbol{x}_0)=\sum_{i=1}^{n}\frac{\partial f(\boldsymbol{x}_0)}{\partial x_i}\mathrm{d}x_i.$$

特别地, 当 $z=f(x,y)$ 在 (x_0,y_0) 处可微时, 我们有

$$\mathrm{d}f(x_0,y_0)=\frac{\partial f(x_0,y_0)}{\partial x}\mathrm{d}x+\frac{\partial f(x_0,y_0)}{\partial y}\mathrm{d}y;$$

而当 $u=f(x,y,z)$ 在 (x_0,y_0,z_0) 处可微时, 则有

$$\mathrm{d}f(x_0,y_0,z_0)=\frac{\partial f(x_0,y_0,z_0)}{\partial x}\mathrm{d}x+\frac{\partial f(x_0,y_0,z_0)}{\partial y}\mathrm{d}y+\frac{\partial f(x_0,y_0,z_0)}{\partial z}\mathrm{d}z.$$

我们已经有了例子表明存在可偏导但不连续的多元函数, 因此这样的函数不可微. 这说明, 可偏导与可微在多元函数的情形不是等价的. 但是我们有以下的定理.

定理 14.1.2 设函数 $f(\boldsymbol{x})$ 在区域 $D \subset \mathbb{R}^n$ 上有定义, $\boldsymbol{x}_0 = (x_1^0, x_2^0, \cdots, x_n^0) \in D$, 再设 $f(\boldsymbol{x})$ 在 $\boldsymbol{x}_0$ 的邻域 $U(\boldsymbol{x}_0, \delta_0)(\delta_0 > 0)$ 内存在各个偏导数, 并且这些偏导数在 $\boldsymbol{x}_0$ 处连续, 则 $f(\boldsymbol{x})$ 在 $\boldsymbol{x}_0$ 处可微.

证明 我们对 n 作归纳法来证明定理.

当 $n=1$ 时, 定理结论显然成立.

假设当 $n=k$ 时定理成立, 即

$$\begin{aligned}
&f(x_1^0+\Delta x_1, x_2^0+\Delta x_2, \cdots, x_k^0+\Delta x_k) - f(x_1^0, x_2^0, \cdots, x_k^0) \\
&\quad = \sum_{i=1}^{k} \frac{\partial f(x_1^0, x_2^0, \cdots, x_k^0)}{\partial x_i}\Delta x_i + o\left(\sqrt{\sum_{i=1}^{k}(\Delta x_i)^2}\right) \\
&\qquad \left(\sqrt{\sum_{i=1}^{k}(\Delta x_i)^2} \to 0\right).
\end{aligned}$$

当 $n=k+1$ 时,

$$\begin{aligned}
&\Delta f(x_1^0, \cdots, x_k^0, x_{k+1}^0) \\
&\quad = f(x_1^0+\Delta x_1, \cdots, x_k^0+\Delta x_k, x_{k+1}^0+\Delta x_{k+1}) - f(x_1^0, \cdots, x_k^0, x_{k+1}^0) \\
&\quad = \big[f(x_1^0+\Delta x_1, \cdots, x_k^0+\Delta x_k, x_{k+1}^0+\Delta x_{k+1}) \\
&\qquad - f(x_1^0+\Delta x_1, \cdots, x_k^0+\Delta x_k, x_{k+1}^0)\big] \\
&\qquad + \big[f(x_1^0+\Delta x_1, \cdots, x_k^0+\Delta x_k, x_{k+1}^0) - f(x_1^0, \cdots, x_k^0, x_{k+1}^0)\big].
\end{aligned}$$

由一元函数的拉格朗日微分中值定理及 $\dfrac{\partial f(\boldsymbol{x})}{\partial x_{k+1}}$ 在 $\boldsymbol{x}_0$ 处的连续性知

$$\begin{aligned}
&f(x_1^0+\Delta x_1, \cdots, x_k^0+\Delta x_k, x_{k+1}^0+\Delta x_{k+1}) \\
&\qquad - f(x_1^0+\Delta x_1, \cdots, x_k^0+\Delta x_k, x_{k+1}^0) \\
&\quad = f'_{x_{k+1}}(x_1^0+\Delta x_1, \cdots, x_k^0+\Delta x_k, x_{k+1}^0+\theta\Delta x_{k+1})\Delta x_{k+1} \\
&\quad = f'_{x_{k+1}}(x_1^0, \cdots, x_k^0, x_{k+1}^0)\Delta x_{k+1} + \big[f'_{x_{k+1}}(x_1^0+\Delta x_1, \cdots, x_k^0 \\
&\qquad +\Delta x_k, x_{k+1}^0+\theta\Delta x_{k+1}) - f'_{x_{k+1}}(x_1^0, \cdots, x_k^0, x_{k+1}^0)\big]\Delta x_{k+1}
\end{aligned}$$

$$= f'_{x_{k+1}}(x_1^0,\cdots,x_k^0,x_{k+1}^0)\Delta x_{k+1} + o(|\Delta x_{k+1}|) \quad (14.1.1)$$

$$(|\Delta x_{k+1}| \to 0),$$

其中 $0<\theta<1$. 由归纳法假设有

$$f(x_1^0+\Delta x_1,\cdots,x_k^0+\Delta x_k,x_{k+1}^0) - f(x_1^0,\cdots,x_k^0,x_{k+1}^0)$$
$$= \sum_{i=1}^{k} \frac{\partial f(x_1^0,\cdots,x_k^0,x_{k+1}^0)}{\partial x_i}\Delta x_i + o\left(\sqrt{\sum_{i=1}^{k}(\Delta x_i)^2}\right) \quad (14.1.2)$$

$$\left(\sqrt{\sum_{i=1}^{k}(\Delta x_i)^2} \to 0\right).$$

注意到当 $\sqrt{\sum_{i=1}^{k+1}(\Delta x_i)^2} \to 0$ 时, 有

$$\frac{o(|\Delta x_{k+1}|) + o\left(\sqrt{\sum_{i=1}^{k}(\Delta x_i)^2}\right)}{\sqrt{\sum_{i=1}^{k+1}(\Delta x_i)^2}} \to 0,$$

因此由式 (14.1.1), (14.1.2) 即得

$$\Delta f(x_1^0,\cdots,x_k^0,x_{k+1}^0)$$
$$= f(x_1^0+\Delta x_1,\cdots,x_k^0+\Delta x_k,x_{k+1}^0+\Delta x_{k+1}) - f(x_1^0,\cdots,x_k^0,x_{k+1}^0)$$
$$= \sum_{i=1}^{k+1} \frac{\partial f(x_1^0,x_2^0,\cdots,x_k^0,x_{k+1}^0)}{\partial x_i}\Delta x_i + o\left(\sqrt{\sum_{i=1}^{k+1}(\Delta x_i)^2}\right)$$

$$\left(\sqrt{\sum_{i=1}^{k+1}(\Delta x_i)^2} \to 0\right),$$

即 $f(x_1,x_2,\cdots,x_{k+1})$ 在 $(x_1^0,x_2^0,\cdots,x_{k+1}^0)$ 处可微, 且

$$\mathrm{d}f(x_1^0, x_2^0, \cdots, x_{k+1}^0) = \sum_{i=1}^{k+1} \frac{\partial f(x_1^0, x_2^0, \cdots, x_{k+1}^0)}{\partial x_i} \mathrm{d}x_i.$$

这就证明了定理的结论对一切 $n \in \mathbb{N}$ 成立. 证毕.

注 若函数 $f(\boldsymbol{x})$ 在区域 $D \subset \mathbb{R}^n$ 上关于自变量的各个分量都具有连续偏导数, 通常我们称 $f(\boldsymbol{x})$ 在 D 内是 C^1 的, 记为 $f(\boldsymbol{x}) \in C^1(D)$, 此时我们也称 $f(\boldsymbol{x})$ 在 D 内**连续可微**.

例 14.1.5 证明函数

$$f(x,y) = \begin{cases} (x^2+y^2)\sin\dfrac{1}{x^2+y^2}, & x^2+y^2 \neq 0, \\ 0, & x^2+y^2 = 0 \end{cases}$$

在 $(0,0)$ 处可微, 但 $f'_x(x,y)$ 及 $f'_y(x,y)$ 在 $(0,0)$ 处不连续.

证明 显然 $f'_x(0,0) = f'_y(0,0) = 0$. 由于

$$\begin{aligned} \Delta f(0,0) =& f(\Delta x, \Delta y) = [(\Delta x)^2 + (\Delta y)^2]\sin\frac{1}{(\Delta x)^2+(\Delta y)^2} \\ =& o(\sqrt{(\Delta x)^2+(\Delta y)^2}) \quad (\sqrt{(\Delta x)^2+(\Delta y)^2} \to 0), \end{aligned}$$

因此 $f(x,y)$ 在 $(0,0)$ 处可微. 当 $(x,y) \neq (0,0)$ 时, 有

$$f'_x(x,y) = 2x\sin\frac{1}{x^2+y^2} - \frac{2x}{x^2+y^2}\cos\frac{1}{x^2+y^2}.$$

由于 $(x_k, y_k) = \left(\dfrac{1}{\sqrt{2k\pi}}, 0\right) \to (0,0)$ 时, $f'_x(x_k, y_k) \to \infty$, 因此 $f'_x(x,y)$ 在 $(0,0)$ 处不连续.

由函数的对称性, 同理 $f'_y(x,y)$ 在 $(0,0)$ 处也不连续.

对于可微函数, 它的方向导数与偏导数密切相关. 对此我们有下面的结论.

定理 14.1.3 设函数 $f(\boldsymbol{x})$ 在区域 $D \subset \mathbb{R}^n$ 上有定义, 且在 $\boldsymbol{x}_0 \in D$ 处可微, 则 $f(\boldsymbol{x})$ 在 $\boldsymbol{x}_0$ 处沿方向 $\boldsymbol{v} = (\cos\theta_1, \cos\theta_2, \cdots, \cos\theta_n)$ 的方向导数为

$$\frac{\partial f(\boldsymbol{x}_0)}{\partial \boldsymbol{v}} = \sum_{i=1}^{n} \frac{\partial f(\boldsymbol{x}_0)}{\partial x_i}\cos\theta_i.$$

证明 由 $f(\boldsymbol{x})$ 的可微性及方向导数的定义, 我们有

$$\lim_{t\to0+0}\frac{f(\boldsymbol{x}_0+t\boldsymbol{v})-f(\boldsymbol{x}_0)}{t}=\lim_{t\to0+0}\frac{\displaystyle\sum_{i=1}^n\frac{\partial f(\boldsymbol{x}_0)}{\partial x_i}t\cos\theta_i+o(|t|)}{t}=\sum_{i=1}^n\frac{\partial f(\boldsymbol{x}_0)}{\partial x_i}\cos\theta_i.$$

证毕.

在本小节的最后, 我们再举一个例子来说明多元函数微分的在近似计算中的应用.

例 14.1.6 求 $2.99^2\times1.02^3$ 的近似值.

解 取函数 $f(x,y)=x^2y^3$, 显然 $f(x,y)$ 的两个偏导数在 $\mathbb{R}^2$ 上连续, 从而它在 $\mathbb{R}^2$ 处处可微. 取 $(x_0,y_0)=(3,1)$, $\Delta x=-0.01$, $\Delta y=0.02$, 则

$$\begin{aligned}2.99^2\times1.02^3&=f(2.99,1.02)=f(3-0.01,1+0.02)\\&\approx f(3,1)+f'_x(3,1)\Delta x+f'_y(3,1)\Delta y\\&=3^2\times1^3+f'_x(3,1)\cdot(-0.01)+f'_y(3,1)\cdot(0.02)\\&=9+6\cdot(-0.01)+27\cdot(0.02)=9.48.\end{aligned}$$

14.1.4 梯度

与方向导数密切相关的概念是梯度. 在本节我们先介绍梯度的概念与基本的性质, 在本书后面的章节中我们还会多次讨论它的进一步的性质.

在上一小节中, 我们知道当 $f(\boldsymbol{x})$ 在 $\boldsymbol{x}_0\in\mathbb{R}^n$ 处可微时, $f(\boldsymbol{x})$ 沿任意方向 $\boldsymbol{v}=(\cos\theta_1,\cos\theta_2,\cdots,\cos\theta_n)$ 的方向导数为

$$\frac{\partial f(\boldsymbol{x}_0)}{\partial\boldsymbol{v}}=\sum_{i=1}^n\frac{\partial f}{\partial x_i}\cos\theta_i.$$

当 $f(\boldsymbol{x})$ 在 $\boldsymbol{x}_0$ 处的 n 个偏导数不全为零时, $f(\boldsymbol{x})$ 沿方向

$$\boldsymbol{v}_0=\frac{1}{\sqrt{\displaystyle\sum_{i=1}^n\left(\frac{\partial f(\boldsymbol{x}_0)}{\partial x_i}\right)^2}}\left(\frac{\partial f(\boldsymbol{x}_0)}{\partial x_1},\frac{\partial f(\boldsymbol{x}_0)}{\partial x_2},\cdots,\frac{\partial f(\boldsymbol{x}_0)}{\partial x_n}\right)$$

的方向导数达到最大值. 因此向量 $\left(\dfrac{\partial f(\boldsymbol{x}_0)}{\partial x_1},\dfrac{\partial f(\boldsymbol{x}_0)}{\partial x_2},\cdots,\dfrac{\partial f(\boldsymbol{x}_0)}{\partial x_n}\right)$ 是 $f(\boldsymbol{x})$ 在 $\boldsymbol{x}_0$ 处方向导数达到最大的方向, 同时它的模就是该方向的方向导数. 由此我们引进下面的定义.

定义 14.1.4 设函数 $f(\boldsymbol{x})$ 在 $\boldsymbol{x}_0$ 处可微, 则称向量

$$\left(\frac{\partial f(\boldsymbol{x}_0)}{\partial x_1},\frac{\partial f(\boldsymbol{x}_0)}{\partial x_2},\cdots,\frac{\partial f(\boldsymbol{x}_0)}{\partial x_n}\right)$$

为 $f(\boldsymbol{x})$ 在 $\boldsymbol{x}_0$ 处的**梯度**, 记为 $\mathbf{grad}f(\boldsymbol{x}_0)$, 即

$$\mathbf{grad}f(\boldsymbol{x}_0)=\left(\frac{\partial f(\boldsymbol{x}_0)}{\partial x_1},\frac{\partial f(\boldsymbol{x}_0)}{\partial x_2},\cdots,\frac{\partial f(\boldsymbol{x}_0)}{\partial x_n}\right).$$

设 f,g 均是可微函数, 则从定义容易推出梯度有以下简单**性质**:

(1) $\mathbf{grad}C=\mathbf{0}$, C 为常数;

(2) 对于 $\forall\alpha,\beta\in\mathbb{R}$, 有 $\mathbf{grad}(\alpha f+\beta g)=\alpha\mathbf{grad}\ f+\beta\mathbf{grad}\ g$;

(3) $\mathbf{grad}(f\cdot g)=f\cdot\mathbf{grad}\ g+g\cdot\mathbf{grad}\ f$;

(4) $\mathbf{grad}\dfrac{f}{g}=\dfrac{1}{g^2}(g\cdot\mathbf{grad}\ f-f\cdot\mathbf{grad}\ g)\ (g\neq 0)$.

从梯度的定义可以看出, 当 $f(\boldsymbol{x})$ 在 $\boldsymbol{x}_0$ 处可微时, $f(\boldsymbol{x})$ 沿方向 $\boldsymbol{v}$ 的方向导数可以简单地记成 $\dfrac{\partial f(\boldsymbol{x}_0)}{\partial \boldsymbol{v}}=\mathbf{grad}f(\boldsymbol{x}_0)\cdot\boldsymbol{v}$. 读者易于给出方向导数与梯度的关系的几何意义.

设函数 $u=f(x,y,z)$ 在 (x_0,y_0,z_0) 处可微, $\mathbf{grad}\ f(x_0,y_0,z_0)$ 不是零向量. 记 $H=|\mathbf{grad}\ f(x_0,y_0,z_0)|$, $l_{\boldsymbol{v}}$ 为从 (x_0,y_0,z_0) 出发由方向 $\boldsymbol{v}$ 确定的射线, 则对于 $\forall h\in(-H,H)$, 所有使得 $\dfrac{\partial f}{\partial \boldsymbol{v}}=h$ 的 $l_{\boldsymbol{v}}$ 的集合构成了顶点在 (x_0,y_0,z_0), 母线是 $l_{\boldsymbol{v}}$ 的锥面. 当 h 从 $-H$ 连续变为 H 时,其母线 $l_{\boldsymbol{v}}$ 与 $\mathbf{grad}\ f(x_0,y_0,z_0)$ 的夹角从 π 变到 0. 特别地, 当它们的夹角为 $\dfrac{\pi}{2}$ 时, $l_{\boldsymbol{v}}$ 的全体构成了过 (x_0,y_0,z_0) 且以 $\mathbf{grad}\ f(x_0,y_0,z_0)$ 为法线的平面.

例 14.1.7 设 $k\geqslant 2$ 为正整数, 函数 $f(x,y)$ 在极坐标 (r,θ) 下有

表示式

$$f(x,y)=\begin{cases} r\sin k\theta, & (x,y)\neq(0,0),\\ 0, & (x,y)=(0,0).\end{cases}$$

(1) 求 $f(x,y)$ 在 $(0,0)$ 处的方向导数;

(2) $f(x,y)$ 在 $(0,0)$ 处是否连续?

(3) $f(x,y)$ 在 $(0,0)$ 处是否可微?

解 (1) 对固定的 $\theta_0\in[0,2\pi)$, $\theta=\theta_0$ 即确定一个从原点出发的方向 $\boldsymbol{v}_0=(\cos\theta_0,\sin\theta_0)$. 我们有

$$\frac{\partial f(0,0)}{\partial \boldsymbol{v}_0}=\lim_{r\to 0}\frac{r\sin k\theta_0-0}{r}=\sin k\theta_0.$$

因此 $f(x,y)$ 在 $(0,0)$ 处沿方向 $(\cos\theta,\sin\theta)$ 的方向导数即为 $\sin k\theta$.

(2) 显然, $\lim\limits_{(x,y)\to(0,0)} f(x,y)=0$, 所以 $f(x,y)$ 在 $(0,0)$ 处连续.

(3) 当 $k\geqslant 2$ 时, 由于 $\sin k\theta$ 至少在 $\theta=\dfrac{\pi}{2k},\dfrac{5\pi}{2k}\in[0,2\pi)$ 处取最大值 1, 我们断言 $f(x,y)$ 在 $(0,0)$ 处不可微. 如若断言不真, 假设 $f(x,y)$ 在 $(0,0)$ 处可微, 则 $\mathbf{grad}\ f(0,0)$ 是非零向量, 因此它的方向导数只能在一个方向即梯度的方向达到最大值. 此矛盾便证明了断言.

注 当 $k=2$ 且 $r\neq 0$ 时,

$$r\sin 2\theta=\frac{2r^2\sin\theta\cos\theta}{r}=\frac{2xy}{\sqrt{x^2+y^2}}.$$

由此我们可将 $f(x,y)$ 写成如下形式:

$$f(x,y)=\begin{cases} \dfrac{2xy}{\sqrt{x^2+y^2}}, & x^2+y^2\neq 0,\\ 0, & x^2+y^2=0.\end{cases}$$

同理, 当 $k=3$ 且 $r\neq 0$ 时,

$$f(x,y)=\begin{cases} \dfrac{3x^2y-y^3}{x^2+y^2}, & x^2+y^2\neq 0,\\ 0, & x^2+y^2=0.\end{cases}$$

请读者自己对上述函数在 (x,y) 坐标下重新解例 14.1.7.

14.1.5 向量函数的导数与全微分

在本小节中, 我们将定义向量函数的导数与全微分. 向量函数的导数与全微分是两个非常重要的概念, 在今后学习中将起到重要作用. 由于涉及向量函数, 今后我们有时用行向量, 但有时也用列向量来记同一个向量函数, 不过从上下文中, 读者可以清楚地知道它何时是行向量, 何时是列向量.

定义 14.1.5 设向量函数 $\boldsymbol{u}=\boldsymbol{f}(\boldsymbol{x})=(f_1(\boldsymbol{x}),f_2(\boldsymbol{x}),\cdots,f_m(\boldsymbol{x}))^{\mathrm{T}}$ 在区域 $D\subset\mathbb{R}^n$ 上有定义, $\boldsymbol{x}_0\in D$, $\Delta\boldsymbol{x}=(\Delta x_1,\Delta x_2,\cdots,\Delta x_n)^{\mathrm{T}}$ 为 $\boldsymbol{x}$ 在 $\boldsymbol{x}_0$ 处的全增量. 如果存在 $m\times n$ 矩阵

$$\boldsymbol{A}=\begin{pmatrix} A_{11} & A_{12} & \cdots & A_{1n} \\ A_{21} & A_{22} & \cdots & A_{2n} \\ \vdots & \vdots & & \vdots \\ A_{m1} & A_{m2} & \cdots & A_{mn} \end{pmatrix},$$

使得当 $|\Delta\boldsymbol{x}|\to 0$ 时, 下式成立:

$$\begin{aligned}\Delta\boldsymbol{f}(\boldsymbol{x}_0)&=(\Delta f_1(\boldsymbol{x}_0),\ \Delta f_2(\boldsymbol{x}_0),\ \cdots,\ \Delta f_m(\boldsymbol{x}_0))^{\mathrm{T}}\\ &=\begin{pmatrix} A_{11} & A_{12} & \cdots & A_{1n} \\ A_{21} & A_{22} & \cdots & A_{2n} \\ \vdots & \vdots & & \vdots \\ A_{m1} & A_{m2} & \cdots & A_{mn} \end{pmatrix}\begin{pmatrix}\Delta x_1\\ \Delta x_2\\ \vdots\\ \Delta x_n\end{pmatrix}+\begin{pmatrix}\alpha_1(|\Delta\boldsymbol{x}|)\\ \alpha_2(|\Delta\boldsymbol{x}|)\\ \vdots\\ \alpha_m(|\Delta\boldsymbol{x}|)\end{pmatrix},\end{aligned} \tag{14.1.3}$$

其中 $\boldsymbol{A}$ 中的元素仅依赖于 $\boldsymbol{x}_0$ 而不依赖于 $\Delta\boldsymbol{x}$, 对于 $\forall\, j(1\leqslant j\leqslant m)$, $\alpha_j(|\Delta\boldsymbol{x}|)$ 依赖于 $\Delta\boldsymbol{x}$, 并且满足 $\lim\limits_{|\Delta\boldsymbol{x}|\to 0}\dfrac{\alpha_j(|\Delta\boldsymbol{x}|)}{|\Delta\boldsymbol{x}|}=0$, 则称 $\boldsymbol{f}(\boldsymbol{x})$ 在 $\boldsymbol{x}_0$ 处**可微**或**可导**, 矩阵 $\boldsymbol{A}$ 称为 $\boldsymbol{f}(\boldsymbol{x})$ 在 $\boldsymbol{x}_0$ 处的 **Fréchet 导数** (简称**导数**), 记做 $\boldsymbol{f}'(\boldsymbol{x}_0)$ 或 $\mathrm{D}\boldsymbol{f}(\boldsymbol{x}_0)$; $\boldsymbol{A}\Delta\boldsymbol{x}$ 称为 $\boldsymbol{f}(\boldsymbol{x})$ 在 $\boldsymbol{x}_0$ 处的**全微分** (简称**微分**), 记做 $\mathrm{d}\boldsymbol{f}(\boldsymbol{x}_0)$, 即

$$\mathrm{d}\boldsymbol{f}(\boldsymbol{x}_0)=\boldsymbol{A}\Delta\boldsymbol{x}=\boldsymbol{f}'(\boldsymbol{x}_0)\Delta\boldsymbol{x}=\mathrm{D}\boldsymbol{f}(\boldsymbol{x}_0)\Delta\boldsymbol{x}.$$

在上述定义中, 若规定 $\mathrm{d}\boldsymbol{x}=\Delta\boldsymbol{x}$, 则有 $\mathrm{d}\boldsymbol{f}(\boldsymbol{x}_0)=\boldsymbol{f}'(\boldsymbol{x}_0)\mathrm{d}\boldsymbol{x}$.

式 (14.1.3) 用矩阵可以简写成

$$\Delta\boldsymbol{f}(\boldsymbol{x}_0)=\boldsymbol{f}(\boldsymbol{x}_0+\Delta\boldsymbol{x})-\boldsymbol{f}(\boldsymbol{x}_0)=\boldsymbol{A}\Delta\boldsymbol{x}+\boldsymbol{\alpha}(|\Delta\boldsymbol{x}|),$$

其中 $\boldsymbol{\alpha}(|\Delta\boldsymbol{x})=(\alpha_1(|\Delta\boldsymbol{x}|),\alpha_2(|\Delta\boldsymbol{x}|),\cdots,\alpha_m(|\Delta\boldsymbol{x}|))^{\mathrm{T}}$ 满足

$$\lim_{|\Delta\boldsymbol{x}|\to 0}\frac{\boldsymbol{\alpha}(|\Delta\boldsymbol{x}|)}{|\Delta\boldsymbol{x}|}=\mathbf{0}.$$

下面我们考虑如何判断一个向量函数的可微性, 以及当它可微时, 如何求它的导数. 下面的定理对此给出了回答.

定理 14.1.4　设 D 是 $\mathbb{R}^n$ 中的区域, $\boldsymbol{x}_0\in D$, 向量函数 $\boldsymbol{f}(\boldsymbol{x})=(f_1(\boldsymbol{x}),f_2(\boldsymbol{x}),\ \cdots,\ f_m(\boldsymbol{x}))^{\mathrm{T}}$ 在 D 上有定义, 则 $\boldsymbol{f}(\boldsymbol{x})$ 在 $\boldsymbol{x}_0$ 处可微的充分必要条件是对于 $\forall j(1\leqslant j\leqslant m)$, $f_j(\boldsymbol{x})$ 在 $\boldsymbol{x}_0$ 处可微. 记

$$\boldsymbol{A}=\begin{pmatrix}\dfrac{\partial f_1(\boldsymbol{x}_0)}{\partial x_1} & \dfrac{\partial f_1(\boldsymbol{x}_0)}{\partial x_2} & \cdots & \dfrac{\partial f_1(\boldsymbol{x}_0)}{\partial x_n}\\ \dfrac{\partial f_2(\boldsymbol{x}_0)}{\partial x_1} & \dfrac{\partial f_2(\boldsymbol{x}_0)}{\partial x_2} & \cdots & \dfrac{\partial f_2(\boldsymbol{x}_0)}{\partial x_n}\\ \vdots & \vdots & & \vdots\\ \dfrac{\partial f_m(\boldsymbol{x}_0)}{\partial x_1} & \dfrac{\partial f_m(\boldsymbol{x}_0)}{\partial x_2} & \cdots & \dfrac{\partial f_m(\boldsymbol{x}_0)}{\partial x_n}\end{pmatrix},$$

则当 $\boldsymbol{f}(\boldsymbol{x})$ 在 $\boldsymbol{x}_0$ 处可微时, 有

$$\mathrm{d}\boldsymbol{f}(\boldsymbol{x}_0)=\boldsymbol{A}\mathrm{d}\boldsymbol{x}\quad\text{或}\quad\boldsymbol{f}'(\boldsymbol{x}_0)=\boldsymbol{A}.$$

证明　*必要性*　设 $\boldsymbol{f}(\boldsymbol{x})$ 在 $\boldsymbol{x}_0$ 处可微, 从而存在 $m\times n$ 矩阵

$$\begin{pmatrix}A_{11} & A_{12} & \cdots & A_{1n}\\ A_{21} & A_{22} & \cdots & A_{2n}\\ \vdots & \vdots & & \vdots\\ A_{m1} & A_{m2} & \cdots & A_{mn}\end{pmatrix},$$

使得当 $|\Delta\boldsymbol{x}|\to 0$ 时, 有

$$\Delta \boldsymbol{f}(\boldsymbol{x}_0)=\begin{pmatrix}\Delta f_1(\boldsymbol{x}_0)\\ \Delta f_2(\boldsymbol{x}_0)\\ \vdots\\ \Delta f_m(\boldsymbol{x}_0)\end{pmatrix}=\begin{pmatrix}\sum\limits_{i=1}^{n}A_{1i}\Delta x_i\\ \sum\limits_{i=1}^{n}A_{2i}\Delta x_i\\ \vdots\\ \sum\limits_{i=1}^{n}A_{mi}\Delta x_i\end{pmatrix}+\begin{pmatrix}\alpha_1(|\Delta \boldsymbol{x}|)\\ \alpha_2(|\Delta \boldsymbol{x}|)\\ \vdots\\ \alpha_m(|\Delta \boldsymbol{x}|)\end{pmatrix},$$

其中 $\alpha_j(|\Delta \boldsymbol{x}|)$ 依赖于 $\Delta \boldsymbol{x}$, 且 $\lim\limits_{|\Delta \boldsymbol{x}|\to 0}\dfrac{\alpha_j(|\Delta \boldsymbol{x}|)}{|\Delta \boldsymbol{x}|}=0\ (j=1,2,\cdots,m)$. 比较上式两边向量的分量, 对 $j=1,2,\cdots,m$, 当 $|\Delta \boldsymbol{x}|\to 0$ 时, 有

$$\Delta f_j(\boldsymbol{x}_0)=\sum_{i=1}^{n}A_{ji}\Delta x_i+\alpha_j(|\Delta \boldsymbol{x}|).$$

由多元函数可微的定义知, $f_j(\boldsymbol{x})$ 在 $\boldsymbol{x}_0$ 处可微, 并且

$$A_{ji}=\frac{\partial f_j(\boldsymbol{x}_0)}{\partial x_i}\quad (i=1,2,\cdots,n;\ j=1,2,\cdots,m).$$

充分性 设对于 $\forall j(1\leqslant j\leqslant m)$, $f_j(\boldsymbol{x})$ 在 $\boldsymbol{x}_0$ 处可微, 则有

$$\Delta f_j(\boldsymbol{x}_0)=\sum_{i=1}^{n}\frac{\partial f_j(\boldsymbol{x}_0)}{\partial x_i}\Delta x_i+\alpha_j(|\Delta \boldsymbol{x}|),$$

其中 $\alpha_j(|\Delta x|)$ 依赖于 $\Delta \boldsymbol{x}$, 且 $\lim\limits_{|\Delta \boldsymbol{x}|\to 0}\dfrac{\alpha_j(|\Delta \boldsymbol{x}|)}{|\Delta \boldsymbol{x}|}=0$. 因此

$$\begin{aligned}\Delta \boldsymbol{f}(\boldsymbol{x}_0)&=(\Delta f_1(\boldsymbol{x}_0),\ \Delta f_2(\boldsymbol{x}_0),\ \cdots,\ \Delta f_m(\boldsymbol{x}_0))^{\mathrm{T}}\\ &=\begin{pmatrix}\dfrac{\partial f_1(\boldsymbol{x})}{\partial x_1} & \dfrac{\partial f_1(\boldsymbol{x})}{\partial x_2} & \cdots & \dfrac{\partial f_1(\boldsymbol{x})}{\partial x_n}\\ \dfrac{\partial f_2(\boldsymbol{x})}{\partial x_1} & \dfrac{\partial f_2(\boldsymbol{x})}{\partial x_2} & \cdots & \dfrac{\partial f_2(\boldsymbol{x})}{\partial x_n}\\ \vdots & \vdots & & \vdots\\ \dfrac{\partial f_m(\boldsymbol{x})}{\partial x_1} & \dfrac{\partial f_m(\boldsymbol{x})}{\partial x_2} & \cdots & \dfrac{\partial f_m(\boldsymbol{x})}{\partial x_n}\end{pmatrix}\begin{pmatrix}\Delta x_1\\ \Delta x_2\\ \vdots\\ \Delta x_n\end{pmatrix}+\begin{pmatrix}\alpha_1(|\Delta \boldsymbol{x}|)\\ \alpha_2(|\Delta \boldsymbol{x}|)\\ \vdots\\ \alpha_m(|\Delta \boldsymbol{x}|)\end{pmatrix}\\ &=\boldsymbol{A}\Delta \boldsymbol{x}+\boldsymbol{\alpha}(|\Delta \boldsymbol{x}|),\end{aligned}$$

其中 $\boldsymbol{\alpha}(|\Delta \boldsymbol{x}|)$ 满足 $\lim\limits_{|\Delta \boldsymbol{x}|\to 0}\dfrac{\boldsymbol{\alpha}(|\Delta \boldsymbol{x}|)}{|\Delta \boldsymbol{x}|}=\mathbf{0}$. 由定义知 $\boldsymbol{f}(\boldsymbol{x})$ 在 $\boldsymbol{x}_0$ 处可微, 且 $\boldsymbol{f}'(\boldsymbol{x}_0)=\boldsymbol{A}$. 证毕.

当向量函数 $\boldsymbol{f}(\boldsymbol{x})=(f_1(\boldsymbol{x}),\ f_2(\boldsymbol{x}),\ \cdots,\ f_m(\boldsymbol{x}))^{\mathrm{T}}$ 中的每个分量函数在 $\boldsymbol{x}_0$ 处均可微时, 矩阵 $\boldsymbol{A}=\boldsymbol{f}'(\boldsymbol{x}_0)$ 称为 $\boldsymbol{f}(\boldsymbol{x})$ 在 $\boldsymbol{x}_0$ 处的**雅可比** (Jacobi) **矩阵**, 记为 $\boldsymbol{J_f}(\boldsymbol{x}_0)$. 特别地, 当 $\boldsymbol{f}(\boldsymbol{x})$ 是 n 维向量函数时, $\boldsymbol{A}$ 是 $n\times n$ 矩阵, 此时 $\boldsymbol{J_f}(\boldsymbol{x_0})$ 的行列式称为 $\boldsymbol{f}(\boldsymbol{x})$ 在 $\boldsymbol{x}_0$ 处的**雅可比行列式**, 记为

$$|\boldsymbol{f}'(\boldsymbol{x}_0)| \quad 或 \quad \left.\frac{\partial(f_1,f_2,\cdots,f_n)}{\partial(x_1,x_2,\cdots,x_n)}\right|_{\boldsymbol{x}_0}.$$

显然, 对于一个向量函数 $\boldsymbol{f}(\boldsymbol{x})$, 若其分量函数在 $\boldsymbol{x}_0$ 处具有各个偏导数时, 我们就可以形式地定义 $\boldsymbol{J_f}(\boldsymbol{x_0})$, 但当 $\boldsymbol{f}(\boldsymbol{x})$ 在 $\boldsymbol{x}_0$ 处不可微, 仅仅存在所有的偏导数时, $\boldsymbol{J_f}(\boldsymbol{x_0})$ 不能刻画 $\boldsymbol{f}(\boldsymbol{x})$ 在 $\boldsymbol{x}_0$ 附近的变化情况.

当 $f_j(\boldsymbol{x})$ $(1\leqslant j\leqslant m)$ 的各个偏导数都在 $\boldsymbol{x}_0$ 处连续时, $f_j(\boldsymbol{x})$ 在 $\boldsymbol{x}_0$ 处可微, 因此 $\boldsymbol{f}(\boldsymbol{x})$ 在 $\boldsymbol{x}_0$ 处可微. 另外, 若对于 $\forall j(1\leqslant j\leqslant m)$, $f_j(\boldsymbol{x})$ 的各个偏导数在区域 D 上连续, 我们称 $\boldsymbol{f}(\boldsymbol{x})$ 在 D 上是 C^1 的, 记为 $\boldsymbol{f}(\boldsymbol{x})\in C^1(D)$. 特别地, 我们称 $\mathbb{R}^n$ 中区域 D 到 Ω 的变换 $\boldsymbol{y}=\boldsymbol{f}(\boldsymbol{x})$ 是 C^1 的, 如果 $\boldsymbol{f}(\boldsymbol{x})\in C^1(D)$, 并且 $\boldsymbol{f}^{-1}(\boldsymbol{y})\in C^1(\Omega)$.

注 利用向量函数导数的记号, 对一个多元函数 $f(\boldsymbol{x})$, 当它可微时, 我们有

$$f'(\boldsymbol{x})=\left(\frac{\partial f(\boldsymbol{x})}{\partial x_1},\frac{\partial f(\boldsymbol{x})}{\partial x_2},\cdots,\frac{\partial f(\boldsymbol{x})}{\partial x_n}\right)=\mathbf{grad}\ f(\boldsymbol{x}).$$

例 14.1.8 设向量 $\boldsymbol{w}=(r,\varphi,\theta)$, 向量函数

$$\boldsymbol{f}(\boldsymbol{w})=\begin{pmatrix} x(\boldsymbol{w})\\ y(\boldsymbol{w})\\ z(\boldsymbol{w})\end{pmatrix}=\begin{pmatrix} r\sin\varphi\cos\theta\\ r\sin\varphi\sin\theta\\ r\cos\varphi\end{pmatrix},$$

其中 $D=\{(r,\varphi,\theta):0<r<+\infty,0<\varphi<\pi,0<\theta<2\pi\}$, 试求 $\boldsymbol{f}'(\boldsymbol{w})$ 以及 $\boldsymbol{f}(\boldsymbol{w})$ 在 $\boldsymbol{w}$ 处的雅可比行列式.

解 由于 $x=r\sin\varphi\cos\theta$, $y=r\sin\varphi\sin\theta$, $z=r\cos\varphi$ 均在 D 上具有连续偏导数, 因此 $\boldsymbol{f}'(\boldsymbol{w})$ 存在. 由计算得

$$\boldsymbol{f}'(\boldsymbol{w})=\begin{pmatrix}\dfrac{\partial x}{\partial r} & \dfrac{\partial x}{\partial \varphi} & \dfrac{\partial x}{\partial \theta}\\ \dfrac{\partial y}{\partial r} & \dfrac{\partial y}{\partial \varphi} & \dfrac{\partial y}{\partial \theta}\\ \dfrac{\partial z}{\partial r} & \dfrac{\partial z}{\partial \varphi} & \dfrac{\partial z}{\partial \theta}\end{pmatrix}$$

$$=\begin{pmatrix}\sin\varphi\cos\theta & r\cos\varphi\cos\theta & -r\sin\varphi\sin\theta\\ \sin\varphi\sin\theta & r\cos\varphi\sin\theta & r\sin\varphi\cos\theta\\ \cos\varphi & -r\sin\varphi & 0\end{pmatrix}.$$

对上述矩阵取行列式, 即得 $\boldsymbol{f}(\boldsymbol{w})$ 在 $\boldsymbol{w}=(r,\varphi,\theta)$ 处的雅可比行列式

$$\frac{\partial(x,y,z)}{\partial(r,\varphi,\theta)}=r^2\sin\varphi.$$

§14.2 多元函数求导法

14.2.1 导数的四则运算

在本小节中, 我们总假定涉及的多元 (向量) 函数存在各个偏导数, 然后来讨论多元函数求偏导数的一些公式. 读者应该注意的是, 一般情况下一个函数的导数是一个向量 (或矩阵).

首先我们有以下简单的求导法则.

定理 14.2.1 设函数 $f(\boldsymbol{x}), g(\boldsymbol{x})$ 在区域 $D\subset\mathbb{R}^n$ 上可导, 则对于 $\forall \boldsymbol{x}\in D$, 有

(1) $(f(\boldsymbol{x})\pm g(\boldsymbol{x}))'=f'(\boldsymbol{x})\pm g'(\boldsymbol{x})$;

(2) $(f(\boldsymbol{x})g(\boldsymbol{x}))'=f(\boldsymbol{x})g'(\boldsymbol{x})+g(\boldsymbol{x})f'(\boldsymbol{x})$;

(3) $\left(\dfrac{f(\boldsymbol{x})}{g(\boldsymbol{x})}\right)'=\dfrac{g(\boldsymbol{x})f'(\boldsymbol{x})-f(\boldsymbol{x})g'(\boldsymbol{x})}{g^2(\boldsymbol{x})}$ $(g(\boldsymbol{x})\neq 0)$.

如果 $f(\boldsymbol{x}):\mathbb{R}^n\to\mathbb{R}$ 是一个 n 元可微函数, $\boldsymbol{g}(\boldsymbol{x}):\mathbb{R}^n\to\mathbb{R}^m$ 是一个可微的 m 维列向量函数, 则有

(4) $(f(\boldsymbol{x})\boldsymbol{g}(\boldsymbol{x}))'=f(\boldsymbol{x})\boldsymbol{g}'(\boldsymbol{x})+\boldsymbol{g}(\boldsymbol{x})f'(\boldsymbol{x})$.

证明　我们只证 (3). (1),(2) 和 (4) 的证明留给读者.

由定义易证两个可微多元函数的四则运算仍是可微函数. 我们有

$$\left(\frac{f(\boldsymbol{x})}{g(\boldsymbol{x})}\right)'=\left(\frac{\partial\left(\dfrac{f(\boldsymbol{x})}{g(\boldsymbol{x})}\right)}{\partial x_1},\frac{\partial\left(\dfrac{f(\boldsymbol{x})}{g(\boldsymbol{x})}\right)}{\partial x_2},\cdots,\frac{\partial\left(\dfrac{f(\boldsymbol{x})}{g(\boldsymbol{x})}\right)}{\partial x_n}\right).$$

由于

$$\frac{\partial\left(\dfrac{f(\boldsymbol{x})}{g(\boldsymbol{x})}\right)}{\partial x_i}=\frac{g(\boldsymbol{x})\dfrac{\partial f(\boldsymbol{x})}{\partial x_i}-f(\boldsymbol{x})\dfrac{\partial g(\boldsymbol{x})}{\partial x_i}}{g^2(\boldsymbol{x})}\quad(i=1,2,\cdots,n),$$

将其代入上式即知 (3) 成立. 证毕.

注　注意到 (4) 中等式左边 $(f(\boldsymbol{x})\boldsymbol{g}(\boldsymbol{x}))'$ 是一个 $m\times n$ 矩阵, $\boldsymbol{g}(\boldsymbol{x})$ 是一个 $m\times 1$ 矩阵, 而 $f'(\boldsymbol{x})$ 是一个 $1\times n$ 矩阵, 因此 $\boldsymbol{g}(\boldsymbol{x})f'(\boldsymbol{x})$ 是一个 $m\times n$ 矩阵. 显然, $f(\boldsymbol{x})\boldsymbol{g}'(\boldsymbol{x})$ 为一个 $m\times n$ 矩阵. 至于 (4) 的证明, 读者只要将 (4) 中等式左边矩阵中的每个分量与其右边矩阵中相对应的分量比较即可.

14.2.2　复合函数的求导法

下面我们主要来考虑复合函数的求导法.

定理 14.2.2　设函数 $f(\boldsymbol{u})=f(u_1,u_2,\cdots,u_m)$ 在区域 $\Omega\subset\mathbb{R}^m$ 上有定义, 并且在 $\boldsymbol{u}_0=(u_1^0,u_2^0,\cdots,u_m^0)^{\mathrm{T}}\in\Omega$ 处可微, 再设

$$\boldsymbol{u}=\boldsymbol{u}(\boldsymbol{x})=(u_1(\boldsymbol{x}),u_2(\boldsymbol{x}),\cdots,u_m(\boldsymbol{x}))^{\mathrm{T}}$$

在区域 $D\subset\mathbb{R}^n$ 上有定义, 在 $\boldsymbol{x}_0=(x_1^0,x_2^0,\cdots,x_n^0)\in D$ 处可微, 并且 $\boldsymbol{u}_0=\boldsymbol{u}(\boldsymbol{x}_0)$, 则 $f(\boldsymbol{u}(\boldsymbol{x}))$ 在 $\boldsymbol{x}_0$ 处可微, 并且

$$\mathrm{d}f(\boldsymbol{u}(\boldsymbol{x}_0))=f'(\boldsymbol{u}(\boldsymbol{x}_0))\boldsymbol{u}'(\boldsymbol{x}_0)\mathrm{d}\boldsymbol{x}.$$

证明 由 $\boldsymbol{u}$ 在 $\boldsymbol{x}_0$ 处可微, 我们有

$$\Delta\boldsymbol{u}(\boldsymbol{x}_0)=\boldsymbol{u}(\boldsymbol{x}_0+\Delta\boldsymbol{x})-\boldsymbol{u}(\boldsymbol{x}_0)=\boldsymbol{u}'(\boldsymbol{x}_0)\Delta\boldsymbol{x}+\boldsymbol{\alpha}(|\Delta\boldsymbol{x}|),$$

其中 $\boldsymbol{\alpha}(|\Delta\boldsymbol{x}|)$ 依赖于 $\Delta\boldsymbol{x}$, 且满足 $\dfrac{\boldsymbol{\alpha}(|\Delta\boldsymbol{x}|)}{|\Delta\boldsymbol{x}|}\to\mathbf{0}\ (|\Delta\boldsymbol{x}|\to 0)$. 再由 $f(\boldsymbol{u})$ 在 $\boldsymbol{u}_0$ 处可微, 有

$$\Delta f(\boldsymbol{u}_0)=f(\boldsymbol{u}_0+\Delta\boldsymbol{u})-f(\boldsymbol{u}_0)=f'(\boldsymbol{u}_0)\Delta\boldsymbol{u}+\beta(|\Delta\boldsymbol{u}|),$$

其中 $\beta(|\Delta\boldsymbol{u}|)$ 依赖于 $\Delta\boldsymbol{u}$, 且满足 $\dfrac{\beta(|\Delta\boldsymbol{u}|)}{|\Delta\boldsymbol{u}|}\to 0\ (|\Delta\boldsymbol{u}|\to 0)$. 我们规定 $\beta(\mathbf{0})=0$. 在这样的规定下, $\beta(|\Delta\boldsymbol{u}|)$ 在 $\Delta\boldsymbol{u}=\mathbf{0}$ 时连续.

我们有

$$\begin{aligned}\Delta f(\boldsymbol{u}(\boldsymbol{x}_0))=&f(\boldsymbol{u}(\boldsymbol{x}_0+\Delta\boldsymbol{x}))-f(\boldsymbol{u}(\boldsymbol{x}_0))\\=&f'(\boldsymbol{u}(\boldsymbol{x}_0))(\boldsymbol{u}'(\boldsymbol{x}_0)\Delta\boldsymbol{x}+\boldsymbol{\alpha}(|\Delta\boldsymbol{x}|))+\beta(|\boldsymbol{u}'(\boldsymbol{x}_0)\Delta\boldsymbol{x}+\boldsymbol{\alpha}(|\Delta\boldsymbol{x}|)|)\\=&f'(\boldsymbol{u}(\boldsymbol{x}_0))\boldsymbol{u}'(\boldsymbol{x}_0)\Delta\boldsymbol{x}+\gamma(|\Delta\boldsymbol{x}|),\end{aligned}$$

其中

$$\begin{aligned}\gamma(|\Delta\boldsymbol{x}|)&=f'(\boldsymbol{u}(\boldsymbol{x}_0)\boldsymbol{\alpha}(|\Delta\boldsymbol{x}|))+\beta(|\Delta\boldsymbol{u}(\boldsymbol{x}_0)|)\\&=f'(\boldsymbol{u}(\boldsymbol{x}_0)\boldsymbol{\alpha}(|\Delta\boldsymbol{x}|)+\beta(|\boldsymbol{u}'(\boldsymbol{x}_0)\Delta\boldsymbol{x}+\boldsymbol{\alpha}(|\Delta\boldsymbol{x}|)|).\end{aligned}$$

下面我们证明 $\dfrac{\gamma(|\Delta\boldsymbol{x}|)}{|\Delta\boldsymbol{x}|}\to 0(|\Delta\boldsymbol{x}|\to 0)$.

首先, 显然有

$$\lim_{|\Delta\boldsymbol{x}|\to 0}\frac{|f'(\boldsymbol{u}(\boldsymbol{x}_0))\boldsymbol{\alpha}(|\Delta\boldsymbol{x}|)|}{|\Delta\boldsymbol{x}|}\leqslant\lim_{|\Delta\boldsymbol{x}|\to 0}\frac{|f'(\boldsymbol{u}(\boldsymbol{x}_0))|\cdot|\boldsymbol{\alpha}(|\Delta\boldsymbol{x}|)|}{|\Delta\boldsymbol{x}|}=0. \tag{14.2.1}$$

其次, 注意到当 $|\Delta\boldsymbol{x}|$ 很小时, 有

$$\begin{aligned}\frac{|\Delta\boldsymbol{u}(\boldsymbol{x}_0)|}{|\Delta\boldsymbol{x}|}=&\frac{|\boldsymbol{u}'(\boldsymbol{x}_0)\Delta\boldsymbol{x}+\boldsymbol{\alpha}(|\Delta\boldsymbol{x}|)|}{|\Delta\boldsymbol{x}|}\\\leqslant&\frac{1}{|\Delta\boldsymbol{x}|}\,|\|\boldsymbol{u}'(\boldsymbol{x}_0)\||\Delta\boldsymbol{x}|+\boldsymbol{\alpha}(|\Delta\boldsymbol{x}|)|\\\leqslant&\|\boldsymbol{u}'(\boldsymbol{x}_0)\|+1,\end{aligned}$$

其中 $\|\boldsymbol{u}'(\boldsymbol{x}_0)\|$ 是矩阵 $\boldsymbol{u}'(\boldsymbol{x}_0)$ 的范数. 因此当 $|\Delta\boldsymbol{x}|\to 0$ 时, 必有 $|\Delta\boldsymbol{u}(\boldsymbol{x}_0)|\to 0$. 我们有

$$\frac{|\beta(|\Delta\boldsymbol{u}(\boldsymbol{x}_0)|)|}{|\Delta\boldsymbol{x}|}=\begin{cases}\dfrac{|\beta(|\Delta\boldsymbol{u}(\boldsymbol{x}_0)|)|}{|\Delta\boldsymbol{u}(\boldsymbol{x}_0)|}\cdot\dfrac{|\Delta\boldsymbol{u}(\boldsymbol{x}_0)|}{|\Delta\boldsymbol{x}|}, & |\Delta\boldsymbol{u}(\boldsymbol{x}_0)|\neq 0,\\ 0, & |\Delta\boldsymbol{u}(\boldsymbol{x}_0)|=0,\end{cases}$$

从而有

$$\frac{|\beta(|\Delta\boldsymbol{u}(\boldsymbol{x}_0)|)|}{|\Delta\boldsymbol{x}|}\to 0 \quad (|\Delta\boldsymbol{x}|\to 0). \tag{14.2.2}$$

结合式 (14.2.1), (14.2.2) 得 $\dfrac{\gamma(|\Delta\boldsymbol{x}|)}{|\Delta\boldsymbol{x}|}\to 0\ (|\Delta\boldsymbol{x}|\to 0)$.

我们最后有

$$\Delta f(\boldsymbol{u}(\boldsymbol{x}_0))=f'(\boldsymbol{u}(\boldsymbol{x}_0))\boldsymbol{u}'(\boldsymbol{x}_0)\Delta\boldsymbol{x}+\gamma(|\Delta\boldsymbol{x}|),$$

其中 $\gamma(|\Delta\boldsymbol{x}|)$ 依赖于 $\Delta\boldsymbol{x}$ 且 $\dfrac{\gamma(|\Delta\boldsymbol{x}|)}{|\Delta\boldsymbol{x}|}\to 0\ (|\Delta\boldsymbol{x}|\to 0)$. 由微分的定义知, $f(\boldsymbol{u}(\boldsymbol{x}))$ 在 $\boldsymbol{x}_0$ 处可微, 并且

$$\mathrm{d}f(\boldsymbol{u}(\boldsymbol{x}_0))=f'(\boldsymbol{u}(\boldsymbol{x}_0))\boldsymbol{u}'(\boldsymbol{x}_0)\mathrm{d}\boldsymbol{x}.$$

证毕.

从定理 14.2.2 我们可以推出以下结论.

推论 1 设向量函数 $\boldsymbol{f}(\boldsymbol{u})=(f_1(\boldsymbol{u}),\ f_2(\boldsymbol{u}),\ \cdots,\ f_l(\boldsymbol{u}))^{\mathrm{T}}$ 在区域 $\Omega\subset\mathbb{R}^m$ 上可微, $\boldsymbol{u}(\boldsymbol{x})=(u_1(\boldsymbol{x}),u_2(\boldsymbol{x}),\cdots,u_m(\boldsymbol{x}))^{\mathrm{T}}$ 在区域 $D\subset\mathbb{R}^n$ 上可微, 且 $\boldsymbol{u}(D)\subset\Omega$, 则 $\boldsymbol{g}=\boldsymbol{f}(\boldsymbol{u}(\boldsymbol{x}))$ 在 D 上可微, 并且

$$\mathrm{d}\boldsymbol{f}(\boldsymbol{u}(\boldsymbol{x}))=\boldsymbol{f}'(\boldsymbol{u}(\boldsymbol{x}))\boldsymbol{u}'(\boldsymbol{x})\mathrm{d}\boldsymbol{x}.$$

顺便我们有

$$[\boldsymbol{f}(\boldsymbol{u}(\boldsymbol{x}))]'=\boldsymbol{f}'(\boldsymbol{u}(\boldsymbol{x}))\boldsymbol{u}'(\boldsymbol{x}).$$

证明 由定理 14.2.2 知 $\mathrm{d}f_j(\boldsymbol{u}(\boldsymbol{x}))=f_j'(\boldsymbol{u}(\boldsymbol{x}))\boldsymbol{u}'(\boldsymbol{x})\mathrm{d}\boldsymbol{x}$ $(j=1,2,\cdots,l)$, 从而

$$\mathrm{d}\boldsymbol{f}(\boldsymbol{u}(\boldsymbol{x}))=\begin{pmatrix} f_1'(\boldsymbol{u}(\boldsymbol{x}))\boldsymbol{u}'(\boldsymbol{x})\mathrm{d}\boldsymbol{x} \\ f_2'(\boldsymbol{u}(\boldsymbol{x}))\boldsymbol{u}'(\boldsymbol{x})\mathrm{d}\boldsymbol{x} \\ \vdots \\ f_l'(\boldsymbol{u}(\boldsymbol{x}))\boldsymbol{u}'(\boldsymbol{x})\mathrm{d}\boldsymbol{x} \end{pmatrix}=\boldsymbol{f}'(\boldsymbol{u}(\boldsymbol{x}))\boldsymbol{u}'(\boldsymbol{x})\mathrm{d}\boldsymbol{x}.$$

证毕.

注 读者应该注意到 $\boldsymbol{f}'(\boldsymbol{u}(\boldsymbol{x}))\boldsymbol{u}'(\boldsymbol{x})$ 是一个 $l\times n$ 矩阵.

推论 2 设 D 与 Ω 为 $\mathbb{R}^n$ 中的区域, $\boldsymbol{y}=\boldsymbol{f}(\boldsymbol{x})$ 是 D 到 Ω 的 C^1 变换, 则对于 $\forall\boldsymbol{x}\in D$, 有

$$(\boldsymbol{f}^{-1})'(\boldsymbol{y})\cdot\boldsymbol{f}'(\boldsymbol{x})=\boldsymbol{E},\tag{14.2.3}$$

其中 $\boldsymbol{y}=\boldsymbol{f}(\boldsymbol{x})$; 对于 $\forall\boldsymbol{y}\in\Omega$, 有

$$\boldsymbol{f}'(\boldsymbol{x})\cdot(\boldsymbol{f}^{-1})'(\boldsymbol{y})=\boldsymbol{E},\tag{14.2.4}$$

其中 $\boldsymbol{x}=\boldsymbol{f}^{-1}(\boldsymbol{y})$. 特别地, 当 $\boldsymbol{y}=\boldsymbol{f}(\boldsymbol{x})$ 时, 有

$$(\boldsymbol{f}^{-1})'(\boldsymbol{y})=[\boldsymbol{f}'(\boldsymbol{x})]^{-1},\tag{14.2.5}$$

其中 $\boldsymbol{E}$ 是 $n\times n$ 单位矩阵, $[\boldsymbol{f}'(\boldsymbol{x})]^{-1}$ 为 $\boldsymbol{f}'(\boldsymbol{x})$ 的逆矩阵.

证明 由 C^1 变换的定义知 $\boldsymbol{f}$ 与 $\boldsymbol{f}^{-1}$ 都是可微向量函数, 因此 $(\boldsymbol{f}^{-1}\circ\boldsymbol{f})(\boldsymbol{x})\equiv\boldsymbol{x}$ 两边对 $\boldsymbol{x}$ 求导数即得式 (14.2.3), 而 $(\boldsymbol{f}\circ\boldsymbol{f}^{-1})(\boldsymbol{y})\equiv\boldsymbol{y}$ 两边对 $\boldsymbol{y}$ 求导数即得式 (14.2.4). 在式 (14.2.3) 的两边同时右乘 $[\boldsymbol{f}'(\boldsymbol{x})]^{-1}$ 即得式 (14.2.5). 证毕.

注 在推论 2 中, 如果我们在式 (14.2.4) 两边取行列式, 则有

$$\frac{\partial(y_1,\cdots,y_n)}{\partial(x_1,\cdots,x_n)}\cdot\frac{\partial(x_1,\cdots,x_n)}{\partial(y_1,\cdots,y_n)}=1.\tag{14.2.6}$$

下面的推论 3 是多元复合函数求偏导数的基础.

推论 3 设函数 $f(\boldsymbol{u})=f(u_1,u_2,\cdots,u_m)$ 在区域 $\Omega\subset\mathbb{R}^m$ 上有定义, 并且在 $\boldsymbol{u}_0=(u_1^0,u_2^0,\cdots,u_m^0)^{\mathrm{T}}\in\Omega$ 处可微, 又设向量函数

$$\boldsymbol{u}=\boldsymbol{u}(\boldsymbol{x})=(u_1(\boldsymbol{x}),u_2(\boldsymbol{x}),\cdots,u_m(\boldsymbol{x}))^{\mathrm{T}}$$

在区域 $D\subset\mathbb{R}^n$ 上有定义, 在 $\boldsymbol{x}_0=(x_1^0,x_2^0,\cdots,x_n^0)\in D$ 处可微, 并且 $\boldsymbol{u}_0=u(\boldsymbol{x}_0)$, 则对于 $\forall i\,(1\leqslant i\leqslant n)$, $f(\boldsymbol{u}(\boldsymbol{x}))$ 在 $\boldsymbol{x}_0$ 处关于 x_i 可偏导, 并且

$$\frac{\partial f(\boldsymbol{u}(\boldsymbol{x}_0))}{\partial x_i}=\sum_{j=1}^{m}\left(\frac{\partial f(\boldsymbol{u}_0)}{\partial u_j}\cdot\frac{\partial u_j(\boldsymbol{x}_0)}{\partial x_i}\right).$$

证明 由定理 14.1.4 的注有

$$(f(\boldsymbol{u}(\boldsymbol{x})))'\big|_{\boldsymbol{x}=\boldsymbol{x}_0}=\left(\frac{\partial f(\boldsymbol{u}(\boldsymbol{x}_0))}{\partial x_1},\frac{\partial f(\boldsymbol{u}(\boldsymbol{x}_0))}{\partial x_2},\cdots,\frac{\partial f(\boldsymbol{u}(\boldsymbol{x}_0))}{\partial x_n}\right).$$

用矩阵形式表出 $f'(\boldsymbol{u}(\boldsymbol{x}_0))\boldsymbol{u}'(\boldsymbol{x}_0)$, 有

$$\begin{aligned}
&f'(\boldsymbol{u}(\boldsymbol{x}_0))\boldsymbol{u}'(\boldsymbol{x}_0)\\
&\quad=\left(\frac{\partial f(\boldsymbol{u}(\boldsymbol{x}_0))}{\partial u_1},\frac{\partial f(\boldsymbol{u}(\boldsymbol{x}_0))}{\partial u_2},\cdots,\frac{\partial f(\boldsymbol{u}(\boldsymbol{x}_0))}{\partial u_m}\right)\\
&\qquad\cdot\begin{pmatrix}
\dfrac{\partial u_1(\boldsymbol{x}_0)}{\partial x_1} & \dfrac{\partial u_1(\boldsymbol{x}_0)}{\partial x_2} & \cdots & \dfrac{\partial u_1(\boldsymbol{x}_0)}{\partial x_n}\\
\dfrac{\partial u_2(\boldsymbol{x}_0)}{\partial x_1} & \dfrac{\partial u_2(\boldsymbol{x}_0)}{\partial x_2} & \cdots & \dfrac{\partial u_2(\boldsymbol{x}_0)}{\partial x_n}\\
\vdots & \vdots & & \vdots\\
\dfrac{\partial u_m(\boldsymbol{x}_0)}{\partial x_1} & \dfrac{\partial u_m(\boldsymbol{x}_0)}{\partial x_2} & \cdots & \dfrac{\partial u_m(\boldsymbol{x}_0)}{\partial x_n}
\end{pmatrix}\\
&\quad=\left(\sum_{j=1}^{m}\left(\frac{\partial f(\boldsymbol{u}_0)}{\partial u_j}\cdot\frac{\partial u_j(\boldsymbol{x}_0)}{\partial x_1}\right),\sum_{j=1}^{m}\left(\frac{\partial f(\boldsymbol{u}_0)}{\partial u_j}\frac{\partial u_j(\boldsymbol{x}_0)}{\partial x_2}\right),\cdots,\right.\\
&\qquad\left.\sum_{j=1}^{m}\left(\frac{\partial f(\boldsymbol{u}_0)}{\partial u_j}\cdot\frac{\partial u_j(\boldsymbol{x}_0)}{\partial x_n}\right)\right).
\end{aligned}$$

由定理 14.2.2 有 $(f(\boldsymbol{u}(\boldsymbol{x})))'\big|_{\boldsymbol{x}=\boldsymbol{x}_0}=f'(\boldsymbol{u}(\boldsymbol{x}_0))\boldsymbol{u}'(\boldsymbol{x}_0)$, 再比较它们的分量即得推论 3. 证毕.

注 利用定理 14.2.2 类似的证明方法可以证明, 若将推论 3 中的条件 "$\boldsymbol{u}(\boldsymbol{x})$ 在 $\boldsymbol{x}_0$ 处可微" 减弱成 "$\boldsymbol{u}(\boldsymbol{x})$ 在 $\boldsymbol{x}_0$ 处存在各个偏导数",

则推论 3 的结论仍然成立. 请读者自己对此加以证明 (见本章习题). 但是, 在推论 3 中, 条件 "$f(\boldsymbol{u})$ 在 $\boldsymbol{u}_0$ 处可微" 不能减弱成 "$f(\boldsymbol{u})$ 在 $\boldsymbol{u}_0$ 处存在各个偏导数". 很容易找到例子来说明这一点, 例如取

$$f(u,v)=\begin{cases}1, & uv\neq 0,\\ 0, & uv=0,\end{cases}\quad (u,v)\in\mathbb{R}^2,$$

而令 $\begin{cases}u=t,\\ v=t\end{cases}$ $(-\infty<t<+\infty)$, 则 $g(t)=f(t,t)=\begin{cases}1, & t\neq 0,\\ 0, & t=0\end{cases}$ 在 $t=0$ 处不连续, 从而不可导.

如同一元函数, 我们将推论 3 中给出的复合函数求导公式称为**链锁法则**. 为了今后应用方便, 下面我们列出常见的二元复合函数的求导公式. 设 $z=f(u,v), u=u(x,y), v=v(x,y)$ 都为可微函数, 则

$$\frac{\partial z}{\partial x}=\frac{\partial f}{\partial u}\cdot\frac{\partial u}{\partial x}+\frac{\partial f}{\partial v}\cdot\frac{\partial v}{\partial x},$$

$$\frac{\partial z}{\partial y}=\frac{\partial f}{\partial u}\cdot\frac{\partial u}{\partial y}+\frac{\partial f}{\partial v}\cdot\frac{\partial v}{\partial y}.$$

有时, 若给出的函数具有形式 $z=f(u(x,y),v(x,y))$, 我们可以用以下记号:

$$\frac{\partial z}{\partial x}=f_1'\frac{\partial u}{\partial x}+f_2'\frac{\partial v}{\partial x},$$

$$\frac{\partial z}{\partial y}=f_1'\frac{\partial u}{\partial y}+f_2'\frac{\partial v}{\partial y},$$

其中 $f_i'(i=1,2)$ 指的是 f 对其第 i 个变量求偏导数. 对于具有多个中间变量的复合函数, 我们可以引进类似的记号, 这对抽象形式给出的函数的求导运算提供了简洁的记号.

例 14.2.1 设函数 $u=\mathrm{e}^{x^2+y^2+z^2}$, $z=x^2\sin y$, 求 $\dfrac{\partial u}{\partial x},\dfrac{\partial u}{\partial y}$.

解 $$\frac{\partial u}{\partial x}=\frac{\partial \mathrm{e}^{x^2+y^2+z^2}}{\partial x}\cdot 1+\frac{\partial \mathrm{e}^{x^2+y^2+z^2}}{\partial z}\cdot\frac{\partial z}{\partial x}$$

$$
\begin{aligned}
&= 2x\mathrm{e}^{x^2+y^2+z^2} + \mathrm{e}^{x^2+y^2+z^2}(2z)(2x\sin y)\\
&= 2x(1+2x^2\sin^2 y)\mathrm{e}^{x^2+y^2+z^2},
\end{aligned}
$$

$$
\begin{aligned}
\frac{\partial u}{\partial y} &= \frac{\partial \mathrm{e}^{x^2+y^2+z^2}}{\partial y}\cdot 1 + \frac{\partial \mathrm{e}^{x^2+y^2+z^2}}{\partial z}\cdot\frac{\partial z}{\partial y}\\
&= 2y\mathrm{e}^{x^2+y^2+z^2} + \mathrm{e}^{x^2+y^2+z^2}(2z)(x^2\cos y)\\
&= (2y + x^4\sin 2y)\cdot \mathrm{e}^{x^2+y^2+z^2}.
\end{aligned}
$$

例 14.2.2 设函数 $u = f\left(xy, \dfrac{y}{x}, yz\right)$, 并设 f 是可微函数, 试求 $\dfrac{\partial u}{\partial x}, \dfrac{\partial u}{\partial y}$ 和 $\dfrac{\partial u}{\partial z}$.

解 对于这种抽象形式给出的函数, 我们采用上述约定的记号来求偏导数:

$$
\begin{aligned}
\frac{\partial u}{\partial x} &= f_1'\frac{\partial(xy)}{\partial x} + f_2'\frac{\partial\,(y/x)}{\partial x} + f_3'\cdot 0 = yf_1' - \frac{y}{x^2}f_2',\\
\frac{\partial u}{\partial y} &= f_1'\frac{\partial(xy)}{\partial y} + f_2'\frac{\partial\,(y/x)}{\partial y} + f_3'\frac{\partial(yz)}{\partial y} = xf_1' + \frac{1}{x}f_2' + zf_3',\\
\frac{\partial u}{\partial z} &= f_1'\cdot 0 + f_2'\cdot 0 + f_3'\frac{\partial(yz)}{\partial z} = yf_3'.
\end{aligned}
$$

例 14.2.3 记向量 $\boldsymbol{v} = (r, \theta_1, \cdots, \theta_{n-1})$, 并设向量函数

$$
\boldsymbol{f}(\boldsymbol{v}) = \begin{pmatrix} x_1(\boldsymbol{v})\\ x_2(\boldsymbol{v})\\ \vdots\\ x_{n-1}(\boldsymbol{v})\\ x_n(\boldsymbol{v}) \end{pmatrix} = \begin{pmatrix} r\cos\theta_1\\ r\sin\theta_1\cos\theta_2\\ \vdots\\ r\sin\theta_1\sin\theta_2\cdots\cos\theta_{n-1}\\ r\sin\theta_1\sin\theta_2\cdots\sin\theta_{n-1} \end{pmatrix},
$$

试求 $\boldsymbol{f}'(\boldsymbol{v})$ 及其雅可比行列式.

解 由定义有

$$
\boldsymbol{f}'(\boldsymbol{v}) = \begin{pmatrix} \cos\theta_1 & -r\sin\theta_1 & \cdots & 0 \\ \sin\theta_1\cos\theta_2 & r\cos\theta_1\cos\theta_2 & \cdots & 0 \\ \vdots & \vdots & & \vdots \\ \sin\theta_1\cdots\cos\theta_{n-1} & r\cos\theta_1\cdots\cos\theta_{n-1} & \cdots & -r\sin\theta_1\cdots\sin\theta_{n-1} \\ \sin\theta_1\cdots\sin\theta_{n-1} & r\cos\theta_1\cdots\sin\theta_{n-1} & \cdots & r\sin\theta_1\cdots\cos\theta_{n-1} \end{pmatrix}.
$$

下面用归纳法来求 $\boldsymbol{f}'(\boldsymbol{v})$ 的行列式 $|\boldsymbol{f}'(\boldsymbol{v})|$. 当 $n=2$ 时, 有 $|\boldsymbol{f}'(\boldsymbol{v})|=r$; 当 $n=3$ 时, 有 $|\boldsymbol{f}'(\boldsymbol{v})|=r^2\sin\theta_1$. 我们猜测对于 $n\geqslant 3$, 有

$$
|\boldsymbol{f}'(\boldsymbol{v})|=r^{n-1}\sin^{n-2}\theta_1\sin^{n-3}\theta_2\cdots\sin\theta_{n-2}.
$$

事实上, 已知 $n=3$ 时上式成立. 假设 $n=k-1$ 时上式成立, 现在我们来证当 $n=k$ 时上式成立. 为此将变换 $\boldsymbol{f}$ 拆成下列两个变换的复合:

$$
\boldsymbol{f}_1:\begin{cases} x_1=y_1, \\ x_2=y_2\cos y_3, \\ x_3=y_2\sin y_3\cos y_4, \\ \cdots\cdots \\ x_{n-1}=y_2\sin y_3\sin y_4\cdots\cos y_n, \\ x_n=y_2\sin y_3\sin y_4\cdots\sin y_n, \end{cases} \qquad \boldsymbol{f}_2:\begin{cases} y_1=r\cos\theta_1, \\ y_2=r\sin\theta_1, \\ y_3=\theta_2, \\ \cdots\cdots \\ y_{n-1}=\theta_{n-2}, \\ y_n=\theta_{n-1}, \end{cases}
$$

则有 $\boldsymbol{f}=\boldsymbol{f}_1\circ\boldsymbol{f}_2$. 当 $n=k$ 时, 由归纳法假设得

$$
\begin{aligned}
|\boldsymbol{f}'(\boldsymbol{v})| &= \frac{\partial(x_1,x_2,\cdots,x_k)}{\partial(r,\theta_1,\cdots,\theta_{k-1})} \\
&= \left.\frac{\partial(x_1,x_2,\cdots,x_k)}{\partial(y_1,y_2,\cdots,y_k)}\right|_{\boldsymbol{f}_2(\boldsymbol{v})}\frac{\partial(y_1,y_2,\cdots,y_k)}{\partial(r,\theta_1,\cdots,\theta_{k-1})} \\
&= \left.(y_2^{k-2}\sin^{k-3}y_3\sin^{k-4}y_4\cdots\sin y_{k-1})\right|_{\boldsymbol{f}_2(\boldsymbol{v})}\cdot r \\
&= r^{k-1}\sin^{k-2}\theta_1\sin^{k-3}\theta_2\cdots\sin\theta_{k-2}.
\end{aligned}
$$

例 14.2.4　设 $\boldsymbol{f}(\boldsymbol{x})=(f_1(\boldsymbol{x}),f_2(\boldsymbol{x}),\cdots,f_m(\boldsymbol{x}))$ 和 $\boldsymbol{g}(\boldsymbol{x})=(g_1(\boldsymbol{x}),g_2(\boldsymbol{x}),\cdots,g_m(\boldsymbol{x}))$ 为 $D\subset\mathbb{R}^n$ 到 $\mathbb{R}^m$ 的可微向量函数, 证明:

$$[\boldsymbol{f}(\boldsymbol{x})(\boldsymbol{g}(\boldsymbol{x}))^{\mathrm{T}}]'=\boldsymbol{f}(\boldsymbol{x})[(\boldsymbol{g}(\boldsymbol{x}))^{\mathrm{T}}]'+\boldsymbol{g}(\boldsymbol{x})[(\boldsymbol{f}(\boldsymbol{x}))^{\mathrm{T}}]'.$$

证明　令

$$\boldsymbol{F}(\boldsymbol{x})=\begin{pmatrix}(\boldsymbol{f}(\boldsymbol{x}))^{\mathrm{T}}\\(\boldsymbol{g}(\boldsymbol{x}))^{\mathrm{T}}\end{pmatrix}=(f_1(\boldsymbol{x}),\cdots,f_m(\boldsymbol{x}),g_1(\boldsymbol{x}),\cdots,g_m(\boldsymbol{x}))^{\mathrm{T}},$$

则 $\boldsymbol{F}(\boldsymbol{x})$ 是 $D\to\mathbb{R}^{2m}$ 的可微函数. 记 $\boldsymbol{y}=(y_1,y_2,\cdots,y_{2m})^{\mathrm{T}}$, 并令 $G(\boldsymbol{y})=\sum\limits_{i=1}^{m}y_iy_{m+i}$, 则 $G(\boldsymbol{y})$ 是 $\mathbb{R}^{2m}\to\mathbb{R}$ 的可微函数. 我们可以验证

$$\boldsymbol{f}(\boldsymbol{x})(\boldsymbol{g}(\boldsymbol{x}))^{\mathrm{T}}=G(\boldsymbol{F}(\boldsymbol{x})).$$

由链锁法则有

$$\begin{aligned}[\boldsymbol{f}(\boldsymbol{x})(\boldsymbol{g}(\boldsymbol{x}))^{\mathrm{T}}]'&=[G(\boldsymbol{F}(\boldsymbol{x}))]'\\&=(y_{m+1},\cdots,y_{2m},y_1,\cdots,y_m)\Big|_{\boldsymbol{y}=\boldsymbol{F}(\boldsymbol{x})}\cdot\begin{pmatrix}[(\boldsymbol{f}(\boldsymbol{x}))^{\mathrm{T}}]'\\ [(\boldsymbol{g}(\boldsymbol{x}))^{\mathrm{T}}]'\end{pmatrix}\\&=\boldsymbol{f}(\boldsymbol{x})[(\boldsymbol{g}(\boldsymbol{x}))^{\mathrm{T}}]'+\boldsymbol{g}(\boldsymbol{x})[(\boldsymbol{f}(\boldsymbol{x}))^{\mathrm{T}}]'.\end{aligned}$$

例 14.2.5　设 $f(x,y)$ 在 $\mathbb{R}^2$ 上具有连续偏导数, 试用极坐标来表示

$$|f'(x,y)|^2=\left(\frac{\partial f}{\partial x}\right)^2+\left(\frac{\partial f}{\partial y}\right)^2=|\mathbf{grad}f(x,y)|^2.$$

解　由 $\begin{cases}x=r\cos\theta,\\y=r\sin\theta\end{cases}$ 得

$$\frac{\partial f}{\partial x}=\frac{\partial f}{\partial r}\cdot\frac{\partial r}{\partial x}+\frac{\partial f}{\partial\theta}\cdot\frac{\partial\theta}{\partial x},\quad\frac{\partial f}{\partial y}=\frac{\partial f}{\partial r}\cdot\frac{\partial r}{\partial y}+\frac{\partial f}{\partial\theta}\cdot\frac{\partial\theta}{\partial y}.$$

由 $r=\sqrt{x^2+y^2}$ 及 $\theta=\arctan\dfrac{y}{x}$ (此处分象限讨论, 我们以第一象限

为例求之) 得

$$\frac{\partial r}{\partial x}=\frac{x}{\sqrt{x^2+y^2}}=\cos\theta,\qquad \frac{\partial r}{\partial y}=\frac{y}{\sqrt{x^2+y^2}}=\sin\theta,$$
$$\frac{\partial \theta}{\partial x}=-\frac{y}{x^2+y^2}=-\frac{\sin\theta}{r},\qquad \frac{\partial \theta}{\partial y}=\frac{x}{x^2+y^2}=\frac{\cos\theta}{r},$$

因此

$$\frac{\partial f}{\partial x}=\cos\theta\frac{\partial f}{\partial r}-\frac{\sin\theta}{r}\cdot\frac{\partial f}{\partial \theta},\quad \frac{\partial f}{\partial y}=\sin\theta\frac{\partial f}{\partial r}+\frac{\cos\theta}{r}\cdot\frac{\partial f}{\partial \theta},$$

从而有

$$|\mathbf{grad}\ f(x,y)|^2=\left(\frac{\partial f}{\partial x}\right)^2+\left(\frac{\partial f}{\partial y}\right)^2=\left(\frac{\partial f}{\partial r}\right)^2+\frac{1}{r^2}\left(\frac{\partial f}{\partial \theta}\right)^2.$$

例 14.2.6 设函数 $u=f(x-\lambda t)$ (λ 是常数), 其中 f 是 $\mathbb{R}$ 中的一个可微函数 (即 $f(y)$ 是可微函数), 证明它满足微分方程

$$\frac{\partial u}{\partial t}+\lambda\frac{\partial u}{\partial x}=0, \tag{14.2.7}$$

并证明方程 (14.2.7) 的解一定具有形式 $u=g(x-\lambda t)$, 其中 g 是任一个 $\mathbb{R}$ 中的可微函数.

证明 记 $y=x-\lambda t$, 则

$$\frac{\partial u}{\partial t}=\frac{\mathrm{d}f}{\mathrm{d}y}\cdot\frac{\partial y}{\partial t}=f'(y)(-\lambda)=-\lambda f'(y),$$
$$\frac{\partial u}{\partial x}=\frac{\mathrm{d}f}{\mathrm{d}y}\cdot\frac{\partial y}{\partial x}=\frac{\partial f}{\partial y}=f'(y),$$

从而

$$\frac{\partial u}{\partial t}+\lambda\frac{\partial u}{\partial x}=-\lambda f'(y)+\lambda f'(y)=0.$$

设可微函数$u=u(x,t)$是方程 (14.2.7) 的解, 作变量替换$\begin{cases}x=y+\lambda t,\\ z=t,\end{cases}$

则 $u(x,t)=u(y+\lambda z,z)\triangleq u_1(y,z)$. 由

$$\frac{\partial u}{\partial t}=\frac{\partial u_1}{\partial y}\cdot\frac{\partial y}{\partial t}+\frac{\partial u_1}{\partial z}\cdot\frac{\partial z}{\partial t}=-\lambda\frac{\partial u_1}{\partial y}+\frac{\partial u_1}{\partial z},$$
$$\frac{\partial u}{\partial x}=\frac{\partial u_1}{\partial y}\cdot\frac{\partial y}{\partial x}+\frac{\partial u_1}{\partial z}\cdot\frac{\partial z}{\partial x}=\frac{\partial u_1}{\partial y},$$

有

$$\frac{\partial u}{\partial t}+\lambda\frac{\partial u}{\partial x}=\frac{\partial u_1}{\partial z}=0.$$

这说明 $u_1(y,z)$ 与 z 无关, 即 $u_1=g(y)$, 亦即 $u=g(x-\lambda t)$, 其中 g 为 $\mathbb{R}$ 中的任一个可微函数.

14.2.3 高阶偏导数

设 $f(\boldsymbol{x})=f(x_1,x_2,\cdots,x_n)$ 在区域 $D\subset\mathbb{R}^n$ 上具有各个偏导数. 由定义, 它的每个偏导数 $\dfrac{\partial f(\boldsymbol{x})}{\partial x_i}(i=1,2,\cdots,n)$ 是 D 上的一个 n 元函数. 若它们仍具有各个偏导数, 则称它们的偏导数为 $f(\boldsymbol{x})$ 的**二阶偏导数**. 类似地可以定义三阶以及更高阶的偏导数. 二阶及二阶以上的偏导数统称为**高阶偏导数**.

显然, 若一个函数 $f(\boldsymbol{x})$ 的各个偏导数都存在 n 个偏导数, 则 $f(\boldsymbol{x})$ 具有 n^2 个二阶偏导数. 当 $\dfrac{\partial\left(\dfrac{\partial f(\boldsymbol{x})}{\partial x_i}\right)}{\partial x_k}(1\leqslant i,k\leqslant n)$ 存在时, 我们将其记为 $\dfrac{\partial^2 f(\boldsymbol{x})}{\partial x_k\partial x_i}$, $f''_{x_kx_i}(\boldsymbol{x})$ 或 $f''_{ki}(\boldsymbol{x})$.

例 14.2.7 设函数

$$f(x,y)=\begin{cases}xy\dfrac{x^2-y^2}{x^2+y^2}, & x^2+y^2\neq 0,\\ 0, & x^2+y^2=0,\end{cases}$$

求 $f''_{xy}(0,0)$ 及 $f''_{yx}(0,0)$.

解 由偏导数的定义得

$$f'_x(x,y)=\begin{cases}y\left[\dfrac{x^2-y^2}{x^2+y^2}+\dfrac{4x^2y^2}{(x^2+y^2)^2}\right], & x^2+y^2\neq 0,\\ 0, & x^2+y^2=0,\end{cases}$$

$$f_y'(x,y)=\begin{cases} x\left[\dfrac{x^2-y^2}{x^2+y^2}-\dfrac{4x^2y^2}{(x^2+y^2)^2}\right], & x^2+y^2\neq 0,\\ 0, & x^2+y^2=0.\end{cases}$$

特别地, 我们有

$$f_x'(0,y)=-y,\quad f_y'(x,0)=x.$$

由此得 $f_{yx}''(0,0)=-1$, $f_{xy}''(0,0)=1$.

从上例可知, 一个函数的各个高阶偏导数都存在时, 若改变对自变量分量的求导顺序, 高阶偏导数的值也有可能改变. 但如果我们附加一些条件, 可使高阶偏导数的值对求导顺序无关. 事实上, 我们有下述结果.

定理 14.2.3 设函数 $f(\boldsymbol{x})$ 在区域 $D\subset\mathbb{R}^n$ 上有定义, $\boldsymbol{x}_0\in D$, 且对于 $1\leqslant j<k\leqslant n$, $f_{kj}''(\boldsymbol{x})$ 与 $f_{jk}''(\boldsymbol{x})$ 在 $U(\boldsymbol{x}_0,\delta)(\delta>0)$ 内存在, 并且在 $\boldsymbol{x}_0$ 处连续, 则有

$$f_{kj}''(\boldsymbol{x}_0)=f_{jk}''(\boldsymbol{x}_0).$$

证明 记 $f(\boldsymbol{x})=f(x_1,x_2,\cdots,x_n)$. 为了使记号简便, 我们不妨设 $j=1,k=2$, 并记 $\boldsymbol{x}=(x,y,\boldsymbol{x}')$, $\boldsymbol{x}_0=(x_0,y_0,\boldsymbol{x}_0')$ 其中 $\boldsymbol{x}'=(x_3,x_4,\cdots,x_n)$, $\boldsymbol{x}_0'=(x_3^0,x_4^0,\cdots,x_n^0)$. 对于充分小的 $\Delta x,\Delta y$, 观察:

$$\begin{aligned}I(\Delta x,\Delta y)&\triangleq\frac{f(x_0+\Delta x,y_0+\Delta y,\boldsymbol{x}_0')-f(x_0+\Delta x,y_0,\boldsymbol{x}_0')}{\Delta x\Delta y}\\&\quad-\frac{f(x_0,y_0+\Delta y,\boldsymbol{x}_0')-f(\boldsymbol{x}_0)}{\Delta x\Delta y}.\end{aligned}$$

记

$$\begin{aligned}g(x)&=f(x,y_0+\Delta y,\boldsymbol{x}_0')-f(x,y_0,\boldsymbol{x}_0'),\\h(y)&=f(x_0+\Delta x,y,\boldsymbol{x}_0')-f(x_0,y,\boldsymbol{x}_0').\end{aligned}$$

一方面, 由一元函数的微分中值定理得

$$\begin{aligned}I(\Delta x,\Delta y)=\frac{1}{\Delta x\Delta y}\{&[f(x_0+\Delta x,y_0+\Delta y,\boldsymbol{x}_0')-f(x_0+\Delta x,y_0,\boldsymbol{x}_0')]\\&-[f(x_0,y_0+\Delta y,\boldsymbol{x}_0')-f(\boldsymbol{x}_0)]\}\end{aligned}$$

$$= \frac{g(x_0+\Delta x)-g(x_0)}{\Delta x\Delta y} = \frac{g'(x_0+\theta_1\Delta x)}{\Delta y}$$
$$= \frac{f'_x(x_0+\theta_1\Delta x, y_0+\Delta y, \boldsymbol{x}'_0) - f'_x(x_0+\theta_1\Delta x, y_0, \boldsymbol{x}'_0)}{\Delta y}$$
$$= f''_{yx}(x_0+\theta_1\Delta x, y_0+\theta_2\Delta y, \boldsymbol{x}'_0),$$

其中 $0<\theta_1,\theta_2<1$. 另一方面, 我们有

$$\begin{aligned} I(\Delta x,\Delta y) &= \frac{1}{\Delta x\Delta y}\{[f(x_0+\Delta x, y_0+\Delta y, \boldsymbol{x}'_0) - f(x_0, y_0+\Delta y, \boldsymbol{x}'_0)] \\ &\qquad - [f(x_0+\Delta x, y_0, \boldsymbol{x}'_0) - f(\boldsymbol{x}_0)]\} \\ &= \frac{h(y_0+\Delta y)-h(y_0)}{\Delta x\Delta y} = \frac{h'(y_0+\theta_3\Delta y)}{\Delta x} \\ &= \frac{f'_y(x_0+\Delta x, y_0+\theta_3\Delta y, \boldsymbol{x}'_0) - f'_y(x_0, y_0+\theta_3\Delta y, \boldsymbol{x}'_0)}{\Delta x} \\ &= f''_{xy}(x_0+\theta_4\Delta x, y_0+\theta_3\Delta y, \boldsymbol{x}'_0), \end{aligned}$$

其中 $0<\theta_3,\theta_4<1$. 由此得

$$f''_{yx}(x_0+\theta_1\Delta x, y_0+\theta_2\Delta y, \boldsymbol{x}'_0) = f''_{xy}(x_0+\theta_4\Delta x, y_0+\theta_3\Delta y, \boldsymbol{x}'_0).$$

在上式中令 $\Delta x\to 0, \Delta y\to 0$, 并利用 $f''_{yx}(\boldsymbol{x})$ 与 $f''_{xy}(\boldsymbol{x})$ 在 $\boldsymbol{x}_0$ 处的连续性即得

$$f''_{yx}(\boldsymbol{x}_0) = f''_{xy}(\boldsymbol{x}_0).$$

证毕.

在今后, 我们碰到的大部分多元函数都具有各阶连续偏导数, 因此, 我们可以不考虑对自变量分量的求导顺序. 例如, 当 $y=f(\boldsymbol{x})(\boldsymbol{x}\in D\subset\mathbb{R}^n)$ 具有各个二阶连续偏导数时, $f(\boldsymbol{x})$ 在 $\boldsymbol{x}_0\in D$ 处具有 $\dfrac{n^2+n}{2}$ 个不同的二阶偏导数.

14.2.4 复合函数的高阶偏导数

对于复合函数的高阶偏导数, 很难得出一般性的公式, 需要逐次求之. 例如, 设 $u=f(x,y), x=\varphi(s,t), y=\psi(s,t)$, 并假设所有涉及的函

数均具有二阶连续偏导数, 则有

$$\frac{\partial u}{\partial s}=\frac{\partial f}{\partial x}\cdot\frac{\partial \varphi}{\partial s}+\frac{\partial f}{\partial y}\cdot\frac{\partial \psi}{\partial s},$$

$$\begin{aligned}\frac{\partial^2 u}{\partial s^2}&=\frac{\partial^2 f}{\partial x^2}\left(\frac{\partial \varphi}{\partial s}\right)^2+\frac{\partial^2 f}{\partial x\partial y}\cdot\frac{\partial \varphi}{\partial s}\cdot\frac{\partial \psi}{\partial s}+\frac{\partial f}{\partial x}\cdot\frac{\partial^2 \varphi}{\partial s^2}\\&\quad+\frac{\partial^2 f}{\partial x\partial y}\cdot\frac{\partial \varphi}{\partial s}\cdot\frac{\partial \psi}{\partial s}+\frac{\partial^2 f}{\partial y^2}\left(\frac{\partial \psi}{\partial s}\right)^2+\frac{\partial f}{\partial y}\cdot\frac{\partial^2 \psi}{\partial s^2}\\&=\frac{\partial^2 f}{\partial x^2}\left(\frac{\partial \varphi}{\partial s}\right)^2+2\frac{\partial^2 f}{\partial x\partial y}\cdot\frac{\partial \varphi}{\partial s}\cdot\frac{\partial \psi}{\partial s}+\frac{\partial^2 f}{\partial y^2}\left(\frac{\partial \psi}{\partial s}\right)^2\\&\quad+\frac{\partial f}{\partial x}\cdot\frac{\partial^2 \varphi}{\partial s^2}+\frac{\partial f}{\partial y}\cdot\frac{\partial^2 \psi}{\partial s^2}.\end{aligned}$$

例 14.2.8 设函数 $u=f\left(xy,\frac{y}{x}\right)$, 试求 $\frac{\partial^2 u}{\partial x^2}$ 及 $\frac{\partial^2 u}{\partial x\partial y}$ (假定其二阶偏导数均连续).

解 由 $\frac{\partial u}{\partial x}=yf_1'-\frac{y}{x^2}f_2'$ 得

$$\begin{aligned}\frac{\partial^2 u}{\partial x^2}&=y^2f_{11}''-\frac{y^2}{x^2}f_{12}''-\frac{y^2}{x^2}f_{12}''+\frac{y^2}{x^4}f_{22}''+\frac{2y}{x^3}f_2'\\&=y^2f_{11}''-\frac{2y^2}{x^2}f_{12}''+\frac{y^2}{x^4}f_{22}''+\frac{2y}{x^3}f_2'.\\\frac{\partial u}{\partial x\partial y}&=f_1'+xyf_{11}''+\frac{y}{x}f_{12}''-\frac{1}{x^2}f_2'-\frac{xy}{x^2}f_{12}''-\frac{y}{x^3}f_{22}''\\&=xyf_{11}''-\frac{y}{x^3}f_{22}''+f_1'-\frac{1}{x^2}f_2'.\end{aligned}$$

例 14.2.9 设函数 $u=f(r), r=\sqrt{x^2+y^2+z^2}$, 且假设 u 满足拉普拉斯方程

$$\frac{\partial^2 u}{\partial x^2}+\frac{\partial^2 u}{\partial y^2}+\frac{\partial^2 u}{\partial z^2}=0,$$

求 $f(r)$ 的表达式.

解 由 $\frac{\partial u}{\partial x}=f'(r)\frac{x}{r}$ 得

$$\frac{\partial^2 u}{\partial x^2}=f''(r)\frac{x^2}{r^2}+f'(r)\frac{r-\dfrac{x^2}{r}}{r^2}.$$

同理,

$$\frac{\partial^2 u}{\partial y^2}=f''(r)\frac{y^2}{r^2}+f'(r)\frac{r-\dfrac{y^2}{r}}{r^2},$$

$$\frac{\partial^2 u}{\partial z^2}=f''(r)\frac{z^2}{r^2}+f'(r)\frac{r-\dfrac{z^2}{r}}{r^2}.$$

由于 u 满足拉普拉斯方程, 因此有

$$\begin{aligned}\frac{\partial^2 u}{\partial x^2}+\frac{\partial^2 u}{\partial y^2}+\frac{\partial^2 u}{\partial z^2}&=f''(r)\frac{x^2+y^2+z^2}{r^2}+f'(r)\frac{3r^2-(x^2+y^2+z^2)}{r^3}\\&=f''(r)+\frac{2}{r}f'(r)=0.\end{aligned}$$

由此推出

$$(r^2f'(r))'=r^2f''(r)+2rf'(r)=r^2\left(f''(r)+\frac{2}{r}f'(r)\right)=0.$$

从上式我们进一步推出: 存在常数 C', 使得

$$f'(r)=\frac{C'}{r^2}.$$

对上式两边求不定积分得

$$f(r)=\frac{-C'}{r}+C_1=\frac{C}{\sqrt{x^2+y^2+z^2}}+C_1,$$

其中 $C=-C', C_1$ 为常数.

14.2.5 一阶微分的形式不变性与高阶微分

设 $D\subset\mathbb{R}^n$ 是区域, 函数 $f(\boldsymbol{x})$ 在 $\boldsymbol{x}\in D$ 处可微, 即有

$$\mathrm{d}f(\boldsymbol{x})=\sum_{i=1}^{n}\frac{\partial f(\boldsymbol{x})}{\partial x_i}\mathrm{d}x_i.$$

若对于 $\forall i\,(1\leqslant i\leqslant n)$, $\dfrac{\partial f}{\partial x_i}$ 仍是可微函数, 则我们称

$$\sum_{i=1}^{n}\left(\sum_{k=1}^{n}\frac{\partial^2 f(\boldsymbol{x})}{\partial x_k\partial x_i}\mathrm{d}x_k\right)\mathrm{d}x_i$$

为 $f(\boldsymbol{x})$ 的**二阶微分**, 并记为 $\mathrm{d}^2 f(\boldsymbol{x})$, 即

$$\mathrm{d}^2 f(\boldsymbol{x})=\sum_{i=1}^{n}\sum_{k=1}^{n}\frac{\partial^2 f(\boldsymbol{x})}{\partial x_k \partial x_i}\mathrm{d}x_k\mathrm{d}x_i.$$

对于 $k \geqslant 2(k\in\mathbb{N})$, 我们可以归纳地给出多元函数 $f(\boldsymbol{x})$ 的 k 阶微分 $\mathrm{d}^k f(\boldsymbol{x})=\mathrm{d}(\mathrm{d}^{k-1}f(\boldsymbol{x}))$.

若形式地记 $\mathrm{d}f(\boldsymbol{x})=\left(\sum\limits_{i=1}^{n}\mathrm{d}x_i\dfrac{\partial}{\partial x_i}\right)f(\boldsymbol{x})$, 当 $f(\boldsymbol{x})$ 的每个 k 阶偏导数都连续时, 我们可以将 $\mathrm{d}^k f(\boldsymbol{x})$ 记为

$$\mathrm{d}^k f(\boldsymbol{x})=\left(\sum_{i=1}^{n}\mathrm{d}x_i\frac{\partial}{\partial x_i}\right)^k f(\boldsymbol{x}).$$

这样的记号对于高阶微分 (二阶及二阶以上的微分) 来说比较容易记忆. 特别地, 对于一个二元函数 $f(x,y)$, 若它各个 k 阶偏导数都存在且连续, 则我们有

$$\begin{aligned}\mathrm{d}^k f(x,y)&=\left(\mathrm{d}x\frac{\partial}{\partial x}+\mathrm{d}y\frac{\partial}{\partial y}\right)^k f(x,y)\\&=\sum_{j=0}^{k}\mathrm{C}_k^j\frac{\partial^k f(x,y)}{\partial x^{k-j}\partial y^j}\mathrm{d}x^{k-j}\mathrm{d}y^j,\end{aligned}$$

其中 $\mathrm{C}_k^j=\dfrac{k!}{j!(k-j)!}(j=1,2,\cdots,k),\mathrm{C}_k^0=1$.

现设 $f(\boldsymbol{u})=f(u_1,u_2,\cdots,u_m)$ 在区域 $D\subset\mathbb{R}^m$ 上可微, 则 $f(\boldsymbol{u})$ 的微分 $\mathrm{d}f(\boldsymbol{u})=f'(\boldsymbol{u})\mathrm{d}\boldsymbol{u}$. 注意到此时 $\boldsymbol{u}$ 是自变量.

现在设 $\boldsymbol{u}=(u_1(\boldsymbol{x}),\ u_2(\boldsymbol{x}),\ \cdots,\ u_m(\boldsymbol{x}))^{\mathrm{T}}$ 是区域 $\Omega\subset\mathbb{R}^n$ 上的一个 n 元可微向量函数, 并且 $\boldsymbol{u}(\Omega)\subset D$, 则复合函数 $f(\boldsymbol{u}(\boldsymbol{x}))$ 在 Ω 处可微, 从而有

$$\mathrm{d}f(\boldsymbol{u}(\boldsymbol{x}))=f'(\boldsymbol{u}(\boldsymbol{x}))\boldsymbol{u}'(\boldsymbol{x})\mathrm{d}\boldsymbol{x}.$$

由于 $\mathrm{d}\boldsymbol{u}=(u_1'(\boldsymbol{x})\mathrm{d}\boldsymbol{x},\ u_2'(\boldsymbol{x})\mathrm{d}\boldsymbol{x},\ \cdots,\ u_m'(\boldsymbol{x})\mathrm{d}\boldsymbol{x})^{\mathrm{T}}=\boldsymbol{u}'(\boldsymbol{x})\mathrm{d}\boldsymbol{x}$, 因此, 当 $\boldsymbol{u}$ 是中间变量时, 我们仍然有

$$\mathrm{d}f(\boldsymbol{u}) = f'(\boldsymbol{u}(\boldsymbol{x}))\boldsymbol{u}'(\boldsymbol{x})\mathrm{d}\boldsymbol{x} = f'(\boldsymbol{u})\mathrm{d}\boldsymbol{u}.$$

以上讨论说明了对于多元函数的一阶微分仍具有形式不变性. 在一元微积分中, 我们已经知道了对于二阶以上的微分不再具有形式不变性, 因此多元函数情形也不可能具有高阶微分的形式不变性.

例 14.2.10 设函数 $f\left(xy, \dfrac{y}{x}\right)$ 具有二阶连续偏导数, 求它的所有二阶偏导数.

解 在例 14.2.8 中我们曾经直接对该函数求过二阶偏函数, 现在我们利用 f 的二阶微分来求之. 由

$$\mathrm{d}f = f_1'\mathrm{d}\,(xy) + f_2'\mathrm{d}\left(\frac{y}{x}\right)$$

得

$$\begin{aligned}
\mathrm{d}^2 f =& \left(f_{11}''\mathrm{d}\,(xy) + f_{12}''\mathrm{d}\left(\frac{y}{x}\right)\right)\mathrm{d}\,(xy) + f_1'\mathrm{d}^2\,(xy) \\
&+ \left(f_{21}''\mathrm{d}\,(xy) + f_{22}''\mathrm{d}\left(\frac{y}{x}\right)\right)\mathrm{d}\left(\frac{y}{x}\right) + f_2'\mathrm{d}^2\left(\frac{y}{x}\right) \\
=& \left(y^2 f_{11}'' - \frac{2y^2}{x^2}f_{12}'' + \frac{y^2}{x^4}f_{22}'' + \frac{2y}{x^3}f_2'\right)\mathrm{d}x^2 \\
&+ 2\left(xyf_{11}'' - \frac{y}{x^3}f_{22}'' + f_1' - \frac{1}{x^2}f_2'\right)\mathrm{d}x\mathrm{d}y \\
&+ \left(x^2 f_{11}'' + 2f_{12}'' + \frac{1}{x^2}f_{22}''\right)\mathrm{d}y^2.
\end{aligned}$$

因此

$$\begin{aligned}
\frac{\partial^2 f}{\partial x^2} &= y^2 f_{11}'' - \frac{2y^2}{x^2}f_{12}'' + \frac{y^2}{x^4}f_{22}'' + \frac{2y}{x^3}f_2', \\
\frac{\partial^2 f}{\partial x\partial y} &= xyf_{11}'' - \frac{y}{x^3}f_{22}'' + f_1' - \frac{1}{x^2}f_2', \\
\frac{\partial^2 f}{\partial y^2} &= x^2 f_{11}'' + 2f_{12}'' + \frac{1}{x^2}f_{22}''.
\end{aligned}$$

§14.3 泰勒公式

在利用高阶导数研究函数时, 泰勒公式是一个强有力的工具. 对

于多元函数我们有以下定理.

定理 14.3.1(泰勒公式) 设函数 $f(\boldsymbol{x})$ 在 $\boldsymbol{x}_0=(x_1^0,x_2^0,\cdots,x_n^0)\in\mathbb{R}^n$ 的邻域 $U(\boldsymbol{x}_0,\delta_0)$ $(\delta_0>0)$ 内具有 $K+1$ 阶连续偏导数, 则对于 $\forall\boldsymbol{x}_0+\boldsymbol{h}=(x_1^0+h_1,x_2^0+h_2,\cdots,x_n^0+h_n)\in U(\boldsymbol{x}_0,\delta_0)$, 有

$$\begin{aligned}f(\boldsymbol{x}_0+\boldsymbol{h})=&f(\boldsymbol{x}_0)+\sum_{k=1}^{K}\frac{1}{k!}\left(\sum_{i=1}^{n}h_i\frac{\partial}{\partial x_i}\right)^k f(\boldsymbol{x}_0)\\&+\frac{1}{(K+1)!}\left(\sum_{i=1}^{n}h_i\frac{\partial}{\partial x_i}\right)^{K+1} f(\boldsymbol{x}_0+\theta\boldsymbol{h}),\end{aligned}\qquad(14.3.1)$$

其中 $0<\theta<1$.

证明 设 $\boldsymbol{h}=(h_1,h_2,\cdots,h_n)$ 满足 $\boldsymbol{x}_0+\boldsymbol{h}\in U(\boldsymbol{x}_0,\delta_0)$. 构造一元函数

$$\varphi(t)=f(\boldsymbol{x}_0+t\boldsymbol{h}),\quad t\in[0,1].$$

由复合函数求导公式知, $\varphi(t)$ 具有 $K+1$ 阶连续导数. 因此, 由一元函数的泰勒公式有

$$\varphi(t)=\varphi(0)+\sum_{k=1}^{K}\frac{\varphi^{(k)}(0)}{k!}t^k+\frac{\varphi^{(K+1)}(\theta t)}{(K+1)!}t^{K+1},\qquad(14.3.2)$$

其中 $0<\theta<1$. 注意到

$$\varphi'(t)=\sum_{i=1}^{n}\frac{\partial f(\boldsymbol{x}_0+t\boldsymbol{h})}{\partial x_i}h_i=\left(\sum_{i=1}^{n}h_i\frac{\partial}{\partial x_i}\right)f(\boldsymbol{x}_0+t\boldsymbol{h}),$$

$$\varphi''(t)=\sum_{j=1}^{n}\sum_{i=1}^{n}\frac{\partial^2 f(\boldsymbol{x}_0+t\boldsymbol{h})}{\partial x_i\partial x_j}h_ih_j=\left(\sum_{i=1}^{n}h_i\frac{\partial}{\partial x_i}\right)^2 f(\boldsymbol{x}_0+t\boldsymbol{h}),$$

一般地, 对于 $k=1,2,\cdots,K+1$, 有

$$\varphi^{(k)}(t)=\left(\sum_{i=1}^{n}h_i\frac{\partial}{\partial x_i}\right)^k f(\boldsymbol{x}_0+t\boldsymbol{h}).$$

因此, 将 $\varphi^{(k)}(t)(k=1,2,\cdots,K+1)$ 的表达式代入式 (14.3.2), 然后令 $t=1$ 即得所证. 证毕.

注　当 $f(\boldsymbol{x})$ 在区域 D 内具有 $K+1$ 阶连续偏导数时, 定理 14.3.1 中的余项

$$R_{K+1}(\boldsymbol{h})=\frac{1}{(K+1)!}\left(\sum_{i=1}^{n}h_i\frac{\partial}{\partial x_i}\right)^{K+1}f(\boldsymbol{x}_0+\theta\boldsymbol{h})\quad(0<\theta<1)$$

称为**拉格朗日余项**, 并称式 (14.3.1) 为 $f(\boldsymbol{x})$ **带拉格朗日余项的泰勒公式**.

推论 1　设函数 $f(\boldsymbol{x})\in C^K(U(\boldsymbol{x}_0,\delta_0))$ $(\delta_0>0)$, 即 $f(\boldsymbol{x})$ 在邻域 $U(\boldsymbol{x}_0,\delta_0)$ 内具有 $K(K\geqslant 1)$ 阶连续偏导数, $\boldsymbol{x}_0+\boldsymbol{h}\in U(\boldsymbol{x}_0,\delta_0)$, 则

$$f(\boldsymbol{x}_0+\boldsymbol{h})=f(\boldsymbol{x}_0)+\sum_{k=1}^{K}\frac{1}{k!}\left(\sum_{i=1}^{n}h_i\frac{\partial}{\partial x_i}\right)^{k}f(\boldsymbol{x}_0)+o(|\boldsymbol{h}|^K)$$
$$(|\boldsymbol{h}|\to 0).\tag{14.3.3}$$

证明　由定理 14.3.1 我们有

$$\begin{aligned}f(\boldsymbol{x}_0+\boldsymbol{h})=&f(\boldsymbol{x}_0)+\sum_{k=1}^{K}\frac{1}{k!}\left(\sum_{i=1}^{n}h_i\frac{\partial}{\partial x_i}\right)^{k}f(\boldsymbol{x}_0)\\&+\frac{1}{K!}\left(\sum_{i=1}^{n}h_i\frac{\partial}{\partial x_i}\right)^{K}(f(\boldsymbol{x}_0+\theta\boldsymbol{h})-f(\boldsymbol{x}_0)),\end{aligned}$$

其中 $0<\theta<1$.

记 $R_K(\boldsymbol{h})=\dfrac{1}{K!}\left(\sum\limits_{i=1}^{n}h_i\dfrac{\partial}{\partial x_i}\right)^{K}(f(\boldsymbol{x}_0+\theta\boldsymbol{h})-f(\boldsymbol{x}_0))$. 由 $f(\boldsymbol{x})$ 在 $U(\boldsymbol{x}_0,\delta_0)$ 内具有 $K(K\geqslant 1)$ 阶连续偏导数, 知

$$\lim_{|\boldsymbol{h}|\to 0}\frac{R_K(\boldsymbol{h})}{|\boldsymbol{h}|^K}=\lim_{|\boldsymbol{h}|\to 0}\frac{1}{K!}\left(\sum_{i=1}^{n}\frac{h_i}{|\boldsymbol{h}|}\frac{\partial}{\partial x_i}\right)^{K}(f(\boldsymbol{x}_0+\theta\boldsymbol{h})-f(\boldsymbol{x}_0))=0.$$

上述极限为零是因为当 $|\boldsymbol{h}|\to 0$ 时, 和式中的每一项的系数都是有界的, 而 $f(\boldsymbol{x})$ 在 $\boldsymbol{x}_0+\theta\boldsymbol{h}$ 处的每个 K 阶偏导数由于其连续性都趋于 $f(\boldsymbol{x})$ 在 $\boldsymbol{x}_0$ 相应的 K 阶偏导数. 证毕.

注 我们将推论 1 中的余项 $o(|\boldsymbol{h}|^K)$ 称为**皮亚诺余项**, 并称式 (14.3.3) 为 $f(\boldsymbol{x})$ **带皮亚诺余项的泰勒公式**. 由推论 1 我们可知, 若 $f(\boldsymbol{x})$ 在 $\boldsymbol{x}_0$ 处能展成

$$f(\boldsymbol{x}_0+\boldsymbol{h})=P_K(h_1,\cdots,h_n)+o(|\boldsymbol{h}|^K)\quad(|\boldsymbol{h}|\to 0),$$

其中 P_K 是 n 元 K 次多项式, 上式必定是 $f(\boldsymbol{x})$ 在 $U(\boldsymbol{x}_0,\delta_0)$ 内的泰勒公式.

现设 $f(\boldsymbol{x})$ 在区域 D 内具有 $K+1$ 阶连续偏导数, 从定理 14.3.1 的证明中可以看出, 若要求 $f(\boldsymbol{x})$ $(\boldsymbol{x}\in D)$ 在 $\boldsymbol{x}_0\in D$ 处的泰勒公式, 我们不必要求 $\boldsymbol{x}$ 在 $\boldsymbol{x}_0$ 的某个邻域内, 而只要求连接 $\boldsymbol{x}_0$ 和 $\boldsymbol{x}$ 的线段 $\boldsymbol{x}_0+t(\boldsymbol{x}-\boldsymbol{x}_0)(t\in[0,1])$ 落在 D 内即可.

在定理 14.3.1 中取 $K=0$, 我们有以下多元函数的**拉格朗日微分中值定理**.

推论 2 设 $f(\boldsymbol{x})$ 在区域 $D\subset\mathbb{R}^n$ 内具有连续偏导数, 且对于 $\forall t\in[0,1]$, $\boldsymbol{x}_0+t(\boldsymbol{x}-\boldsymbol{x}_0)\in D$, 则有

$$\begin{aligned}f(\boldsymbol{x})-f(\boldsymbol{x}_0)=&\sum_{i=1}^{n}\frac{\partial f(\boldsymbol{x}_0+\theta(\boldsymbol{x}-\boldsymbol{x}_0))}{\partial x_i}(x_i-x_i^0)\\=&f'(\boldsymbol{x}_0+\theta(\boldsymbol{x}-\boldsymbol{x}_0))\cdot(\boldsymbol{x}-\boldsymbol{x}_0)^{\mathrm{T}},\end{aligned}$$

其中 $0<\theta<1$.

由上述推论 2, 我们容易推出下述结论.

推论 3 设函数 $f(\boldsymbol{x})$ 在区域 $D\subset\mathbb{R}^n$ 内的各个偏导数均为 0, 则 $f(\boldsymbol{x})$ 在 D 内为常数函数.

请读者给出上述推论的证明.

以后我们还常常要用到泰勒公式中 $K=1$ 的情形. 在定理 14.3.1 中, 令 $K=1$, 我们有

$$f(\boldsymbol{x}_0+\boldsymbol{h})=f(\boldsymbol{x}_0)+f'(\boldsymbol{x}_0)\cdot\boldsymbol{h}^{\mathrm{T}}+\frac{1}{2}\boldsymbol{h}\cdot\boldsymbol{H}_f(\boldsymbol{x}_0)\boldsymbol{h}^{\mathrm{T}}+o(|\boldsymbol{h}|^2)\quad(|\boldsymbol{h}|\to 0),$$

其中

$$
\boldsymbol{H}_f((\boldsymbol{x}_0))=\begin{pmatrix}
\dfrac{\partial^2 f(\boldsymbol{x}_0)}{\partial x_1^2(\boldsymbol{x}_0)} & \dfrac{\partial^2 f(\boldsymbol{x}_0)}{\partial x_1\partial x_2} & \cdots & \dfrac{\partial^2 f(\boldsymbol{x}_0)}{\partial x_1\partial x_n}\\
\dfrac{\partial^2 f(\boldsymbol{x}_0)}{\partial x_2\partial x_1} & \dfrac{\partial^2 f(\boldsymbol{x}_0)}{\partial x_2^2} & \cdots & \dfrac{\partial^2 f(\boldsymbol{x}_0)}{\partial x_2\partial x_n}\\
\vdots & \vdots & & \vdots\\
\dfrac{\partial^2 f(\boldsymbol{x}_0)}{\partial x_n\partial x_1} & \dfrac{\partial^2 f(\boldsymbol{x}_0)}{\partial x_n\partial x_2} & \cdots & \dfrac{\partial^2 f(\boldsymbol{x}_0)}{\partial x_n^2}
\end{pmatrix}
$$

称为 $f(\boldsymbol{x})$ 在 $\boldsymbol{x}_0$ 处的**海色** (Hessi) **矩阵**.

例 14.3.1 求函数 $f(x,y)=\dfrac{x-y}{x+y}$ 在 $(1,0)$ 附近带皮亚诺余项的泰勒公式 (直到二次项).

解 对于这类函数, 一般可直接求偏导, 然后写出泰勒公式, 但我们下面利用一元函数已知的泰勒公式来求之. 由于

$$
\begin{aligned}
f(x,y)=&\frac{(x-1)+1-y}{1+[(x-1)+y]}\\
=&[(x-1)+1-y]\{1-(x-1)-y+[(x-1)+y]^2\\
&+o((x-1)^2+y^2)\}\quad ((x-1)^2+y^2\to 0),
\end{aligned}
$$

将上式整理得

$$
f(x,y)=1-2y+2(x-1)y+2y^2+o((x-1)^2+y^2)\quad ((x-1)^2+y^2\to 0).
$$

例 14.3.2 求函数 $f(x,y)=x\mathrm{e}^{x+y}$ 在原点 $(0,0)$ 处的所有四阶偏导数.

解 由 e^{x+y} 在 $(0,0)$ 处的泰勒公式有

$$
\begin{aligned}
f(x,y)=&x\mathrm{e}^{x+y}\\
=&x\left[1+\sum_{k=1}^{K}\frac{(x+y)^k}{k!}+o((\sqrt{x^2+y^2})^K)\right]\quad (\sqrt{x^2+y^2}\to 0).
\end{aligned}
$$

令 $K=3$, 得

$$
\begin{aligned}
f(x,y) =& x + x^2 + xy + \frac{1}{2}(x^3 + 2x^2y + xy^2) \\
&+ \frac{1}{6}(x^4 + 3x^3y + 3x^2y^2 + xy^3) \\
&+ o((\sqrt{x^2+y^2})^4) \quad (\sqrt{x^2+y^2} \to 0),
\end{aligned}
$$

于是有

$$
\frac{\mathrm{C}_4^4}{4!} \cdot \frac{\partial^4 f(0,0)}{\partial x^4} = \frac{1}{6}, \quad \frac{\mathrm{C}_4^3}{4!} \cdot \frac{\partial^4 f(0,0)}{\partial x^3 \partial y} = \frac{1}{2}, \quad \frac{\mathrm{C}_4^2}{4!} \cdot \frac{\partial^4 f(0,0)}{\partial x^2 \partial y^2} = \frac{1}{2},
$$

$$
\frac{\mathrm{C}_4^1}{4!} \cdot \frac{\partial^4 f(0,0)}{\partial x \partial y^3} = \frac{1}{6}, \quad \frac{\mathrm{C}_4^0}{4!} \cdot \frac{\partial^4 f(0,0)}{\partial y^4} = 0,
$$

从而得

$$
\frac{\partial^4 f(0,0)}{\partial x^4} = 4, \quad \frac{\partial^4 f(0,0)}{\partial x^3 \partial y} = 3, \quad \frac{\partial^4 f(0,0)}{\partial x^2 \partial y^2} = 2,
$$

$$
\frac{\partial^4 f(0,0)}{\partial x \partial y^3} = 1, \quad \frac{\partial^4 f(0,0)}{\partial y^4} = 0.
$$

§14.4 隐函数存在定理

14.4.1 单个方程的情形

在讨论一般的隐函数存在问题之前, 我们先来讨论一下由一个二元方程确定隐函数的简单情形. 设 $F(x,y)=0$ 是区域 $D \subset \mathbb{R}^2$ 上的一个二元方程, 并且满足 $F(x_0,y_0)=0$, 其中 $(x_0,y_0) \in D$. 我们要研究的问题是: 何时方程 $F(x,y)=0$ 在点 (x_0,y_0) 附近能唯一确定一个函数 $y=f(x)$, 使得 $f(x_0)=y_0$, 且 $F(x,f(x))=0$ 对 $x \in (x_0-\delta, x_0+\delta)(\delta > 0)$ 成立? 我们称这样定义的函数 $y=f(x)$ 为由方程 $F(x,y)=0$ 所确定的**隐函数**. 显然这个问题等价于: 何时 $z=F(x,y)$ 的零点集合在 (x_0,y_0) 附近是 Oxy 平面内的一条曲线, 而且这条曲线是 $y=f(x)$ 的图像?

我们先来考查一个例子. $\mathbb{R}^2$ 中的单位圆周满足的方程为 $x^2+y^2=1$, 我们可将其写成 $x^2+y^2-1=0$. 现考虑函数 $z=F(x,y)=x^2+$

y^2-1. 先看一个简单情况, 令 $(x_0,y_0)=(0,1)$, 我们来考查一下为什么 $F(x,y)=0$ 在该点的附近能确定一个隐函数 $y=\sqrt{1-x^2}$. 首先 $(x_0,y_0)=(0,1)$ 是 $F(x,y)=x^2+y^2-1$ 的零点, 并且平面 $x=0$ 与曲面 $z=F(x,y)$ 的交线是

$$\begin{cases} x=0, \\ z=y^2-1. \end{cases}$$

对于该曲线容易看出, 对于 $0<\delta_0<1$, 当 y 从 $1-\delta_0$ 连续变化到 $1+\delta_0$ 时, z 严格单调上升并且连续地从负变正. 因此, 对于充分小的 $\delta>0$, 对 $(-\delta,\delta)$ 中的每个 x', 曲线

$$\begin{cases} x=x' \\ z=y^2-1+x'^2 \end{cases}$$

都有此性质. 显然, 当具有上述性质时, $F(x,y)$ 在点 (x_0,y_0) 附近的零点集合刚好是一个函数 $y=f(x)$ 的图像. 而什么时候能保证一个函数 $z=F(x,y)$ 在固定 x 时关于 y 是一个严格单调函数呢? 从多元函数偏导数的几何意义容易看出, 一个充分条件是 $F'_y(x,y)\neq 0$.

对于满足 $F'_y(x,y)=0$ 的点 (x_0,y_0), 读者容易发现此时未必有隐函数 $y=y(x)$ 存在, 如 $F(x,y)=x^2+y^2-1$ 在 $(1,0)$ 处.

下面的定理给出了隐函数存在的充分条件.

定理 14.4.1(隐函数存在定理)　设二元函数 $F(x,y)$ 在 $U((x_0,y_0),\delta)$ $(\delta>0)$ 内满足以下条件:

(1) $F(x_0,y_0)=0$;

(2) $F(x,y)$, $F'_y(x,y)$ 在 $U((x_0,y_0),\delta)$ 内连续;

(3) $F'_y(x_0,y_0)\neq 0$,

则 $\exists\delta_0>0$ $(0<\delta_0<\delta)$, 使得在 $U(x_0,\delta_0)$ 内存在唯一满足下述条件的连续函数 $y=f(x)$:

(a) $y_0=f(x_0)$;

(b) $F(x,f(x))=0$, $\forall x\in U(x_0,\delta_0)$;

(c) 如果 $F'_x(x,y)$ 在 $U((x_0,y_0),\delta)$ 内连续, 则 $f(x)$ 在 $U(x_0,\delta_0)$ 存在连续导数, 并且有

$$f'(x)=\frac{-F'_x(x,f(x))}{F'_y(x,f(x))}.$$

证明 不妨设 $F'_y(x_0,y_0)>0$. 由 $F'_y(x,y)$ 的连续性及极限的保号性可知, 存在 $0<\delta_1,\delta_2<\delta$, 使得对于 $\forall\ (x,y)\in U(x_0,\delta_1)\times U(y_0,\delta_2)$, 有

$$F'_y(x,y)>0.$$

特别地, 若固定 $x=x_0$, 则对于 $\forall y\in U(y_0,\delta_2)$, 有 $F'_y(x_0,y)>0$. 因此 $F(x_0,y)$ 在 $U(y_0,\delta_2)$ 内是 y 的严格上升函数. 注意到 $F(x_0,y_0)=0$, 我们可知 $F(x_0,y_0-\delta_2)<0, F(x_0,y_0+\delta_2)>0$. 再由 $F(x,y)$ 在 $(x_0,y_0-\delta_2)$ 和 $(x_0,y_0+\delta_2)$ 处的连续性, 并利用极限的保号性, 我们可以找到 $\delta_0(0<\delta_0<\delta_1)$, 使得当 $x\in U(x_0,\delta_0)$ 时, 有

$$F(x,y_0-\delta_2)<0,\quad F(x,y_0+\delta_2)>0.$$

对任意给定的 $\tilde{x}\in U(x_0,\delta_0)$, 由 $F'_y(\tilde{x},y)>0$ 推知, 当 $y\in U(y_0,\delta_2)$ 时, $F(\tilde{x},y)$ 连续地从负数 $F(\tilde{x},y_0-\delta_2)$ 严格上升到正数 $F(\tilde{x},y_0+\delta_2)$ (见图 14.4.1). 因此存在唯一的 $\tilde{y}\in U(y_0,\delta_2)$, 使得

$$F(\tilde{x},\tilde{y})=0.$$

这说明了对于 $\forall\ \tilde{x}\in U(x_0,\delta_0)$, 有唯一确定的 $\tilde{y}$ 与之对应. 由函数的定义, 若令 $\tilde{y}=f(\tilde{x})$, 则函数 $\tilde{y}=f(\tilde{x})$ 在 $U(x_0,\delta_0)$ 内有定义, 并且满足

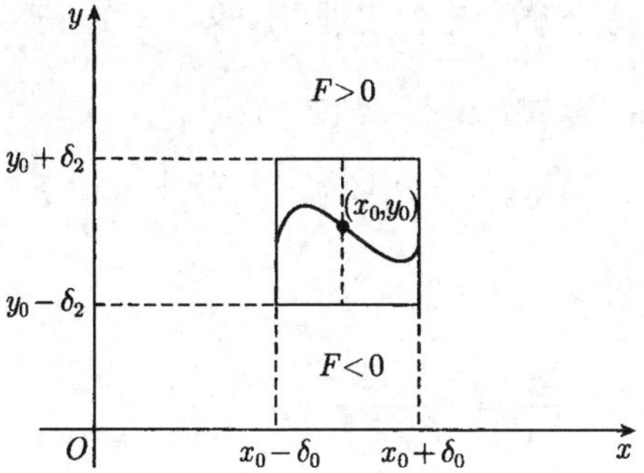

图 14.4.1

(a),(b). 该函数的唯一性由 $F(x,y)$ 在 $U(x_0,\delta_0)\times U(y_0,\delta_2)$ 内关于 y 严格上升所保证.

下面证 $y=f(x)$ 在 $U(x_0,\delta_0)$ 内连续. 任意取定 $\overline{x}\in U(x_0,\delta_0)$, 记 $\overline{y}=f(\overline{x})$. 对于充分小的 $\varepsilon>0$, 则有

$$F(\overline{x},\overline{y}-\varepsilon)<0,\quad F(\overline{x},\overline{y}+\varepsilon)>0.$$

由 $F(x,y)$ 在 $(\overline{x},\overline{y}-\varepsilon)$ 及 $(\overline{x},\overline{y}+\varepsilon)$ 处的连续性, 必存在充分小的 $\delta'(0<\delta'<\delta_0)$, 使得当 $x\in U(\overline{x},\delta')\subset U(x_0,\delta_0)$ 时, 有

$$F(x,\overline{y}-\varepsilon)<0,\quad F(x,\overline{y}+\varepsilon)>0.$$

从上面关于隐函数存在性的证明过程知, 当 $x\in U(\overline{x},\delta')$ 时, 必有 $f(x)\in(\overline{y}-\varepsilon,\overline{y}+\varepsilon)$, 即

$$|f(x)-f(\overline{x})|<\varepsilon.$$

这说明 $f(x)$ 在 $U(x_0,\delta_0)$ 内连续.

最后, 设 $F'_x(x,y)$ 在 $U((x_0,y_0),\delta)$ 内存在且连续, 我们证明 $y=f(x)$ 在 $U(x_0,\delta_0)$ 内具有连续导数. 任取 $\overline{x}\in U(x_0,\delta_0)$, 再取 Δx 充分小, 使得 $\overline{x}+\Delta x\in U(x_0,\delta_0)$. 记

$$\overline{y}=f(\overline{x}),\quad \Delta y=f(\overline{x}+\Delta x)-f(\overline{x}).$$

由多元函数拉格朗日微分中值定理, $\exists\ 0<\theta<1$, 使得下式成立:

$$\begin{aligned}0=&F(\overline{x}+\Delta x,\overline{y}+\Delta y)-F(\overline{x},\overline{y})\\=&F'_x(\overline{x}+\theta\Delta x,y+\theta\Delta y)\Delta x+F'_y(\overline{x}+\theta\Delta x,\overline{y}+\theta\Delta y)\Delta y.\end{aligned}$$

再由 $F'_y(x,y)\neq 0((x,y)\in U((x_0,y_0),\delta))$, 得

$$\frac{\Delta y}{\Delta x}=\frac{-F'_x(\overline{x}+\theta\Delta x,\overline{y}+\theta\Delta y)}{F'_y(\overline{x}+\theta\Delta x,\overline{y}+\theta\Delta y)}.$$

令 $\Delta x\to 0$, 由 $F'_x(x,y)$ 及 $F'_y(x,y)$ 的连续性得

$$f'(\overline{x})=-\frac{F'_x(\overline{x},f(\overline{x}))}{F'_y(\overline{x},f(\overline{x}))}.$$

从上式可以看出 $f'(x)$ 在 $U(x_0,\delta_0)$ 内连续. 证毕.

关于隐函数存在定理, 我们要注意以下几点:

注 1 隐函数存在定理是一个具有重要理论价值的定理, 这在许多后续课程中读者将会有所体验. 值得指出的是, 在定理的条件下, $F(x,y)=0$ 所确定的隐函数是局部存在的, 并且定理的结论只给出了存在性. 在很多情况下, 我们未必能找到解析式 $y=f(x)$ 来表示这个隐函数. 例如, 对于**开普勒** (Kepler) **方程**

$$y-x-\varepsilon\sin y=0\quad(0<\varepsilon<1),$$

容易验证它在 $(-\infty,+\infty)$ 上能确定函数 $y=f(x)$, 但人们却无法写出 $y=f(x)$ 的解析式.

注 2 定理 14.4.1 只是给了隐函数存在的一个充分条件, 若对定理证明过程加以分析, 读者容易举出例子来说明, 当 $F(x,y)$ 不满足定理的条件时, 有时也可以唯一确定一个隐函数 (见本章习题).

在隐函数存在定理中, 将 $F(x,y)$ 的 $x\in U(x_0,\delta)$ 换成 $\mathbb{R}^n$ 中的点 $\boldsymbol{x}\in U(\boldsymbol{x}_0,\delta)(\delta>0)$ 时, 相应的隐函数存在和唯一性的结论不仅成立, 而且其证明与定理 14.4.1 的证明相似. 下面不加证明地给出此结论.

定理 14.4.2(隐函数存在定理) 记 $\boldsymbol{x}=(x_1,x_2,\cdots,x_n),\boldsymbol{x}_0=(x_1^0,x_2^0,\cdots,x_n^0)\in\mathbb{R}^n$, 假设函数 $F(\boldsymbol{x},y)=F(x_1,x_2,\cdots,x_n,y)$ 在 $U(\boldsymbol{x}_0,\delta)\times U(y_0,\delta)(\delta>0)$ 内有定义, 并且满足

(1) $F(\boldsymbol{x}_0,y_0)=0$;

(2) $F(\boldsymbol{x},y)$ 和 $F'_y(\boldsymbol{x},y)$ 在 $U(\boldsymbol{x}_0,\delta)\times U(y_0,\delta)$ 内连续;

(3) $F'_y(\boldsymbol{x}_0,y_0)\neq 0$,

则 $\exists\ \delta_0(0<\delta_0<\delta)$, 使得在 $U(\boldsymbol{x}_0,\delta_0)$ 内存在唯一满足下述条件的连续函数 $y=f(\boldsymbol{x})$:

(a) $y_0=f(\boldsymbol{x}_0)$;

(b) 对于 $\forall \boldsymbol{x} \in U(\boldsymbol{x}_0, \delta_0)$, $F(\boldsymbol{x}, f(\boldsymbol{x})) = 0$;

(c) 如果 $F(\boldsymbol{x}, y)$ 在 $U(\boldsymbol{x}_0, \delta) \times U(y_0, \delta)$, 内存在各个连续偏导数, 那么 $y = f(\boldsymbol{x})$ 在 $U(\boldsymbol{x}_0, \delta_0)$ 具有各个连续偏导数, 并且对于 $i = 1, 2, \cdots, n$ 及 $\forall \boldsymbol{x} \in U(\boldsymbol{x}_0, \delta_0)$, 有

$$\frac{\partial f(\boldsymbol{x})}{\partial x_i} = -\frac{F'_{x_i}(x_1, x_2, \cdots, x_n, y)}{F'_y(x_1, x_2, \cdots, x_n, y)}, \quad \text{其中 } y = f(\boldsymbol{x}).$$

注　在定理 14.4.1 和定理 14.4.2 中, 若 $F(x, y)$ (或 $F(\boldsymbol{x}, y)$) 除了满足相应定理的条件外, 再假设它们具有各个高阶偏导数, 从隐函数的一阶导数或偏导数的表达式直接看出, 所确定的隐函数也具有相应的高阶导数或高阶偏导数.

例 14.4.1　设 $x = x(y, z), y = y(x, z), z = z(x, y)$ 都是由方程 $F(x, y, z) = 0$ 确定的隐函数, 并且它们具有连续偏导数. 证明:

(1) $\dfrac{\partial x}{\partial y} \cdot \dfrac{\partial y}{\partial z} \cdot \dfrac{\partial z}{\partial x} = -1$;

(2) $\dfrac{\partial x}{\partial y} \cdot \dfrac{\partial x}{\partial z} \cdot \dfrac{\partial y}{\partial x} \cdot \dfrac{\partial y}{\partial z} \cdot \dfrac{\partial z}{\partial x} \cdot \dfrac{\partial z}{\partial y} = 1$.

证明　(1) 因为

$$\frac{\partial x}{\partial y} = -\frac{F'_y(x, y, z)}{F'_x(x, y, z)}, \quad \frac{\partial y}{\partial z} = -\frac{F'_z(x, y, z)}{F'_y(x, y, z)}, \quad \frac{\partial z}{\partial x} = -\frac{F'_x(x, y, z)}{F'_z(x, y, z)},$$

所以

$$\frac{\partial x}{\partial y} \cdot \frac{\partial y}{\partial z} \cdot \frac{\partial z}{\partial x} = -1.$$

(2) 由 (1), 又因为

$$\frac{\partial x}{\partial z} = -\frac{F'_z(x, y, z)}{F'_x(x, y, z)}, \quad \frac{\partial y}{\partial x} = -\frac{F'_x(x, y, z)}{F'_y(x, y, z)}, \quad \frac{\partial z}{\partial y} = -\frac{F'_y(x, y, z)}{F'_z(x, y, z)},$$

所以

$$\frac{\partial x}{\partial y} \cdot \frac{\partial x}{\partial z} \cdot \frac{\partial y}{\partial x} \cdot \frac{\partial y}{\partial z} \cdot \frac{\partial z}{\partial x} \cdot \frac{\partial z}{\partial y} = 1.$$

注　在一元微分学中, 当 y 是 x 的函数时, $\dfrac{\mathrm{d}y}{\mathrm{d}x}$ 可以看成是 $\mathrm{d}y$ 与

dx 的商. 上例说明, 在多元微分学中, 当 $z=f(x,y)$ 可偏导时, $\dfrac{\partial z}{\partial x}$ 则是一个整体记号.

例 14.4.2 证明在 $(0,0,0)$ 的邻域内方程

$$-2x+y-x^2+y^2+z+\sin z=0 \tag{14.4.1}$$

确定隐函数 $z=f(x,y)$, 并求 $f(x,y)$ 在 $(0,0)$ 处带皮亚诺余项的泰勒公式 (直到二次项).

解 令 $F(x,y,z)=-2x+y-x^2+y^2+z+\sin z$, 则 $F(x,y,z)$ 具有各阶连续偏导数且满足 $F(0,0,0)=0$ 和 $F_z'(0,0,0)=1+\cos 0=2\neq 0$. 因此 $F(x,y,z)=0$ 在 $(0,0,0)$ 的某一邻域内唯一确定隐函数 $z=f(x,y)$, 并且 $f(x,y)$ 在该邻域内具有各阶连续偏导数.

注意到 $f(0,0)=0$, 因此 $z=f(x,y)$ 的泰勒公式具有下述形式:

$$f(x,y)=a_1x+a_2y+b_{11}x^2+b_{12}xy+b_{22}y^2+o(x^2+y^2) \tag{14.4.2}$$

$$(\sqrt{x^2+y^2}\to 0),$$

其中 $a_i,b_{ij}(i,j=1,2)$ 为常数. 由于

$$\begin{aligned}\sin z=&z+o(|z|^2)\\=&a_1x+a_2y+b_{11}x^2+b_{12}xy+b_{22}y^2+o(x^2+y^2)\end{aligned} \tag{14.4.3}$$

$$(\sqrt{x^2+y^2}\to 0),$$

将式 (14.4.2), (14.4.3) 代入式 (14.4.1) 得

$$-2x+y-x^2+y^2+2a_1x+2a_2y+2b_{11}x^2+2b_{12}xy+2b_{22}y^2+o(x^2+y^2)=0.$$

由此推出

$$(2a_1-2)x+(2a_2+1)y+(2b_{11}-1)x^2+2b_{12}xy+(2b_{22}+1)y^2+o(x^2+y^2)=0,$$

从而有

$$a_1=1,\quad a_2=-\frac{1}{2},\quad b_{11}=\frac{1}{2},\quad b_{12}=0,\quad b_{22}=-\frac{1}{2}.$$

这样我们就求出了如下 $f(x,y)$ 的带皮亚诺余项的泰勒公式:

$$f(x,y)=x-\frac{1}{2}y+\frac{1}{2}x^2-\frac{1}{2}y^2+o(x^2+y^2)\quad(\sqrt{x^2+y^2}\to 0).$$

14.4.2 方程组的情形

我们下面来考查两个方程所组成的方程组

$$\begin{cases}F(\boldsymbol{x},u,v)=0,\\ G(\boldsymbol{x},u,v)=0\end{cases}$$

何时能在 $(\boldsymbol{x}_0,u_0,v_0)$ 的邻域内确定 u,v 是 $\boldsymbol{x}$ 的函数. 对一个方程 $F(x,y)=0$ 的情形, $F'_y(x_0,y_0)\neq 0$ 起着重要作用. 因此, 当我们考虑向量函数

$$\begin{pmatrix}z_1\\ z_2\end{pmatrix}=\begin{pmatrix}F(\boldsymbol{x},u,v)\\ G(\boldsymbol{x},u,v)\end{pmatrix}$$

时, 若将 $\boldsymbol{x}$ 看做常量, 它在 $(\boldsymbol{x}_0,u_0,v_0)$ 处关于 (u,v) 的导数将起着隐函数存在定理中 $F'_y(\boldsymbol{x}_0,y_0)$ 的作用. 注意到此时该导数是 $\left.\begin{pmatrix}F'_u & F'_v\\ G'_u & G'_v\end{pmatrix}\right|_{(\boldsymbol{x}_0,u_0,v_0)}$.

由于要确定两个隐函数, 因此该雅可比矩阵应该是非退化的, 即

$$\left.\begin{vmatrix}F_u & F_v\\ G_u & G_v\end{vmatrix}\right|_{(\boldsymbol{x}_0,u_0,v_0)}\neq 0.$$

对于上述问题, 我们有以下一般性的定理.

定理 14.4.3(隐函数组存在定理) 设向量函数

$$\boldsymbol{F}(\boldsymbol{x},\boldsymbol{u})=(F_1(\boldsymbol{x},\boldsymbol{u}),\ F_2(\boldsymbol{x},\boldsymbol{u}),\ \cdots,\ F_m(\boldsymbol{x},\boldsymbol{u}))$$

在 $U(\boldsymbol{x}_0,\delta)\times U(\boldsymbol{u}_0,\delta)$ $(\delta>0)$ 内有定义, 其中 $\boldsymbol{x}=(x_1,x_2,\cdots,x_n)\in U(\boldsymbol{x}_0,\delta)$, $\boldsymbol{u}=(u_1,u_2,\cdots,u_m)\in U(\boldsymbol{u}_0,\delta)$, 并且满足以下条件:

(1) $F_j(\boldsymbol{x}_0,\boldsymbol{u}_0)=0,\ j=1,2,\cdots,m$;

(2) 对于 $j=1,2,\cdots,m$, $F_j(\boldsymbol{x},\boldsymbol{u})$ 的各个偏导数在 $U(\boldsymbol{x}_0,\delta)\times U(\boldsymbol{u}_0,\delta)$ 内连续;

(3) $\left.\dfrac{\partial(F_1,F_2,\cdots,F_m)}{\partial(u_1,u_2,\cdots,u_m)}\right|_{(\boldsymbol{x}_0,\boldsymbol{u}_0)}\neq 0$,

则 $\exists\,\delta_0(0<\delta_0<\delta)$, 使得在 $U(\boldsymbol{x}_0,\delta_0)$ 内存在唯一的 m 维 n 元向量函数

$$\boldsymbol{f}(\boldsymbol{x})=(f_1(\boldsymbol{x}),f_2(\boldsymbol{x}),\cdots,f_m(\boldsymbol{x})),$$

满足

(a) $\boldsymbol{u}_0=(f_1(\boldsymbol{x}_0),f_2(\boldsymbol{x}_0),\cdots,f_m(\boldsymbol{x}_0))$;

(b) 对于 $\forall j(1\leqslant j\leqslant m)$ 及 $\forall \boldsymbol{x}\in U(\boldsymbol{x}_0,\delta_0)$, 有

$$F_j(\boldsymbol{x},f_1(\boldsymbol{x}),\cdots,f_m(\boldsymbol{x}))=0;$$

(c) $\boldsymbol{f}(\boldsymbol{x})$ 的每个分量函数 $f_j(\boldsymbol{x})\,(j=1,2,\cdots,m)$ 在 $U(\boldsymbol{x}_0,\delta_0)$ 内存在连续偏导数, 记

$$\boldsymbol{A}=\begin{pmatrix}\dfrac{\partial F_1(\boldsymbol{x},\boldsymbol{u})}{\partial x_1} & \dfrac{\partial F_1(\boldsymbol{x},\boldsymbol{u})}{\partial x_2} & \cdots & \dfrac{\partial F_1(\boldsymbol{x},\boldsymbol{u})}{\partial x_n}\\ \dfrac{\partial F_2(\boldsymbol{x},\boldsymbol{u})}{\partial x_1} & \dfrac{\partial F_2(\boldsymbol{x},\boldsymbol{u})}{\partial x_2} & \cdots & \dfrac{\partial F_2(\boldsymbol{x},\boldsymbol{u})}{\partial x_n}\\ \vdots & \vdots & & \vdots\\ \dfrac{\partial F_m(\boldsymbol{x},\boldsymbol{u})}{\partial x_1} & \dfrac{\partial F_m(\boldsymbol{x},\boldsymbol{u})}{\partial x_2} & \cdots & \dfrac{\partial F_m(\boldsymbol{x},\boldsymbol{u})}{\partial x_n}\end{pmatrix},$$

$$\boldsymbol{B}=\begin{pmatrix}\dfrac{\partial F_1(\boldsymbol{x},\boldsymbol{u})}{\partial u_1} & \dfrac{\partial F_1(\boldsymbol{x},\boldsymbol{u})}{\partial u_2} & \cdots & \dfrac{\partial F_1(\boldsymbol{x},\boldsymbol{u})}{\partial u_m}\\ \dfrac{\partial F_2(\boldsymbol{x},\boldsymbol{u})}{\partial u_1} & \dfrac{\partial F_2(\boldsymbol{x},\boldsymbol{u})}{\partial u_2} & \cdots & \dfrac{\partial F_2(\boldsymbol{x},\boldsymbol{u})}{\partial u_m}\\ \vdots & \vdots & & \vdots\\ \dfrac{\partial F_m(\boldsymbol{x},\boldsymbol{u})}{\partial u_1} & \dfrac{\partial F_m(\boldsymbol{x},\boldsymbol{u})}{\partial u_2} & \cdots & \dfrac{\partial F_m(\boldsymbol{x},\boldsymbol{u})}{\partial u_m}\end{pmatrix},$$

那么

$$\boldsymbol{f}'(\boldsymbol{x})=-\boldsymbol{B}^{-1}\cdot\boldsymbol{A},$$

其中矩阵 $\boldsymbol{B}^{-1}$ 为 $\boldsymbol{B}$ 的逆矩阵.

证明 为了证明本定理, 可以对 m 作数学归纳法. 对 $m=2$ 的证明是本质的, 而对 $m\geqslant 3$ 的证明则只具有形式的复杂性. 在此我们只给出 $m=2$ 的证明.

由于

$$\left.\frac{\partial(F_1,F_2)}{\partial(u_1,u_2)}\right|_{(\boldsymbol{x}_0,\boldsymbol{u}_0)}=\left.\begin{vmatrix}\dfrac{\partial F_1}{\partial u_1} & \dfrac{\partial F_1}{\partial u_2}\\ \dfrac{\partial F_2}{\partial u_1} & \dfrac{\partial F_2}{\partial u_2}\end{vmatrix}\right|_{(\boldsymbol{x}_0,\boldsymbol{u}_0)}\neq 0,$$

不失一般性, 我们假定 $\dfrac{\partial F_2(\boldsymbol{x}_0,\boldsymbol{u}_0)}{\partial u_2}\neq 0$. 记 $\boldsymbol{u}_0=(u_1^0,u_2^0)$. 由定理 14.4.2 知, $\exists\ \delta_1(0<\delta_1<\delta)$, 使得方程 $F_2(\boldsymbol{x},u_1,u_2)=0$ 在 $U(\boldsymbol{x}_0,\delta_1)\times U(u_1^0,\delta_1)$ 内唯一确定一个函数

$$u_2=g(\boldsymbol{x},u_1),$$

满足

$$F_2(\boldsymbol{x},u_1,g(\boldsymbol{x},u_1))=0,\quad u_2^0=g(\boldsymbol{x}_0,u_1^0),$$

且 $g(\boldsymbol{x},u_1)$ 在该邻域内具有各个连续偏导数. 将 $u_2=g(\boldsymbol{x},u_1)$ 代入方程 $F_1(\boldsymbol{x},u_1,u_2)=0$, 得到一个关于 $(\boldsymbol{x},u_1)$ 的方程

$$H(\boldsymbol{x},u_1)\triangleq F_1(\boldsymbol{x},u_1,g(\boldsymbol{x},u_1))=0.$$

由于

$$\begin{aligned}\frac{\partial H}{\partial u_1}&=\frac{\partial F_1}{\partial u_1}+\frac{\partial F_1}{\partial u_2}\cdot\frac{\partial g(x,u_1)}{\partial u_1}\\&=\frac{\partial F_1}{\partial u_1}+\frac{\partial F_1}{\partial u_2}\left(-\frac{\partial F_2}{\partial u_1}\Big/\frac{\partial F_2}{\partial u_2}\right)\\&=\frac{1}{\dfrac{\partial F_2}{\partial u_2}}\cdot\frac{\partial(F_1,F_2)}{\partial(u_1,u_2)},\end{aligned}$$

我们有

$$\frac{\partial H(\boldsymbol{x}_0, u_1^0)}{\partial u_1} = \frac{1}{\dfrac{\partial F_2(\boldsymbol{x}_0, u_1^0, u_2^0)}{\partial u_2}} \cdot \left.\frac{\partial(F_1, F_2)}{\partial(u_1, u_2)}\right|_{(\boldsymbol{x}_0, u_1^0, u_2^0)} \neq 0.$$

因此 $\exists \delta_0 (0 < \delta_0 < \delta_1)$, 使得 $H(\boldsymbol{x}, u_1) = 0$ 在 $U(\boldsymbol{x}_0, \delta_0)$ 内唯一确定一个函数 $u_1 = f_1(\boldsymbol{x})$, 满足 $u_1^0 = f_1(\boldsymbol{x}_0)$, 且

$$F_1(\boldsymbol{x}, f_1(\boldsymbol{x}), g(\boldsymbol{x}, f_1(\boldsymbol{x}))) = 0.$$

现记

$$u_1 = f_1(\boldsymbol{x}), \quad u_2 = f_2(\boldsymbol{x}) = g(\boldsymbol{x}, f_1(\boldsymbol{x})),$$

则在 $U(\boldsymbol{x}_0, \delta_0)$ 内, 有

$$\begin{cases} F_1(\boldsymbol{x}, f_1(\boldsymbol{x}), f_2(\boldsymbol{x})) = 0, \\ F_2(\boldsymbol{x}, f_1(\boldsymbol{x}), f_2(\boldsymbol{x})) = 0 \end{cases}$$

和 $\boldsymbol{u}_0 = (f_1(\boldsymbol{x}_0), f_2(\boldsymbol{x}_0))$. 再由 $\boldsymbol{F}(\boldsymbol{x}, \boldsymbol{u})$ 具有各个连续偏导数, 我们可以推出 $f_1(\boldsymbol{x}), f_2(\boldsymbol{x})$ 在 $U(\boldsymbol{x}_0, \delta_0)$ 内具有各个连续偏导数 (从而 $f_1(\boldsymbol{x})$ 与 $f_2(\boldsymbol{x})$ 在该邻域内连续).

对于 $\forall i\,(1 \leqslant i \leqslant n)$, 利用复合函数的求导法则有

$$\begin{cases} \dfrac{\partial F_1}{\partial x_i} + \dfrac{\partial F_1}{\partial u_1} \cdot \dfrac{\partial f_1}{\partial x_i} + \dfrac{\partial F_1}{\partial u_2} \cdot \dfrac{\partial f_2}{\partial x_i} = 0, \\[2ex] \dfrac{\partial F_2}{\partial x_i} + \dfrac{\partial F_2}{\partial u_1} \cdot \dfrac{\partial f_1}{\partial x_i} + \dfrac{\partial F_2}{\partial u_2} \cdot \dfrac{\partial f_2}{\partial x_i} = 0. \end{cases}$$

将上式写成向量形式有

$$\begin{pmatrix} \dfrac{\partial F_1}{\partial u_1} & \dfrac{\partial F_1}{\partial u_2} \\[2ex] \dfrac{\partial F_2}{\partial u_1} & \dfrac{\partial F_2}{\partial u_2} \end{pmatrix} \begin{pmatrix} \dfrac{\partial f_1}{\partial x_i} \\[2ex] \dfrac{\partial f_2}{\partial x_i} \end{pmatrix} = -\begin{pmatrix} \dfrac{\partial F_1}{\partial x_i} \\[2ex] \dfrac{\partial F_2}{\partial x_i} \end{pmatrix},$$

因此有

$$\begin{pmatrix} \dfrac{\partial F_1}{\partial u_1} & \dfrac{\partial F_1}{\partial u_2} \\ \dfrac{\partial F_2}{\partial u_1} & \dfrac{\partial F_2}{\partial u_2} \end{pmatrix} \begin{pmatrix} \dfrac{\partial f_1}{\partial x_1} & \dfrac{\partial f_1}{\partial x_2} & \cdots & \dfrac{\partial f_1}{\partial x_n} \\ \dfrac{\partial f_2}{\partial x_1} & \dfrac{\partial f_2}{\partial x_2} & \cdots & \dfrac{\partial f_2}{\partial x_n} \end{pmatrix}$$

$$= - \begin{pmatrix} \dfrac{\partial F_1}{\partial x_1} & \dfrac{\partial F_1}{\partial x_2} & \cdots & \dfrac{\partial F_1}{\partial x_n} \\ \dfrac{\partial F_2}{\partial x_1} & \dfrac{\partial F_2}{\partial x_2} & \cdots & \dfrac{\partial F_2}{\partial x_n} \end{pmatrix}.$$

由此得

$$\begin{pmatrix} \dfrac{\partial f_1}{\partial x_1} & \dfrac{\partial f_1}{\partial x_2} & \cdots & \dfrac{\partial f_1}{\partial x_n} \\ \dfrac{\partial f_2}{\partial x_1} & \dfrac{\partial f_2}{\partial x_2} & \cdots & \dfrac{\partial f_2}{\partial x_n} \end{pmatrix}$$

$$= - \begin{pmatrix} \dfrac{\partial F_1}{\partial u_1} & \dfrac{\partial F_1}{\partial u_2} \\ \dfrac{\partial F_2}{\partial u_1} & \dfrac{\partial F_2}{\partial u_2} \end{pmatrix}^{-1} \begin{pmatrix} \dfrac{\partial F_1}{\partial x_1} & \dfrac{\partial F_1}{\partial x_2} & \cdots & \dfrac{\partial F_1}{\partial x_n} \\ \dfrac{\partial F_2}{\partial x_1} & \dfrac{\partial F_2}{\partial x_2} & \cdots & \dfrac{\partial F_2}{\partial x_n} \end{pmatrix}.$$

现证所确定的隐函数组是唯一的. 事实上, 倘若由

$$\boldsymbol{F}(\boldsymbol{x}, u_1, u_2) = 0$$

在 $U(\boldsymbol{x}_0, \delta_0)$ 内确定另一组函数

$$\begin{cases} u_1 = \widetilde{f}_1(\boldsymbol{x}), \\ u_2 = \widetilde{f}_2(\boldsymbol{x}), \end{cases}$$

并且它们仍然满足定理结论 (a), (b) 和 (c), 则容易看出 f_1 与 $\widetilde{f}_1$, f_2 与 $\widetilde{f}_2$ 在该邻域内具有相同的各个偏导数, 从而 $f_1(\boldsymbol{x}) - \widetilde{f}_1(\boldsymbol{x}), f_2(\boldsymbol{x}) - \widetilde{f}_2(\boldsymbol{x})$ 在 $U(\boldsymbol{x}_0, \delta_0)$ 内均为常数函数. 但它们在 $\boldsymbol{x}_0$ 处有 $f_1(\boldsymbol{x}_0) = \widetilde{f}_1(\boldsymbol{x}_0), f_2(\boldsymbol{x}_0) = \widetilde{f}_2(\boldsymbol{x}_0)$, 因此在 $U(\boldsymbol{x}_0, \delta_0)$ 内有 $f_1(\boldsymbol{x}) = \widetilde{f}_1(\boldsymbol{x}), f_2(\boldsymbol{x}) = \widetilde{f}_2(\boldsymbol{x})$. 证毕.

例 14.4.3 证明方程组

$$\begin{cases} x^2 + y^2 + u^2 - v^2 = 2, \\ u + v + x + y = 0 \end{cases} \tag{14.4.4}$$

在 $(x_0,y_0,u_0,v_0)=(1,1,-1,-1)$ 的某个邻域 $U((1,1,-1,-1),\delta_0)(\delta_0>0)$ 内确定隐函数组

$$\begin{cases}u=u(x,y),\\ v=v(x,y),\end{cases}$$

并在该邻域内求 $\dfrac{\partial u}{\partial x},\dfrac{\partial v}{\partial y}$.

解 显然点 $\boldsymbol{x}_0=(1,1,-1,-1)$ 满足方程组 (14.4.4). 记

$$F(x,y,u,v)=x^2+y^2+u^2-v^2-2,$$
$$G(x,y,u,v)=u+v+x+y,$$

则 F,G 都具有连续偏导数, 且

$$\left.\frac{\partial(F,G)}{\partial(u,v)}\right|_{\boldsymbol{x}_0}=\left.\begin{vmatrix}2u & -2v\\ 1 & 1\end{vmatrix}\right|_{\boldsymbol{x}_0}=-2-2=-4\neq 0.$$

因此, $\exists\ \delta_0>0$, 使得方程组 (14.4.4) 在 $U((1,1,-1,-1),\delta_0)$ 内唯一确定隐函数组

$$\begin{cases}u=u(x,y),\\ v=v(x,y),\end{cases}$$

并且 $u(x,y)$ 与 $v(x,y)$ 在 $U((1,1),\delta_0)$ 内存在连续偏导数. 下面我们来求偏导数. 对方程组 (14.4.4) 微分得

$$\begin{cases}2x\mathrm{d}x+2y\mathrm{d}y+2u\mathrm{d}u-2v\mathrm{d}v=0,\\ \mathrm{d}u+\mathrm{d}v+\mathrm{d}x+\mathrm{d}y=0.\end{cases}\tag{14.4.5}$$

令 $\mathrm{d}y=0$, 得

$$\begin{cases}u\mathrm{d}u-v\mathrm{d}v=-x\mathrm{d}x,\\ \mathrm{d}u+\mathrm{d}v=-\mathrm{d}x.\end{cases}$$

从中解出 $\mathrm{d}u=-\dfrac{x+v}{u+v}\mathrm{d}x$, 从而 $\dfrac{\partial u}{\partial x}=-\dfrac{x+u}{u+v}$. 在方程组 (14.4.5) 中令 $\mathrm{d}x=0$, 即得

$$\begin{cases}u\mathrm{d}u-v\mathrm{d}v=-y\mathrm{d}y,\\ \mathrm{d}u+\mathrm{d}v=-\mathrm{d}y,\end{cases}$$

从而可求出 $\dfrac{\partial v}{\partial y}=\dfrac{y-u}{u+v}$.

14.4.3 逆映射存在定理

对于一个可微映射, 如何确定它的逆映射的存在性呢? 隐函数组存在定理可以给出一个连续可微映射局部存在逆映射的充分条件.

定理 14.4.4(逆映射存在定理) 设

$$\boldsymbol{y}=(y_1,y_2,\cdots,y_n)=(f_1(\boldsymbol{x}),f_2(\boldsymbol{x}),\cdots,f_n(\boldsymbol{x}))=\boldsymbol{f}(\boldsymbol{x})$$

是区域 $D\subset\mathbb{R}^n$ 到区域 $\Omega\subset\mathbb{R}^n$ 的一个 C^1 映射, 并且在 $\boldsymbol{x}_0\in D$ 处有

$$\left.\frac{\partial(f_1,f_2,\cdots,f_n)}{\partial(x_1,x_2,\cdots,x_n)}\right|_{\boldsymbol{x}_0}\neq 0.$$

记 $\boldsymbol{y}_0=\boldsymbol{f}(\boldsymbol{x}_0)$, 则存在 $\boldsymbol{x}_0$ 的邻域 $U(\boldsymbol{x}_0,\delta_0)\subset D$, 使得映射 $\boldsymbol{y}=\boldsymbol{f}(\boldsymbol{x})$ 是 $U(\boldsymbol{x}_0,\delta_0)$ 到 $\boldsymbol{f}(U(\boldsymbol{x}_0,\delta_0))$ 的 C^1 同胚映射 (变换), 其中 $\boldsymbol{f}(U(\boldsymbol{x}_0,\delta_0))$ 是包含 $\boldsymbol{y}_0$ 的一个区域.

证明 对于 $j=1,2,\cdots,n$, 记 $F_j(\boldsymbol{x},\boldsymbol{y})=y_j-f_j(\boldsymbol{x})$, 并考虑下面 n 个方程组成的方程组

$$\begin{cases}F_1(\boldsymbol{x},\boldsymbol{y})=0,\\F_2(\boldsymbol{x},\boldsymbol{y})=0,\\\cdots\cdots\\F_n(\boldsymbol{x},\boldsymbol{y})=0.\end{cases}$$

由定理条件知它们满足

(1) 对任意的 $j(1\leqslant j\leqslant n)$, $F_j(\boldsymbol{x}_0,\boldsymbol{y}_0)=0$;

(2) $\exists\delta'>0$, 对任意的 $j(1\leqslant j\leqslant n)$, 使得 $F_j(\boldsymbol{x},\boldsymbol{y})$ 在 $U((\boldsymbol{x}_0,\boldsymbol{y}_0),\delta')$ 内具有连续偏导数 (因此 $F_j(\boldsymbol{x},\boldsymbol{y})$ 在该邻域连续), 并且

$$\left.\frac{\partial(F_1,F_2,\cdots,F_n)}{\partial(x_1,x_2,\cdots,x_n)}\right|_{(\boldsymbol{x}_0,\boldsymbol{y}_0)}=(-1)^n\left.\frac{\partial(f_1,f_2,\cdots,f_n)}{\partial(x_1,x_2,\cdots,x_n)}\right|_{\boldsymbol{x}_0}\neq 0,$$

因此由定理 14.4.3 知, 在 $\boldsymbol{y}_0$ 的某个邻域 $U(\boldsymbol{y}_0,\delta_1)(0<\delta_1<\delta')$ 内存在一个 n 维向量函数

$$\boldsymbol{x}=\boldsymbol{g}(\boldsymbol{y})=(g_1(\boldsymbol{y}),\cdots,g_n(\boldsymbol{y})),$$

满足 $\boldsymbol{x}_0=(g_1(\boldsymbol{y}_0),\cdots,g_n(\boldsymbol{y}_0))$ 和

$$\begin{cases} y_1-f_1(g_1(\boldsymbol{y}),\cdots,g_n(\boldsymbol{y}))=0,\\ \cdots\cdots\cdots\cdots\\ y_n-f_n(g_1(\boldsymbol{y}),\cdots,g_n(\boldsymbol{y}))=0, \end{cases}$$

并且 $(g_1(\boldsymbol{y}),\cdots,g_n(\boldsymbol{y}))$ 在 $U(\boldsymbol{y}_0,\delta_1)$ 内具有各个连续偏导数. 上面的 n 个等式同时表明, 在 $U(\boldsymbol{y}_0,\delta_1)$ 内 $\boldsymbol{f}(\boldsymbol{g}(\boldsymbol{y}))\equiv\boldsymbol{y}$, 即 $\boldsymbol{x}=\boldsymbol{g}(\boldsymbol{y})$ 是 $\boldsymbol{y}=\boldsymbol{f}(\boldsymbol{x})$ 的逆映射. 我们从定理 14.4.3 推知 $\boldsymbol{f}'(\boldsymbol{x})\boldsymbol{g}'(\boldsymbol{y})=\boldsymbol{E}$ (n 阶单位矩阵), 因此由 $|\boldsymbol{f}'(\boldsymbol{x}_0)|\neq0$ 有 $\boldsymbol{g}'(\boldsymbol{y}_0)=[\boldsymbol{f}'(\boldsymbol{x}_0)]^{-1}$, 从而 $\boldsymbol{g}(\boldsymbol{y})$ 在 $\boldsymbol{y}_0$ 处的雅可比行列式也不为零. 如果将 $\boldsymbol{f}(\boldsymbol{x})$ 与 $\boldsymbol{g}(\boldsymbol{y})$ 的地位对换, 则在 $\boldsymbol{x}_0$ 的某个邻域 $U(\boldsymbol{x}_0,\delta_1')(0<\delta_1'<\delta')$ 内存在 $\boldsymbol{g}(\boldsymbol{y})$ 的逆映射, 显然该逆映射是 $\boldsymbol{f}(\boldsymbol{x})$.

现证存在 $\boldsymbol{x}_0$ 的邻域 $U(\boldsymbol{x}_0,\delta_0)$, 使得 $\boldsymbol{f}(\boldsymbol{x})$ 是 $U(\boldsymbol{x}_0,\delta_0)$ 到区域 $\boldsymbol{f}(U(\boldsymbol{x}_0,\delta_0))$ 的 C^1 同胚映射. 首先取 $\delta_2(0<\delta_2<\delta_1')$ 充分小, 使得对于 $\forall\boldsymbol{x}\in U(\boldsymbol{x}_0,\delta_2)$, $\boldsymbol{f}(\boldsymbol{x})$ 在 $\boldsymbol{x}$ 处的雅可比行列式不等于零. 下面我们证明, 对于 $\forall\boldsymbol{x}'\in U(\boldsymbol{x}_0,\delta_2)$ 及任何包含 $\boldsymbol{x}'$ 的开集 $U_{\boldsymbol{x}'}$, $\boldsymbol{f}(\boldsymbol{x}')$ 是 $\boldsymbol{f}(U_{\boldsymbol{x}'})$ 的内点. 由于我们证明该事实只是利用 $\boldsymbol{f}(\boldsymbol{x})$ 是 C^1 映射, 并且它在 $\boldsymbol{x}'$ 处的雅可比行列式不为零, 容易看出, 我们只要对 $\boldsymbol{x}_0$ 证明上述结论即可. 任取包含 $\boldsymbol{x}_0$ 的开集 $U_{\boldsymbol{x}_0}$, 则由 $\boldsymbol{g}(\boldsymbol{y})$ 在 $\boldsymbol{y}_0$ 处的连续性, 存在 $\boldsymbol{y}_0$ 的邻域 $U(\boldsymbol{y}_0,\delta_3)$(当然是开集), 使得 $\boldsymbol{g}(U(\boldsymbol{y}_0,\delta_3))\subset U_{\boldsymbol{x}_0}$. 因此有

$$U(\boldsymbol{y}_0,\delta_3)=\boldsymbol{f}(\boldsymbol{g}(U(\boldsymbol{y}_0,\delta_3)))\subset\boldsymbol{f}(U_{\boldsymbol{x}_0}).$$

再注意到连续映射将连通集映成连通集, 因此 $\boldsymbol{f}(U(\boldsymbol{x}_0,\delta_2))$ 是一个包含 $\boldsymbol{y}_0$ 的区域. 同理, $\exists\delta_2'(0<\delta_2'<\delta_1)$, 使得 $\boldsymbol{g}(U(\boldsymbol{y}_0,\delta_2'))$ 是包含 $\boldsymbol{x}_0$ 的一个区域. 因此取 $\delta_0(0<\delta_0<\delta_2')$ 充分小, 使得 $\boldsymbol{f}(U(\boldsymbol{x}_0,\delta_0))\subset U(\boldsymbol{y}_0,\delta_2')$, 则 $\boldsymbol{f}(U(\boldsymbol{x}_0,\delta_0))$ 是 $\mathbb{R}^n$ 中包含 $\boldsymbol{y}_0$ 的区域. 由于在 $U(\boldsymbol{x}_0,\delta_0)$ 满足 $\boldsymbol{g}(\boldsymbol{f}(\boldsymbol{x}))=\boldsymbol{x}$, 并且 $\boldsymbol{f}$ 在 $U(\boldsymbol{x}_0,\delta_0)$ 内是 C^1 映射, $\boldsymbol{g}(\boldsymbol{y})=\boldsymbol{f}^{-1}(\boldsymbol{y})$ 在 $\boldsymbol{f}(U(\boldsymbol{x}_0,\delta_0))$ 内是 C^1 映射, 因此 $\boldsymbol{f}(\boldsymbol{x})$ 是 $U(\boldsymbol{x}_0,\delta_0)$ 到 $\boldsymbol{f}(U(\boldsymbol{x}_0,\delta_0))$ 的 C^1 同胚映射 (变换). 证毕.

从逆映射存在定理的证明可知, 如果一个 n 维 n 元向量函数

$$\boldsymbol{y}=\boldsymbol{f}(\boldsymbol{x})=(f_1(\boldsymbol{x}),f_2(\boldsymbol{x}),\cdots,f_n(\boldsymbol{x}))$$

在区域 $D\subset\mathbb{R}^n$ 内具有连续偏导数, 并且对于 $\forall\boldsymbol{x}\in D,\boldsymbol{f}'(\boldsymbol{x})$ 非退化, 即它的雅可比行列式 $\left.\dfrac{\partial(f_1,f_2,\cdots,f_n)}{\partial(x_1,x_2,\cdots,x_n)}\right|_{\boldsymbol{x}}\neq 0$, 则局部总存在逆映射, 因此 $\boldsymbol{f}$ 必将开集映成开集. 另外, 由于此时 $\boldsymbol{y}=\boldsymbol{f}(\boldsymbol{x})$ 是连续函数, 因此推出 $\boldsymbol{f}(D)$ 为一个区域.

注 1 当一个 n 维 n 元向量函数 $\boldsymbol{y}=\boldsymbol{f}(\boldsymbol{x})$ 在区域 $D\subset\mathbb{R}^n$ 内具有连续偏导数, 并且对于 $\forall\boldsymbol{x}\in D$ 有 $|\boldsymbol{f}'(\boldsymbol{x})|\neq 0$ 时, 我们仅仅能推出 $\boldsymbol{y}=\boldsymbol{f}(\boldsymbol{x})$ 是局部同胚映射, 但不能推出它是 D 到 $\boldsymbol{f}(D)$ 的整体同胚映射. 例如:

$$\begin{pmatrix}u\\v\end{pmatrix}=\begin{pmatrix}\mathrm{e}^x\cos y\\ \mathrm{e}^x\sin y\end{pmatrix},\quad (x,y)\in\mathbb{R}^2$$

是 $\mathbb{R}^2$ 到 $\mathbb{R}^2\backslash\{(0,0)\}$ 的映射, 对于 $\forall(x,y)\in\mathbb{R}^2$, 有

$$\frac{\partial(u,v)}{\partial(x,y)}=\begin{vmatrix}\mathrm{e}^x\cos y & -\mathrm{e}^x\sin y\\ \mathrm{e}^x\sin y & \mathrm{e}^x\cos y\end{vmatrix}=\mathrm{e}^x\neq 0,$$

因此该映射局部总是同胚映射. 由 $\cos y$ 及 $\sin y$ 的周期性, 上述映射显然不是 $\mathbb{R}^2\to\mathbb{R}^2\backslash\{(0,0)\}$ 的同胚映射.

注 2 对于逆映射存在定理, 我们容易举例说明, 如果仅仅要求存在逆映射, 而不要求逆映射具有连续偏导数, 雅可比行列式不为零的条件不是必要条件. 例如, $\begin{pmatrix}u\\v\end{pmatrix}=\begin{pmatrix}x^3\\y\end{pmatrix}$ 是 $\mathbb{R}^2\to\mathbb{R}^2$ 的同胚映射. 事实上, 它的逆映射为 $\begin{pmatrix}x\\y\end{pmatrix}=\begin{pmatrix}u^{\frac{1}{3}}\\v\end{pmatrix}$, 但在 $(0,0)$ 处有 $\left.\dfrac{\partial(u,v)}{\partial(x,y)}\right|_{(0,0)}=0$. 此例同时说明了当 $\dfrac{\partial x}{\partial u}\left(或\ \dfrac{\partial y}{\partial u}\right)$ 不是处处存在时, 仍然具有连续的逆映射.

§14.5 多元函数的极值

14.5.1 通常极值问题

在一元函数中, 我们利用导数讨论了函数的极值. 在本节中, 我们来讨论多元函数的极值问题. 对于多元函数来说, 极值的定义与一元函数是相似的.

定义 14.5.1 设函数 $u = f(\boldsymbol{x})$ 在区域 D 内有定义, $\boldsymbol{x}_0 \in D$, 若存在 $\boldsymbol{x}_0$ 的邻域 $U(\boldsymbol{x}_0, \delta_0) \subset D(\delta_0 > 0)$, 使得当 $\boldsymbol{x} \in U(\boldsymbol{x}_0, \delta_0)$ 时, 有 $f(\boldsymbol{x}) \leqslant f(\boldsymbol{x}_0)$, (或 $f(\boldsymbol{x}) \geqslant f(\boldsymbol{x}_0)$), 则称 $f(\boldsymbol{x})$ 在 $\boldsymbol{x}_0$ 处取**极大值** (或**极小值**), $\boldsymbol{x}_0$ 称为 $f(\boldsymbol{x})$ 的**极大值点** (或**极小值点**). 如果上述不等式为严格不等式, 则称 $\boldsymbol{x}_0$ 为 $f(\boldsymbol{x})$ 的**严格极大值点** (或**严格极小值点**).

对于一个二元可微函数 $z = f(x, y)((x, y) \in D)$, 一般来说它的图像是一块曲面. 从几何上来看, 若 $(x_0, y_0) \in D$ 是 $z = f(x, y)$ 的极值点, 则 $(x_0, y_0, f(x_0, y_0))$ 是曲面上局部的最高点或最低点. 显然, 对于曲面上的任何一条过 $(x_0, y_0, f(x_0, y_0))$ 的曲线 Γ, 该点也是 Γ 在它附近的最高点或最低点. 当 Γ 在该点具有切线时, 它的切线应该平行于 Oxy 平面. 所以, 当 $z = f(x, y)$ 在 (x_0, y_0) 处可微时, 有

$$\frac{\partial f(x_0, y_0)}{\partial x} = \frac{\partial f(x_0, y_0)}{\partial y} = 0,$$

即 $f'(x_0, y_0) = \mathbf{grad} f(\boldsymbol{x}_0) = \mathbf{0}$.

定理 14.5.1 设函数 $f(\boldsymbol{x})$ 在区域 $D \subset \mathbb{R}^n$ 内有定义, $\boldsymbol{x}_0 = (x_1^0, x_2^0, \cdots, x_n^0) \in D$, 再设 $f(\boldsymbol{x})$ 在 $\boldsymbol{x}_0$ 处取极值并且 $f(\boldsymbol{x})$ 在该点关于 $x_i (1 \leqslant i \leqslant n)$ 可偏导, 则有 $\dfrac{\partial f(\boldsymbol{x}_0)}{\partial x_i} = 0$. 特别地, 若 $f(\boldsymbol{x})$ 在该点可微, 则 $f'(\boldsymbol{x}_0) = \mathbf{0}$.

证明 在定理的条件下, 一元函数

$$F_i(x_i) = f(x_1^0, \cdots, x_{i-1}^0, x_i, x_{i+1}^0, \cdots, x_n^0) \quad (1 \leqslant i \leqslant n)$$

在 x_i^0 处取极值, 因此

$$F_i'(x_i^0) = \frac{\partial f(\boldsymbol{x}_0)}{\partial x_i} = 0 \quad (1 \leqslant i \leqslant n).$$

证毕.

如同一元函数, 对于一个 n 元可微函数 $f(\boldsymbol{x})$, 若 $f'(\boldsymbol{x}_0) = \boldsymbol{0}$, 则称 $\boldsymbol{x}_0$ 为 $f(\boldsymbol{x})$ 的一个**驻点或临界点**. 因此, 对可微函数 $f(\boldsymbol{x})$ 而言, $f(\boldsymbol{x})$ 的极值点一定是驻点, 但反命题一般不真.

例如, $f(x,y) = y^2 - x^2$ 在 $(0,0)$ 处显然不取极值 (如图 14.5.1 所示, 该函数的图像在原点附近有点像一个马鞍, 因此人们称之为**马鞍面**). 当一个可微函数 $f(\boldsymbol{x})$ 的驻点不是极值点时, 该驻点也称为 $f(\boldsymbol{x})$ 的一个**鞍点**.

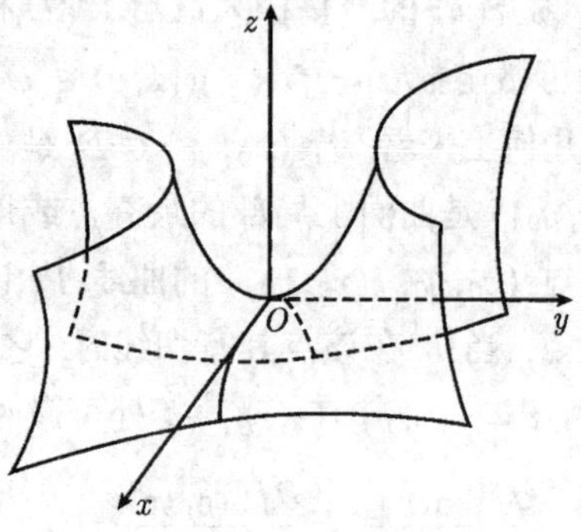

图　14.5.1

在研究一元函数的极值问题中, 我们曾经利用它的高阶导数来判别驻点是否为极值点. 对于多元函数, 我们也可以利用高阶偏导数来讨论其极值问题. 由于多元函数高阶偏导数的复杂性, 我们只考虑涉及二阶偏导数的情形.

定理 14.5.2　设函数 $f(\boldsymbol{x}) = f(x_1, x_2, \cdots, x_n)$ 在区域 $D \subset \mathbb{R}^n$ 内具有二阶连续偏导数, 且 $f'(\boldsymbol{x}_0) = \boldsymbol{0}$ $(\boldsymbol{x}_0 \in D)$, 再设 $f(\boldsymbol{x})$ 在 $\boldsymbol{x}_0$ 处的海色矩阵 $\boldsymbol{H}_f(\boldsymbol{x}_0)$ 为满秩矩阵, 则

(1) 当 $\boldsymbol{H}_f(\boldsymbol{x}_0)$ 正定时, $f(\boldsymbol{x})$ 在 $\boldsymbol{x}_0$ 处取极小值;

(2) 当 $\boldsymbol{H}_f(\boldsymbol{x}_0)$ 负定时, $f(\boldsymbol{x})$ 在 $\boldsymbol{x}_0$ 处取极大值;

(3) 当 $\boldsymbol{H}_f(\boldsymbol{x}_0)$ 不定时, $f(\boldsymbol{x})$ 在 $\boldsymbol{x}_0$ 处不取极值.

证明 在 $\boldsymbol{x}_0$ 的充分小邻域 $U(\boldsymbol{x}_0,\delta_0)(\delta_0>0)$ 内, $f(\boldsymbol{x})$ 有泰勒公式

$$\begin{aligned}f(\boldsymbol{x}) =& f(\boldsymbol{x}_0)+f'(\boldsymbol{x}_0)(\boldsymbol{x}-\boldsymbol{x}_0)^{\mathrm{T}}+\frac{1}{2}(\boldsymbol{x}-\boldsymbol{x}_0)\boldsymbol{H}_f(\boldsymbol{x}_0)(\boldsymbol{x}-\boldsymbol{x}_0)^{\mathrm{T}}\\ &+o(|\boldsymbol{x}-\boldsymbol{x}_0|^2)\\ =&f(\boldsymbol{x}_0)+\frac{1}{2}\frac{(\boldsymbol{x}-\boldsymbol{x}_0)}{|\boldsymbol{x}-\boldsymbol{x}_0|}\boldsymbol{H}_f(\boldsymbol{x}_0)\frac{(\boldsymbol{x}-\boldsymbol{x}_0)^{\mathrm{T}}}{|\boldsymbol{x}-\boldsymbol{x}_0|}|\boldsymbol{x}-\boldsymbol{x}_0|^2\\ &+o(|\boldsymbol{x}-\boldsymbol{x}_0|^2)\quad(|\boldsymbol{x}-\boldsymbol{x}_0|\to 0)\end{aligned}$$

对于 $\forall\boldsymbol{x}\in U_0(\boldsymbol{x}_0,\delta_0)$, 记 $\boldsymbol{x}'=\dfrac{\boldsymbol{x}-\boldsymbol{x}_0}{|\boldsymbol{x}-\boldsymbol{x}_0|}$, 则 $|\boldsymbol{x}'|=1$. 由于 $\boldsymbol{x}'\boldsymbol{H}_f(\boldsymbol{x}_0)\boldsymbol{x}'^{\mathrm{T}}$ 是 $S(\boldsymbol{0};1)=\{\boldsymbol{x}':|\boldsymbol{x}'|=1\}$ 上的一个连续函数, 注意到 $S(\boldsymbol{0};1)$ 是紧集, $\boldsymbol{x}'\boldsymbol{H}_f(\boldsymbol{x}_0)\boldsymbol{x}'^{\mathrm{T}}$ 在 $S(\boldsymbol{0};1)$ 上取到最大值 M 和最小值 m.

(1) 当 $\boldsymbol{H}_f(\boldsymbol{x}_0)$ 正定时, 对任意非零向量 $\boldsymbol{x}-\boldsymbol{x}_0$ 均有

$$(\boldsymbol{x}-\boldsymbol{x}_0)\boldsymbol{H}_f(\boldsymbol{x}_0)(\boldsymbol{x}-\boldsymbol{x}_0)^{\mathrm{T}}>0,$$

因此有 $m>0$, 从而存在 $0<\delta_1<\delta_0$, 使得当 $\boldsymbol{x}\in U_0(\boldsymbol{x}_0,\delta_1)$ 时, 有

$$\begin{aligned}f(\boldsymbol{x}) =& f(\boldsymbol{x}_0)+\frac{1}{2}\frac{(\boldsymbol{x}-\boldsymbol{x}_0)}{|\boldsymbol{x}-\boldsymbol{x}_0|}\boldsymbol{H}_f(\boldsymbol{x}_0)\frac{(\boldsymbol{x}-\boldsymbol{x}_0)^{\mathrm{T}}}{|\boldsymbol{x}-\boldsymbol{x}_0|}|\boldsymbol{x}-\boldsymbol{x}_0|^2+o(|\boldsymbol{x}-\boldsymbol{x}_0|^2)\\ >& f(\boldsymbol{x}_0)+\frac{m}{4}|\boldsymbol{x}-\boldsymbol{x}_0|^2>f(\boldsymbol{x}_0).\end{aligned}$$

这就证明了 $f(\boldsymbol{x})$ 在 $\boldsymbol{x}_0$ 处取极小值.

(2) 当 $\boldsymbol{H}_f(\boldsymbol{x}_0)$ 负定时, 有 $M<0$. 因此, 存在 $0<\delta_2<\delta_0$, 当 $\boldsymbol{x}\in U_0(\boldsymbol{x}_0,\delta_2)$ 时, 有

$$\begin{aligned}f(\boldsymbol{x}) =& f(\boldsymbol{x}_0)+\frac{1}{2}\frac{(\boldsymbol{x}-\boldsymbol{x}_0)}{|\boldsymbol{x}-\boldsymbol{x}_0|}\boldsymbol{H}_f(\boldsymbol{x}_0)\frac{(\boldsymbol{x}-\boldsymbol{x}_0)^{\mathrm{T}}}{|\boldsymbol{x}-\boldsymbol{x}_0|}|\boldsymbol{x}-\boldsymbol{x}_0|^2+o(|\boldsymbol{x}-\boldsymbol{x}_0|^2)\\ <& f(\boldsymbol{x}_0)+\frac{M}{4}|\boldsymbol{x}-\boldsymbol{x}_0|^2<f(\boldsymbol{x}_0).\end{aligned}$$

这就证明了 $f(\boldsymbol{x})$ 在 $\boldsymbol{x}_0$ 取极大值.

(3) 当 $\boldsymbol{H}_f(\boldsymbol{x}_0)$ 不定时, 有 $m<0, M>0$.

任取 $\boldsymbol{x}_1\in\mathbb{R}^n$, 使得 $\dfrac{(\boldsymbol{x}_1-\boldsymbol{x}_0)}{|\boldsymbol{x}_1-\boldsymbol{x}_0|}\boldsymbol{H}_f(\boldsymbol{x}_0)\dfrac{(\boldsymbol{x}_1-\boldsymbol{x}_0)^{\mathrm{T}}}{|\boldsymbol{x}_1-\boldsymbol{x}_0|}=m$, 则对充分小的 $t>0$, 有

$$\begin{aligned}f\left(\boldsymbol{x}_0+t\frac{(\boldsymbol{x}_1-\boldsymbol{x}_0)}{|\boldsymbol{x}_1-\boldsymbol{x}_0|}\right)&=f(\boldsymbol{x}_0)+\frac{1}{2}mt^2+o(t^2)\\&\leqslant f(\boldsymbol{x}_0)+\frac{1}{4}mt^2<f(\boldsymbol{x}_0).\end{aligned}$$

再取 $\boldsymbol{x}_2\in\mathbb{R}^n$, 使得 $\dfrac{(\boldsymbol{x}_2-\boldsymbol{x}_0)}{|\boldsymbol{x}_2-\boldsymbol{x}_0|}\boldsymbol{H}_f(\boldsymbol{x}_0)\dfrac{(\boldsymbol{x}_2-\boldsymbol{x}_0)^{\mathrm{T}}}{|\boldsymbol{x}_2-\boldsymbol{x}_0|}=M$, 则对充分小的 $t>0$, 有

$$\begin{aligned}f\left(\boldsymbol{x}_0+t\frac{(\boldsymbol{x}_2-\boldsymbol{x}_0)}{|\boldsymbol{x}_2-\boldsymbol{x}_0|}\right)&=f(\boldsymbol{x}_0)+\frac{1}{2}Mt^2+o(t^2)\\&\geqslant f(\boldsymbol{x}_0)+\frac{1}{4}Mt^2>f(\boldsymbol{x}_0).\end{aligned}$$

这说明 $f(\boldsymbol{x})$ 在 $\boldsymbol{x}_0$ 处不取极值. 证毕.

在代数课程中, 有关于 $\boldsymbol{H}_f(\boldsymbol{x}_0)$ 正定、负定和不定的判定法则, 在这里我们就不再赘述了. 我们经常用到 $n=2$ 的情况, 下面给出定理 14.5.2 在 $\mathbb{R}^2$ 情形下的特殊形式.

推论　设函数 $f(x,y)$ 在区域 $D\subset\mathbb{R}^2$ 内具有二阶连续偏导数, $(x_0,y_0)\in D$, 再设 $f'(x_0,y_0)=\mathbf{0}$, 且记

$$\boldsymbol{H}_f(x_0,y_0)=\left.\begin{pmatrix}\dfrac{\partial^2 f}{\partial x^2} & \dfrac{\partial^2 f}{\partial x\partial y}\\ \dfrac{\partial^2 f}{\partial x\partial y} & \dfrac{\partial^2 f}{\partial y^2}\end{pmatrix}\right|_{(x_0,y_0)}\triangleq\begin{pmatrix}A & B\\ B & C\end{pmatrix},$$

则

(1) 当 $A>0, \begin{vmatrix}A & B\\ B & C\end{vmatrix}=AC-B^2>0$ 时, $f(x,y)$ 在 (x_0,y_0) 处取极小值;

(2) 当 $A<0,\begin{vmatrix} A & B \\ B & C \end{vmatrix}=AC-B^2>0$ 时, $f(x,y)$ 在 (x_0,y_0) 处取极大值;

(3) 当 $\begin{vmatrix} A & B \\ B & C \end{vmatrix}=AC-B^2<0$ 时, $f(x,y)$ 在 (x_0,y_0) 处不取极值.

例 14.5.1 试求函数 $f(x,y)=x^2+3xy+3y^2-6x-3y$ 的极值.

解 由

$$f'_x(x,y)=2x+3y-6=0,\quad f'_y(x,y)=3x+6y-3=0$$

得唯一驻点 $(9,-4)$, 再由于

$$f''_{xx}(x,y)=2,\quad f''_{xy}(x,y)=3,\quad f''_{yy}(x,y)=6,$$

从而

$$f''_{xx}(9,-4)=2>0,$$

$$\begin{vmatrix} f''_{xx}(9,-4) & f''_{xy}(9,-4) \\ f''_{xy}(9,-4) & f''_{yy}(9,-4) \end{vmatrix}=\begin{vmatrix} 2 & 3 \\ 3 & 6 \end{vmatrix}=3>0,$$

因此 $f(x,y)$ 在 $(9,-4)$ 处取极小值 -21. 因为 $f(x,y)$ 在 $\mathbb{R}^2$ 处处可微, 所以 $(9,-4)$ 是 $f(x,y)$ 的唯一极值点.

例 14.5.2 某工厂生产一批长方体无盖盒子, 要求其体积为 1m^3, 盒子的底的厚度是侧面厚度的三倍. 问: 如何设定盒子的长、宽、高才能使得用料最省?

解 设盒子的长、宽、高分别为 x,y,z, 并令

$$F(x,y,z)=3xy+2yz+2xz.$$

由于盒子的体积为 1m^3, 即 $xyz=1$, 因此, 若令

$$S(x,y)=3xy+2\left(\frac{1}{x}+\frac{1}{y}\right),$$

则本题的最值问题转化成求 $S(x,y)$ 的最小值问题. 由

$$\frac{\partial S(x,y)}{\partial x}=3y-\frac{2}{x^2}=0,\quad \frac{\partial S(x,y)}{\partial y}=3x-\frac{2}{y^2}=0$$

解得 $x=y=\sqrt[3]{\frac{2}{3}}$.

由于该实际问题总是存在最小值, 且 $\left(\sqrt[3]{\frac{2}{3}},\sqrt[3]{\frac{2}{3}}\right)$ 是 $S(x,y)$ 唯一的驻点, 因此它是 $S(x,y)$ 的极小值点, 且 $S(x,y)$ 必在该点取最小值. 所以当 $x=y=\sqrt[3]{\frac{2}{3}}, z=\sqrt[3]{\frac{9}{4}}$ 时可使用料最省.

我们也可以由 $S(x,y)$ 的海色矩阵的正定性来判断该点为极小值点. 事实上, 在 $\left(\sqrt[3]{\frac{2}{3}},\sqrt[3]{\frac{2}{3}}\right)$ 处, $S(x,y)$ 的海色矩阵为

$$\boldsymbol{H}_S\left(\sqrt[3]{\frac{2}{3}},\sqrt[3]{\frac{2}{3}}\right)=\begin{pmatrix}6&3\\3&6\end{pmatrix}.$$

容易看出它是正定的, 从而 $\left(\sqrt[3]{\frac{2}{3}},\sqrt[3]{\frac{2}{3}}\right)$ 为 $S(x,y)$ 的极小值点.

例 14.5.3　设 $(x_k,y_k)(k=1,2,\cdots,K)$ 为 $\mathbb{R}^2$ 内 K 个两两不同的点, 且它们不同在 Oxy 平面内的一条垂直于 x 轴的直线上. 证明: 存在唯一直线 $L_0: y=ax+b$, 使得函数 $f(s,t)=\sum\limits_{k=1}^{K}(sx_k+t-y_k)^2$ 在 (a,b) 处达到最小.

证明　显然 $f(s,t)=\sum\limits_{k=1}^{K}(sx_k+t-y_k)^2$ 在 $\mathbb{R}^2$ 中处处可微. 由

$$\begin{cases}\dfrac{\partial f}{\partial s}=2\displaystyle\sum_{k=1}^{K}x_k(sx_k+t-y_k)=0,\\ \dfrac{\partial f}{\partial t}=2\displaystyle\sum_{k=1}^{K}(sx_k+t-y_k)=0\end{cases}$$

得

$$\begin{cases} s\sum_{k=1}^{K} x_k^2 + t\sum_{k=1}^{K} x_k = \sum_{k=1}^{K} x_k y_k, \\ s\sum_{k=1}^{K} x_k + Kt = \sum_{k=1}^{K} y_k. \end{cases}$$

由此求出上述方程组的解为

$$s = \frac{K\sum_{k=1}^{K} x_k y_k - \left(\sum_{k=1}^{K} x_k\right)\left(\sum_{k=1}^{K} y_k\right)}{K\sum_{k=1}^{K} x_k^2 - \left(\sum_{k=1}^{K} x_k\right)^2} \triangleq a,$$

$$t = \frac{\left(\sum_{k=1}^{K} x_k^2\right)\left(\sum_{k=1}^{K} y_k\right) - \left(\sum_{k=1}^{K} x_k\right)\left(\sum_{k=1}^{K} x_k y_k\right)}{K\sum_{k=1}^{K} x_k^2 - \left(\sum_{k=1}^{K} x_k\right)^2} \triangleq b.$$

由于该问题中的最小值总是存在的, 且 $f(s,t)$ 只有唯一的驻点 (a,b), 因此 (a,b) 必为 $f(s,t)$ 的最小值点.

在上述例子中, 已知平面 $\mathbb{R}^2$ 内 K 个不落在一条垂直于 x 轴的直线上的点, 求满足定理条件的唯一直线 $y = ax + b$ 的方法称为是**最小二乘法**.

14.5.2 条件极值问题

为了导出条件极值问题, 我们先来看一个例子.

设 $\Gamma \subset \mathbb{R}^3$ 是一条曲线, 现在要求它到原点的最短距离. 为了求解此问题, 我们可令 $f(x,y,z) = \sqrt{x^2+y^2+z^2}$, 该函数表示了 $\mathbb{R}^3$ 中任一点到原点的距离. 于是该问题转化为: 当 (x,y,z) 在 Γ 上变化时, 求 $f(x,y,z)$ 的最小值. 实际上, 这是 (x,y,z) 在 Γ 上变化的条件下, 求 $f(x,y,z)$ 的极小值问题. 像这样具有外加约束条件的极值问题称为

条件极值问题. 为了求解这一条件极值问题, 一个自然的想法是: 求出 Γ 的参数方程然后代入 $f(x,y,z)$, 从而将此问题转化成上一小节讨论的极值问题. 但在很多情形下, 这绝非易事. 因此我们需用其他方法来求解条件极值问题.

首先, 设 Γ 是一条平面曲线, 它由方程 $\varphi(x,y)=0$ 所确定. 我们假定 $\varphi(x,y)$ 在区域 $D\subset\mathbb{R}^2$ 内具有连续偏导数, 且对于 $\forall(x,y)\in D$, $\left.\left(\dfrac{\partial\varphi}{\partial x},\dfrac{\partial\varphi}{\partial y}\right)\right|_{(x,y)}$ 的秩为 1, 再设 $(x_0,y_0)\in\Gamma$ 且是函数 $f(x,y)=\sqrt{x^2+y^2}$ 的一个极值点. 在理论上 (由隐函数存在定理) 我们可以从 $\varphi(x,y)=0$ 在 (x_0,y_0) 附近解出 $y=y(x)$ 或 $x=x(y)$. 现在不妨设 $\dfrac{\partial\varphi(x_0,y_0)}{\partial y}\neq 0$, 从而 $\exists\delta>0$, 使得在 $U(x_0,\delta)$ 内存在 $y=y(x)$, 满足 $y_0=y(x_0)$ 且 $\varphi(x,y(x))=0$. 将 $y=y(x)$ 代入 $f(x,y)$ 得 $f(x,y(x))$, 则 x_0 是 $f(x,y(x))$ 的一个通常极值点, 从而有

$$\frac{\partial f(x_0,y_0)}{\partial x}+\frac{\partial f(x_0,y_0)}{\partial y}y'(x_0)=0.$$

由 $y'(x_0)=-\dfrac{\varphi'_x(x_0,y_0)}{\varphi'_y(x_0,y_0)}$ 知

$$\frac{\dfrac{\partial f(x_0,y_0)}{\partial x}}{\dfrac{\partial\varphi(x_0,y_0)}{\partial x}}=\frac{\dfrac{\partial f(x_0,y_0)}{\partial y}}{\dfrac{\partial\varphi(x_0,y_0)}{\partial y}},$$

即 $\exists\lambda\in\mathbb{R}$, 使得

$$\begin{cases}\dfrac{\partial f(x_0,y_0)}{\partial x}+\lambda\dfrac{\partial\varphi(x_0,y_0)}{\partial x}=0,\\[2ex]\dfrac{\partial f(x_0,y_0)}{\partial y}+\lambda\dfrac{\partial\varphi(x_0,y_0)}{\partial y}=0.\end{cases}$$

再设 Γ 是由下述方程组确定的一条空间曲线:

$$\begin{cases}\varphi_1(x,y,z)=0,\\ \varphi_2(x,y,z)=0,\end{cases}$$

并假定 φ_1, φ_2 在区域 $D \subset \mathbb{R}^3$ 内具有连续偏导数, 且对于 $\forall\ (x, y, z) \in D$,

$$\left.\begin{pmatrix} \dfrac{\partial \varphi_1}{\partial x} & \dfrac{\partial \varphi_1}{\partial y} & \dfrac{\partial \varphi_1}{\partial z} \\ \dfrac{\partial \varphi_2}{\partial x} & \dfrac{\partial \varphi_2}{\partial y} & \dfrac{\partial \varphi_2}{\partial z} \end{pmatrix}\right|_{(x,y,z)}$$

的秩为 2. 由此条件, 理论上从方程组我们仍然可解出曲线的参数方程, 我们将其代入 $f(x, y, z)$ 就可以推出在 $f(x, y, z)$ 的极值点 (x_0, y_0, z_0) 处, 存在常数 λ_1, λ_2 成立下述方程组:

$$\begin{cases} \dfrac{\partial f(x_0, y_0, z_0)}{\partial x} + \lambda_1 \dfrac{\partial \varphi_1(x_0, y_0, z_0)}{\partial x} + \lambda_2 \dfrac{\partial \varphi_2(x_0, y_0, z_0)}{\partial x} = 0, \\ \dfrac{\partial f(x_0, y_0, z_0)}{\partial y} + \lambda_1 \dfrac{\partial \varphi_1(x_0, y_0, z_0)}{\partial y} + \lambda_2 \dfrac{\partial \varphi_2(x_0, y_0, z_0)}{\partial y} = 0, \\ \dfrac{\partial f(x_0, y_0, z_0)}{\partial z} + \lambda_1 \dfrac{\partial \varphi_1(x_0, y_0, z_0)}{\partial z} + \lambda_2 \dfrac{\partial \varphi_2(x_0, y_0, z_0)}{\partial z} = 0. \end{cases}$$

对于一般情形, 我们可以证明下面的定理.

定理 14.5.3 设函数 $f(\boldsymbol{x}), \boldsymbol{\varphi}(\boldsymbol{x}) = (\varphi_1(\boldsymbol{x}), \varphi_2(\boldsymbol{x}), \cdots, \varphi_m(\boldsymbol{x}))$ 在区域 $D \subset \mathbb{R}^n (m < n)$ 内具有各个连续偏导数, 再设 $\boldsymbol{x}_0 = (x_1^0, x_2^0, \cdots, x_n^0) \in D$ 为 $f(\boldsymbol{x})$ 在约束条件

$$\begin{cases} \varphi_1(\boldsymbol{x}) = 0, \\ \varphi_2(\boldsymbol{x}) = 0, \\ \cdots\cdots \\ \varphi_m(\boldsymbol{x}) = 0 \end{cases} \tag{14.5.1}$$

下的极值点, 并且 $\boldsymbol{\varphi}'(\boldsymbol{x}_0)$ 的秩为 m, 则存在常数 $\lambda_1, \lambda_2, \cdots, \lambda_m \in \mathbb{R}$, 使得在 $\boldsymbol{x}_0$ 处成立下述等式:

$$\begin{cases} \dfrac{\partial f(\boldsymbol{x}_0)}{\partial x_i} + \displaystyle\sum_{j=1}^{m} \lambda_j \dfrac{\partial \varphi_j(\boldsymbol{x}_0)}{\partial x_i} = 0, & i = 1, 2, \cdots, n, \\ \varphi_j(\boldsymbol{x}_0) = 0, & j = 1, 2, \cdots, m. \end{cases} \tag{14.5.2}$$

证明　由于 $\boldsymbol{\varphi}'(\boldsymbol{x}_0)$ 的秩为 m, 我们不妨设行列式

$$\left.\frac{\partial(\varphi_1,\varphi_2,\cdots,\varphi_m)}{\partial(x_{n-m+1},x_{n-m+2},\cdots,x_n)}\right|_{\boldsymbol{x}_0}\neq 0.$$

因此, 在 $\boldsymbol{x}_0$ 的某个邻域内唯一确定一组具有各个连续偏导数的隐函数

$$\begin{cases} x_{n-m+1}=g_1(x_1,x_2,\cdots,x_{n-m}),\\ x_{n-m+2}=g_2(x_1,x_2,\cdots,x_{n-m}),\\ \cdots\cdots\cdots\\ x_n=g_m(x_1,x_2,\cdots,x_{n-m}),\end{cases}\tag{14.5.3}$$

满足 $x_j^0=g_j(x_1^0,x_2^0,\cdots,x_{n-m}^0)(j=n-m+1,n-m+2,\cdots,n)$ 及对 $k=1,2,\cdots,m$, 有

$$\varphi_k(x_1,\cdots,x_{n-m},g_1(x_1,x_2,\cdots,x_{n-m}),\cdots,g_m(x_1,x_2,\cdots,x_{n-m}))=0.$$

将隐函数组 (14.5.3) 代入 $f(\boldsymbol{x})$, 得

$$f(x_1,\cdots,x_{n-m},g_1(x_1,x_2,\cdots,x_{n-m}),\cdots,g_m(x_1,x_2,\cdots,x_{n-m})).$$

因此, $\boldsymbol{x}_0$ 是条件极值点转化为 $(x_1^0,x_2^0,\cdots,x_{n-m}^0)$ 为上述函数的通常极值点.

令 $\boldsymbol{x}_0'=(x_1^0,x_2^0,\cdots,x_{n-m}^0)$, 则对 $i=1,2,\cdots,n-m$, 有

$$\frac{\partial f(\boldsymbol{x}_0)}{\partial x_i}+\frac{\partial f(\boldsymbol{x}_0)}{\partial x_{n-m+1}}\cdot\frac{\partial g_1(\boldsymbol{x}_0')}{\partial x_i}+\cdots+\frac{\partial f(\boldsymbol{x}_0)}{\partial x_n}\cdot\frac{\partial g_m(\boldsymbol{x}_0')}{\partial x_i}=0.$$

令 $\boldsymbol{g}(\boldsymbol{x}')=(g_1(\boldsymbol{x}'),g_2(\boldsymbol{x}'),\cdots,g_m(\boldsymbol{x}'))^{\mathrm{T}}$, 其中 $\boldsymbol{x}'=(x_1,x_2,\cdots,x_{n-m})$. 将上述 $n-m$ 个等式写成向量形式, 有

$$\left(\frac{\partial f(\boldsymbol{x}_0)}{\partial x_1},\cdots,\frac{\partial f(\boldsymbol{x}_0)}{\partial x_{n-m}}\right)+\left(\frac{\partial f(\boldsymbol{x}_0)}{\partial x_{n-m+1}},\cdots,\frac{\partial f(\boldsymbol{x}_0)}{\partial x_n}\right)\boldsymbol{g}'(\boldsymbol{x}_0')=\boldsymbol{0}.\tag{14.5.4}$$

由于

$$
\boldsymbol{g}'(\boldsymbol{x}_0') = -\begin{pmatrix} \dfrac{\partial\varphi_1(\boldsymbol{x}_0)}{\partial x_{n-m+1}} & \dfrac{\partial\varphi_1(\boldsymbol{x}_0)}{\partial x_{n-m+2}} & \cdots & \dfrac{\partial\varphi_1(\boldsymbol{x}_0)}{\partial x_n} \\ \dfrac{\partial\varphi_2(\boldsymbol{x}_0)}{\partial x_{n-m+1}} & \dfrac{\partial\varphi_2(\boldsymbol{x}_0)}{\partial x_{n-m+2}} & \cdots & \dfrac{\partial\varphi_2(\boldsymbol{x}_0)}{\partial x_n} \\ \vdots & \vdots & & \vdots \\ \dfrac{\partial\varphi_m(\boldsymbol{x}_0)}{\partial x_{n-m+1}} & \dfrac{\partial\varphi_m(\boldsymbol{x}_0)}{\partial x_{n-m+2}} & \cdots & \dfrac{\partial\varphi_m(\boldsymbol{x}_0)}{\partial x_n} \end{pmatrix}^{-1}
\cdot \begin{pmatrix} \dfrac{\partial\varphi_1(\boldsymbol{x}_0)}{\partial x_1} & \dfrac{\partial\varphi_1(\boldsymbol{x}_0)}{\partial x_2} & \cdots & \dfrac{\partial\varphi_1(\boldsymbol{x}_0)}{\partial x_{n-m}} \\ \dfrac{\partial\varphi_2(\boldsymbol{x}_0)}{\partial x_1} & \dfrac{\partial\varphi_2(\boldsymbol{x}_0)}{\partial x_2} & \cdots & \dfrac{\partial\varphi_2(\boldsymbol{x}_0)}{\partial x_{n-m}} \\ \vdots & \vdots & & \vdots \\ \dfrac{\partial\varphi_m(\boldsymbol{x}_0)}{\partial x_1} & \dfrac{\partial\varphi_m(\boldsymbol{x}_0)}{\partial x_2} & \cdots & \dfrac{\partial\varphi_m(\boldsymbol{x}_0)}{\partial x_{n-m}} \end{pmatrix}
\triangleq -\boldsymbol{A}^{-1}\boldsymbol{B}. \tag{14.5.5}
$$

注意到

$$
-\left(\frac{\partial f(\boldsymbol{x}_0)}{\partial x_{n-m+1}}, \frac{\partial f(\boldsymbol{x}_0)}{\partial x_{n-m+2}}, \cdots, \frac{\partial f(\boldsymbol{x}_0)}{\partial x_n}\right)\cdot \boldsymbol{A}^{-1}
$$

是一个 m 维行向量, 我们可以将其记为

$$
-\left(\frac{\partial f(\boldsymbol{x}_0)}{\partial x_{n-m+1}}, \frac{\partial f(\boldsymbol{x}_0)}{\partial x_{n-m+2}}, \cdots, \frac{\partial f(\boldsymbol{x}_0)}{\partial x_n}\right)\cdot \boldsymbol{A}^{-1} = (\lambda_1, \lambda_2, \cdots, \lambda_m). \tag{14.5.6}
$$

将式 (14.5.5) 与 (14.5.6) 代入式 (14.5.4) 得

$$
\left(\frac{\partial f(\boldsymbol{x}_0)}{\partial x_1}, \frac{\partial f(\boldsymbol{x}_0)}{\partial x_2}, \cdots, \frac{\partial f(\boldsymbol{x}_0)}{\partial x_{n-m}}\right)
+ (\lambda_1, \lambda_2, \cdots, \lambda_m)\begin{pmatrix} \dfrac{\partial\varphi_1(\boldsymbol{x}_0)}{\partial x_1} & \dfrac{\partial\varphi_1(\boldsymbol{x}_0)}{\partial x_2} & \cdots & \dfrac{\partial\varphi_1(\boldsymbol{x}_0)}{\partial x_{n-m}} \\ \dfrac{\partial\varphi_2(\boldsymbol{x}_0)}{\partial x_1} & \dfrac{\partial\varphi_2(\boldsymbol{x}_0)}{\partial x_2} & \cdots & \dfrac{\partial\varphi_2(\boldsymbol{x}_0)}{\partial x_{n-m}} \\ \vdots & \vdots & & \vdots \\ \dfrac{\partial\varphi_m(\boldsymbol{x}_0)}{\partial x_1} & \dfrac{\partial\varphi_m(\boldsymbol{x}_0)}{\partial x_2} & \cdots & \dfrac{\partial\varphi_m(\boldsymbol{x}_0)}{\partial x_{n-m}} \end{pmatrix} = \boldsymbol{0}. \tag{14.5.7}
$$

另外, 我们可以将式 (14.5.6) 改写成下述形式

$$\left(\frac{\partial f(\boldsymbol{x}_0)}{\partial x_{n-m+1}},\frac{\partial f(\boldsymbol{x}_0)}{\partial x_{n-m+2}},\cdots,\frac{\partial f(\boldsymbol{x}_0)}{\partial x_n}\right)$$

$$+(\lambda_1,\lambda_2,\cdots,\lambda_m)\begin{pmatrix}\dfrac{\partial \varphi_1(\boldsymbol{x}_0)}{\partial x_{n-m+1}} & \dfrac{\partial \varphi_1(\boldsymbol{x}_0)}{\partial x_{n-m+2}} & \cdots & \dfrac{\partial \varphi_1(\boldsymbol{x}_0)}{\partial x_n}\\ \dfrac{\partial \varphi_2(\boldsymbol{x}_0)}{\partial x_{n-m+1}} & \dfrac{\partial \varphi_2(\boldsymbol{x}_0)}{\partial x_{n-m+2}} & \cdots & \dfrac{\partial \varphi_2(\boldsymbol{x}_0)}{\partial x_n}\\ \vdots & \vdots & & \vdots\\ \dfrac{\partial \varphi_m(\boldsymbol{x}_0)}{\partial x_{n-m+1}} & \dfrac{\partial \varphi_m(\boldsymbol{x}_0)}{\partial x_{n-m+2}} & \cdots & \dfrac{\partial \varphi_m(\boldsymbol{x}_0)}{\partial x_n}\end{pmatrix}=\boldsymbol{0}. \tag{14.5.8}$$

最后将向量方程 (14.5.7) 与 (14.5.8) 写成分量形式的方程, 再加上约束条件 (14.5.1), 即得式 (14.5.2). 证毕.

注　若构造函数 $F(x_1,\cdots,x_n,\lambda_1,\cdots,\lambda_m)=f(\boldsymbol{x})+\sum\limits_{j=1}^{m}\lambda_j\varphi_j(\boldsymbol{x})$, 则上述条件极值的必要条件形式上化为 F 的通常极值的必要条件

$$\begin{cases}\dfrac{\partial F(\boldsymbol{x}_0)}{\partial x_i}=0 \quad (i=1,2,\cdots,n),\\[2mm] \dfrac{\partial F(\boldsymbol{x}_0)}{\partial \lambda_j}=0 \quad (j=1,2,\cdots,m).\end{cases} \tag{14.5.9}$$

上述求条件极值点的必要条件的方法称为**拉格朗日乘数法**.

由于在拉格朗日乘数法中, 条件极值问题转化为

$$F(\boldsymbol{x})=f(\boldsymbol{x})+\sum_{j=1}^{m}\lambda_j\varphi_j(\boldsymbol{x})$$

的通常极值问题, 而当 $\boldsymbol{x}_0$ 是驻点时, $\lambda_j(j=1,2,\cdots,m)$ 是 m 个常数, 因此我们利用 $F(\boldsymbol{x})$ 在 $\boldsymbol{x}_0$ 处的海色矩阵 $\boldsymbol{H}_F(\boldsymbol{x}_0)$ 来判定 $\boldsymbol{x}_0$ 是否为极值点. 可以证明: 当 $\boldsymbol{H}_F(\boldsymbol{x}_0)$ 正定时, 条件极值点为极小值点; 当 $\boldsymbol{H}_F(\boldsymbol{x}_0)$ 负定时, 条件极值为极大值点.

值得提出的是, 当 $\boldsymbol{H}_F(\boldsymbol{x}_0)$ 不定时, 条件极值仍可以取到. 例如, 设函数 $f(x,y)=x^2-y^2, \varphi(x,y)=y\equiv 0$, 则 $\varphi(x,y)=0$ 确定直线方程 $y=0$, 显然 $f(x,0)=x^2$ 在 $(0,0)$ 处取极小值 0. 容易算出

$$F(x,y)=x^2-y^2+\lambda y$$

的海色矩阵在 $(0,0)$ 处为 $\begin{pmatrix}2 & 0\\ 0 & -2\end{pmatrix}$, 它是一个不定矩阵.

例 14.5.4 求椭球面 $16^2+4y^2+9z^2=144$ 内接且各面均平行于坐标平面的长方体的最大体积.

解 设 (x,y,z) 是该椭球面内接长方体在第一卦限内的顶点, 由对称性, 该长方体的体积为

$$V=f(x,y,z)=8xyz.$$

因此所求的最大体积转化为求 $f(x,y,z)$ 在约束条件

$$g(x,y,z)=16x^2+4y^2+9z^2-144=0$$

下的最大值. 由拉格朗日乘数法, 我们作函数

$$F(x,y,z,\lambda)=f(x,y,z)+\lambda g(x,y,z).$$

求 $F(x,y,z,\lambda)$ 的各个偏导数得方程组

$$\begin{cases} 8yz+32\lambda x=0, & (14.5.10)\\ 8xz+8\lambda y=0, & (14.5.11)\\ 8yy+18\lambda z=0, & (14.5.12)\\ 16x^2+4y^2+9z^2-144=0. & (14.5.13)\end{cases}$$

由上面方程组易推出

$$xyz=-12\lambda. \tag{14.5.14}$$

将式 (14.5.14) 代入式 (14.5.10) 得

$$-32\lambda(3-x^2)=0.$$

因此得 $\lambda=0$ 或 $x=\sqrt{3}$. 当 $\lambda=0$ 时得 $xyz=0$. 显然不合题意. 因此必有 $\lambda\neq 0$, 从而有 $x=\sqrt{3}$.

同理将式 (14.5.4) 分别代入式 (14.5.11) 和 (14.5.12) 可得 $y=2\sqrt{3}$ 和 $z=4\sqrt{3}/3$.

由于在该问题中最大值总是存在的, 因此所求最大值为

$$V_{\max}=8\times\sqrt{3}\times 2\sqrt{3}\times\frac{4\sqrt{3}}{3}=64\sqrt{3}.$$

例 14.5.5　设 n 个正数之和为 c, 试求它们乘积的最大值, 并证明对任何正数 $a_1,a_2,\cdots,a_n$, 有

$$\sqrt[n]{a_1\ a_2\ \cdots\ a_n}\leqslant\frac{a_1+a_2+\cdots+a_n}{n}.$$

解　在 $E=\{\boldsymbol{x}=(x_1,x_2,\cdots,x_n):x_i\geqslant 0,i=1,2,\cdots,n;x_1+x_2+\cdots+x_n=c\}$ 上定义函数 $f(\boldsymbol{x})=\prod\limits_{i=1}^{n}x_i$. 依题意, 我们要求 $f(\boldsymbol{x})$ 在 E 上的最大值, 即 $f(\boldsymbol{x})$ 在约束条件 $\sum\limits_{i=1}^{n}x_i=c$ 下的最大值.

作辅助函数

$$F(x_1,x_2,\cdots,x_n,\lambda)=\prod_{i=1}^{n}x_i+\lambda\left(\sum_{i=1}^{n}x_i-c\right).$$

求 F 的 n 个偏导数及 $\dfrac{\partial F}{\partial\lambda}$, 并令其为零, 得方程组

$$\begin{cases}x_2x_3\cdots x_n+\lambda=0,\\x_1x_3\cdots x_n+\lambda=0,\\\cdots\cdots\cdots\cdots\\x_1x_2\cdots x_{n-1}+\lambda=0,\\\sum\limits_{i=1}^{n}x_i=c,\end{cases}$$

解出

$$x_1 = x_2 = \cdots = x_n = \frac{c}{n}, \quad \lambda = -\left(\frac{c}{n}\right)^{n-1}.$$

我们知道 $f(x_1, x_2, \cdots, x_n)$ 在紧集 E 上取到最大值. 另外, 容易看出, 若 $(x_1^0, x_2^0, \cdots, x_n^0)$ 是 $f(x_1, x_2, \cdots, x_n)$ 的最大值点, 必有 $x_i^0 \neq 0$ $(i = 1, 2, \cdots, n)$. 由于 $\left(\frac{c}{n}, \frac{c}{n}, \cdots, \frac{c}{n}, -\left(\frac{c}{n}\right)^{n-1}\right)$ 是 $F(x_1, x_2, \cdots, x_n, \lambda)$ 的唯一驻点, 因此它为 $F(x_1, x_2, \cdots, x_n, \lambda)$ 的极大值点, 从而 $f(x_1, x_2, \cdots, x_n)$ 在该点取最大值 $\frac{c^n}{n^n}$.

现对 n 个正数 $a_1, a_2, \cdots, a_n$, 令 $c = \sum_{i=1}^{n} a_i$, 并利用上述函数 $f(\boldsymbol{x})$ 所证结论, 则对任何满足 $\sum_{i=1}^{n} x_i = c$ 的正数 x_i 均有

$$\prod_{i=1}^{n} x_i \leqslant \frac{c^n}{n^n}.$$

取 $x_i = a_i (i = 1, 2, \cdots, n)$, 则有

$$\sqrt[n]{a_1 \ a_2 \ \cdots \ a_n} \leqslant \frac{a_1 + a_2 + \cdots + a_n}{n}.$$

§14.6 多元微分学的几何应用

在本章的最后一节, 我们来讨论多元微分学在几何上的一些应用.

14.6.1 空间曲线的切线与法平面

我们回忆一下, 在上一章曾经给出的曲线定义: $\mathbb{R}^n$ 中的一条曲线是 $[\alpha, \beta] \to \mathbb{R}^n$ 的一个连续映射 $\boldsymbol{h}(t) = (x_1(t), x_2(t), \cdots, x_n(t))$. 在 $n = 1, 2, 3$ 时, 曲线是我们经常遇到的. 但是值得指出的是, 曲线有时可能是非常复杂的. 在第二册中, 我们曾经遇到过不可求长的曲线. 皮亚诺

甚至构造了一条连续曲线 $\begin{cases} x = x(t), \\ y = y(t) \end{cases}$ $(0 \leqslant t \leqslant 1)$, 使得它充满了整个 $D = [0,1] \times [0,1]$.

在以后各章节讨论的曲线中, 我们作如下约定: 设曲线 Γ 由连续映射

$$\boldsymbol{h}(t) = (x_1(t), x_2(t), \cdots, x_n(t)), \quad t \in [\alpha, \beta]$$

所确定. 若对于 $\forall t_1, t_2 \in [\alpha, \beta]$, $\boldsymbol{h}(t_1) \neq \boldsymbol{h}(t_2)$, 则称 Γ 是一条**简单曲线**. 若对于 $\forall t_1, t_2 \in [\alpha, \beta)$, 有 $\boldsymbol{h}(t_1) \neq \boldsymbol{h}(t_2)$, 但 $\boldsymbol{h}(\alpha) = \boldsymbol{h}(\beta)$, 即 Γ 是一条封闭曲线, 则称 Γ 是一条**简单闭曲线**. 简单闭曲线也称为**约当** (Jordan) **曲线**.

我们首先讨论比较简单的情形, 即空间曲线是由参数方程

$$\Gamma: \begin{cases} x = x(t), \\ y = y(t), \quad t \in (\alpha, \beta) \\ z = z(t), \end{cases}$$

给出, 并假定 $x(t), y(t)$ 与 $z(t)$ 都是 t 的可微函数, 且 $x'^2(t) + y'^2(t) + z'^2(t) \neq 0$. 对于这类曲线, 它局部总是简单曲线. 在上述条件下, 我们现在来求过 $t_0 \in (\alpha, \beta)$ 对应的曲线上的点 $\boldsymbol{x}(t_0) = (x(t_0), y(t_0), z(t_0))$ 处的切线方程.

由切线的定义, 它是曲线 Γ 上过点 $\boldsymbol{x}(t) = (x(t), y(t), z(t))$ 与 $\boldsymbol{x}(t_0)$ 的割线当 $t \to t_0$ 时的极限位置. 由于过点 $\boldsymbol{x}(t_0)$ 与 $\boldsymbol{x}(t)$ 的割线方程为

$$\frac{x - x(t_0)}{x(t) - x(t_0)} = \frac{y - y(t_0)}{y(t) - y(t_0)} = \frac{z - z(t_0)}{z(t) - z(t_0)},$$

在上式分母中同除以 $t - t_0$, 并令 $t \to t_0$ 即得所求切线方程:

$$\frac{x - x(t_0)}{x'(t_0)} = \frac{y - y(t_0)}{y'(t_0)} = \frac{z - z(t_0)}{z'(t_0)}.$$

从上述方程可以看出, 若记曲线 $\boldsymbol{x}(t) = (x(t), y(t), z(t))(t \in (\alpha, \beta))$, 则

$$\boldsymbol{x}'(t_0) = (x'(t_0), y'(t_0), z'(t_0))$$

即为曲线 Γ 在 $\boldsymbol{x}(t_0)=(x(t_0),y(t_0),z(t_0))$ 处的切向量.

我们同时也可得到曲线 Γ 在 $\boldsymbol{x}(t_0)=(x(t_0),y(t_0),z(t_0))$ 处的法平面方程, 即过点 $\boldsymbol{x}(t_0)$ 且以切向量 $\boldsymbol{x}'(t_0)$ 为法向的平面方程:

$$x'(t_0)(x-x(t_0))+y'(t_0)(y-y(t_0))+z'(t_0)(z-z(t_0))=0.$$

若记 $\boldsymbol{x}=(x,y,z)$, 则上式用向量内积记之为

$$\boldsymbol{x}'(t_0)\cdot(\boldsymbol{x}-\boldsymbol{x}(t_0))=0.$$

其次, 我们来讨论由两个方程所确定的曲线的切线方程. 给定两个方程所组成的方程组

$$\begin{cases} F_1(x,y,z)=0, \\ F_2(x,y,z)=0, \end{cases}$$

其中 $(x,y,z)\in D\subset\mathbb{R}^3$, 这里 D 是一个区域. 假定 F_1 与 F_2 均是 D 上的可微函数, 并设 $\boldsymbol{x}_0\in D$. 当

$$\begin{pmatrix} F_1'(\boldsymbol{x}_0) \\ F_2'(\boldsymbol{x}_0) \end{pmatrix}=\left.\begin{pmatrix} \dfrac{\partial F_1}{\partial x} & \dfrac{\partial F_1}{\partial y} & \dfrac{\partial F_1}{\partial z} \\ \dfrac{\partial F_2}{\partial x} & \dfrac{\partial F_2}{\partial y} & \dfrac{\partial F_2}{\partial z} \end{pmatrix}\right|_{\boldsymbol{x}_0}$$

的秩为 2 时, 由定理 14.4.3, 在 $\boldsymbol{x}_0=(x_0,y_0,z_0)$ 的附近, 其中有两个变量可确定为第三个变量的函数, 从而该方程组能确定一条过点 $\boldsymbol{x}_0$ 的曲线 Γ. 从定理 14.4.3 我们还可以知道, 在 $\boldsymbol{x}_0$ 附近 Γ 还可以具有参数形式: $(x(t),y(t),z(t)),t\in(\alpha,\beta)$, 其中

$$(x(t_0),y(t_0),z(t_0))=(x_0,y_0,z_0)=\boldsymbol{x}_0.$$

由上面的讨论知, 曲线在点 $\boldsymbol{x}_0$ 处的切向量为 $(x'(t_0),y'(t_0),z'(t_0))$. 由于曲线 Γ 由方程组确定, 从而有

$$\begin{cases} F_1(x(t),y(t),z(t))=0, \\ F_2(x(t),y(t),z(t))=0. \end{cases}$$

对此方程组的第一个方程两边关于 t 求导数, 得

$$\frac{\partial F_1(\boldsymbol{x}_0)}{\partial x}x'(t_0)+\frac{\partial F_1(\boldsymbol{x}_0)}{\partial y}y'(t_0)+\frac{\partial F_1(\boldsymbol{x}_0)}{\partial z}z'(t_0)=0.$$

将上式写成内积形式有

$$(x'(t_0),y'(t_0),z'(t_0))\cdot\left(\frac{\partial F_1(\boldsymbol{x}_0)}{\partial x},\frac{\partial F_1(\boldsymbol{x}_0)}{\partial y},\frac{\partial F_1(\boldsymbol{x}_0)}{\partial z}\right)=0.$$

同理,

$$(x'(t_0),y'(t_0),z'(t_0))\cdot\left(\frac{\partial F_2(\boldsymbol{x}_0)}{\partial x},\frac{\partial F_2(\boldsymbol{x}_0)}{\partial y},\frac{\partial F_2(\boldsymbol{x}_0)}{\partial z}\right)=0.$$

因此, 曲线 Γ 在 $\boldsymbol{x}_0$ 处的切向量与

$$F_1'(\boldsymbol{x}_0)\times F_2'(\boldsymbol{x}_0)=\left|\begin{matrix}\boldsymbol{i} & \boldsymbol{j} & \boldsymbol{k}\\ \dfrac{\partial F_1}{\partial x} & \dfrac{\partial F_1}{\partial y} & \dfrac{\partial F_1}{\partial z}\\ \dfrac{\partial F_2}{\partial x} & \dfrac{\partial F_2}{\partial y} & \dfrac{\partial F_2}{\partial z}\end{matrix}\right|_{\boldsymbol{x}_0}$$

平行. 记

$$A=\left.\frac{\partial(F_1,F_2)}{\partial(y,z)}\right|_{\boldsymbol{x}_0},\quad B=\left.\frac{\partial(F_1,F_2)}{\partial(z,x)}\right|_{\boldsymbol{x}_0},\quad C=\left.\frac{\partial(F_1,F_2)}{\partial(x,y)}\right|_{\boldsymbol{x}_0},$$

则 $F_1'(\boldsymbol{x}_0)\times F_2'(\boldsymbol{x}_0)=A\boldsymbol{i}+B\boldsymbol{j}+C\boldsymbol{k}$. 因此曲线 Γ 在 $\boldsymbol{x}_0$ 处的切线方程为

$$\frac{x-x_0}{A}=\frac{y-y_0}{B}=\frac{z-z_0}{C},$$

而法平面方程为

$$A(x-x_0)+B(y-y_0)+C(z-z_0)=0.$$

14.6.2　曲面的切平面与法线

设曲面 S 由方程

$$F(x,y,z)=0$$

给出, 其中 $F(x,y,z)\in C^1(D), D\subset\mathbb{R}^3$ 为一个区域, 再设点 $(x_0,y_0,z_0)\in D$, 使得 $F(x_0,y_0,z_0)=0$. 现在我们来求曲面 S 在点 (x_0,y_0,z_0) 处的切平面及法线的方程.

在曲面 S 上任取一条过点 (x_0,y_0,z_0) 的光滑曲线 $(x(t),y(t),z(t))$, $t\in(\alpha,\beta)$. 因此有

$$F(x(t),y(t),z(t))\equiv 0,\quad \forall t\in(\alpha,\beta).$$

设 $t_0\in(\alpha,\beta)$, 使得 $(x(t_0),y(t_0),z(t_0))=(x_0,y_0,z_0)$. 将上述方程两边在 t_0 处求导数得

$$F'_x(x_0,y_0,z_0)x'(t_0)+F'_y(x_0,y_0,z_0)y'(t_0)+F'_z(x_0,y_0,z_0)z'(t_0)=0.$$

注意到 $(x'(t_0),y'(t_0),z'(t_0))$ 是该曲线在 (x_0,y_0,z_0) 处的切向量, 因此上式说明了该切向量与向量 $F'(x_0,y_0,z_0)$ 正交, 从而当 $F'(x_0,y_0,z_0)$ 不是零向量时, 上式表明曲面 S 过点 (x_0,y_0,z_0) 的任何光滑曲线的切向量与固定向量 $F'(x_0,y_0,z_0)$ 正交. 由此我们推知曲面 S 过点 (x_0,y_0,z_0) 的任何光滑曲线在 (x_0,y_0,z_0) 处的切线都在平面

$$F'_x(x_0,y_0,z_0)(x-x_0)+F'_y(x_0,y_0,z_0)(y-y_0)+F'_z(x_0,y_0,z_0)(z-z_0)=0$$

上. 我们自然地称上述平面为曲面 S 在 (x_0,y_0,z_0) 处的**切平面**.

另外, 我们称直线

$$\frac{x-x_0}{F'_x(x_0,y_0,z_0)}=\frac{y-y_0}{F'_y(x_0,y_0,z_0)}=\frac{z-z_0}{F'_z(x_0,y_0,z_0)}$$

为曲面 S 在 (x_0,y_0,z_0) 处的**法线**.

当 $F'(x_0,y_0,z_0)\neq\mathbf{0}$ 时, 我们可以证明: 曲面 S 在 (x_0,y_0,z_0) 处的切平面上任何过 (x_0,y_0,z_0) 的直线都是该曲面上某光滑曲线的切线 (见本章习题).

现在设曲面 S 由参数方程

$$\begin{cases} x = x(u,v), \\ y = y(u,v), \\ z = z(u,v) \end{cases} \quad (u,v) \in D$$

给出, 其中 D 是 $\mathbb{R}^2$ 中的区域, 而上述三个函数均具有连续偏导数. 我们来求曲面 S 在 $(x_0,y_0,z_0) = (x(u_0,v_0), y(u_0,v_0), z(u_0,v_0))$ 处的切平面与法线方程. 为此, 我们在曲面 S 上取两条特殊的曲线:

$$\begin{cases} x = x(u,v_0), \\ y = y(u,v_0), \\ z = z(u,v_0) \end{cases} \text{和} \begin{cases} x = x(u_0,v), \\ y = y(u_0,v), \\ z = z(u_0,v). \end{cases}$$

它们在 (x_0,y_0,z_0) 处的切向量分别为

$$(x'_u(u_0,v_0), y'_u(u_0,v_0), z'_u(u_0,v_0)),$$

$$(x'_v(u_0,v_0), y'_v(u_0,v_0), z'_v(u_0,v_0)).$$

若这两个向量不平行, 它们对应的切线将确定曲面 S 在 (x_0,y_0,z_0) 处的法向量:

$$\begin{aligned} \boldsymbol{n} &= (x_u(u_0,v_0), y_u(u_0,v_0), z_u(u_0,v_0)) \\ &\quad \times (x_v(u_0,v_0), y_v(u_0,v_0), z_v(u_0,v_0)) \\ &= \left. \begin{vmatrix} \boldsymbol{i} & \boldsymbol{j} & \boldsymbol{k} \\ x'_u & y'_u & z'_u \\ x'_v & y'_v & z'_v \end{vmatrix} \right|_{(u_0,v_0)}. \end{aligned}$$

因此当

$$\left. \begin{pmatrix} x'_u & y'_u & z'_u \\ x'_v & y'_v & z'_v \end{pmatrix} \right|_{(u_0,v_0)}$$

的秩为 2 时, 记

$$A = \left. \frac{\partial(y,z)}{\partial(u,v)} \right|_{(u_0,v_0)}, \quad B = \left. \frac{\partial(z,x)}{\partial(u,v)} \right|_{(u_0,v_0)}, \quad C = \left. \frac{\partial(x,y)}{\partial(u,v)} \right|_{(u_0,v_0)},$$

则该曲面在 (x_0,y_0,z_0) 处的切平面方程与法线方程分别为

$$A(x-x_0)+B(y-y_0)+C(z-z_0)=0,$$

$$\frac{x-x_0}{A}=\frac{y-y_0}{B}=\frac{z-z_0}{C}.$$

到现在为止, 我们已经研究了 $\mathbb{R}^3$ 中的曲线切线与曲面的切平面等问题. 作为推广, 我们还可以考虑 $\mathbb{R}^n$ 中的曲线. 在 $\mathbb{R}^n$ 中, 我们曾称 $[0,1]$ 到 $\mathbb{R}^n$ 的一个连续映射 $\boldsymbol{h}(t)=(x_1(t),x_2(t),\cdots,x_n(t))$ 为一条曲线. 当 $\boldsymbol{h}(t)$ 具有连续导数且 $\boldsymbol{h}'(t)\neq\mathbf{0}$ 时, 称此曲线为**光滑曲线**, 并称 $\boldsymbol{h}'(t_0)$ 是曲线在 $\boldsymbol{h}(t_0)$ 处的**切向量**. 类似地, 我们称 $F(\boldsymbol{x})=F(x_1,x_2,\cdots,x_n)=0$ 为 $\mathbb{R}^n$ 中的一个曲面, 其中 $F(\boldsymbol{x})$ 是一个 C^1 函数. 当 $F'(\boldsymbol{x}_0)\neq 0$ 时, 称 $F'(\boldsymbol{x}_0)$ 为此曲面在 $\boldsymbol{x}_0$ 处的**法向量**, 并称

$$F'(\boldsymbol{x}_0)(\boldsymbol{x}-\boldsymbol{x}_0)=\sum_{i=1}^{n}\frac{\partial F(\boldsymbol{x})}{\partial x_i}(x_i-x_i^0)=0$$

为该曲面在 $\boldsymbol{x}_0$ 处的**切平面方程**. 作为练习, 请读者写出 $\mathbb{R}^n$ 中曲线的切线方程与法平面方程以及曲面的法线方程.

例 14.6.1 求曲线 $\begin{cases} x^2-y^2+2z^2=2, \\ x+y+z=3 \end{cases}$ 在 $(1,1,1)$ 处的切线方程与法平面方程.

解 令 $F(x,y,z)=x^2-y^2+2z^2-2$, $G(x,y,z)=x+y+z-3$, 则

$$\frac{\partial F}{\partial x}=2x,\quad \frac{\partial F}{\partial y}=-2y,\quad \frac{\partial F}{\partial z}=4z,\quad \frac{\partial G}{\partial x}=\frac{\partial G}{\partial y}=\frac{\partial G}{\partial z}=1,$$

于是

$$\left.\frac{\partial(F,G)}{\partial(y,z)}\right|_{(1,1,1)}=\left|\begin{matrix}\dfrac{\partial F}{\partial y} & \dfrac{\partial F}{\partial z}\\ \dfrac{\partial G}{\partial y} & \dfrac{\partial G}{\partial z}\end{matrix}\right|_{(1,1,1)}=\left|\begin{matrix}-2 & 4\\ 1 & 1\end{matrix}\right|=-6,$$

$$\left.\frac{\partial(F,G)}{\partial(z,x)}\right|_{(1,1,1)}=\left|\begin{matrix}\dfrac{\partial F}{\partial z} & \dfrac{\partial F}{\partial x}\\ \dfrac{\partial G}{\partial z} & \dfrac{\partial G}{\partial x}\end{matrix}\right|_{(1,1,1)}=\left|\begin{matrix}4 & 2\\ 1 & 1\end{matrix}\right|=2,$$

$$\left.\frac{\partial(F,G)}{\partial(x,y)}\right|_{(1,1,1)}=\left|\begin{matrix}\dfrac{\partial F}{\partial x} & \dfrac{\partial F}{\partial y}\\ \dfrac{\partial G}{\partial x} & \dfrac{\partial G}{\partial y}\end{matrix}\right|_{(1,1,1)}=\left|\begin{matrix}2 & -2\\ 1 & 1\end{matrix}\right|=4.$$

因此, 所求切线方程为

$$\frac{x-1}{-3}=\frac{y-1}{1}=\frac{z-1}{2},$$

法平面方程为

$$-3(x-1)+(y-1)+2(z-1)=0,\quad \text{即}\quad 3x-y-2z=0.$$

对于上述切线方程, 还可用另一方法求解. 由于曲面 $F(x,y,z)=0$ 在 $(1,1,1)$ 处的法向量为 $(F'_x,F'_y,F'_z)|_{(1,1,1)}=(2,-2,4)$, 因此在该点处的切平面方程为

$$2(x-1)-2(y-1)+4(z-1)=0,$$

即 $x-y+2z=2$. 由于切线是两曲面在该点的切平面的交线, 而另一曲面 $G(x,y,z)=0$ 为一平面, 因此所求切线方程为

$$\begin{cases}x-y+2z=2,\\ x+y+z=3.\end{cases}$$

例 14.6.2　证明曲面 $S: x^2+y^2+2xyz=4$ 与曲面族 $S_t: 2x+ty^2-(1+t)z^2=1\ (t\in\mathbb{R})$ 在 $(1,1,1)$ 处正交 (即它们的法向量相互垂直), 并求出它们的交线在该点的切线方程.

解　令

$$F(x,y,z)=x^2+y^2+2xyz-4,$$
$$G_t(x,y,z)=2x+ty^2-(1+t)z^2-1,$$

则 S 在 $(1,1,1)$ 处的法向量为

$$\left(\frac{\partial F(1,1,1)}{\partial x},\frac{\partial F(1,1,1)}{\partial y},\frac{\partial F(1,1,1)}{\partial z}\right)=(2,2,2),$$

而 S_t 在 $(1,1,1)$ 处的法向量为

$$\left(\frac{\partial G_t(1,1,1)}{\partial x},\frac{\partial G_t(1,1,1)}{\partial y},\frac{\partial G_t(1,1,1)}{\partial z}\right)=(2,2t,-2(1+t)).$$

因为

$$(2,2,2)(2,2t,-2(1+t))=0,$$

所以 S 与 S_t 在 $(1,1,1)$ 处总是正交的.

由于 S 与 S_t 的交线在 $(1,1,1)$ 处的切线方程即两曲面在 $(1,1,1)$ 处的切平面的交线, 因此切线方程为

$$\begin{cases}(x-1)+(y-1)+(z-1)=0,\\(x-1)+t(y-1)-(1+t)(z-1)=0,\end{cases}$$

化简得

$$\begin{cases}x+y+z=3,\\x+ty-(1+t)z=0.\end{cases}$$

14.6.3　多元凸函数

作为泰勒公式的应用, 我们来证明 n 元函数凸性的一个结果. 由于研究凸性需要考虑任意两点之间线段上的函数值与端点函数值之间的关系, 因此我们假定 $D\subset\mathbb{R}^n$ 是一个凸域. 若 $f(\boldsymbol{x})$ 在凸域 D 内具有 k 阶连续偏导数, 则对于 $\forall\boldsymbol{x}_0\in D$, $f(\boldsymbol{x})$ 在 D 内总可以在 $\boldsymbol{x}_0$ 处展成 k 阶泰勒公式.

定义 14.6.1　设 $D\subset\mathbb{R}^n$ 是一个凸域, $f(\boldsymbol{x})$ 在 D 内有定义. 如果对于 $\forall\boldsymbol{x}_0,\boldsymbol{x}_1\in D$ 和 $\forall\, t\in(0,1)$, 有

$$f(t\boldsymbol{x}_1+(1-t)\boldsymbol{x}_2)\leqslant tf(\boldsymbol{x}_1)+(1-t)f(\boldsymbol{x}_2),$$

则称 $f(\boldsymbol{x})$ 在 D 内是**凸函数**; 如果上述不等式总成立严格不等式, 则称 $f(\boldsymbol{x})$ 在 D 内是**严格凸函数**.

在微分学中, 我们主要利用导数 (偏导数) 来研究凸函数. 回忆一下, 对一元函数 $f(x)$ 来说, 若 $f''(x)$ 存在, 且 $f''(x)>0$ 处处成立, 则 $f(x)$ 是凸的. 我们前面提到过, 对于 n 元函数 $f(\boldsymbol{x})$, 其导数 $f'(\boldsymbol{x})$ 在很多情形下将起着一元函数导数相似的作用. 下面定理的结论说明, 在凸函数的研究中, n 元二阶连续可微函数 $f(\boldsymbol{x})$ 的海色矩阵 $\boldsymbol{H}_f(\boldsymbol{x})$ 起着类似于一元函数二阶导数的作用.

定理 14.6.1 设 $D\subset\mathbb{R}^n$ 是一个凸区域, 函数 $f(\boldsymbol{x})$ 在 D 内具有二阶连续偏导数, 则以下结论等价:

(1) $f(\boldsymbol{x})$ 在 D 内是凸函数;

(2) 对于 $\forall \boldsymbol{x}_0,\boldsymbol{x}\in D$, 成立 $f(\boldsymbol{x})\geqslant f(\boldsymbol{x}_0)+f'(\boldsymbol{x}_0)(\boldsymbol{x}-\boldsymbol{x}_0)^{\mathrm{T}}$;

(3) 对于 $\forall \boldsymbol{x}_0\in D$, $f(\boldsymbol{x})$ 在 $\boldsymbol{x}_0$ 处的海色矩阵 $\boldsymbol{H}_f(\boldsymbol{x}_0)$ 半正定.

证明 先证 (1) $\Rightarrow$ (2). 由凸函数的定义知, 对于 $\forall\ \boldsymbol{x}_0,\boldsymbol{x}\in D$ 及 $\forall t\in(0,1)$, 有

$$f(t\boldsymbol{x}+(1-t)\boldsymbol{x}_0)\leqslant tf(\boldsymbol{x})+(1-t)f(\boldsymbol{x}_0). \tag{14.6.1}$$

由于 $f(x)$ 具有二阶连续偏导数, 我们有

$$\begin{aligned}f(t\boldsymbol{x}+(1-t)\boldsymbol{x}_0)=&f(\boldsymbol{x}_0+t(\boldsymbol{x}-\boldsymbol{x}_0))\\=&f(\boldsymbol{x}_0)+tf'(\boldsymbol{x}_0)(\boldsymbol{x}-\boldsymbol{x}_0)^{\mathrm{T}}\\&+o(t|\boldsymbol{x}-\boldsymbol{x}_0|)\quad(t|\boldsymbol{x}-\boldsymbol{x}_0|\to0).\end{aligned} \tag{14.6.2}$$

将式 (14.6.2) 代入式 (14.6.1) 得

$$t(f'(\boldsymbol{x}_0)(\boldsymbol{x}-\boldsymbol{x}_0)^{\mathrm{T}})+o(t|\boldsymbol{x}-\boldsymbol{x}_0|)\leqslant t(f(\boldsymbol{x})-f(\boldsymbol{x}_0)).$$

在上式中两边除以 t, 并注意到 $|\boldsymbol{x}-\boldsymbol{x}_0|$ 在 t 变化的过程中是常数, 我们有

$$\lim_{t\to0+0}\frac{o(t|\boldsymbol{x}-\boldsymbol{x}_0|)}{t}=0,$$

因此

$$f(\boldsymbol{x}) \geqslant f(\boldsymbol{x}_0) + f'(\boldsymbol{x}_0)(\boldsymbol{x} - \boldsymbol{x}_0)^{\mathrm{T}}.$$

再证 (2) ⇒ (3). 任取 $\boldsymbol{x}_0 \in D$ 及 $\Delta\boldsymbol{x} \in \mathbb{R}^n, \Delta\boldsymbol{x} \neq \mathbf{0}$, 则当 t 充分小时, $\boldsymbol{x}_0 + t\Delta\boldsymbol{x} \in D$. 由泰勒公式有

$$\begin{aligned} f(\boldsymbol{x}_0 + t\Delta\boldsymbol{x}) =& f(\boldsymbol{x}_0) + tf'(\boldsymbol{x}_0)\Delta\boldsymbol{x}^{\mathrm{T}} + \frac{t^2}{2}\Delta\boldsymbol{x}\boldsymbol{H}_f(\boldsymbol{x}_0)\Delta\boldsymbol{x}^{\mathrm{T}} \\ &+ o(t^2|\Delta\boldsymbol{x}|^2) \quad (t|\Delta\boldsymbol{x})| \to 0). \end{aligned}$$

在 (2) 中令 $\boldsymbol{x} = \boldsymbol{x}_0 + t\Delta\boldsymbol{x}$, 我们有

$$\frac{t^2}{2}\Delta\boldsymbol{x}\boldsymbol{H}_f(\boldsymbol{x}_0)\Delta\boldsymbol{x}^{\mathrm{T}} + o(t^2|\Delta\boldsymbol{x}|^2) \geqslant 0,$$

即

$$\Delta\boldsymbol{x}\boldsymbol{H}_f(\boldsymbol{x}_0)\Delta\boldsymbol{x}^{\mathrm{T}} + \frac{o(t^2|\Delta\boldsymbol{x}|^2)}{t^2} \geqslant 0.$$

令 $t \to 0+0$, 即得

$$\Delta\boldsymbol{x}\boldsymbol{H}_f(\boldsymbol{x}_0)\Delta\boldsymbol{x}^{\mathrm{T}} \geqslant 0,$$

这说明 $\boldsymbol{H}_f(\boldsymbol{x}_0)$ 是半正定的.

最后证 (3) ⇒ (1). 对于 $\forall \boldsymbol{x}_1, \boldsymbol{x}_2 \in D$, 令 $\boldsymbol{x}_0 = t\boldsymbol{x}_1 + (1-t)\boldsymbol{x}_2(t \in (0,1))$, 则有 $\boldsymbol{x}_0 \in D$, 从而有

$$\begin{aligned} f(\boldsymbol{x}_1) =& f(\boldsymbol{x}_0) + f'(\boldsymbol{x}_0)(\boldsymbol{x}_1 - \boldsymbol{x}_0)^{\mathrm{T}} \\ &+ \frac{1}{2}(\boldsymbol{x}_1 - \boldsymbol{x}_0)\boldsymbol{H}_f(\boldsymbol{x} + \theta(\boldsymbol{x}_1 - \boldsymbol{x}_0))(\boldsymbol{x}_1 - \boldsymbol{x}_0)^{\mathrm{T}}, \end{aligned}$$

其中 $0 < \theta < 1$. 由 (3) 知

$$f(\boldsymbol{x}_1) \geqslant f(\boldsymbol{x}_0) + f'(\boldsymbol{x}_0)(\boldsymbol{x}_1 - \boldsymbol{x}_0)^{\mathrm{T}}.$$

同理,

$$f(\boldsymbol{x}_2) \geqslant f(\boldsymbol{x}_0) + f'(\boldsymbol{x}_0)(\boldsymbol{x}_2 - \boldsymbol{x}_0)^{\mathrm{T}}.$$

因此有

$$\begin{aligned}&tf(\boldsymbol{x}_1)+(1-t)f(\boldsymbol{x}_2)\\&\quad\geqslant t[f(\boldsymbol{x}_0)+f'(\boldsymbol{x}_0)(\boldsymbol{x}_1-\boldsymbol{x}_0)^{\mathrm{T}}]+(1-t)[f(\boldsymbol{x}_0)+f'(\boldsymbol{x}_0)(\boldsymbol{x}_2-\boldsymbol{x}_0)^{\mathrm{T}}]\\&\quad=f(\boldsymbol{x}_0)=f(t\boldsymbol{x}_1+(1-t)\boldsymbol{x}_2).\end{aligned}$$

证毕.

注　条件 (2) 说明 $u=f(\boldsymbol{x})$ 表示的“曲面”在其任一点处的切平面的上方.

例 14.6.3　证明: 若一元凸函数 $y=g(x)$ 在 (a,b) 内具有二阶导数, 则 $f(\boldsymbol{x})=\sum\limits_{i=1}^{n}g(x_i)$ 是 $D=\underbrace{(a,b)\times(a,b)\times\cdots\times(a,b)}_{n\text{ 个}}$ 内的凸函数.

证明　因为 $f'(\boldsymbol{x})=(g'(x_1),g'(x_2),\cdots,g'(x_n))$, 所以

$$\boldsymbol{H}_f(\boldsymbol{x})=\begin{pmatrix}g''(x_1)&0&\cdots&0\\0&g''(x_2)&\cdots&0\\\vdots&\vdots&&\vdots\\0&0&\cdots&g''(x_n)\end{pmatrix}.$$

由于 $g''(x_i)\geqslant 0\ (i=1,2,\cdots,n)$, 从代数知识知, $\boldsymbol{H}_f(\boldsymbol{x})$ 是半正定矩阵. 由定理 14.6.1 知 $f(\boldsymbol{x})$ 是 D 内的凸函数.

习 题 十 四

1. 设函数 $u=f(\boldsymbol{x})$ 在 $U(\boldsymbol{x}_0,\delta_0)\subset\mathbb{R}^n\ (\delta_0>0)$ 内存在各个偏导数, 并且所有的偏导数在该邻域内有界, 证明 $f(\boldsymbol{x})$ 在 $\boldsymbol{x}_0$ 处连续; 举例说明存在函数 $u=g(\boldsymbol{x})$, 它在 $\boldsymbol{x}_0$ 的某个邻域内存在无界的各个偏导数, 但它在 $\boldsymbol{x}_0$ 处连续.

2. 举例说明在 $\mathbb{R}^2$ 内存在函数 $z=f(x,y)$, 使得 $f(x,y)$ 在 $\mathbb{R}^2$ 内处处不连续, 但它在原点处存在两个偏导数.

3. 求下列函数在指定点处的偏导数:

(1) $f(x,y)=xy\ln[x^2+\sin(xy^2)+\sin(xy)]$, 求 $f'_x(1,-1),f'_y(1,-1)$;

(2) $f(x,y,z)=(x^2+y^2)\cos\left(\dfrac{xz}{x+y}\right)$, 求 $f'_x(1,0,\pi)$.

4. 求下列函数的各个偏导数:

(1) $z=\dfrac{x}{2x^2+y^3+xy}$; (2) $z=x\sqrt{x^2-y^2}$;

(3) $z=\tan(x^2+2y^3)$; (4) $u=(x+y+z)\mathrm{e}^{xyz}$;

(5) $u=\sin(y\mathrm{e}^{xz})$; (6) $u=\ln(xy+x^4+z^2)$;

(7) $u=\sqrt[3]{1-z\sin^2(x+y)}$; (8) $u=\dfrac{\sin xz}{\cos x^2+y}$;

(9) $u=\ln(\sec\sqrt{x+y-z})$; (10) $u=\mathrm{e}^{-xz}\tan y$;

(11) $u=\mathrm{e}^z(x^2+y^2+z^2)$; (12) $u=\left(\dfrac{x}{y}\right)^z$;

(13) $u=\ln\left(1+\sqrt{\displaystyle\sum_{i=1}^{n}x_i^2}\right)$;

(14) $u=x_1x_2\cdots x_n+(x_1+x_2+\cdots+x_n)^n$.

5. 证明下列函数 $u(x,y)$ 与 $v(x,y)$ 成立

$$\frac{\partial u}{\partial x}=\frac{\partial v}{\partial y} \quad 及 \quad \frac{\partial u}{\partial y}=-\frac{\partial v}{\partial x}.$$

(1) $u(x,y)=\mathrm{e}^x\cos y$, $v(x,y)=\mathrm{e}^x\sin y$;

(2) $u(x,y)=\cos x\cosh y+\sin x\sinh y$, $v(x,y)=\cos x\cosh y-\sin x\sinh y$.

6. 根据方向导数的定义, 求 $f(x,y)=x^2\sin y$ 在 $(1,0)$ 处分别沿方向 $\boldsymbol{i}$, $-\boldsymbol{j}$ 以及 $\dfrac{1}{\sqrt{2}}(\boldsymbol{i}+\boldsymbol{j})$ 的方向导数.

7. 设函数 $f(x,y,z)=x^2-xy+y^2+z^2$, 求它在 $(1,1,1)$ 处的沿各个方向的方向导数, 并求出方向导数的最大值、最小值以及方向导数为零的所有方向.

8. 设函数 $z=u(x,y)$ 在 $\mathbb{R}^2\backslash\{(0,0)\}$ 内可微, 令 $x=r\cos\theta, y=r\sin\theta$; 在 Oxy 平面上作单位向量 $\boldsymbol{e}_r,\boldsymbol{e}_\theta$, 其中 $\boldsymbol{e}_r$ 表示 θ 固定时沿 r

增加的方向, e_θ 表示 r 固定时沿 θ 增加的方向. 证明:

$$\frac{\partial u}{\partial \boldsymbol{e}_r}=\frac{\partial u}{\partial r},\quad \frac{\partial u}{\partial \boldsymbol{e}_\theta}=\frac{1}{r}\cdot\frac{\partial u}{\partial \theta}.$$

9. 试举出一个函数 $u=f(\boldsymbol{x})(\boldsymbol{x}\in\mathbb{R}^n)$, 使得它同时满足下述条件:

(1) $f(\boldsymbol{x})$ 在 $\boldsymbol{x}=\boldsymbol{0}$ 处各个方向导数都存在;

(2) $f(\boldsymbol{x})$ 在 $\boldsymbol{x}=\boldsymbol{0}$ 处各个偏导数都存在;

(3) $f(\boldsymbol{x})$ 在 $\boldsymbol{x}=\boldsymbol{0}$ 处连续但不可微.

10. 设定义在 $\mathbb{R}^n$ 上的函数由下式给出:

$$f(\boldsymbol{x})=\begin{cases}|\boldsymbol{x}|^2\sin\dfrac{1}{|\boldsymbol{x}|^2}, & |\boldsymbol{x}|\neq 0,\\ 0, & |\boldsymbol{x}|=0.\end{cases}$$

证明: $\dfrac{\partial f(\boldsymbol{x})}{\partial x_i}(i=1,2,\cdots,n)$ 在 $\boldsymbol{x}=\boldsymbol{0}$ 处不连续, 但 $f(\boldsymbol{x})$ 在 $\mathbb{R}^n$ 上处处可微.

11. 试求下列函数在指定点处的微分:

(1) $f(x,y)=3x^2-xy^2+y^2$, 在 $(1,2)$ 处;

(2) $f(x,y)=x\mathrm{e}^y+x^y$, 在 $(1,0)$ 处.

12. 求下列函数的微分:

(1) $f(x,y)=y^2\sin x+2x^2y$; (2) $f(x,y)=x\mathrm{e}^{-2y}+3y^4$;

(3) $f(x,y,z)=y^2\ln(x^2+2)(z^2+1)$;

(4) $f(\boldsymbol{x})=|\boldsymbol{x}|$, $\boldsymbol{x}\in\mathbb{R}^n\backslash\{\boldsymbol{0}\}$; (5) $f(\boldsymbol{x})=\ln|\boldsymbol{x}|$, $\boldsymbol{x}\in\mathbb{R}^n\backslash\{\boldsymbol{0}\}$.

13. 设函数 $f(x,y)=x^2y-3y$, 求 $f(x,y)$ 的微分, 并求 $f(5.12,6.85)$ 的近似值.

14. 利用函数的微分求近似值:

(1) $\sqrt{(1.02)^2+(2.03)^2+(3.02)^2}$; (2) $3.01^{0.99}$.

15. 设函数 $u=f(\boldsymbol{x})$ 在 $\boldsymbol{x}_0\in\mathbb{R}^n$ $(n\geqslant 2)$ 的邻域 $U(\boldsymbol{x}_0,\delta_0)$ $(\delta_0>0)$ 内存在 n 个偏导数, 且有 $n-1$ 个偏导数在该邻域内连续. 证明 $u=f(\boldsymbol{x})$ 在 $\boldsymbol{x}_0$ 处可微.

16. 求下列函数的梯度:

(1) $f(x,y,z)=x^2\sin yz+y^2\mathrm{e}^{xz}+z^2$;

(2) $f(\boldsymbol{x})=|\boldsymbol{x}|\mathrm{e}^{-|\boldsymbol{x}|}, \boldsymbol{x}\in\mathbb{R}^n\backslash\{\boldsymbol{0}\}(n\geqslant 2)$.

17. 求函数 $f(x,y,z)=x^3+y^3+z^3-3xyz$ 在 $\mathbb{R}^3$ 中各点处的梯度, 并求出点 (x,y,z), 使得在该点的梯度分别垂直于 z 轴、平行于 z 轴以及梯度为零.

18. 设函数 $z=f(x,y)$ 在 (x_0,y_0) 处可微, 且沿方向 $\left(\dfrac{\sqrt{2}}{2},\dfrac{\sqrt{2}}{2}\right)$ 的方向导数为 $\dfrac{3\sqrt{2}}{2}$, 而沿 $\left(\dfrac{\sqrt{3}}{2},\dfrac{1}{2}\right)$ 的方向导数为 $1+\dfrac{3\sqrt{2}}{2}$. 试求它在 (x_0,y_0) 处沿方向 $\boldsymbol{i},\boldsymbol{j}$ 的方向导数及梯度.

19. 求函数 $f(x,y,z)=2x^3y-3y^2z$ 在 $(1,2,-1)$ 处所有的方向导数构成的集合.

20. 设 $\boldsymbol{x}\in\mathbb{R}^n(n\geqslant 2)$, 试求下列向量 (或多元) 函数的导数:

(1) $\boldsymbol{f}(\boldsymbol{x})=\boldsymbol{x}|\boldsymbol{x}|$; (2) $\boldsymbol{f}(\boldsymbol{x})=\dfrac{\boldsymbol{x}}{|\boldsymbol{x}|}\ (|\boldsymbol{x}|\neq 0)$;

(3) 设 $\boldsymbol{A}$ 为 $n\times n$ 矩阵, $f(\boldsymbol{x})=(\boldsymbol{A}\boldsymbol{x})\cdot(\boldsymbol{A}\boldsymbol{x})$ (内积).

21. 设函数 $f(\boldsymbol{u})=f(u_1,u_2,\cdots,u_m)$ 在区域 $\Omega\subset\mathbb{R}^m$ 内有定义, 并且在 $\boldsymbol{u}_0=(u_1^0,u_2^0,\cdots,u_m^0)\in\Omega$ 处可微. 设向量函数

$$\boldsymbol{u}=\boldsymbol{u}(\boldsymbol{x})=(u_1(\boldsymbol{x}),u_2(\boldsymbol{x}),\cdots,u_m(\boldsymbol{x}))$$

在区域 $D\subset\mathbb{R}^n$ 内有定义, 在 $\boldsymbol{x}_0=(x_1^0,x_2^0,\cdots,x_n^0)\in D$ 处可偏导, 并且 $\boldsymbol{u}_0=g(\boldsymbol{x}_0)$. 证明: 对于 $\forall i\,(1\leqslant i\leqslant n)$, $f(\boldsymbol{u}(\boldsymbol{x}))$ 在 $\boldsymbol{x}_0$ 处关于 x_i 可偏导, 并且

$$\frac{\partial f(\boldsymbol{u}(\boldsymbol{x}_0))}{\partial x_i}=\sum_{j=1}^{m}\frac{\partial f(\boldsymbol{u}_0)}{\partial \boldsymbol{u}_j}\cdot\frac{\partial \boldsymbol{u}_j(\boldsymbol{x}_0)}{\partial x_i}.$$

22. 求下列复合函数的偏导数, 其中 f 是可微函数:

(1) $z=f(x\mathrm{e}^y,x\mathrm{e}^{-y})$; (2) $u=f\left(\sum_{i=1}^{n}x_i^2,\prod_{i=1}^{n}x_i^2,x_3,\cdots,x_n\right)$.

23. 设函数 $u=f(\boldsymbol{x})$ 在区域 $D\subset\mathbb{R}^n$ 内存在 n 个连续偏导数, 并且各个偏导数都有界.

(1) 证明当 D 是凸域时, $f(\boldsymbol{x})$ 在 D 内一致连续.

(2) 说明当 D 不是凸域时, $f(\boldsymbol{x})$ 在 D 内有可能不一致连续.

24. 设函数 $z=f(x,y)$ 在区域 D 内处处存在两个偏导数.

(1) 若 D 是凸域并且对于 $\forall(x,y)\in D$, $f'_x(x,y)=0$, 证明存在函数 $h(y)$, 使得在 D 内, $f(x,y)\equiv h(y)$;

(2) 若对于 $\forall(x,y)\in D$ (D 不一定是凸域), $f'_x(x,y)=f'_y(x,y)=0$, 证明在 D 内, $f(x,y)\equiv C$, 其中 C 是常数.

(3) 举例说明当 D 不是凸域时, (1) 中结论可能不真.

25. 若 $f(\boldsymbol{x})$ 是定义在区域 $D\subset\mathbb{R}^n(n\geqslant 2)$ 内的函数并且存在正整数 K, 使得 $f(t\boldsymbol{x})=t^K f(\boldsymbol{x})$ 对于 $\forall t>0,\forall\boldsymbol{x}\in D$ 成立, 则称 $f(\boldsymbol{x})$ 是 K **次齐次函数**. 设 K 次齐次函数 $f(\boldsymbol{x})$ 在 D 内具有各个 $k(1\leqslant k\leqslant K)$ 阶连续偏导数, 证明:

$$\left(\sum_{i=1}^n x_i\frac{\partial}{\partial x_i}\right)^k f(\boldsymbol{x})=K(K-1)\cdots(K-k+1)f(\boldsymbol{x}).$$

26. 设函数 $z=\mathrm{e}^{xy^2}$, 其中 $x=t\cos t$, $y=t\sin t$. 试求 $\left.\dfrac{\mathrm{d}z}{\mathrm{d}t}\right|_{t=\frac{\pi}{2}}$.

27. 设函数 $u=z\sin\dfrac{y}{x}$, 其中 $x=3r^2+2s$, $y=4r-2s^3$, $z=2r^2-3s^2$. 试求 $\dfrac{\partial u}{\partial r}$ 及 $\dfrac{\partial u}{\partial s}$.

28. 设函数 $x=r\cos\alpha-t\sin\alpha$, $y=r\sin\alpha+t\cos\alpha$, 其中 $\alpha\in\mathbb{R}$ 为常数. 证明: 对任何可微函数 $f(x,y)$, 成立

$$\left(\frac{\partial f}{\partial x}\right)^2+\left(\frac{\partial f}{\partial y}\right)^2=\left(\frac{\partial f}{\partial r}\right)^2+\left(\frac{\partial f}{\partial t}\right)^2.$$

29. 设函数

$$\boldsymbol{f}(x,y)=\begin{pmatrix}u(x,y)\\ v(x,y)\end{pmatrix}=\begin{pmatrix}\dfrac{x}{x^2+y^2}\\ \dfrac{-y}{x^2+y^2}\end{pmatrix},$$

证明 $\boldsymbol{f}(x,y)$ 是 $\mathbb{R}^2\backslash\{(0,0)\}$ 到自身的 C^1 同胚映射, 并求 $\boldsymbol{f}(x,y)$ 在 $(x,y)\in\mathbb{R}^2\backslash\{(0,0)\}$ 处的雅可比行列式.

30. 求下列函数的高阶偏导数 $\dfrac{\partial^{\sum\limits_{i=1}^{n} m_i} f(\boldsymbol{x})}{\partial x_1^{m_1}\partial x_2^{m_2}\cdots\partial x_n^{m_n}}$:

(1) $f(x_1,x_2,\cdots,x_n)=\mathrm{e}^{\sum\limits_{i=1}^{n} x_i}$;

(2) $f(x_1,x_2,\cdots,x_n)=\ln\left(\sum\limits_{i=1}^{n}a_ix_i\right)$, 其中 $a_i(i=1,2,\cdots,n)$ 为常数.

31. 求下列函数的二阶偏导数, 其中函数 f 具有二阶连续导数:

(1) $z=f(x^2+y^2,xy)$; (2) $z=f(x_1+x_2+\cdots+x_n)$.

32. 验证下列函数满足拉普拉斯方程 $\dfrac{\partial^2 z}{\partial x^2}+\dfrac{\partial^2 z}{\partial y^2}=0$:

(1) $z=\arctan\dfrac{y}{x}$; (2) $z=\ln\sqrt{x^2+y^2}$.

33. 验证函数 $u=(x_1^2+x_2^2+x_3^2+x_4^2)^{-1}$ 满足拉普拉斯方程

$$\sum_{i=1}^{4}\frac{\partial^2 u}{\partial x_i^2}=0.$$

34. 设 $f(x)$ 是一个二次可微函数, 证明

$$F(x,t)=\frac{1}{2}[f(x-ct)+f(x+ct)]\quad(\text{其中 } c \text{ 为常数})$$

满足偏微分方程 $\dfrac{\partial^2 F}{\partial t^2}=c^2\dfrac{\partial^2 F}{\partial x^2}$.

35. 证明: 在极坐标变换 $\begin{cases}x=r\cos\theta,\\ y=r\sin\theta\end{cases}$ 下, 拉普拉斯方程 $\dfrac{\partial^2 u}{\partial x^2}+\dfrac{\partial^2 u}{\partial y^2}=0$ 的形式为 $\dfrac{\partial^2 u}{\partial r^2}+\dfrac{1}{r}\cdot\dfrac{\partial u}{\partial r}+\dfrac{1}{r^2}\cdot\dfrac{\partial^2 u}{\partial \theta^2}=0$.

36. 设函数 $u(x,y,z)=\dfrac{x-y+z}{x+y-z}$, 证明:

(1) $x\dfrac{\partial u}{\partial x}+y\dfrac{\partial u}{\partial y}+z\dfrac{\partial u}{\partial z}=0$;

(2) $x^2\frac{\partial^2 u}{\partial x^2}+y^2\frac{\partial^2 u}{\partial y^2}+z^2\frac{\partial^2 u}{\partial z^2}+2xy\frac{\partial^2 u}{\partial x\partial y}+2xz\frac{\partial^2 u}{\partial x\partial z}+2yz\frac{\partial^2 u}{\partial y\partial z}=0.$

37. 设 $x=2r-s, y=r+2s$, 求 $\frac{\partial^2 f(x,y)}{\partial r\partial s}$, 其中函数 $f(x,y)$ 具有二阶连续偏导数.

38. 试将函数 $f(x,y)=ax^2+2bxy+cy^2$ (a,b,c 为常数) 写成函数 $F(x-1,y-1)$ 的形式.

39. 求 e^{x+y} 在 $(0,0)$ 处的泰勒公式, 并证明 $e^{x+y}=e^x\cdot e^y$.

40. 将下列函数在原点处展成泰勒公式 (到四次项):

(1) $\frac{1+x+y+2xy}{1+x^2+y^2}$;　　(2) $\frac{x_1^2+x_2^2+\cdots+x_n^2}{1-(x_1+x_2+\cdots+x_n)}$.

41. 勒让德多项式 $P_n(x)$ 由下式定义:

$$f(x,t)=\frac{1}{\sqrt{1-2xt+t^2}}=\sum_{n=0}^{\infty}P_n(x)t^n.$$

验证:

(1) $P_n(1)=1$;　　(2) $P_n(-1)=(-1)^n$;

(3) $P_0(x)=1,\ P_1(x)=x,\ P_2(x)=\frac{1}{2}(3x^2-1)$.

42. 设函数 $f(x,y)=e^{xy}$, 对于 $\forall\ k\in\mathbb{N}$, 求 $f(x,y)$ 在 $(0,0)$ 处的所有 k 阶偏导数.

43. 举例说明存在原点 $(0,0)$ 某个邻域 $U((0,0),\delta_0)$ $(\delta_0>0)$ 内的连续函数 $z=F(x,y)$, 满足 $F(0,0)=0$ 和下述条件之一:

(1) $F'_y(0,0)$ 不存在;

(2) $F'_y(0,0)$ 存在, 且 $F'_y(0,0)=0$,

但 $F(x,y)=0$ 在 $U((0,0),\delta_0)$ 内唯一确定一个连续的隐函数 $y=f(x)(-\delta_0<x<\delta_0)$, 使得 $f(0)=0$, 并且当 $x\in(-\delta_0,\delta_0)$ 时, $F(x,f(x))=0$.

44. 证明方程 $x^2-2xy+z+xe^z=0$ 在点 $(1,1,0)$ 的某个邻域内唯一确定隐函数 $z=f(x,y)$, 并求 $f(x,y)$ 在 $(1,1)$ 处的泰勒公式 (直到二次).

45. 证明方程 $x+x^2+y^2+(x^2+y^2)z^2+\sin z=0$ 在 $(0,0,0)$ 的某个邻域内唯一确定隐函数 $z=f(x,y)$, 并求 $f(x,y)$ 在 $(0,0)$ 处的所有三阶偏导数.

46. 设函数 $z=F(x,y)$ 在区域 D 内具有连续偏导数, 且处处成立 $F'_x(x,y)\neq 0$, $F'_y(x,y)\neq 0$. 证明: 对于 $\forall(x_0,y_0)\in D$, 方程 $F(x,y)=F(x_0,y_0)$ 在 (x_0,y_0) 的某个邻域内确定的隐函数 $y=f(x)$ 及 $x=g(y)$ 互为反函数.

47. 求由下列方程所确定的隐函数 $z=f(x,y)$ 的偏导数:

(1) $F(x+y+z,xyz)=0$; (2) $F(x^2+y^2,x^2+y^2+z^2)=0$.

48. 求由下列方程所确定的隐函数的偏导数 (或导数):

(1) $x^3+y^3-3xy=0$, 求 $\dfrac{\mathrm{d}y}{\mathrm{d}x},\dfrac{\mathrm{d}^2y}{\mathrm{d}x^2}$;

(2) $x+\mathrm{e}^{yz}+z^2=0$, 求 $\dfrac{\partial^2 z}{\partial x^2},\dfrac{\partial^2 z}{\partial y^2},\dfrac{\partial^2 z}{\partial x\partial y}$.

49. 设函数 $u=u(x,y)$ 是由 $u=f(x,y,z,t), g(y,z,t)=0, h(z,t)=0$ 所确定, 求 $\dfrac{\partial u}{\partial x}$ 及 $\dfrac{\partial u}{\partial y}$.

50. 通过自变量变换 $\begin{cases}u=x-2\sqrt{y},\\ v=x+2\sqrt{y}\end{cases}$ 化简偏微分方程

$$\frac{\partial^2 z}{\partial x^2}-y\frac{\partial^2 z}{\partial y^2}-\frac{1}{2}\frac{\partial z}{\partial y}=0 \quad (y>0).$$

51. 设变换 $\begin{cases}x=r\cos\theta,\\ y=r\sin\theta,\end{cases}$ 求 $\dfrac{\partial(r,\theta)}{\partial(x,y)}$.

52. 设变换 $\begin{cases}x=\dfrac{u^2-v^2}{2},\\ y=uv,\\ z=z,\end{cases}$ 求 $\dfrac{\partial(x,y,z)}{\partial(u,v,z)}$.

53. 设椭圆球坐标变换为 $\begin{cases}x=ar\sin\varphi\cos\theta,\\ y=br\sin\varphi\sin\theta,\\ z=cr\cos\varphi,\end{cases}$ 求 $\dfrac{\partial(x,y,z)}{\partial(r,\varphi,\theta)}$.

54. 证明不存在 $\mathbb{R}^n$ 到 $\mathbb{R}^m(m<n)$ 的 C^1 同胚映射.

55. 求下列函数的极值点:

(1) $f(x,y)=x^3+y^3-3x-12y+1$;

(2) $f(x,y)=xy\ln(x^2+y^2)$.

56. 证明:

(1) $(0,0)$ 是函数 $f(x,y)=(y-x^2)(y-3x^2)$ 的鞍点;

(2) 当函数 $f(x,y)$ 的定义域限制在过点 $(0,0)$ 的任一条直线上时,它在点 $(0,0)$ 处取极小值.

57. 设方程 $F(x,u,v)=0$ 与 $G(x,u,v)=0$ 确定可微函数组 $\begin{cases}u=u(x),\\v=v(x),\end{cases}$ 求 $u=u(x)$ 的驻点所满足的必要条件.

58. 分别求 $\mathbb{R}^2$ 中单位圆内接三角形和内接长方形的最大面积.

59. 设函数 $u=u(x,y)$ 在单位圆盘 $\varDelta=\{(x,y):x^2+y^2<1\}$ 的闭包上具有二阶连续偏导数, 在 $\varDelta$ 内满足 $u(x,y)=\dfrac{\partial^2 u}{\partial x^2}+\dfrac{\partial^2 u}{\partial y^2}$ 并且在 $\partial\varDelta$ 上 $u(x,y)\equiv 0$. 证明: 在 $\overline{\varDelta}$ 上, $u(x,y)\equiv 0$.

60. 某工厂要生产一批容积为 $1\mathrm{m}^3$ 的铁皮圆桶, 供装汽油用, 试问: 什么样的尺寸可使用料最省?

61. 求点 $\boldsymbol{x}_0=(x_1^0,x_2^0,\cdots,x_n^0)\in\mathbb{R}^n$ 到平面 $\sum\limits_{i=1}^{n}a_ix_i=0$ 的距离,共中 $a_i(i=1,2,\cdots,n)$ 为常数.

62. 求原点到椭圆 $\begin{cases}z=x^2+y^2,\\x+y+z=1\end{cases}$ 的最小与最大距离.

63. 求函数 $f(x,y,z)=4x^2+y^2+5z^2$ 在平面 $2x+3y+4z=12$ 上的最小值点.

64. 求原点到曲线 $\begin{cases}xyz=1,\\y=2x\end{cases}$ 的最短距离.

65. 求曲线 $\begin{cases} x-y+4z=1, \\ 2x^2+4y^2=3 \end{cases}$ 上最高点与最低点的高度.

66. 求函数 $f(x_1,x_2,\cdots,x_n)=\sum\limits_{i=1}^{n} x_i$ 在球面 $x_1^2+x_2^2+\cdots+x_n^2=1$ 上的最大值, 并证明

$$\frac{1}{n}\sum_{i=1}^{n} x_i \leqslant \left(\frac{1}{n}\sum_{i=1}^{n} x_i^2\right)^{\frac{1}{2}}.$$

67. 设函数 $y=f(x)$ 在区间 $[0,1]$ 上可积, 求关于 (a,b,c) 的函数 $g(a,b,c)=\int_0^1 (f(x)-ax^2-bx-c)^2\mathrm{d}x$ $((a,b,c)\in\mathbb{R}^3)$ 的最小值点.

68. 求函数 $z=\frac{1}{2}(x^K+y^K)$ 在约束条件 $x+y=c$ $(c>0)$ 下的极值, 并证明对于 $\forall a\geqslant 0, b\geqslant 0, K\in\mathbb{N}$, 有

$$\left(\frac{a+b}{2}\right)^K \leqslant \frac{a^K+b^K}{2}.$$

69. 椭球面 $\frac{x^2}{4}+\frac{y^2}{5}+\frac{z^2}{25}=1$ 与平面 $x+y-z=0$ 的交线为一椭圆, 求该椭圆在该平面内所围区域的面积.

70. 设可微函数 $x=f(u,v), y=g(u,v), z=h(u,v)$ 满足 $F(x,y,z)=0$, 其中 $F(x,y,z)$ 是 C^1 函数, 证明:

$$\frac{\partial(y,z)}{\partial(u,v)}\mathrm{d}x+\frac{\partial(z,x)}{\partial(u,v)}\mathrm{d}y+\frac{\partial(x,y)}{\partial(u,v)}\mathrm{d}z=0.$$

71. 求曲线 $\begin{cases} 3x^2y+y^2z+2=0, \\ 2xz-x^2y-3=0 \end{cases}$ 在 $(1,-1,1)$ 处的切线方程与法平面方程.

72. 求下列曲面的切平面方程与法线方程:

(1) $x^2+y^2-z^2-4=0$, 在 $(2,1,1)$ 处;

(2) $\frac{x^2}{a^2}+\frac{y^2}{b^2}+\frac{z^2}{c^2}=1$.

73. 在曲面 $z = x^2 - 2xy - y^2 - 8x + 4y$ 上找出所有的点 (x, y, z), 使得在这些点处曲面的切平面是水平的.

74. 设 $\mathbb{R}^3$ 中的曲面在柱面坐标 $\begin{cases} x = r\cos\theta, \\ y = r\sin\theta, \\ z = z \end{cases}$ 下的方程为 $F(r, \theta, z) = 0$, 其中 F 是可微函数. 试求 (r_0, θ_0, z_0) 所对应曲面上的点处的切平面方程与法线方程.

75. 设曲面 S 由方程 $F(x, y, z) = 0$ 给出, 其中 $F(x, y, z)$ 是区域 $D \subset \mathbb{R}^n$ 内的 C^1 函数, 并且在 $(x_0, y_0, z_0) \in D$ 处满足 $F'(x_0, y_0, z_0) \neq \mathbf{0}$. 证明该曲面 (x_0, y_0, z_0) 处的切平面上过点 (x_0, y_0, z_0) 的任何一条直线都是曲面上过该点的某光滑曲线的切线.

76. 证明**圆柱螺旋线** $\begin{cases} x = a\cos t, \\ y = a\sin t, \\ z = bt \end{cases}$ 上任一点处的切线与 z 轴的夹角为常数.

77. 求曲面 $z = x\mathrm{e}^{\frac{x}{y}}$ 上每一点处的切平面方程, 并证明该曲面上任何两个点处的切平面均相交.

78. 求圆柱面 $x^2 + y^2 = 1$ 与曲面 $z = xy$ 的夹角.

79. 证明曲面 $F(x - az, y - bz) = 0$ $(a, b \in \mathbb{R})$ 上任一点处的法线与一条固定直线垂直.

80. 证明曲面 $\sqrt{x} + \sqrt{y} + \sqrt{z} = \sqrt{a}$ $(a > 0)$ 上任一点处的切平面与三个坐标轴的交点到原点的距离之和为常数.

81. 证明曲面 $xyz = a\,(a > 0)$ 上任一点处的切平面与三个坐标平面所围的体积为常数.

82. 证明曲面 $x^2 + 4y + z^2 = 0$ 与 $x^2 + y^2 + z^2 - 6z + 7 = 0$ 在 $(0, -1, 2)$ 处相切.

第十五章　重　积　分

本章中, 我们将研究多元函数的重积分. 多元函数的重积分理论与一元函数的定积分理论是平行的, 最主要的差别在于重积分的积分区域与闭区间相比更为复杂, 从而使得重积分的理论与计算也要复杂得多. 读者在学习重积分这部分内容时, 应该对一般的重积分理论有深刻的理解, 而具体计算重积分时, 主要精力则应放在二重及三重积分上.

§15.1　重积分的定义

在日常生活和科学技术中许多问题的解决都需要用到重积分. 例如, 设有一物体 (如一块铁矿等), 已知其密度, 要求它的质量. 若将此物体放在 $\mathbb{R}^3$ 中, 则从几何上看, 该物体即为空间的一个闭区域 D, 而该物体的密度可以通过 D 上的一个函数 $\rho(x,y,z)$ 来刻画.

当 $\rho(x,y,z)=\rho_0$ (ρ_0为常数) 时, 该物体的质量 $m=\rho_0 V$, 其中 V 是 D 的体积; 当 $\rho(x,y,z)$ 不是常数函数时, 我们可以利用 "分割 — 求和 — 取极限" 的方法来求其质量. 我们将 D 作分割 $\Delta=\{\Delta D_1,\Delta D_2,\cdots,\Delta D_K\}$, 使得 $\bigcup\limits_{k=1}^{K}\Delta D_k=D$, 且每个 ΔD_k 的直径 $\mathrm{diam}(\Delta D_k)=\sup\limits_{\boldsymbol{x},\boldsymbol{y}\in\Delta D_k}|\boldsymbol{x}-\boldsymbol{y}|$ 很小. 这样做的原因是使得 $\rho(x,y,z)$ 在 ΔD_k 上的变化不是很大, 因此可认为 $\rho(x,y,z)$ 在 ΔD_k 上几乎是常数. 在 ΔD_k 上任取 (ξ_k,η_k,ζ_k), 记 ΔV_k 为 ΔD_k 的体积, 作和式

$$\sum_{k=1}^{K}\rho(\xi_k,\eta_k,\zeta_k)\Delta V_k$$

(该和式也称为 $\rho(x,y,z)$ 的**黎曼和**). 若当 $\lambda(\Delta)=\max\limits_{1\leqslant k\leqslant K}\mathrm{diam}(\Delta D_k)\to$

0 时, 上述和式存在极限 m, 则自然认为 m 为该物体的质量.

另外一个例子是求曲顶柱体的体积. 设 $D \subset \mathbb{R}^2$ 是有界闭区域, 函数 $z=f(x,y)$ 在 D 上连续, 且对于 $\forall (x,y)\in D$, 有 $f(x,y)>0$. 因此我们有一个空间立体

$$\Omega=\{(x,y,z):(x,y)\in D, 0\leqslant z\leqslant f(x,y)\}.$$

通常称形如这样的立体为**曲顶柱体**(见图 15.1.1). 为了求 Ω 的体积 V, 我们可以对 D 作分割 $\Delta=\{\Delta D_1,\Delta D_2,\cdots,\Delta D_K\}$. 在 $\Delta D_k(k=1,2,\cdots,K)$ 上取 (ξ_k,η_k), 并记 $\Delta\sigma_k$ 为 D_k 的面积. 当极限

$$\lim_{\lambda(\Delta)\to 0}\sum_{k=1}^{K} f(\xi_k,\eta_k)\Delta\sigma_k$$

存在时, 同样可以认为该极限即为 V 的体积.

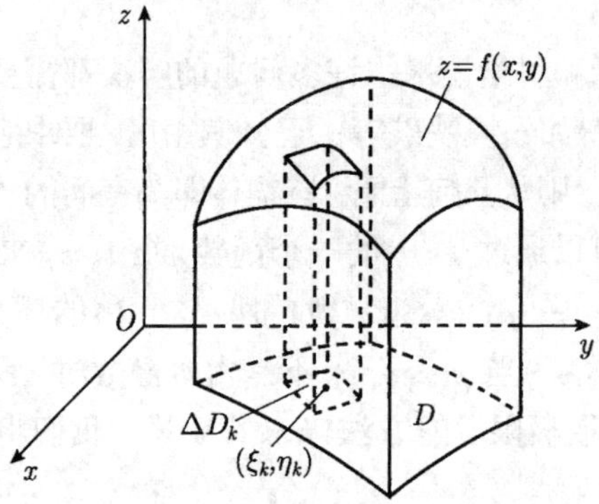

图　15.1.1

上面的两个例子都归结到求一个特别的黎曼和的极限. 讨论何时这种和式存在极限就是重积分理论所要研究的问题.

15.1.1　$\mathbb{R}^n$ 空间中集合的体积

在上面两个例子的黎曼和中, 我们首先面临的问题是平面区域的面积与 $\mathbb{R}^3$ 中区域的体积问题. 在本小节中, 我们先来研究一下这个问

题. 在 $\mathbb{R}^n$ 空间中, 我们使用的是欧氏度量, 即对于 $\boldsymbol{x}=(x_1,x_2,\cdots,x_n)$, $\boldsymbol{y}=(y_1,y_2,\cdots,y_n)\in\mathbb{R}^n$, $\boldsymbol{x},\boldsymbol{y}$ 之间的距离为

$$|\boldsymbol{x}-\boldsymbol{y}|=\sqrt{\sum_{j=1}^{n}(x_j-y_j)^2}.$$

因此我们可以定义一个 n **维长方体**

$$A=\big\{(x_1,x_2,\cdots,x_n):a_j\leqslant x_j\leqslant b_j\big\}$$

的体积为 $V(A)=\prod\limits_{j=1}^{n}(b_j-a_j)$. 在本章中, 如果没有特别说明, 所有的长方体都是指上述形式的长方体, 即这些长方体的各个面均是与某个坐标平面平行的.

下面我们希望用长方体的体积来给出一般集合体积的定义. 设 $E\subset\mathbb{R}^n$ 是一给定的非空有界集合, 我们来讨论 E 的体积的定义. 不妨设 E 不是一个长方体. 我们考虑由 $\mathbb{R}^n$ 中有限个长方体构成的长方体族 $\{A_k\}_{k=1}^K$, 且假定它满足条件:

(1) $A_j^\circ\cap A_l^\circ=\varnothing\ (j,l=1,2,\cdots,K;j\neq l)$;

(2) $\bigcup\limits_{k=1}^{K}A_k\supset E$.

为了简便, 以下我们将满足上述条件的长方体族记为 $\mathcal{A}_E$.

对每个给定的长方体族 $\mathcal{A}_E$, 记 $m(\mathcal{A}_E)$ 为 $\mathcal{A}_E$ 中完全含于 E 内的那些长方体的体积之和, $M(\mathcal{A}_E)$ 为 $\mathcal{A}_E$ 中与 E 的交非空的那些长方体的体积之和. 由定义, 显然有 $m(\mathcal{A}_E)\leqslant M(\mathcal{A}_E)$.

设 $\mathcal{A}_E=\{A_k\}_{k=1}^K,\mathcal{A}'_E=\{A'_j\}_{j=1}^J$ 分别为两个满足上述条件的长方体族, 称 $\mathcal{A}'_E$ 是 $\mathcal{A}_E$ 的**细分**, 若对每个 $A'_{j_0}\in\mathcal{A}'_E\,(j_0=1,2,\cdots,J)$, 都存在 $A_{k_0}\in\mathcal{A}_E$, 使得 $A'_{j_0}\subset A_{k_0}$. 当 $\mathcal{A}'_E$ 是 $\mathcal{A}_E$ 的细分时, 我们有

$$m(\mathcal{A}_E)\leqslant m(\mathcal{A}'_E)\leqslant M(\mathcal{A}'_E)\leqslant M(\mathcal{A}_E).$$

因此, 类似于定积分达布理论中的上下积分, 我们定义

$$m(E)=\sup m(\mathcal{A}_E),\quad M(E)=\inf M(\mathcal{A}_E).$$

在这里 sup 和 inf 都是关于所有满足条件 (1) 和 (2) 的长方体族 $\mathcal{A}_E$ 取的.

定义 15.1.1　设 $E\subset\mathbb{R}^n$ 是有界集合, 若 E 满足

$$m(E)=M(E),$$

则称 E 是**可求体积的**, 并称 $m(E)=M(E)$ 是 E 的**体积**, 记其为 $V(E)$.

为了刻画可求体积的集合, 我们给出下述定理.

定理 15.1.1　设 $E\subset\mathbb{R}^n$ 是有界集合, 则 E 可求体积的充分必要条件是 $V(\partial E)=0$.

证明　**必要性**　设 E 可求体积, 由定义可知, 对于 $\forall\varepsilon>0$, 存在满足条件 (1), (2) 的长方体族 $\mathcal{A}_E^1$, 使得

$$M(\mathcal{A}_E^1)-m(\mathcal{A}_E^1)<\varepsilon.$$

取 $\mathcal{A}_E^1$ 中与 ∂E 相交的长方体构成的集合为 $\mathcal{A}_{\partial E}^1$, 则

$$M(\mathcal{A}_{\partial E}^1)=M(\mathcal{A}_E^1)-m(\mathcal{A}_E^1)<\varepsilon,$$

从而有 $\inf\limits_{\mathcal{A}_{\partial E}}M(\mathcal{A}_{\partial E})<\varepsilon$. 由 ε 的任意性知 $V(\partial E)=0$.

充分性　设 $V(\partial E)=0$, 则对于 $\forall\varepsilon>0$, 存在有限个长方体构成的集合 $\mathcal{A}_{\partial E}^2$, 使得 $M(\mathcal{A}_{\partial E}^2)<\varepsilon$. 任取集合 $\mathcal{A}_E^2$, 使得 $\mathcal{A}_{\partial E}^2$ 中的长方体都在 $\mathcal{A}_E^2$ 中, 则

$$M(\mathcal{A}_E^2)-m(\mathcal{A}_E^2)\leqslant M(\mathcal{A}_{\partial E}^2)<\varepsilon.$$

因此有 $M(E)=m(E)$, 从而 E 可求体积. 证毕.

对于 $\mathbb{R}^n$ 中的有界集合 E, 若 $V(E)=0$, 则称 E 为**零体积集**. 由体积的定义, 若 E_1 与 E_2 为零体积集, 显然 $E_1\cap E_2$, $E_1\cup E_2$ 及 $E_1\setminus E_2$ 都是零体积集. 对于 $\mathbb{R}^2$ 中的可求体积的有界集合 E, 我们有时也称 E 可求面积, 并记 $V(E)=\sigma(E)$.

注　从体积的定义不难看出, 若集合 $E\subset\mathbb{R}^n$ 的体积为零, 则对于 $\forall\varepsilon>0$, 存在 $\mathbb{R}^n$ 中有限个长方体 $A_1,A_2,\cdots,A_K$, 使得 $\bigcup\limits_{k=1}^{K}A_k^\circ\supset E$, 且 $V\left(\bigcup\limits_{k=1}^{K}A_k\right)<\varepsilon$. 由有限个长方体组成的集合也称为**简单集合**.

关于 $\mathbb{R}^n$ 的有界子集的体积, 由定理 15.1.1 我们有以下推论.

推论 1 设 A, B 是 $\mathbb{R}^n$ 中可求体积的有界集合, 则 $A\cup B$, $A\cap B$, $A\setminus B$ 均可求体积.

证明 注意到

$$\partial(A\cup B)\subset\partial(A)\cup\partial(B),\quad \partial(A\cap B)\subset\partial(A)\cup\partial(B),$$
$$\partial(A\setminus B)\subset\partial(A)\cup\partial(B),$$

由于 $\partial(A),\partial(B)$ 的体积为零, 从而 $\partial(A\cup B), \partial(A\cap B), \partial(A-B)$ 的体积均为零. 由定理 15.1.1 知推论 1 成立. 证毕.

特别地, 对于我们经常遇到的区域, 我们容易看出下述结论成立.

推论 2 设 D 是 $\mathbb{R}^n$ 中可求体积的有界区域, 则 $\overline{D}$ 可求体积, 并且当它们可求体积时, $V(D)=V(\overline{D})$.

下面我们来研究一下今后常见的 $\mathbb{R}^2$ 中的有界区域的面积问题.

例 15.1.1 设 $\mathbb{R}^2$ 中的有界区域 D 的边界由有限条可求长曲线所组成, 证明 D 可求面积.

证明 设 $\partial D=\bigcup\limits_{j=1}^{J}\varGamma_j$, 其中 $\varGamma_j$ 为可求长曲线. 现在我们证明 $\sigma(\partial D)=0$. 因此 D 可求面积.

事实上, 对于 $\forall j(1\leqslant j\leqslant J)$, 我们只要证 $\sigma(\varGamma_j)=0$ 即可. 设 $\varGamma_j$ 的长度为 l_j, 对于 $\forall k\in\mathbb{N}$, 将 $\varGamma_j$ 按弧长等分成 k 个小弧段. 易见每一小弧段均可含于一个边长为 $4\dfrac{l_j}{k}$ 的正方形内. 因此 $\varGamma_j$ 可被 k 个边长为 $4\dfrac{l_j}{k}$ 的正方形所覆盖. 由于

$$k\left(4\frac{l_j}{k}\right)^2=16\frac{l_j^2}{k}\to 0\quad (k\to\infty),$$

因此有 $\sigma(\varGamma_j)=0$.

由例 15.1.1 可知, 若平面上一个有界区域 D, 它是由有限条分段光滑的曲线所围, 则 D 可求面积. 作为习题, 请读者证明, 若曲线 $\varGamma$ 是一元连续函数 $y=f(x)(x\in[a,b])$ 的图像, 则 $\sigma(\varGamma)=0$.

最后我们指出, 在 $\mathbb{R}^n$ 中是存在不可求体积的有界闭区域的. 由于这类集合的构造相当复杂, 在这里我们就不对此加以介绍了.

15.1.2 重积分的定义

设 $D \subseteq \mathbb{R}^n$ 是可求体积的有界闭区域, 我们称

$$\Delta = \{\Delta D_1, \Delta D_2, \cdots, \Delta D_K\}$$

为 D 的一个**分割**, 若 Δ 满足:

(1) 每个 $\Delta D_k(k = 1, 2, \cdots, K)$ 是 D 的一个可求体积的闭子集;

(2) $\Delta D_1, \Delta D_2, \cdots, \Delta D_K$ 两两交集的体积为零, 即

$$V(\Delta D_j \cap \Delta D_k) = 0 \quad (j, k = 1, 2, \cdots, K; j \neq k);$$

(3) $D = \bigcup_{k=1}^{K} \Delta D_k$.

记 ΔV_k 为 ΔD_k 的体积, d_k 为 ΔD_k 的直径, 即 $d_k = \sup\limits_{\boldsymbol{x}, \boldsymbol{y} \in \Delta D_k} |\boldsymbol{x} - \boldsymbol{y}|$ $(k = 1, 2, \cdots, K)$, 并记 $\lambda(\Delta) = \max\limits_{1 \leqslant k \leqslant K} \{d_k\}$.

定义 15.1.2 设函数 $f(\boldsymbol{x}) = f(x_1, x_2, \cdots, x_n)$ 在可求体积的有界闭区域 $D \subset \mathbb{R}^n$ 上有定义, Δ 为 D 的一个分割. 在每个 ΔD_k 上任取一点 $\boldsymbol{\xi}_k(k = 1, 2, \cdots, K)$, 作黎曼和 $\sum\limits_{k=1}^{K} f(\boldsymbol{\xi}_k)\Delta V_k$. 如果存在常数 I, 使得对于 $\forall \varepsilon > 0$, $\exists \delta > 0$, 对 D 的任何分割 Δ 以及任意选取的 $\boldsymbol{\xi}_k$, 当 $\lambda(\Delta) < \delta$ 时, 有

$$\left| \sum_{k=1}^{K} f(\boldsymbol{\xi}_k)\Delta V_k - I \right| < \varepsilon,$$

则称 $f(\boldsymbol{x})$ 在 D 上**可积**, 并且称 I 为 $f(\boldsymbol{x})$ 在 D 上的 n **重积分**, 记为

$$\iint \cdots \int_D f(\boldsymbol{x}) \mathrm{d}V \quad \text{或} \quad \iint \cdots \int_D f(x_1, x_2, \cdots, x_n) \mathrm{d}x_1 \mathrm{d}x_2 \cdots \mathrm{d}x_n,$$

其中 $f(\boldsymbol{x})$ 称为**被积函数**, D 称为**积分区域**, $x_1, x_2, \cdots, x_n$ 称为**积分变量**, $\mathrm{d}V = \mathrm{d}x_1 \mathrm{d}x_2 \cdots \mathrm{d}x_n$ 称为**体积元素**.

在上述定义中, 特别地, 当 $n=2$ 时, 我们常常记被积函数 $f(\boldsymbol{x})=f(x,y)$, 此时 $f(x,y)$ 在 D 上的**二重积分**记为

$$\iint_D f(x,y)\mathrm{d}\sigma \quad 或 \quad \iint_D f(x,y)\mathrm{d}x\mathrm{d}y.$$

这时也称 $\mathrm{d}\sigma=\mathrm{d}x\mathrm{d}y$ 为**面积元素**. 当 $n=3$ 时, 记被积函数 $f(\boldsymbol{x})=f(x,y,z)$, 则 $f(x,y,z)$ 在 D 上的**三重积分**记为

$$\iiint_D f(x,y,z)\mathrm{d}V \quad 或 \quad \iiint_D f(x,y,z)\mathrm{d}x\mathrm{d}y\mathrm{d}z.$$

在重积分中, 二重积分具有鲜明的几何意义. 设 $z=f(x,y)((x,y)\in D)$, 其中 $D\subset\mathbb{R}^2$ 是可求面积的有界闭区域, 再设 $f(x,y)$ 在 D 上连续且为正函数, 则从二重积分的定义可以看出, $\iint_D f(x,y)\mathrm{d}x\mathrm{d}y$ 是以曲面 $z=f(x,y)((x,y)\in D)$ 为顶, 以闭区域 D 为底的曲顶柱体的体积 (见图 15.1.2).

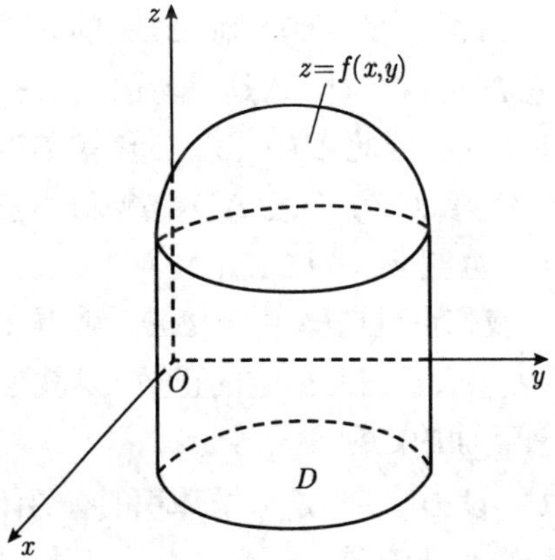

图 15.1.2

特别地, 当 $D\subset\mathbb{R}^2$ 是可求面积的有界闭区域时, $\iint_D \mathrm{d}x\mathrm{d}y$ 等于 D 的面积; 当 $D\subset\mathbb{R}^3$ 是可求体积的有界闭区域时, $\iiint_D \mathrm{d}x\mathrm{d}y\mathrm{d}z$ 等于 D 的体积.

注 当 $n=1$ 时, 有界闭区域 D 一定是有界闭区间. 设函数 $f(x)$ 在区间 $[a,b]$ 上有定义, 上述重积分的定义与 $f(x)$ 在 $[a,b]$ 上的定积分并不一致. 这主要是在定积分中我们必须考虑积分区间的有向长度的缘故, 而上述重积分不考虑区间的方向, 只考虑其长度.

§15.2 多元函数的可积性理论与重积分的性质

15.2.1 达布理论

在重积分定义中, 我们没有假定 $f(\boldsymbol{x})$ 在有界闭区域 $D\subset\mathbb{R}^n$ 上是有界的, 但当 $f(\boldsymbol{x})$ 可积时, 我们可以推出 $f(\boldsymbol{x})$ 在 D 上必定有界. 事实上, 倘若 $f(\boldsymbol{x})$ 在 D 上无界, 由于 D 是有界闭区域, 因此它的体积大于零. 由有限覆盖定理可知, 存在 $\boldsymbol{x}_0\in D$, 使得对于任何 $\boldsymbol{x}_0$ 的邻域 $U(\boldsymbol{x}_0,\delta)(\delta>0)$, $f(\boldsymbol{x})$ 在 $U(\boldsymbol{x}_0,\delta)\cap D$ 上都无界. 因此对于 $\forall\delta>0$, 令 ΔD_δ 为 $U(\boldsymbol{x}_0,\delta)\cap D$ 的闭包, 则 ΔD_δ 的体积 $V(\Delta D_\delta)>0$. 这是因为, 当 $\boldsymbol{x}_0$ 是 D 的内点时, 这是显然的; 当 $\boldsymbol{x}_0$ 是 D 的边界点时, 由于 D 是 D° 的闭包, 因此 $U(\boldsymbol{x}_0,\delta)$ 必含有 D° 中的点 $\boldsymbol{x}_1$, 从而存在 $\delta'(0<\delta'<\delta)$ 使得 $U(\boldsymbol{x}_1,\delta')\subset\Delta D_\delta$, 故这时也有 $V(\Delta D_\delta)>0$. 另外, 显然存在 D 的分割 $\Delta=\{\Delta D_\delta,\Delta D_1,\cdots,\Delta D_K\}$, 且 $\lambda(\Delta)\leqslant 2\delta$. 如同定积分一样, 我们可以选择 $\boldsymbol{\xi}_\delta\in\Delta D_\delta$, 使得 $f(\boldsymbol{x})$ 关于 Δ 的某些黎曼和的绝对值可以大于任何指定的正数. 这就说明了 $f(\boldsymbol{x})$ 在 D 不可积. 于是我们有下面的定理.

定理 15.2.1 设 $D\subset\mathbb{R}^n$ 是可求体积的有界闭区域, 若 $f(\boldsymbol{x})$ 在 D 上可积, 则 $f(\boldsymbol{x})$ 在 D 上有界.

在本小节中, 我们总假定 D 是 $\mathbb{R}^n$ 中可求体积的有界闭区域, $f(\boldsymbol{x})$ 是 D 上的有界函数, 并记 M 与 m 分别为 $f(\boldsymbol{x})$ 在 D 上的上、下确界.

设 $\Delta=\{\Delta D_1,\Delta D_2,\cdots,\Delta D_K\}$ 是 D 的一个分割, 对于 $k=1,2,\cdots,K$, 记 ΔV_k 是 ΔD_k 的体积, M_k 与 m_k 分别为 $f(\boldsymbol{x})$ 在 $\Delta D_k(k=1,2,\cdots,K)$ 的上、下确界. 我们称

$$\overline{S}(\Delta)=\sum_{k=1}^{K}M_k\Delta V_k$$

为 $f(\boldsymbol{x})$ 关于分割 Δ 的**达布大和**, 而称

$$\underline{S}(\Delta)=\sum_{k=1}^{K}m_k\Delta V_k$$

为 $f(\boldsymbol{x})$ 关于分割 Δ 的**达布小和**.

设 $\Delta_1=\{\Delta D_1,\Delta D_2,\cdots,\Delta D_K\}$ 与 $\Delta_2=\{\Delta D_1',\Delta D_2',\cdots,\Delta D_L'\}$ 是 D 的两个分割, 若对于 $\forall l(1\leqslant l\leqslant L)$, 都存在 $k(1\leqslant k\leqslant K)$ 使得 $\Delta D_l'\subset\Delta D_k$, 则称 Δ_2 是 Δ_1 的**细分**, 并记为 $\Delta_1\subset\Delta_2$. 不难看出, 对 D 的任意两个分割 Δ_1 与 Δ_2, 总存在 D 的分割 Δ', 使得 $\Delta_1\subset\Delta'$ 和 $\Delta_2\subset\Delta'$. 事实上, 取

$$\Delta D_l\cap\Delta D_k'\neq\varnothing\quad(l=1,2,\cdots,L;k=1,2,\cdots,K)$$

组成的分割为 Δ' 即可.

如同定积分的达布理论, 关于达布大和、达布小和, 我们有下列**性质**:

(1) 记 $S(\Delta)$ 为函数 $f(\boldsymbol{x})$ 关于分割 Δ 的任一黎曼和, 则有

$$\underline{S}(\Delta)\leqslant S(\Delta)\leqslant\overline{S}(\Delta).$$

(2) 若 D 的两个分割 Δ_1,Δ_2 满足 $\Delta_2\subset\Delta_1$, 则有

$$\underline{S}(\Delta_1)\geqslant\underline{S}(\Delta_2),\quad\overline{S}(\Delta_1)\leqslant\overline{S}(\Delta_2).$$

(3) 对 D 的任意两个分割 Δ_1,Δ_2, 总有

$$\underline{S}(\Delta_1)\leqslant\overline{S}(\Delta_2).$$

现记

$$I^*=\inf_{\Delta}\overline{S}(\Delta),\quad I_*=\sup_{\Delta}\underline{S}(\Delta),$$

我们分别称 I^*,I_* 为 $f(\boldsymbol{x})$ 在 D 上的**上积分**和**下积分**.

定理 15.2.2 (达布定理) $\lim\limits_{\lambda(\Delta)\to 0}\overline{S}(\Delta)=I^*$, $\lim\limits_{\lambda(\Delta)\to 0}\underline{S}(\Delta)=I_*$.

利用类似于定积分达布理论的讨论, 我们可以证明下面的结论.

定理 15.2.3 设函数 $f(\boldsymbol{x})$ 在可求体积的有界闭区域 $D\subset\mathbb{R}^n$ 上有界, 则 $f(\boldsymbol{x})$ 在 D 上可积的充分必要条件是: 对于 $\forall\varepsilon>0$, 存在 D 的分割 $\Delta=\{\Delta D_1,\Delta D_2,\cdots,\Delta D_K\}$, 使得 $\sum\limits_{k=1}^{K}\omega_k\Delta V_k<\varepsilon$, 其中 $\omega_k=M_k-m_k$ 为 $f(\boldsymbol{x})$ 在 $\Delta D_k(k=1,2,\cdots,K)$ 上的振幅, ΔV_k 为 ΔD_k 的体积.

上述定理以及性质 (1)~(3) 的证明几乎与定积分相应定理、性质的证明方法完全一样, 作为练习, 请读者自己给出.

在重积分的定义及可积性讨论中, 当有界闭区域 D 的边界很复杂时, 相应的分割 $\Delta=\{\Delta D_1,\Delta D_2,\cdots,\Delta D_K\}$ 中的每个小集合也可能是很复杂的. 这使得对重积分计算公式的推导产生很大困难. 值得指出的是, 当 $f(\boldsymbol{x})$ 在有界闭区域 D 上可积时, 我们可以证明 $f(\boldsymbol{x})$ 在 D 上的重积分 I 等于一列特别的黎曼和的极限. 在该序列中, 黎曼和对应的分割具有下面的形式:

$$\Delta'=\{\Delta D_1',\Delta D_2',\cdots,\Delta D_J',\Delta D_1'',\Delta D_2'',\cdots,\Delta D_L''\},$$

其中, 对于 $\forall j(1\leqslant j\leqslant J)$, $\Delta D_j'$ 为完全落在 D° 的小闭区域 (甚至可以是小立方体), 而 $\Delta D_l''\cap\partial D\neq\varnothing(l=1,2,\cdots,L)$. 在 $\Delta D_j'$ 上任取 $\boldsymbol{\xi}_j$ 并记 $\Delta V_j'$ 为 $\Delta D_j'$ 的体积 $(j=1,2,\cdots,J)$, 则有

$$\lim_{\lambda(\Delta')\to 0}\sum_{j=1}^{J}f(\boldsymbol{\xi}_j)\Delta V_j'=I.$$

事实上, 由 $f(\boldsymbol{x})$ 在 D 上可积, 从而存在 $M>0$, 使得对于 $\forall\boldsymbol{x}\in D$, 有 $|f(\boldsymbol{x})|\leqslant M$. 另外, 再由 $f(\boldsymbol{x})$ 的可积性, 从而 $\exists I\in\mathbb{R}$, 使得对于 $\forall\varepsilon>0$, $\exists\delta>0$, 对于 D 的任意分割 $\Delta=\{\Delta D_1,\Delta D_2,\cdots,\Delta D_K\}$ 及 ΔD_k 上任意选取的 $\boldsymbol{\xi}_k(k=1,2,\cdots,K)$, 当 $\lambda(\Delta)<\delta$ 时, 有

$$\left|\sum_{k=1}^{K} f(\boldsymbol{\xi}_k)\Delta V_k - I\right| < \frac{\varepsilon}{2} \quad \text{和} \quad \sum_{k=1}^{K}\omega_k V_k < \frac{\varepsilon}{4},$$

其中 $\omega_k(k=1,2,\cdots,K)$ 为 $f(\boldsymbol{x})$ 在 ΔD_k 上的振幅.

由 D 可求体积, 总存在有限个长方体集合 $\mathcal{A}_D=\{A_k\}_{k=1}^{K'}$, 使得

$$M(\mathcal{A}_D)-m(\mathcal{A}_D)<\frac{\varepsilon}{4M}.$$

显然, 我们可以取得每个小长方体 A_k 充分小, 使得 $\mathrm{diam}(A_k)<\delta(k=1,2,\cdots,K')$. 因此 $\Delta=\{A_k\cap D\}_{k=1}^{K'}$ 是 D 的一个分割, 且 $\lambda(\Delta)<\delta$. 在每个 $\Delta D_k = A_k\cap D$ 上取 $\boldsymbol{\xi}_k$, 并记 ΔV_k 为 ΔD_k 的体积 $(k=1,2,\cdots,K')$, 则有

$$\left|\sum_{k=1}^{K'} f(\boldsymbol{\xi}_k)\Delta V_k - I\right| < \frac{\varepsilon}{2}.$$

记

$$\Delta=\{\Delta D_1',\Delta D_2',\cdots,\Delta D_J',\Delta D_1'',\Delta D_2'',\cdots,\Delta D_L''\},$$

其中 $\Delta D_j'\subset D^\circ(j=1,2,\cdots,J)$, 其余的 $\Delta D_l''$ 与 ∂D 的交非空. 记 $\Delta V_j'$ 为 $\Delta D_j'(j=1,2,\cdots,J)$ 的体积, $\Delta V_l''$ 为 $\Delta D_l''(l=1,2,\cdots,L)$ 的体积. 在 $\Delta D_j'$ 上任取 $\boldsymbol{\xi}_j'(j=1,2,\cdots,J)$, 则有

$$\begin{aligned}
&\left|\sum_{k=1}^{K'} f(\boldsymbol{\xi}_k)\Delta V_k - \sum_{j=1}^{J} f(\boldsymbol{\xi}_j')\Delta V_j'\right| \\
&\quad\leqslant \sum_{j=1}^{J}|f(\boldsymbol{\xi}_j)-f(\boldsymbol{\xi}_j')|\Delta V_j' + \left|\sum_{l=1}^{L} f(\boldsymbol{\xi}_l)\Delta V_l''\right| \\
&\quad\leqslant \sum_{k=1}^{K'}\omega_k\Delta V_k + M\cdot(M(\mathcal{A}_D)-m(\mathcal{A}_D)) \\
&\quad< \frac{\varepsilon}{4}+\frac{\varepsilon}{4}=\frac{\varepsilon}{2},
\end{aligned}$$

从而有

$$\left|\sum_{j=1}^{J} f(\boldsymbol{\xi}_j')\Delta V_j' - I\right| < \varepsilon.$$

注意到上述黎曼和只与 D 内部的小长方体构成的集合有关. 由于以后我们还将用到上面的结论, 我们将其用下面的推论形式给出.

推论 设函数 $f(\boldsymbol{x})$ 在可求体积的有界闭区域 D 上可积, 且其积分值为 I, 则对于 $\forall\varepsilon>0$, $\exists\delta>0$, 对 D 的特殊分割

$$\Delta=\{\Delta D_1',\Delta D_2',\cdots,\Delta D_J',\Delta D_1'',\Delta D_2'',\cdots,\Delta D_L''\},$$

其中 $\Delta D_j'\subset D^\circ(j=1,2,\cdots,J)$, 并且 $\Delta D_j'$ 均是小长方体, 而 $\Delta D_l''\cap\partial D\neq\varnothing(l=1,2,\cdots,L)$, 当 $\lambda(\Delta)<\delta$ 时, 任取 $\boldsymbol{\xi}_j'\in\Delta D_j'(j=1,2,\cdots,J)$, 则有

$$\left|\sum_{j=1}^{J}f(\boldsymbol{\xi}_j')\Delta V_j'-I\right|<\varepsilon,$$

其中 $\Delta V_j'$ 是 $\Delta D_j'(j=1,2,\cdots,J)$ 的体积.

下面我们来讨论一下可积函数类.

定理 15.2.4 设 $D\subset\mathbb{R}^n$ 是可求体积的有界闭区域, 再设函数 $f(\boldsymbol{x})$ 在 D 上连续, 则 $f(\boldsymbol{x})$ 在 D 上可积.

证明 记 D 的体积为 $V>0$. 由于 $f(\boldsymbol{x})$ 在 D 上连续, 且 D 是紧集, 因此 $f(\boldsymbol{x})$ 在 D 上一致连续, 从而对于 $\forall\varepsilon>0$, $\exists\delta>0$, 当 $D_1\subset D$ 且 D_1 的直径 $\operatorname{diam}(D_1)<\delta$ 时, $f(\boldsymbol{x})$ 在 D_1 上的振幅 $\omega(D_1)<\dfrac{\varepsilon}{V}$. 于是我们可以任取 D 的一个分割 $\Delta=\{\Delta D_1,\Delta D_2,\cdots,\Delta D_K\}$, 使得 $\lambda(\Delta)<\delta$, 这样我们就有

$$\sum_{k=1}^{K}\omega_k\Delta V_k<\frac{\varepsilon}{V}\sum_{k=1}^{K}\Delta V_k=\varepsilon,$$

其中 ω_k 是 $f(\boldsymbol{x})$ 在 ΔD_k 上的振幅, ΔV_k 为 $\Delta D_k(k=1,2,\cdots,K)$ 的体积. 因此 $f(\boldsymbol{x})$ 在 D 上可积. 证毕.

注 上面的证明方法可以用来证明下述结论: 设函数 $f(\boldsymbol{x})$ 在可求体积的有界闭区域 D 上有界, 并且除去 D 的一个零体积集外连续, 则 $f(\boldsymbol{x})$ 在 D 上可积.

例 15.2.1 设 $\{x_k\}$ 是区间 $[0,1]$ 上所有有理数组成的序列, 定义 $D=[0,1]\times[0,1]$ 上的函数 $f(x,y)$ 如下:

$$f(x,y)=\begin{cases}\dfrac{1}{k}, & x=x_k(k\in\mathbb{N}),0\leqslant y\leqslant 1,\\ 0, & \text{其他}.\end{cases}$$

证明 $f(x,y)$ 在 D 上可积, 且 $\iint_D f(x,y)\mathrm{d}x\mathrm{d}y=0$.

证明 对于 $\forall\varepsilon>0$, $\exists K\in\mathbb{N}$, 使得 $\dfrac{1}{K}<\dfrac{\varepsilon}{2}$. 任取 $k>K$, 将 $[0,1]$ 等分成 k 个小区间, 相应地将 D 等分成 k^2 个小正方形

$$\Delta D_1,\ \Delta D_2,\ \cdots,\ \Delta D_{k^2}.$$

这 k^2 个小正方形中最多只有 $2kK$ 个小正方形与下述线段

$$\{(x,y):x=x_1,x_2,\cdots,x_K,0\leqslant y\leqslant 1\}$$

的交非空. 记 $f(x,y)$ 在 $\Delta D_l(1\leqslant l\leqslant k^2)$ 上的振幅为 ω_l, 则有

$$\sum_{l=1}^{k^2}\omega_l\frac{1}{k^2}\leqslant\frac{2kK}{k^2}+\frac{\varepsilon}{2}\sum_{l=1}^{k^2}\frac{1}{k^2}=\frac{2K}{k}+\frac{\varepsilon}{2}.$$

因此取 $k>\dfrac{4K}{\varepsilon}$, 则有

$$\sum_{l=1}^{k^2}\omega_l\frac{1}{k^2}<\varepsilon.$$

由定理 15.2.3 知 $f(x,y)$ 在 D 上可积.

对 D 的任意分割 $\Delta=\{\Delta D_1,\Delta D_2,\cdots,\Delta D_K\}$, 我们总可以取 $(\xi_k,\eta_k)\in\Delta D_k(k=1,2,\cdots,K)$, 使得 $f(\xi_k,\eta_k)=0$(除非 ΔD_k 的面积 $\Delta\sigma_k=0$). 因此

$$\sum_{k=1}^{K}f(\xi_k,\eta_k)\Delta\sigma_k=0,$$

所以 $\iint_D f(x,y)\mathrm{d}x\mathrm{d}y=0$.

读者可以证明上面例子中的函数的间断点集合恰好是 $\{(x,y):x=x_k(k\in\mathbb{N}),0\leqslant y\leqslant 1\}$. 上例说明, 尽管 $f(x,y)$ 在无穷多条线段上不连续, 但它仍然可积.

15.2.2 重积分的性质

对于重积分, 我们同样有定积分所具有的一些相应性质. 在下述性质中, 我们总是假定 $D\subset\mathbb{R}^n$ 为可求体积的有界闭区域.

性质 15.2.5 设函数 $f(\boldsymbol{x}),g(\boldsymbol{x})$ 在 D 上可积, $\alpha,\beta\in\mathbb{R}$ 是两常数, 则 $\alpha f(\boldsymbol{x})+\beta g(\boldsymbol{x})$ 在 D 上可积, 并且有

$$\begin{aligned}&\iint\cdots\int_D(\alpha f(\boldsymbol{x})+\beta g(\boldsymbol{x}))\mathrm{d}V\\&\qquad=\alpha\iint\cdots\int_D f(\boldsymbol{x})\mathrm{d}V+\beta\iint\cdots\int_D g(\boldsymbol{x})\mathrm{d}V.\end{aligned}$$

性质 15.2.6 设函数 $f(\boldsymbol{x})$ 在 D 上可积, 则 $|f(\boldsymbol{x})|$ 在 D 上可积, 并且有

$$\left|\iint\cdots\int_D f(\boldsymbol{x})\mathrm{d}V\right|\leqslant\iint\cdots\int_D|f(\boldsymbol{x})|\mathrm{d}V.$$

性质 15.2.7 设 $D_1\subset\mathbb{R}^n$, $D_2\subset\mathbb{R}^n$ 为可求体积的有界闭区域, $D^{\circ}{}_1\cap D_2^{\circ}=\varnothing$, 且 $D_1\cup D_2$ 为可求体积的有界闭区域, 则 $f(\boldsymbol{x})$ 在 $D_1\cup D_2$ 上可积的充分必要条件是 $f(\boldsymbol{x})$ 在 D_1 和 D_2 上分别可积, 并且 $f(\boldsymbol{x})$ 在 $D_1\cup D_2$ 上可积时成立

$$\iint\cdots\int_{D_1\cup D_2}f(\boldsymbol{x})\mathrm{d}V=\iint\cdots\int_{D_1}f(\boldsymbol{x})\mathrm{d}V+\iint\cdots\int_{D_2}f(\boldsymbol{x})\mathrm{d}V.$$

在性质 15.2.7 中, 当 $D_1\cap D_2=\varnothing$ 时, 我们自然地定义 $f(\boldsymbol{x})$ 在 $D_1\cup D_2$ 上的重积分为 $f(\boldsymbol{x})$ 在 D_1 与 D_2 上的重积分之和. 容易看出这个性质可以推广到有限个两两不交可求体积的有界闭区域的情况, 我们在广义重积分中要遇到这种情况.

性质 15.2.8 设函数 $f(\boldsymbol{x}),g(\boldsymbol{x})$ 在 D 上可积, 且对于 $\forall\boldsymbol{x}\in D$,

有 $f(\boldsymbol{x}) \leqslant g(\boldsymbol{x})$, 则

$$\iint\cdots\int_D f(\boldsymbol{x})\mathrm{d}V \leqslant \iint\cdots\int_D g(\boldsymbol{x})\mathrm{d}V.$$

性质 15.2.9 设函数 $f(\boldsymbol{x}), g(\boldsymbol{x})$ 在 D 上可积, 则 $f(\boldsymbol{x})g(\boldsymbol{x})$ 在 D 上可积.

性质 15.2.10 (重积分第一中值定理) 设函数 $f(\boldsymbol{x})$ 在 D 上连续, $g(\boldsymbol{x})$ 在 D 上可积且不变号, 则存在 $\boldsymbol{\xi} \in D$, 使得

$$\iint\cdots\int_D f(\boldsymbol{x})g(\boldsymbol{x})\mathrm{d}V = f(\boldsymbol{\xi})\iint\cdots\int_D g(\boldsymbol{x})\mathrm{d}V.$$

以上这些性质的证明与定积分相应性质的证明类似, 请读者自己给出.

§15.3 化重积分为累次积分

我们在前面介绍了 $\mathbb{R}^n$ 中可求体积的有界闭区域上的重积分理论. 在本节及下节中, 我们将讨论重积分的计算问题. 我们主要介绍二重积分与三重积分的计算.

15.3.1 化二重积分为累次积分

在讨论一般可求体积的有界闭区域上的二重积分的计算之前, 我们先来讨论一下矩形区域上的二重积分.

定理 15.3.1 设函数 $f(x,y)$ 在 $D=[a,b]\times[c,d]$ 上可积, 且对于 $\forall x\in[a,b]$, $I(x)=\displaystyle\int_c^d f(x,y)\mathrm{d}y$ 存在, 则定积分 $\displaystyle\int_a^b I(x)\mathrm{d}x$ 存在, 并且

$$\iint_D f(x,y)\mathrm{d}x\mathrm{d}y = \int_a^b I(x)\mathrm{d}x \triangleq \int_a^b \mathrm{d}x\int_c^d f(x,y)\mathrm{d}y.$$

证明 对 $[a,b]$ 作分割

$$\Delta_x: a=x_0<x_1<\cdots<x_J=b,$$

并记 $\Delta x_j = x_j - x_{j-1}(j=1,2,\cdots,J)$; 对 $[c,d]$ 作分割

$$\Delta_y : c = y_0 < y_1 < \cdots < y_K = d,$$

并记 $\Delta y_k = y_k - y_{k-1}(k = 1, 2, \cdots, K)$. 过点 $(x_j, 0)(j = 1, 2, \cdots, J)$ 且平行于 y 轴的直线以及过点 $(0, y_k)$ $(k = 1, 2, \cdots, K)$ 且平行于 x 轴的直线将 D 分成了一些小矩形, 它们组成了 D 的一个分割:

$$\Delta = \{\Delta D_{jk} : 1 \leqslant j \leqslant J, 1 \leqslant k \leqslant K\}.$$

显然 $\lambda(\Delta) \to 0$ 的充分必要条件是 $\lambda(\Delta_x) \to 0$ 和 $\lambda(\Delta_y) \to 0$. 在 $[x_{j-1}, x_j]$ 上任取 ξ_j, 在 $[y_{k-1}, y_k]$ 上任取 η_k, 则 $(\xi_j, \eta_k) \in \Delta D_{jk}$ $(1 \leqslant j \leqslant J, 1 \leqslant k \leqslant K)$.

记

$$m_{jk} = \inf_{(x,y)\in\Delta D_{jk}} f(x, y), \quad M_{jk} = \sup_{(x,y)\in\Delta D_{jk}} f(x, y),$$

则有

$$\sum_{j=1}^{J}\sum_{k=1}^{K} m_{jk}\Delta x_j \Delta y_k \leqslant \sum_{j=1}^{J}\sum_{k=1}^{K} f(\xi_j, \eta_k)\Delta x_j \Delta y_k \leqslant \sum_{j=1}^{J}\sum_{k=1}^{K} M_{jk}\Delta x_j \Delta y_k,$$

从而有

$$\begin{aligned}\sum_{j=1}^{J}\sum_{k=1}^{K} m_{jk}\Delta x_j \Delta y_k &\leqslant \sum_{j=1}^{J}\left(\int_c^d f(\xi_j, y)\mathrm{d}y\right)\Delta x_j \\ &= \sum_{j=1}^{J} I(\xi_j)\Delta x_j \leqslant \sum_{j=1}^{J}\sum_{k=1}^{K} M_{jk}\Delta x_j \Delta y_k.\end{aligned}$$

由于

$$\begin{aligned}\lim_{\lambda(\Delta)\to 0}\sum_{j=1}^{J}\sum_{k=1}^{K} m_{jk}\Delta x_j \Delta y_k &= \lim_{\lambda(\Delta)\to 0}\sum_{j=1}^{J}\sum_{k=1}^{K} M_{jk}\Delta x_j \Delta y_k \\ &= \iint_D f(x, y)\mathrm{d}x\mathrm{d}y,\end{aligned}$$

从定积分的定义知, $I(x)$ 在 $[a, b]$ 上可积, 并且

$$\int_a^b I(x)\mathrm{d}x = \lim_{\lambda(\Delta_x)\to 0}\sum_{j=1}^{J} I(\xi_j)\Delta x_j = \iint_D f(x,y)\mathrm{d}x\mathrm{d}y.$$

证毕.

注 1 若 $f(x,y)$ 在 $D=[a,b]\times[c,d]$ 上可积, 且对于 $\forall y\in[c,d]$, $J(y)=\int_a^b f(x,y)\mathrm{d}x$ 存在, 则类似地可以证明 $\int_c^d J(y)\mathrm{d}y$ 存在, 并且

$$\iint_D f(x,y)\mathrm{d}x\mathrm{d}y = \int_c^d \mathrm{d}y\int_a^b f(x,y)\mathrm{d}x.$$

今后我们称形如 $\int_a^b \mathrm{d}x\int_c^d f(x,y)\mathrm{d}y$ 或 $\int_c^d \mathrm{d}y\int_a^b f(x,y)\mathrm{d}x$ 的积分为**累次积分**.

注 2 在矩形区域上的二重积分相当于一个二元函数的极限, 而累次积分相当于一个二元函数的累次极限. 因此, 类似于极限与累次极限的关系, 当一个二重积分存在时, 我们不能保证该积分能用累次积分求出. 这样的例子可以容易举出. 事实上, 我们只要对例 15.2.1 稍稍加以修改即可, 例如设 $D=[0,1]\times[0,1]$, 当 $(x,y)\in D$ 时, 令

$$f(x,y)=\begin{cases}\dfrac{1}{k}, & x=\dfrac{1}{k}\ (k\in\mathbb{N}),\ y\text{为有理数},\\ 0, & \text{其他}.\end{cases}$$

我们来说明 $f(x,y)$ 在 D 上的二重积分不能通过累次积分求出. 用与例 15.2.1 完全相同的方法可以证明$f(x,y)$ 在 D 上可积且积分为零. 但当 $x=\dfrac{1}{k}$ 时, $f\left(\dfrac{1}{k},y\right)=\dfrac{1}{k}\mathrm{D}(y)$, 其中 $\mathrm{D}(y)$ 是 $[0,1]$ 上的狄利克雷函数, 从而它在 $[0,1]$ 上不可积.

例 15.3.1 设 $D=[0,1]\times[0,1]$, 计算 $I=\iint_D x(x-y)^2\mathrm{d}x\mathrm{d}y$.

解 由于被积函数 $x(x-y)^2$ 在 D 上连续, 因此

$$\begin{aligned}I&=\int_0^1 x\mathrm{d}x\int_0^1 (x-y)^2\mathrm{d}y=\int_0^1 x\left[-\frac{1}{3}(x-y)^3\right]\Big|_0^1\mathrm{d}x\\&=\frac{1}{3}\int_0^1 x\left[x^3-(x-1)^3\right]\mathrm{d}x=\frac{1}{12}.\end{aligned}$$

下面我们讨论 $\mathbb{R}^2$ 中两类特殊有界闭区域上的二重积分问题.

在此我们先来复习一下 X 型区域与 Y 型区域的概念. 若区域 $D = \{(x,y) : a \leqslant x \leqslant b, \varphi_1(x) \leqslant y \leqslant \varphi_2(x)\}$, 其中 $\varphi_1(x)$ 与 $\varphi_2(x)$ 是区间 $[a,b]$ 上的连续函数, 且对于 $\forall x \in (a,b)$, 有 $\varphi_1(x) < \varphi_2(x)$, 则称 D 为 **X 型区域**(见图 15.3.1).

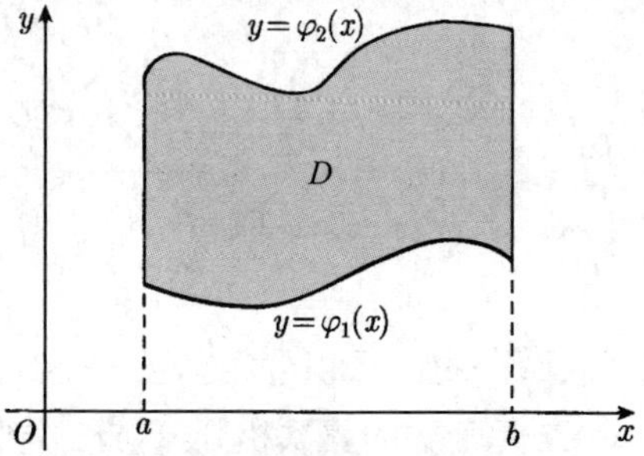

图 15.3.1

若 $D = \{(x,y) : c \leqslant y \leqslant d, \psi_1(y) \leqslant x \leqslant \psi_2(y)\}$, 其中 $\psi_1(y)$ 与 $\psi_2(y)$ 是区间 $[c,d]$ 上的连续函数, 且对于 $\forall y \in (c,d)$, 有 $\psi_1(y) < \psi_2(y)$, 则称 D 为 **Y 型区域**(见图 15.3.2).

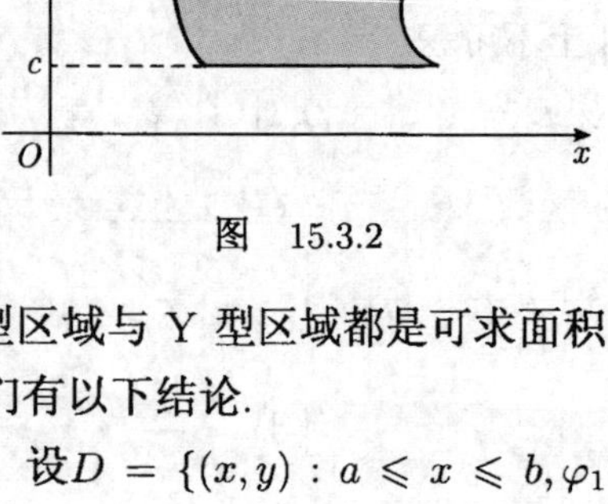

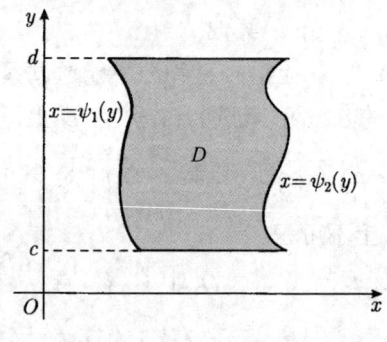

图 15.3.2

显然任何 X 型区域与 Y 型区域都是可求面积的. 对于此类区域上的二重积分, 我们有以下结论.

定理 15.3.2 设$D = \{(x,y) : a \leqslant x \leqslant b, \varphi_1(x) \leqslant y \leqslant \varphi_2(x)\}$

是 X 型区域, 函数 $f(x,y)$ 在 D 上可积, 且对于 $\forall x \in [a,b]$, $I(x) = \int_{\varphi_1(x)}^{\varphi_2(x)} f(x,y)\mathrm{d}y$ 存在, 则定积分 $\int_a^b I(x)\mathrm{d}x$ 存在, 且

$$\iint_D f(x,y)\mathrm{d}x\mathrm{d}y = \int_a^b I(x)\mathrm{d}x = \int_a^b \mathrm{d}x \int_{\varphi_1(x)}^{\varphi_2(x)} f(x,y)\mathrm{d}y. \tag{15.3.1}$$

证明 由于函数 $\varphi_1(x)$ 与 $\varphi_2(x)$ 在 $[a,b]$ 上连续, 我们取 $c = \min\limits_{x\in[a,b]} \varphi_1(x) - 1$, $d = \max\limits_{x\in[a,b]} \varphi_2(x) + 1$, 则 $D \subset D_1 = [a,b] \times [c,d]$. 记

$$\widetilde{f}(x,y) = \begin{cases} f(x,y), & (x,y) \in D, \\ 0 & (x,y) \in D_1 \backslash D. \end{cases}$$

由重积分的性质知, $\widetilde{f}(x,y)$ 在 D_1 上可积, 且对于 $\forall x \in [a,b]$,

$$\int_c^d \widetilde{f}(x,y)\mathrm{d}y = \int_{\varphi_1(x)}^{\varphi_2(x)} f(x,y)\mathrm{d}y.$$

因此

$$\iint_D f(x,y)\mathrm{d}x\mathrm{d}y = \iint_{D_1} \widetilde{f}(x,y)\mathrm{d}x\mathrm{d}y = \int_a^b \mathrm{d}x \int_{\varphi_1(x)}^{\varphi_2(x)} f(x,y)\mathrm{d}y.$$

证毕.

注 当 $f(x,y)$ 在 Y 型区域

$$D = \{(x,y) : c \leqslant y \leqslant d, \psi_1(y) \leqslant x \leqslant \psi_2(y)\}$$

上可积, 且对于 $\forall y \in [c,d]$, $J(y) = \int_{\psi_1(y)}^{\psi_2(y)} f(x,y)\mathrm{d}x$ 存在时, 则定积分 $\int_c^d J(y)\mathrm{d}y$ 存在, 且

$$\iint_D f(x,y)\mathrm{d}x\mathrm{d}y = \int_c^d J(y)\mathrm{d}y = \int_c^d \mathrm{d}y \int_{\psi_1(y)}^{\psi_2(y)} f(x,y)\mathrm{d}x. \tag{15.3.2}$$

通常我们称 (15.3.1) 与 (15.3.2) 右边的积分为重积分 $\iint_D f(x,y)\mathrm{d}x\mathrm{d}y$

的累次积分. 另外, 当 D 是一般有界闭区域时, 若添加有限条光滑曲线可以将 D 分成有限个 X 型或 Y 型区域, 我们也可以通过累次积分来计算 D 上的二重积分.

例 15.3.2 设有界闭区域 $D \subset \mathbb{R}^2$ 由直线 $y=0$ 及曲线 $y=x^3, x+y=2$ 所围成, $f(x,y)$ 是 D 上的连续函数, 试用两种不同的积分顺序将二重积分 $\iint_D f(x,y)\mathrm{d}x\mathrm{d}y$ 化为累次积分.

解 参照图 15.3.3, 我们有

$$\begin{aligned}\iint_D f(x,y)\mathrm{d}x\mathrm{d}y &= \int_0^1 \mathrm{d}y \int_{y^{\frac{1}{3}}}^{2-y} f(x,y)\mathrm{d}x \\ &= \int_0^1 \mathrm{d}x \int_0^{x^3} f(x,y)\mathrm{d}y + \int_1^2 \mathrm{d}x \int_0^{2-x} f(x,y)\mathrm{d}y.\end{aligned}$$

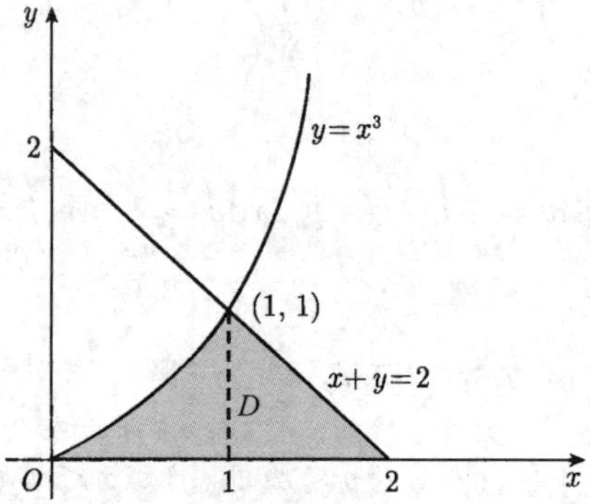

图 15.3.3

从上例中可以看出, 选择不同的积分顺序, 计算的难易程度可能会有所差别.

例 15.3.3 计算累次积分 $\int_0^1 \mathrm{d}x \int_x^{\sqrt{x}} \frac{\sin y}{y}\mathrm{d}y$.

解 由于 $\frac{\sin y}{y}$ 的原函数无法求出, 累次积分不能直接计算. 为此考虑函数

$$f(x,y)=\begin{cases}\dfrac{\sin y}{y}, & y\neq 0,\\ 1 & y=0\end{cases}$$

在平面区域 $D=\{(x,y):0\leqslant x\leqslant 1,x\leqslant y\leqslant\sqrt{x}\}$ 上的二重积分 (见图 15.3.4).

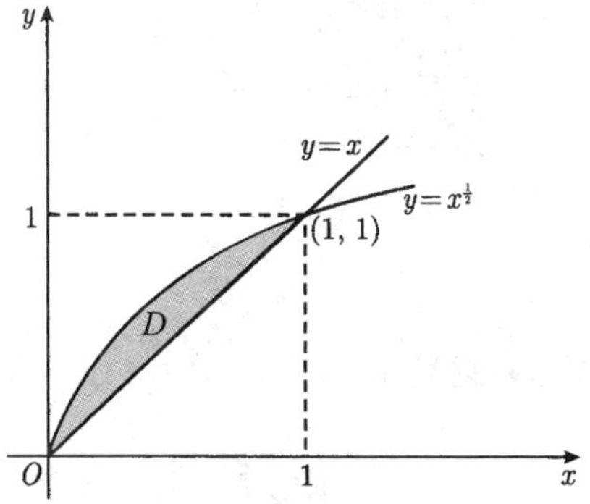

图 15.3.4

由于 $f(x,y)$ 在 D 上连续, 因此该二重积分可以化为累次积分. 我们有

$$\int_0^1\mathrm{d}x\int_x^{\sqrt{x}}\frac{\sin y}{y}\mathrm{d}y=\iint_D\frac{\sin y}{y}\mathrm{d}x\mathrm{d}y=\int_0^1\mathrm{d}y\int_{y^2}^{y}\frac{\sin y}{y}\mathrm{d}x$$
$$=\int_0^1\frac{(y-y^2)\sin y}{y}\mathrm{d}y=1-\sin 1.$$

从例 15.3.3 可以看出, 对于一些二重积分, 其中一个累次积分很难计算出二重积分的值, 而另一个累次积分却能容易地算出二重积分的值.

例 15.3.4 计算 $\mathbb{R}^3$ 中以柱面 $x^2+y^2=a^2$ 与 $x^2+z^2=a^2(a>0)$ 为边界且含有原点的立体体积 V.

解 由对称性, 该立体在八个卦限中都具有相等的体积. 在第一卦限中, 该立体是以区域 $D=\{(x,y):x^2+y^2\leqslant a^2,x\geqslant 0,y\geqslant 0\}$ 为底, 以曲面 $z=\sqrt{a^2-x^2}$ 为顶的曲顶柱体 (见图 15.3.5).

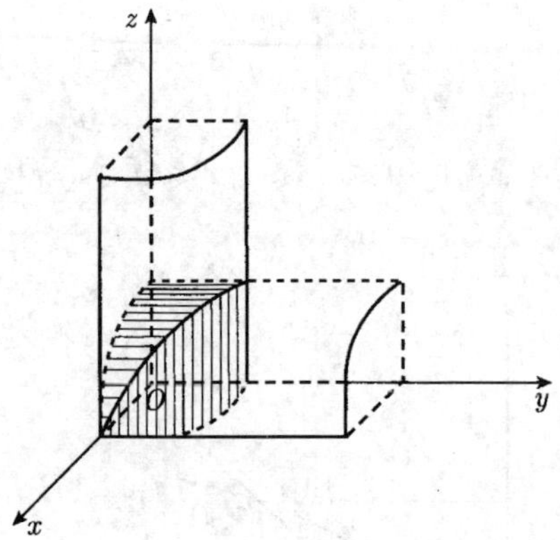

图　15.3.5

由二重积分的几何意义知

$$V = 8\iint_D z\mathrm{d}x\mathrm{d}y.$$

化二重积分为累次积分即得

$$\begin{aligned}V &= 8\iint_D z\mathrm{d}x\mathrm{d}y = 8\int_0^a \mathrm{d}x\int_0^{\sqrt{a^2-x^2}} \sqrt{a^2-x^2}\mathrm{d}y \\ &= 8\int_0^a (a^2-x^2)\mathrm{d}x = \frac{16}{3}a^3.\end{aligned}$$

15.3.2　化三重积分为累次积分

对于三重积分, 当其积分区域具有特殊形状时, 我们可以将三重积分化为累次积分.

设 $\Omega \subset \mathbb{R}^2$ 是可求面积的有界闭区域, $\varphi(x,y), \psi(x,y), (x,y) \in \Omega$ 是 Ω 上的连续函数, 且对于 $\forall (x,y) \in \Omega^\circ$, 有 $\varphi(x,y) < \psi(x,y)$, 记

$$D = \{(x,y,z) : (x,y) \in \Omega, \varphi(x,y) \leqslant z \leqslant \psi(x,y)\}$$

(见图 15.3.6), 则容易推出 D 是可求体积的闭区域 (见本章习题). 再设函数 $f(x,y,z)$ 在 D 上连续, 则

$$I(x,y) = \int_{\varphi(x,y)}^{\psi(x,y)} f(x,y,z)\mathrm{d}z$$

在 Ω 上可积, 且有

$$\iiint_D f(x,y,z)\mathrm{d}V = \iint_\Omega I(x,y)\mathrm{d}x\mathrm{d}y \triangleq \iint_\Omega \mathrm{d}x\mathrm{d}y \int_{\varphi(x,y)}^{\psi(x,y)} f(x,y,z)\mathrm{d}z.$$

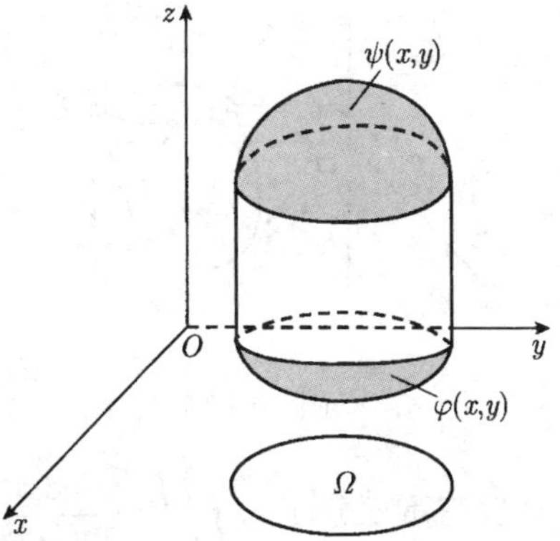

图 15.3.6

若三重积分 $\iiint_D f(x,y,z)\mathrm{d}V$ 的积分区域 D 具有如下两种形式:

$$D = \{(x,y,z) : (y,z) \in \Omega, \varphi(y,z) \leqslant x \leqslant \psi(y,z)\},$$

$$D = \{(x,y,z) : (x,z) \in \Omega, \varphi(x,z) \leqslant y \leqslant \psi(x,z)\},$$

类似地, 我们也可以将其化为累次积分.

现在设空间有界闭区域 $D \subset \mathbb{R}^3$ 的边界是由有限块分片光滑曲面所组成, 并且当 $(x,y,z) \in D$ 时, 有 $a \leqslant z \leqslant b$, 又设对于 $\forall z \in [a,b]$, 过点 $(0,0,z)$ 且与 Oxy 平面平行的平面截 D 所得到的截面是可求面积的平面闭区域 D_z(见图 15.3.7), 则当函数 $f(x,y,z)$ 在 D 上连续时, 有

$$\iiint_D f(x,y,z)\mathrm{d}V = \int_a^b \left(\iint_{D_z} f(x,y,z)\mathrm{d}x\mathrm{d}y\right)\mathrm{d}z$$

$$\triangleq \int_a^b \mathrm{d}z \iint_{D_z} f(x,y,z)\mathrm{d}x\mathrm{d}y.$$

当用平行于 Ozx 平面或 Oyz 平面的平面截 D 所得的截面为可求面积的平面闭区域时, 我们也有类似的公式.

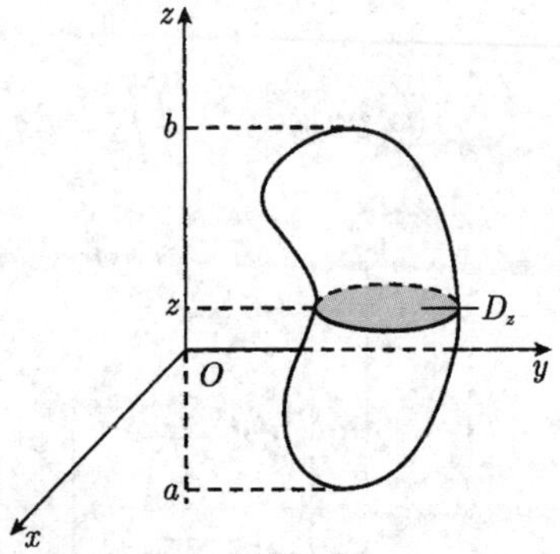

图 15.3.7

例 15.3.5 计算三重积分 $I=\iiint_D \frac{\mathrm{d}x\mathrm{d}y\mathrm{d}z}{(1+x+y+z)^3}$, 其中 D 是由平面 $x=0, y=0, z=0$ 及 $x+y+z=1$ 所围成的闭区域.

解 记 $\Omega\subset\mathbb{R}^2$ 为由直线 $x=0, y=0$ 及 $x+y=1$ 所围的闭区域, 见图 15.3.8, 则 $D=\{(x,y,z): 0\leqslant z\leqslant 1-x-y, (x,y)\in\Omega\}$

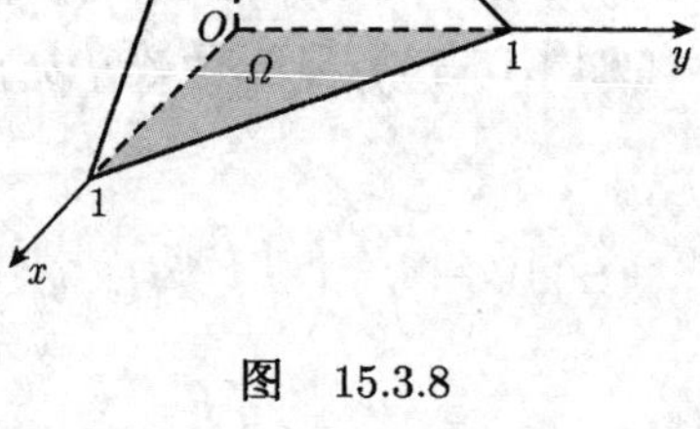

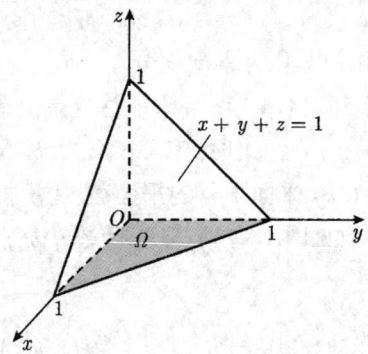

图 15.3.8

于是有

$$I=\iint_\Omega \mathrm{d}x\mathrm{d}y\int_0^{1-x-y}\frac{\mathrm{d}z}{(1+x+y+z)^3}$$

$$
\begin{aligned}
&=\int_0^1 \mathrm{d}x\int_0^{1-x}\mathrm{d}y\int_0^{1-x-y}\frac{\mathrm{d}z}{(1+x+y+z)^3}\\
&=\int_0^1 \mathrm{d}x\int_0^{1-x}\left.\frac{-1}{2(1+x+y+z)^2}\right|_0^{1-x-y}\mathrm{d}y\\
&=\int_0^1 \mathrm{d}x\int_0^{1-x}\frac{1}{2}\left[\frac{1}{(1+x+y)^2}-\frac{1}{4}\right]\mathrm{d}y\\
&=\frac{1}{2}\int_0^1\left.\left(\frac{-1}{1+x+y}-\frac{y}{4}\right)\right|_0^{1-x}\mathrm{d}x\\
&=\frac{1}{2}\int_0^1\left(\frac{1}{1+x}-\frac{3-x}{4}\right)\mathrm{d}x=\frac{1}{2}\ln 2-\frac{5}{16}.
\end{aligned}
$$

例 15.3.6 计算三重积分

$$I=\iiint_D (x+y+z)^2\mathrm{d}x\mathrm{d}y\mathrm{d}z,$$

其中 $D=\left\{(x,y,z):\dfrac{x^2}{a^2}+\dfrac{y^2}{b^2}+\dfrac{z^2}{c^2}\leqslant 1,a,b,c>0\right\}$.

解 由积分区域的对称性以及被积函数的对称性容易看出

$$\iiint_D xy\mathrm{d}x\mathrm{d}y\mathrm{d}z=\iiint_D xz\mathrm{d}x\mathrm{d}y\mathrm{d}z=\iiint_D yz\mathrm{d}x\mathrm{d}y\mathrm{d}z=0,$$

因此

$$I=\iiint_D (x^2+y^2+z^2)\mathrm{d}x\mathrm{d}y\mathrm{d}z.$$

对任意 $x\in[-a,a]$, 过点 $(x,0,0)$ 且平行于 Oyz 平面的平面与 D 的交为

$$D_x=\left\{(y,z):\frac{y^2}{b^2\left(1-\dfrac{x^2}{a^2}\right)}+\frac{z^2}{c^2\left(1-\dfrac{x^2}{a^2}\right)}\leqslant 1\right\},$$

其面积为 $\pi bc\left(1-\dfrac{x^2}{a^2}\right)$. 因此有

$$
\begin{aligned}
\iiint_D x^2\mathrm{d}x\mathrm{d}y\mathrm{d}z&=\int_{-a}^a x^2\mathrm{d}x\iint_{D_x}\mathrm{d}y\mathrm{d}z\\
&=\int_{-a}^a x^2\pi bc\left(1-\frac{x^2}{a^2}\right)\mathrm{d}x=\frac{4}{15}\pi a^3bc.
\end{aligned}
$$

同理可计算出

$$\iiint_D y^2 \mathrm{d}x\mathrm{d}y\mathrm{d}z = \frac{4}{15}\pi ab^3c, \quad \iiint_D z^2 \mathrm{d}x\mathrm{d}y\mathrm{d}z = \frac{4}{15}\pi abc^3.$$

最后我们有

$$I = \frac{4}{15}\pi abc(a^2+b^2+c^2).$$

§15.4　重积分的变量替换

15.4.1　重积分的变量替换公式

在本节中, 我们主要证明二重积分的变量替换公式. 对于 $n(n>2)$ 重积分, 我们将不加证明地给出其变量替换公式.

设 $\boldsymbol{T}(u,v):\begin{cases} x = x(u,v), \\ y = y(u,v) \end{cases}$ 是可求面积的有界闭区域 D 到可求面积的有界闭区域 Ω 的一个 C^1 同胚映射, 并且假定对于 $\forall (u,v)\in D$ 有 $\dfrac{\partial(x,y)}{\partial(u,v)} \neq 0$. 由此假定与偏导数的连续性知, $\dfrac{\partial(x,y)}{\partial(u,v)}$ 在 D 上不改变符号. 注意到向量函数的导数定义, $\boldsymbol{T}(u,v)$ 在 $(u,v)\in D$ 处导数的行列式即为 $\dfrac{\partial(x,y)}{\partial(u,v)}$.

在一元微积分中, 当 $f'(x)$ 在区间 $[a,b]$ 上连续且不变号时, $f(x)$ 在 $[a,b]$ 上单调, 从而

$$\int_a^b |f'(x)|\mathrm{d}x = \left|\int_a^b f'(x)\mathrm{d}x\right| = |f(b)-f(a)|.$$

这说明 $\displaystyle\int_a^b |f'(x)|\mathrm{d}x$ 是函数 $y=f(x)$ 的值域的“长度”. 因此, 我们有理由猜测 $\displaystyle\iint_D \left|\frac{\partial(x,y)}{\partial(u,v)}\right| \mathrm{d}u\mathrm{d}v$ 应该是 Ω 的面积.

再从微元法的观点来看, 在点 $(u_0,v_0)\in D$ 处给一增量 $(\mathrm{d}u,\mathrm{d}v)$, 则以 (u_0,v_0), $(u_0+\mathrm{d}u,v_0)$, $(u_0+\mathrm{d}u,v_0+\mathrm{d}v)$, $(u_0,v_0+\mathrm{d}v)$ 为顶点的

小矩形的面积为 $\mathrm{d}u\mathrm{d}v$. 而这个小矩形在变换 $\boldsymbol{T}(u,v):\begin{cases}x=x(u,v),\\ y=y(u,v)\end{cases}$ 下近似地映成一个平行四边形, 其四个顶点分别为

$$P_1=(x(u_0,v_0),y(u_0,v_0)),$$

$$P_2=(x(u_0+\mathrm{d}u,v_0),y(u_0+\mathrm{d}u,v_0)),$$

$$P_3=(x(u_0+\mathrm{d}u,v_0+\mathrm{d}v),y(u_0+\mathrm{d}u,v_0+\mathrm{d}v)),$$

$$P_4=(x(u_0,v_0+\mathrm{d}v),y(u_0,v_0+\mathrm{d}v)).$$

由于 $\boldsymbol{T}(u,v)$ 是 C^1 映射, 因此有

$$|\overrightarrow{P_1P_2}|\approx\left|\frac{\partial x(u_0,v_0)}{\partial u}\boldsymbol{i}+\frac{\partial y(u_0,v_0)}{\partial u}\boldsymbol{j}\right|\mathrm{d}u,$$

$$|\overrightarrow{P_1P_4}|\approx\left|\frac{\partial x(u_0,v_0)}{\partial v}\boldsymbol{i}+\frac{\partial y(u_0,v_0)}{\partial v}\boldsymbol{j}\right|\mathrm{d}v.$$

该近似平行四边形的面积约为

$$|\overrightarrow{P_1P_2}\times\overrightarrow{P_1P_4}|\approx\left|\frac{\partial(x,y)}{\partial(u,v)}\right|\mathrm{d}u\mathrm{d}v.$$

这也说明了 $\dfrac{\partial(x,y)}{\partial(u,v)}$ 起着一元函数 $f(x)$ 的导数相似的作用.

下面我们将给出上述结论的严格证明, 并推出相应的二重积分的变量替换公式.

定理 15.4.1 设 $D\subset\mathbb{R}^2$ 是有界闭区域, ∂D 由有限条分段光滑曲线所组成, 变换 $\boldsymbol{T}(u,v):\begin{cases}x=x(u,v),\\ y=y(u,v)\end{cases}$ 是 D 到有界闭区域 Ω 的 C^1 同胚映射, 并且在 D 上处处有 $\dfrac{\partial(x,y)}{\partial(u,v)}\neq 0$, 再设函数 $f(x,y)$ 在 Ω 上可积, 则

$$\iint_\Omega f(x,y)\mathrm{d}x\mathrm{d}y=\iint_D f(x(u,v),y(u,v))\left|\frac{\partial(x,y)}{\partial(u,v)}\right|\mathrm{d}u\mathrm{d}v.$$

为了证明定理 15.4.1, 我们先做一些准备工作. 设 D_0 为 D 内的一个正方形, 它的四个顶点为 (u_0,v_0), $(u_0+\delta,v_0)$, $(u_0+\delta,v_0+\delta)$,

$(u_0, v_0+\delta)$, 其中 $\delta>0$. 同胚映射 $\boldsymbol{T}$ 将 D_0 映成了区域 Ω 内的一个由四条光滑曲线组成的一个曲边四边形 $\boldsymbol{T}(D_0)$. 如果我们进一步假定变换 $\boldsymbol{T}$ 的四个偏导数 x'_u, x'_v, y'_u, y'_v 中至少有一个在 D_0 上恒大 (小) 于零, 取 D_0 的某一条对角线将 D_0 分成两个三角形, 则可以看出变换 $\boldsymbol{T}$ 将这两个三角形映成两个 X 型区域 (或两个 Y 型区域). 下面我们先证明一个引理.

引理 15.4.2 假设变换 $\boldsymbol{T}(u,v):\begin{cases}x=x(u,v),\\ y=y(u,v)\end{cases}$ 在 D 内具有二阶连续偏导数, D_0 为 D 内的一个正方形并且 $\boldsymbol{T}(D_0)$ 可以分解成有限个由分段光滑曲线所围成的 X 型区域 (或 Y 型区域), 则 $\boldsymbol{T}(D_0)$ 的面积

$$\sigma(\boldsymbol{T}(D_0))=\iint_{D_0}\left|\frac{\partial(x,y)}{\partial(u,v)}\right|\mathrm{d}u\mathrm{d}v.$$

证明 在定积分的几何应用中, 我们知道, 对于 $\boldsymbol{T}(D_0)$ 的面积, 有以下的计算公式:

$$\sigma(\boldsymbol{T}(D_0))=-\int_{\partial\boldsymbol{T}(D_0)}y\mathrm{d}x=\int_{\partial\boldsymbol{T}(D_0)}x\mathrm{d}y=\frac{1}{2}\int_{\partial\boldsymbol{T}(D_0)}x\mathrm{d}y-y\mathrm{d}x,$$

其中 $\partial\boldsymbol{T}(D_0)$ 的方向取正向. 曲线 $\partial\boldsymbol{T}(D_0)$ 的方程可以由参数 (u,v) 在 D_0 四条边上的变化来描述. 先假设 $\boldsymbol{T}$ 将 ∂D_0 的正向映成了 $\partial\boldsymbol{T}(D_0)$ 的正向, 这时我们有

$$\begin{aligned}
&-\int_{\partial\boldsymbol{T}(D_0)}y\mathrm{d}x\\
&\quad=-\int_{u_0}^{u_0+\delta}y(u,v_0)\frac{\partial x(u,v_0)}{\partial u}\mathrm{d}u\\
&\qquad-\int_{v_0}^{v_0+\delta}y(u_0+\delta,v)\frac{\partial x(u_0+\delta,v)}{\partial v}\mathrm{d}v\\
&\qquad-\int_{u_0+\delta}^{u_0}y(u,v_0+\delta)\frac{\partial x(u,v_0+\delta)}{\partial u}\mathrm{d}u-\int_{v_0+\delta}^{v_0}y(u_0,v)\frac{\partial x(u_0,v)}{\partial v}\mathrm{d}v\\
&\quad=\int_{u_0}^{u_0+\delta}\left[y(u,v_0+\delta)\frac{\partial x(u,v_0+\delta)}{\partial u}-y(u,v_0)\frac{\partial x(u,v_0)}{\partial u}\right]\mathrm{d}u
\end{aligned}$$

$$
\begin{aligned}
&-\int_{v_0}^{v_0+\delta}\left[y(u_0+\delta,v)\frac{\partial x(u_0+\delta,v)}{\partial v}-y(u_0,v)\frac{\partial x(u_0,v)}{\partial v}\right]\mathrm{d}v\\
&=\iint_{D_0}\left[\frac{\partial}{\partial v}\left(y\frac{\partial x}{\partial u}\right)-\frac{\partial}{\partial u}\left(y\frac{\partial x}{\partial v}\right)\right]\mathrm{d}u\mathrm{d}v\\
&=\iint_{D_0}\frac{\partial(x,y)}{\partial(u,v)}\mathrm{d}u\mathrm{d}v.
\end{aligned}
$$

当 $\boldsymbol{T}$ 将 ∂D_0 的正向映成了 $\partial\boldsymbol{T}(D_0)$ 的负向时, 由上述方法同样可以证明

$$
\sigma(\boldsymbol{T}(D_0))=-\iint_{D_0}\frac{\partial(x,y)}{\partial(u,v)}\mathrm{d}u\mathrm{d}v=\iint_{D_0}\left|\frac{\partial(x,y)}{\partial(u,v)}\right|\mathrm{d}u\mathrm{d}v.
$$

证毕.

注 在引理 15.4.2 中, 我们对 $x(u,v),y(u,v)$ 假定了它们具有二阶连续偏导数. 当 $x(u,v)$ 与 $y(u,v)$ 具有一阶连续偏导数时, 利用具有二阶连续偏导数的函数对它们进行逼近, 则可以证明此时引理的结论仍成立. 由于这种逼近过程过于复杂, 我们在此不作介绍, 但我们还是假定引理在此稍弱的条件下仍成立.

定理 15.4.1 的证明 由于函数 $f(x,y)$ 在 Ω 上可积, 从而 $I=\iint_{\Omega}f(x,y)\mathrm{d}x\mathrm{d}y$ 存在. 由于 $\boldsymbol{T}$ 是 D 到 Ω 的 C^1 同胚映射, 因此 $f(x(u,v),y(u,v))$ 在 D 上可积 (见本章习题). 再注意到 $\dfrac{\partial(x,y)}{\partial(u,v)}$ 在 D 上连续, 从而

$$
\iint_{D}f(x(u,v),y(u,v))\left|\frac{\partial(x,y)}{\partial(u,v)}\right|\mathrm{d}u\mathrm{d}v
$$

存在. 下面只要证明它等于 I 即可.

取 $\delta>0$ 充分小, 并在 Ouv 平面上作平行于两坐标轴的两个直线族, 使得它们的间距为 δ. 这两个直线族对 D 产生了一个分割:

$$
\Delta_D=\{\Delta D_1,\Delta D_2,\cdots,\Delta D_K\},
$$

即每个 $\Delta D_k(k=1,2,\cdots,K)$ 都是一个小正方形与 D 的交集. 利用变换 $\boldsymbol{T}$, 我们得到 Ω 的一个分割

$$\Delta_\Omega = \{\boldsymbol{T}(\Delta D_1), \boldsymbol{T}(\Delta D_2), \cdots, \boldsymbol{T}(\Delta D_K)\},$$

由于 $\boldsymbol{T}$ 在 D 上的一致连续性, 当 $\delta \to 0$ 时, 有 $\lambda(\Delta_D) \to 0$ 和 $\lambda(\Delta_\Omega) \to 0$.

现将 Δ_D 中的小闭集分成两类: 记 $\Delta'_D = \{\Delta D'_1, \Delta D'_2, \cdots, \Delta D'_J\}$ 为 $\Delta(D)$ 中所有完全落在 D 内部的正方形的全体, 而记 $\Delta''_D = \{\Delta D''_1, \Delta D''_2, \cdots, \Delta D''_L\}$ 为 Δ_D 中所有含有 ∂D 的点的集合. 显然, $\Delta'_\Omega = \{\boldsymbol{T}(\Delta D'_1), \boldsymbol{T}(\Delta D'_2), \cdots, \boldsymbol{T}(\Delta D'_L)\}$ 中的每个集合均落在 Ω 的内部, 而 $\Delta''_\Omega = \{\boldsymbol{T}(\Delta D''_1), \boldsymbol{T}(\Delta D''_2), \cdots, \boldsymbol{T}(\Delta D''_L)\}$ 中的每个集合均与 $\partial\Omega$ 的交非空.

由假设 D 由有限条分段光滑曲线所围成, 从而 D 可求面积. 由此我们有

$$\lim_{\delta\to 0} \sigma\left(\bigcup_{l=1}^{L} \Delta D''_l\right) = 0.$$

由于变换 $\boldsymbol{T}$ 是 C^1 同胚映射, $\partial\Omega$ 也是由有限条分段光滑曲线所组成. 因此对于 $\forall\varepsilon > 0$, 存在有限个长方体组成的简单集 A, 使得 $\partial\Omega \subset A^\circ$ 且 $\sigma(A) < \varepsilon$. 因为 $\partial\Omega$ 与 ∂A 均为紧集, 从而有

$$\rho = \min_{\boldsymbol{x}\in\partial\Omega, \boldsymbol{y}\in\partial A} |\boldsymbol{x} - \boldsymbol{y}| > 0.$$

再由 $\boldsymbol{T}$ 在 $\overline{D}$ 的一致连续性, 当 $\delta < \dfrac{\rho}{2}$ 时, 必有 $\boldsymbol{T}(\Delta D''_l) \subset A^\circ (l = 1, 2, \cdots, L)$. 这说明了

$$\lim_{\delta\to 0} \sigma\left(\bigcup_{l=1}^{L} \boldsymbol{T}(\Delta D''_l)\right) = 0.$$

注意到在 D 上处处有 $\left|\dfrac{\partial(x,y)}{\partial(u,v)}\right| \neq 0$, 对每个 $\Delta D'_j (j = 1, 2, \cdots, J)$, 由有限覆盖定理不难看出, 若将其等分成 $k^2 (k \in \mathbb{N})$ 个小正方形; 则当 k 充分大时, 在每个小正方形上 x'_u, x'_v, y'_u 及 y'_v 中至少有一个不取零. 因此, $\boldsymbol{T}$ 将该小正方形映成一个曲边小四边形, 这个小曲边四边形必是两个由分段光滑曲线围成的 X 型或 Y 型区域的并. 由引理 15.4.2 有

$$\sigma(\boldsymbol{T}(\Delta D_j'))=\iint_{\Delta D_j'}\left|\frac{\partial(x,y)}{\partial(u,v)}\right|\mathrm{d}u\mathrm{d}v.$$

由重积分第一中值定理, 在 $\Delta D_j'(j=1,2,\cdots,J)$ 上存在 (u_j',v_j'), 使得

$$\sigma(\boldsymbol{T}(\Delta D_j'))=\left|\frac{\partial(x,y)}{\partial(u,v)}\right|_{(u_j',v_j')}\sigma(\Delta D_j').$$

记 $x_j'=x(u_j',v_j'), y_j'=y(u_j',v_j')(j=1,2,\cdots,J)$. 在 $\Delta D_l''$ 内任取 (u_l'',v_l''), 在 $\boldsymbol{T}(\Delta D_l'')$ 内任取 $(x_l'',y_l'')(l=1,2,\cdots,L)$, 作和式

$$\sum_{j=1}^{J}f(x_j',y_j')\sigma(\boldsymbol{T}(\Delta D_j'))+\sum_{l=1}^{L}f(x_l'',y_l'')\sigma(\boldsymbol{T}(\Delta D_l'')),\tag{15.4.1}$$

则当 $\delta\to 0$ 时, 上述和式趋于 $\displaystyle\iint_{\Omega}f(x,y)\mathrm{d}x\mathrm{d}y$.

另外, 我们作和式

$$\begin{aligned}&\sum_{j=1}^{J}f(x(u_j',v_j'),y(u_j',v_j'))\left|\frac{\partial(x,y)}{\partial(u,v)}\right|_{(u_j',v_j')}\sigma(\Delta D_j')\\&\quad+\sum_{l=1}^{L}f(x(u_l'',v_l''),y(u_l'',v_l''))\left|\frac{\partial(x,y)}{\partial(u,v)}\right|_{(u_l'',v_l'')}\sigma(\Delta D_l''),\end{aligned}\tag{15.4.2}$$

则当 $\delta\to 0$, 上述和式趋于 $\displaystyle\iint_{D}f(x(u,v),y(u,v))\left|\frac{\partial(x,y)}{\partial(u,v)}\right|\mathrm{d}u\mathrm{d}v$.

由于 $f(x(u,v),y(u,v))$和 $\left|f(x(u,v),y(u,v))\left|\dfrac{\partial(x,y)}{\partial(u,v)}\right|\right|$ 在 D 上可积, 从而存在 $M>0$, 使得当 $(x,y)\in\Omega$ 时, 有 $|f(x,y)|\leqslant M$, 以及当 $(u,v)\in D$ 时, 有

$$\left|f(x(u,v),y(u,v))\left|\frac{\partial(x,y)}{\partial(u,v)}\right|\right|\leqslant M.$$

由此我们有

$$\left|\sum_{j=1}^{J}f(x_j',y_j')\sigma(\boldsymbol{T}(\Delta D_j'))+\sum_{l=1}^{L}f(x_l'',y_l'')\sigma(\boldsymbol{T}(\Delta D_l''))\right.$$

$$
\begin{aligned}
&-\left[\sum_{j=1}^{J} f(x(u_j',v_j'),y(u_j',v_j'))\left|\frac{\partial(x,y)}{\partial(u,v)}\right|_{(u_j',v_j')}\sigma(\Delta D_j')\right.\\
&\left.+\sum_{l=1}^{L} f(x(u_l'',v_l''),y(u_l'',v_l''))\left|\frac{\partial(x,y)}{\partial(u,v)}\right|_{(u_l'',v_l'')}\sigma(\Delta D_l'')\right]\Bigg|\\
=&\left|\sum_{l=1}^{L} f(x_l'',y_l'')\sigma(\boldsymbol{T}(\Delta D_l''))\right.\\
&\left.-\sum_{l=1}^{L} f(x(u_l'',v_l''),y(u_l'',v_l''))\left|\frac{\partial(x,y)}{\partial(u,v)}\right|_{(u_l'',v_l'')}\sigma(\Delta D_l'')\right|\\
\leqslant& M\sigma\left(\bigcup_{l=1}^{L}\boldsymbol{T}(\Delta D_l'')\right)+M\sigma\left(\bigcup_{l=1}^{L}\Delta D_l''\right)\to 0\quad(\delta\to 0).
\end{aligned}
$$

因此有

$$
\iint_{\Omega} f(x,y)\mathrm{d}x\mathrm{d}y=\iint_{D} f(x(u,v),y(u,v))\left|\frac{\partial(x,y)}{\partial(u,v)}\right|\mathrm{d}u\mathrm{d}v.
$$

证毕.

对于 n 重积分, 我们不加证明地给出下述定理.

定理 15.4.3 设变换

$$
\boldsymbol{x}(\boldsymbol{u})=(x_1(\boldsymbol{u}),x_2(\boldsymbol{u}),\cdots,x_n(\boldsymbol{u}))
$$

是可求体积的有界闭区域 $D\subset\mathbb{R}^n$ 到可求体积的有界闭区域 $\Omega\subset\mathbb{R}^n$ 的同胚映射, 它的各个偏导数在包含 D 的区域上连续, 并且在 D 上 $\dfrac{\partial(x_1,\cdots,x_n)}{\partial(u_1,\cdots,u_n)}\neq 0$, 再设函数 $f(\boldsymbol{x})$ 在 Ω 上可积, 则有

$$
\begin{aligned}
&\iint\cdots\int_{\Omega} f(x_1,\cdots,x_n)\mathrm{d}x_1\cdots\mathrm{d}x_n\\
&\quad=\iint\cdots\int_{D} f(x_1(u_1,\cdots,u_n),\cdots,x_n(u_1,\cdots,u_n))\\
&\qquad\cdot\left|\frac{\partial(x_1,\cdots,x_n)}{\partial(u_1,\cdots,u_n)}\right|\mathrm{d}u_1\cdots\mathrm{d}u_n.
\end{aligned}
$$

15.4.2 利用变量替换计算重积分

在本小节中, 我们举例说明如何用变量替换公式来计算重积分. 在二重积分变量替换中, 极坐标变换

$$\begin{cases} x = r\cos\theta, \\ y = r\sin\theta \end{cases} \quad (0 \leqslant r < +\infty, 0 \leqslant \theta \leqslant 2\pi)$$

是非常重要的变换之一. 我们前面已经知道, 它的雅可比行列式为

$$\left.\frac{\partial(x,y)}{\partial(r,\theta)}\right|_{(r,\theta)} = r.$$

注意到极坐标变换在正实轴与原点处不是一一映射的, 但它是 $\{(r,\theta): 0 < r < +\infty, 0 < \theta < 2\pi\}$ 到 $\mathbb{R}^2 \backslash \{(x,y): x \geqslant 0\}$ 的 C^1 同胚映射.

例 15.4.1 计算闭单位圆盘 $\Omega = \{(x,y): x^2+y^2 \leqslant 1\}$ 的面积.

解 极坐标变换 $\begin{cases} x = r\cos\theta, \\ y = r\sin\theta \end{cases}$ 把 $D = \{(r,\theta): 0 \leqslant r \leqslant 1, 0 \leqslant \theta \leqslant 2\pi\}$ 映成 Ω, 且 $\dfrac{\partial(x,y)}{\partial(r,\theta)} = r$. 因此 Ω 的面积为

$$\sigma(\Omega) = \iint_{\Omega} \mathrm{d}x\mathrm{d}y = \iint_{D} r\mathrm{d}r\mathrm{d}\theta = \int_0^1 r\mathrm{d}r \int_0^{2\pi} \mathrm{d}\theta = \pi.$$

细心的读者可以发现, 尽管极坐标变换不是 D 到 Ω 的同胚. 但在上例中应用极坐标变换仍然能正确计算出 $\sigma(\Omega)$. 我们可以用下面的方法来说明上述计算的合理性. 对于 $\forall\varepsilon > 0$, 记 $\Omega_\varepsilon = \Omega \backslash \{(x,y): \varepsilon < x < 1, -\varepsilon x < y < \varepsilon x\}$, 则极坐标变换是 $D_\varepsilon = \{(r,\theta): \varepsilon \leqslant r \leqslant 1, 2\pi - \arctan\varepsilon \leqslant \theta \leqslant \arctan\varepsilon\}$ 到 Ω_ε 的 C^1 变换. 因此

$$\begin{aligned}
\sigma(\Omega) &= \lim_{\varepsilon\to 0+0} \iint_{\Omega_\varepsilon} \mathrm{d}x\mathrm{d}y = \lim_{\varepsilon\to 0+0} \iint_{D_\varepsilon} r\mathrm{d}r\mathrm{d}\theta \\
&= \lim_{\varepsilon\to 0+0} \int_\varepsilon^1 r\mathrm{d}r \int_{\arctan\varepsilon}^{2\pi-\arctan\varepsilon} \mathrm{d}\theta \\
&= \int_0^1 r\mathrm{d}r \int_0^{2\pi} \mathrm{d}\theta = \pi.
\end{aligned}$$

因此, 若今后我们遇到一个映射在挖掉有限条光滑曲线后的区域之间是 C^1 同胚映射时, 我们可以在原来的闭区域上直接应用定理 15.4.1.

例 15.4.2　计算二重积分 $\iint_D (x^2+y^2)\mathrm{d}x\mathrm{d}y$, 其中 D 是由曲线 $(x^2+y^2)^2=a^2(x^2-y^2)$ 所围且落在第一、四象限的部分, 这里 $a>0$ 为常数.

解　利用极坐标变换

$$\begin{cases} x = r\cos\theta, \\ y = r\sin\theta \end{cases}$$

可把曲线方程 $(x^2+y^2)^2=a^2(x^2-y^2)$ 化为

$$r^4 = a^2r^2(\cos^2\theta-\sin^2\theta) = a^2r^2\cos 2\theta.$$

注意到 $x>0$ 时, 有

$$r = a\sqrt{\cos 2\theta},\quad -\frac{\pi}{4}\leqslant\theta\leqslant\frac{\pi}{4},$$

再注意到 $\dfrac{\partial(x,y)}{\partial(r,\theta)}=r$, 我们有

$$\begin{aligned}\iint_D (x^2+y^2)\mathrm{d}x\mathrm{d}y &= \int_{-\frac{\pi}{4}}^{\frac{\pi}{4}}\mathrm{d}\theta\int_0^{a\sqrt{\cos 2\theta}} r^2\cdot r\mathrm{d}r \\ &= 2\int_0^{\frac{\pi}{4}}\frac{1}{4}a^4\cos^2 2\theta\mathrm{d}\theta = \frac{\pi}{8}a^4.\end{aligned}$$

下面我们介绍利用一些特殊的变量替换来计算重积分的例子.

例 15.4.3　计算二重积分 $\iint_D (x^2+y^2)\mathrm{d}x\mathrm{d}y$, 其中 D 是由曲线 $x^2-y^2=1$, $x^2-y^2=9$, $xy=2$, $xy=4$ 所围成的闭区域.

解　作变换 $\boldsymbol{T}:\begin{cases} u = x^2-y^2, \\ v = 2xy, \end{cases}$ 则 $\boldsymbol{T}^{-1}$ 将矩形

$$\Omega = \{(u,v): 1\leqslant u\leqslant 9, 4\leqslant v\leqslant 8\}$$

一一地映成 D. 由

$$\frac{\partial(x,y)}{\partial(u,v)}=\frac{1}{\dfrac{\partial(u,v)}{\partial(x,y)}}=\frac{1}{\begin{vmatrix}2x & -2y\\ 2y & 2x\end{vmatrix}}=\frac{1}{4(x^2+y^2)}=\frac{1}{4\sqrt{u^2+v^2}},$$

得

$$\begin{aligned}\iint_D (x^2+y^2)\mathrm{d}x\mathrm{d}y&=\iint_\Omega \sqrt{u^2+v^2}\frac{1}{4\sqrt{u^2+v^2}}\mathrm{d}u\mathrm{d}v\\&=\frac{1}{4}\iint_\Omega \mathrm{d}u\mathrm{d}v=8.\end{aligned}$$

例 15.4.4 求椭球体 $\dfrac{x^2}{a^2}+\dfrac{y^2}{b^2}+\dfrac{z^2}{c^2}\leqslant 1\ (a,b,c>0)$ 的体积.

解 取 $D=\left\{(x,y):\dfrac{x^2}{a^2}+\dfrac{y^2}{b^2}\leqslant 1\right\}$, 则由二重积分的几何意义知, 所求体积为

$$V=2\iint_D c\sqrt{1-\frac{x^2}{a^2}-\frac{y^2}{b^2}}\mathrm{d}x\mathrm{d}y.$$

作广义极坐标变换

$$\begin{cases}x=ar\cos\theta,\\ y=br\sin\theta,\end{cases}$$

则 $\dfrac{\partial(x,y)}{\partial(r,\theta)}=abr$, 且 $\Omega=\{(r,\theta):0\leqslant r<1,0\leqslant\theta<2\pi\}$ 经变换一一地映成 $D\backslash\{(0,0)\}$, 从而

$$\begin{aligned}V&=2\iint_\Omega c\sqrt{1-r^2}abr\mathrm{d}r=2\int_0^{2\pi}\mathrm{d}\theta\int_0^1 c\sqrt{1-r^2}abr\mathrm{d}r\\&=4\pi abc\cdot\frac{1}{2}\cdot\frac{2}{3}(1-r^2)^{\frac{3}{2}}\Big|_0^1=\frac{4}{3}\pi abc.\end{aligned}$$

例 15.4.5 计算二重积分 $\displaystyle\iint_D\sqrt{\frac{xy}{x+y}}\mathrm{d}x\mathrm{d}y$, 其中 D 是由直线 $x=0$, $y=0$, $x+y=1$ 所围成的闭区域.

解　首先我们注意到

$$\lim_{D\ni(x,y)\to(0,0)}\frac{xy}{x+y}=0,$$

因此该二重积分存在. 显然, 对于积分区域 D, 该二重积分易于化成累次积分. 但由于被积函数比较复杂, 该积分仍不易求出. 为此我们利用下述变换

$$\begin{cases}x=r\cos^2\theta,\\ y=r\sin^2\theta.\end{cases}$$

该变换将 $\Omega=\left\{(r,\theta):0<r<1,0<\theta<\dfrac{\pi}{2}\right\}$ 一一地变到 D 的内部, 并且

$$\frac{\partial(x,y)}{\partial(r,\theta)}=\begin{vmatrix}\cos^2\theta & -r\sin 2\theta\\ \sin^2\theta & r\sin 2\theta\end{vmatrix}=r\sin 2\theta.$$

因此有

$$\begin{aligned}\iint_D\sqrt{\frac{xy}{x+y}}\mathrm{d}x\mathrm{d}y&=\frac{1}{2}\iint_{\overline{\Omega}}r^{\frac{1}{2}}\sin 2\theta\cdot r\sin 2\theta\mathrm{d}r\mathrm{d}\theta\\&=\frac{1}{2}\int_0^{\frac{\pi}{2}}\sin^2 2\theta\mathrm{d}\theta\int_0^1 r^{\frac{3}{2}}\mathrm{d}r=\frac{\pi}{20}.\end{aligned}$$

对于三重积分的计算, 下面的两种变换是经常用到的.

柱坐标变换

$$\begin{cases}x=r\cos\theta,\\ y=r\sin\theta,\\ z=z,\end{cases}$$

其中 $0\leqslant r<+\infty,0\leqslant\theta<2\pi,-\infty<z<+\infty$. 这种变换本质上是将空间一点投影到 Oxy 平面内, 然后取它投影点的极坐标 (见图 15.4.1). 因此它将 $\{(r,\theta,z):0\leqslant r<+\infty,0\leqslant\theta<2\pi,-\infty<z<+\infty\}$ 映成 $\mathbb{R}^3$, 其雅可比行列式为

$$\frac{\partial(x,y,z)}{\partial(r,\theta,z)}=r.$$

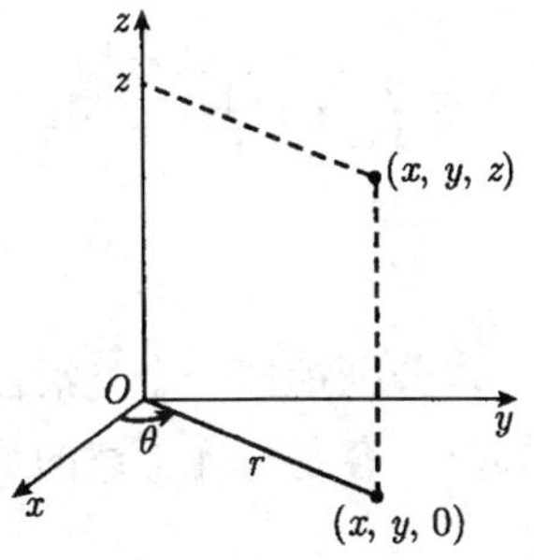

图 15.4.1

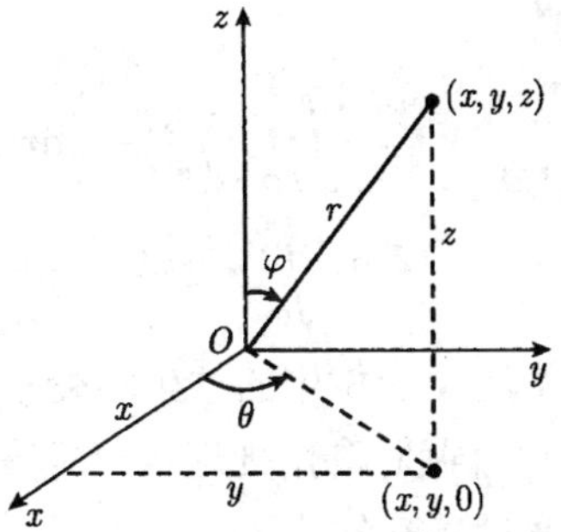

图 15.4.2

球坐标变换

$$\begin{cases} x = r\sin\varphi\cos\theta, \\ y = r\sin\varphi\sin\theta, \\ z = r\cos\varphi, \end{cases}$$

其中 $0 \leqslant r < +\infty, 0 \leqslant \varphi \leqslant \pi, 0 \leqslant \theta < 2\pi$(见图 15.4.2). 它的雅可比行列式 $\dfrac{\partial(x,y,z)}{\partial(r,\varphi,\theta)} = r^2\sin\varphi$. 显然, 在球坐标下, $r = a$ 对应于球面 $x^2+y^2+z^2=a^2$, $\varphi = b$ 对应于锥面 $z = \cot b\sqrt{x^2+y^2}$, $\theta = c$ 为以 z 轴为边的半平面.

例 15.4.6 设空间立体 D 由曲面 $z = 25 - x^2 - y^2$ 与平面 $z = 0$ 所围成, 试求它的体积 V.

解 由三重积分的几何意义得

$$V = \iiint_D \mathrm{d}x\mathrm{d}y\mathrm{d}z.$$

取柱坐标变换

$$\begin{cases} x = r\cos\theta, \\ y = r\sin\theta, \\ z = z, \end{cases}$$

则它将 $\Omega = \{(r,\theta,z) : 0 \leqslant r \leqslant 5, 0 \leqslant \theta < 2\pi, 0 \leqslant z \leqslant 25 - r^2\}$ 映成 D.

因此

$$V=\iiint_{\Omega}\frac{\partial(x,y,z)}{\partial(r,\theta,z)}\mathrm{d}r\mathrm{d}\theta\mathrm{d}z=\int_0^{2\pi}\mathrm{d}\theta\int_0^5 r\mathrm{d}r\int_0^{25-r^2}\mathrm{d}z$$
$$=2\pi\int_0^5 r(25-r^2)\mathrm{d}r=\frac{625}{2}\pi.$$

注　上例中的柱坐标变换在 Ω 和 D 内分别挖掉一个光滑曲面后是 C^1 同胚, 利用处理极坐标变换相似的方法, 容易验证上述的重积分的变量替换公式仍然成立.

例 15.4.7　设 $\mathbb{R}^3$ 中均匀物体 D 由球面 $x^2+y^2+z^2=1$ 和锥面 $z=\sqrt{x^2+y^2}$ 所围成, 求它的质心坐标.

解　由对称性, 可设其质心坐标为 $(0,0,z_0)$. 锥面方程 $z=\sqrt{x^2+y^2}$ 在球坐标系下为 $\varphi=\dfrac{\pi}{4}$. 因此 D 的体积

$$V=\iiint_D\mathrm{d}V=\int_0^{2\pi}\mathrm{d}\theta\int_0^{\frac{\pi}{4}}\mathrm{d}\varphi\int_0^1 r^2\sin\varphi\mathrm{d}r$$
$$=2\pi\int_0^{\frac{\pi}{4}}\sin\varphi\frac{r^3}{3}\Big|_0^1\mathrm{d}\varphi=\frac{2\pi}{3}\Big(1-\frac{\sqrt{2}}{2}\Big).$$

下面还要计算物体到 Oxy 平面的力矩 M_{xy}. 利用微元法, 我们有

$$M_{xy}=\iiint_D z\mathrm{d}V=\int_0^{2\pi}\mathrm{d}\theta\int_0^{\frac{\pi}{4}}\mathrm{d}\varphi\int_0^1 r\cos\varphi\cdot r^2\sin\varphi\mathrm{d}r$$
$$=2\pi\int_0^{\frac{\pi}{4}}\sin\varphi\cos\varphi\mathrm{d}\varphi\int_0^1 r^3\mathrm{d}r=\frac{\pi}{8}.$$

因此有

$$z_0=\frac{M_{xy}}{V}=\frac{3\Big(1+\dfrac{\sqrt{2}}{2}\Big)}{8}.$$

§15.5　广义重积分

类似于一元函数的无穷积分与瑕积分, 对于多元函数的重积分我们也有相应的问题: 无界区域上函数的重积分与有界区域上无界函数

的重积分. 前者称为**无穷重积分**, 而后者称为**瑕重积分**, 二者统称为**广义重积分**. 与一元函数的广义积分相比, 多元函数的广义重积分最大的困难是区域的复杂性. 因此, 对它有可能得到与一元函数情形具有本质差别的结果.

15.5.1 无穷重积分的基本概念

我们下面来讨论无界区域上函数的重积分. 我们只给出二元函数情形的详细讨论, 对于 $n(n>2)$ 元函数的情形, 相应理论可平行推出, 在此不再赘述.

广义重积分理论可以讨论非常广泛的无界区域, 但在这里我们只对一些较为简单的区域进行讨论. 设 $D \subset \mathbb{R}^2$ 是无界闭区域, 在本节中, 我们总是假定当 R 充分大时, $D_R \cap D$ 是可求面积闭区域, 其中 $D_R = \{(x,y): x^2+y^2 \leqslant R\}$; 并且当 $R_1 < R_2$, 且 R_1 充分大时, $D(R_1,R_2) \cap D$ 是有限个内部不相交的可求面积的闭区域的并, 其中 $D(R_1,R_2) = \{(x,y): R_1^2 \leqslant x^2+y^2 \leqslant R_2^2\}$.

例 15.5.1 设 $D = \{(x,y): 0 \leqslant x \leqslant 1, y \in \mathbb{R}\}$, 则容易看出, 对于 $\forall R > 0$ 及 $\forall R_2 > R_1 > 1$, $D \cap D_R$ 是一个闭区域, 而 $D \cap D(R_1,R_2)$ 是两个闭区域.

定义 15.5.1 设 $D \subset \mathbb{R}^2$ 是无界闭区域, 函数 $f(x,y)$ 在 D 上有定义, 并且在 D 的任何可求面积的有界闭子区域上可积. 若存在常数 I, 使得对于 $\forall \varepsilon > 0$, $\exists R > 0$, 对任何 D 的可求面积的有界闭子区域 $\widetilde{D}$, 只要 $\widetilde{D} \supset D_R \cap D$, 就有

$$\left|\iint_{\widetilde{D}} f(x,y)\mathrm{d}x\mathrm{d}y - I\right| < \varepsilon, \tag{15.5.1}$$

则称 $f(x,y)$ 在 D 上的无穷重积分**收敛**, 并称 I 为 $f(x,y)$ 在 D 上的无穷重积分, 记为 $I = \displaystyle\iint_D f(x,y)\mathrm{d}x\mathrm{d}y$. 如果不存在 $I \in \mathbb{R}$, 使得式 (15.5.1) 成立, 则称无穷重积分 $\displaystyle\iint_D f(x,y)\mathrm{d}x\mathrm{d}y$ **发散**.

初学者应特别注意, 上述定义中要求对任何包含 $D_R \cap D$ 的闭区域 $\widetilde{D}$ 成立式 (15.5.1). 为了强调这一点我们来看以下例子.

例 15.5.2 设函数 $f(x,y) = \dfrac{x}{x^2+y^2+1}$, 试讨论无穷重积分 $\displaystyle\iint_{\mathbb{R}^2} f(x,y)\mathrm{d}x\mathrm{d}y$ 的敛散性.

解 对于 $\forall R>0$, 取 $r>R$, 考虑 $\Omega_r = \{(x,y): |x| \leqslant r, |y| \leqslant r\}$ 与 $Q_r = \{(x,y): r \leqslant x \leqslant 2r, |y| \leqslant r\}$. 容易看出 $\Omega_r \supset D_R = \{(x,y): \sqrt{x^2+y^2} \leqslant R\}$, 且 $\Omega_r \cup Q_r$ 是一个可求面积的闭区域, 显然它也包含了 D_R.

下面我们来估计

$$\iint_{\Omega_r \cup Q_r} f(x,y)\mathrm{d}x\mathrm{d}y = \iint_{\Omega_r} \frac{x}{x^2+y^2+1}\mathrm{d}x\mathrm{d}y + \iint_{Q_r} \frac{x}{x^2+y^2+1}\mathrm{d}x\mathrm{d}y.$$

由 Ω_r 的对称性知

$$\iint_{\Omega_r} \frac{x}{x^2+y^2+1}\mathrm{d}x\mathrm{d}y = 0,$$

而

$$\iint_{Q_r} \frac{x}{x^2+y^2+1}\mathrm{d}x\mathrm{d}y \geqslant \iint_{Q_r} \frac{r}{(2r)^2+r^2+1}\mathrm{d}x\mathrm{d}y = \frac{r}{1+5r^2}\cdot 2r^2.$$

因此当 $r \to +\infty$ 时, 我们有

$$\iint_{\Omega_r \cup Q_r} f(x,y)\mathrm{d}x\mathrm{d}y \to +\infty.$$

这说明 $\displaystyle\iint_{\mathbb{R}^2} f(x,y)\mathrm{d}x\mathrm{d}y$ 发散.

注 从上述例子可以看出, 尽管无穷重积分 $\displaystyle\iint_{\mathbb{R}^2} f(x,y)dxdy$是发散的, 但对于 $\forall R>0$, 当 $r>R$ 时, 有 $D_r \supset D_R$ 且

$$\iint_{D_r} f(x,y)\mathrm{d}x\mathrm{d}y = 0.$$

15.5.2 无穷重积分敛散性的判定

受函数极限与序列极限之间关系的启发, 我们对无界闭区域引进穷尽闭区域列的概念, 借助它来讨论无穷重积分的敛散性.

定义 15.5.2 设 $D \subset \mathbb{R}^2$ 是无界闭区域, 若可求面积的有界闭区域序列 $\{D_k\}$ 满足:

(1) $D_1 \subset D_2 \subset \cdots \subset D_k \subset \cdots \subset D$;

(2) 对于 $\forall R > 0$, $\exists K \in \mathbb{N}$, 当 $k > K$ 时, $D_k \supset D \cap D_R$,

则称 $\{D_k\}$ 是 D 的一个**穷尽闭区域列**(简称**穷尽列**).

定理 15.5.1 设函数 $f(x,y)$ 在无界闭区域 $D \subset \mathbb{R}^2$ 上有定义, 在 D 的任何可求面积的有界闭子区域上可积, 则无穷重积分 $\iint_D f(x,y)$ $\mathrm{d}x\mathrm{d}y$ 收敛的充分必要条件是: 对 D 的任何一个穷尽列 $\{D_k\}$, 序列极限 $\lim\limits_{k\to\infty}\iint_{D_k} f(x,y)\mathrm{d}x\mathrm{d}y$ 存在.

作为练习, 请读者自己给出上述定理的证明.

定理 15.5.2 设 $D \subset \mathbb{R}^2$ 是无界闭区域, 函数 $f(x,y)$ 在 D 上有定义, 在 D 的任何可求面积的有界闭子区域上可积, 并且对于 $\forall (x,y) \in D$, 有 $f(x,y) \geqslant 0$, 则无穷重积分 $\iint_D f(x,y)\mathrm{d}x\mathrm{d}y$ 收敛的充分必要条件是: 存在 D 的一个穷尽列 $\{D_k\}$ 及常数 $I > 0$, 使得对于 $\forall k \in \mathbb{N}$, 有

$$\iint_{D_k} f(x,y)\mathrm{d}x\mathrm{d}y \leqslant I.$$

证明 *必要性* 设 $\iint_D f(x,y)\mathrm{d}x\mathrm{d}y$ 收敛, 令 $I = \iint_D f(x,y)\mathrm{d}x\mathrm{d}y$, 则任取 D 的一个穷尽列 $\{D_k\}$, 对于 $\forall k \in \mathbb{N}$, 都有

$$\iint_{D_k} f(x,y)\mathrm{d}x\mathrm{d}y \leqslant I.$$

充分性 设存在 D 的一个穷尽列 $\{D_k\}$ 及常数 $I > 0$ 满足: 对于 $\forall k \in \mathbb{N}$, 有

$$I_k=\iint_{D_k}f(x,y)\mathrm{d}x\mathrm{d}y\leqslant I.$$

显然 $\{I_k\}$ 是一个单调上升序列且有上界 I, 因此它收敛. 下面设 $\{D'_j\}$ 是 D 的任何一个穷尽列, 并对 $j=1,2,\cdots$, 记

$$I'_j=\iint_{D'_j}f(x,y)\mathrm{d}x\mathrm{d}y.$$

由穷尽列的定义, 对于 $\forall j\in\mathbb{N}$, 必存在 $k_j\in\mathbb{N}$, 使得有 $k_j>j$ 和 $D'_j\subset D_{k_j}$ 成立. 因此有 $I'_j\leqslant I_{k_j}\leqslant I$. 这说明 $\{I'_j\}$ 是单调上升有上界的序列, 从而 $\lim\limits_{j\to\infty}\iint_{D'_j}f(x,y)\mathrm{d}x\mathrm{d}y$ 收敛. 再由定理 15.5.1 知 $\iint_D f(x,y)\mathrm{d}x\mathrm{d}y$ 收敛. 证毕.

注　显然, 当 $f(x,y)$ 在 D 上不变号时, 对 D 的任何一个穷尽列 $\{D_k\}$, 都有

$$\lim_{k\to\infty}\iint_{D_k}f(x,y)\mathrm{d}x\mathrm{d}y=\iint_D f(x,y)\mathrm{d}x\mathrm{d}y.$$

上述等式可以理解为：当 $\iint_D f(x,y)\mathrm{d}x\mathrm{d}y$ 收敛时总成立等式, 而当 $\iint_D f(x,y)\mathrm{d}x\mathrm{d}y$ 发散时, 等号两边都等于 $+\infty$.

无穷重积分中与一元函数的无穷积分具有本质区别的是以下的结果.

定理 15.5.3　设 $D\subset\mathbb{R}^2$ 是无界闭区域, 函数 $f(x,y)$ 在 D 上有定义, 且在 D 的任何可求面积的有界闭子区域上可积, 则无穷重积分 $\iint_D f(x,y)\mathrm{d}x\mathrm{d}y$ 收敛的充分必要条件是无穷重积分 $\iint_D |f(x,y)|\mathrm{d}x\mathrm{d}y$ 收敛.

证明　**充分性**　设 $\iint_D |f(x,y)|\mathrm{d}x\mathrm{d}y$ 收敛, 并记 $\iint_D |f(x,y)|\mathrm{d}x\mathrm{d}y=I$. 对于 $\forall(x,y)\in D$, 定义

$$f_+(x,y)=\max\{f(x,y),0\}\quad 和\quad f_-(x,y)=\max\{-f(x,y),0\},$$

则 $f_+(x,y) \geqslant 0$, $f_-(x,y) \geqslant 0$, 且对于 $\forall (x,y) \in D$, 有

$$f(x,y) = f_+(x,y) - f_-(x,y).$$

设 $\{D_k\}$ 为 D 的任意一个穷尽列, 则对于 $\forall k \in \mathbb{N}$, 有

$$\iint_{D_k} f_+(x,y)\mathrm{d}x\mathrm{d}y \leqslant \iint_{D_k} |f(x,y)|\mathrm{d}x\mathrm{d}y \leqslant I,$$

$$\iint_{D_k} f_-(x,y)\mathrm{d}x\mathrm{d}y \leqslant \iint_{D_k} |f(x,y)|\mathrm{d}x\mathrm{d}y \leqslant I.$$

这说明 $\iint_D f_+(x,y)\mathrm{d}x\mathrm{d}y$ 与 $\iint_D f_-(x,y)\mathrm{d}x\mathrm{d}y$ 均收敛, 从而

$$\iint_D f(x,y)\mathrm{d}x\mathrm{d}y = \iint_D f_+(x,y)\mathrm{d}x\mathrm{d}y - \iint_D f_-(x,y)\mathrm{d}x\mathrm{d}y$$

收敛.

必要性 设 $\iint_D f(x,y)\mathrm{d}x\mathrm{d}y$ 收敛, 倘若 $\iint_D |f(x,y)|\mathrm{d}x\mathrm{d}y$ 发散, 我们将推出矛盾.

由于 $\iint_D f(x,y)\mathrm{d}x\mathrm{d}y$ 收敛,若记 $\iint_D f(x,y)\mathrm{d}x\mathrm{d}y = I$, 则 $\exists R_1 > 0$, 当 $R > R_1$ 时,

$$I - 1 < \iint_{D\cap D_R} f(x,y)\mathrm{d}x\mathrm{d}y < I + 1.$$

由 $\iint_D |f(x,y)|\mathrm{d}x\mathrm{d}y$ 发散有

$$\lim_{R\to+\infty} \iint_{D\cap D_R} |f(x,y)|\mathrm{d}x\mathrm{d}y = +\infty.$$

由于 $f(x,y) = f_+(x,y) - f_-(x,y)$, 因此 $f_+(x,y)$ 与 $f_-(x,y)$ 中必有一个函数, 不妨设 $f_+(x,y)$, 满足

$$\lim_{R\to+\infty} \iint_{D\cap D_R} f_+(x,y)\mathrm{d}x\mathrm{d}y = +\infty.$$

因此可选取一列 $R_k \to +\infty$, 若记 $D_k = D \cap D_{R_k}$, $D'_k = \overline{D_k \setminus D_{k-1}}$, 则当 k 充分大时, 有

$$\iint_{D'_k} f_+(x,y)\mathrm{d}x\mathrm{d}y > |I| + 4.$$

注意到由我们的假设, D'_k 是有限个可求面积的且内部互不相交的闭区域的并. 由重积分的可积性理论可知 (参考定理 15.2.3 的推论), 存在 D'_k 的一个分割 $\Delta = \{\Delta D_1, \Delta D_2, \cdots, \Delta D_J\}$, 满足如下性质:

(1) 设 Δ 中与 $\partial D'_k$ 交非空的小闭区域为 $\Delta D_1, \cdots, \Delta D_l (l < J)$, 则有

$$\sum_{j=1}^{l} M_j \Delta\sigma_j < 1,$$

其中 M_j 为 $f_+(x,y)$ 在 ΔD_j 的上确界, $\Delta\sigma_j$ 为 $\Delta D_j (j = 1, 2, \cdots, l)$ 的面积.

(2) 记 Δ 中全部落在 D'_k 内部的小闭区域为 $\Delta D_{l+1}, \cdots, \Delta D_J$, 则每个 ΔD_j $(j = l+1, \cdots, J)$ 均为一个矩形, 且满足

$$\sum_{j=l+1}^{J} m_j \Delta\sigma_j > |I| + 3,$$

其中 m_j 是 $f_+(x,y)$ 在 ΔD_j 的下确界, $\Delta\sigma_j$ 为 $\Delta D_j (j = l+1, \cdots, J)$ 的面积. 不妨设 $m_j > 0$ $(j = l+1, \cdots, J')$, $m_j = 0$ $(j = J'+1, \cdots, J)$, 则

$$\sum_{j=l+1}^{J'} m_j \Delta\sigma_j > |I| + 3.$$

记 $D''_k = \bigcup\limits_{j=l+1}^{J'} \Delta D_j$, 则当 k 充分大时, 有

$$\begin{aligned}\iint_{D_{k-1} \cup D''_k} f(x,y)\mathrm{d}x\mathrm{d}y &= \iint_{D_{k-1}} f(x,y)\mathrm{d}x\mathrm{d}y + \iint_{D''_k} f(x,y)\mathrm{d}x\mathrm{d}y \\ &= \iint_{D_{k-1}} f(x,y)\mathrm{d}x\mathrm{d}y + \iint_{D''_k} f_+(x,y)\mathrm{d}x\mathrm{d}y\end{aligned}$$

$$\geqslant I-1+\sum_{j=l+1}^{J'} m_j\Delta\sigma_j \geqslant I-1+|I|+3 \geqslant I+2.$$

如果 $D_{k-1}\cup D_k''$ 是闭区域, 则上式与 $\iint_D f(x,y)\mathrm{d}x\mathrm{d}y = I$ 矛盾. 若 $D_{k-1}\cup D_k''$ 不连通, 注意到 D_k'' 是由区域 D_k° 内有限个小矩形组成, 因此可在 D_k° 中取有限个面积很小的狭窄带状闭区域组成集合 D_k''', 使得 $D_{k-1}\cup D_k''\cup D_k'''$ 为有界闭区域, 且

$$\iint_{D_{k-1}\cup D_k''\cup D_k'''} f(x,y)\mathrm{d}x\mathrm{d}y > |I|+1.$$

这样我们仍然得到矛盾. 证毕.

对于无穷重积分, 当区域及被积函数满足一定条件, 我们仍然可以将其化为累次积分或利用变量替换来计算它. 我们不加证明地给出下面的定理.

定理 15.5.4 设函数 $f(x,y)$ 在 $D=[a,+\infty)\times[b,+\infty)$ 上有定义, 且在 D 的任何可求面积的有界闭子区域上可积. 若累次积分

$$\int_a^{+\infty}\mathrm{d}x\int_b^{+\infty}|f(x,y)|\mathrm{d}y<+\infty$$

$$\left(\text{或}\int_b^{+\infty}\mathrm{d}y\int_a^{+\infty}|f(x,y)|\mathrm{d}x<+\infty\right),$$

则 $\iint_D f(x,y)\mathrm{d}x\mathrm{d}y$ 收敛, 且

$$\iint_D f(x,y)\mathrm{d}x\mathrm{d}y = \int_a^{+\infty}\mathrm{d}x\int_b^{+\infty} f(x,y)\mathrm{d}y$$

$$\left(\text{或}\iint_D f(x,y)\mathrm{d}x\mathrm{d}y = \int_b^{+\infty}\mathrm{d}y\int_a^{+\infty} f(x,y)\mathrm{d}x\right).$$

若其中的两个累次积分有一个为 ∞, 则 $\iint_D f(x,y)\mathrm{d}x\mathrm{d}y$ 发散.

定理 15.5.5 设 $D\subset\mathbb{R}^2$ 是无界闭区域, 变换

$$\boldsymbol{T}(u,v):\begin{cases}x=x(u,v),\\ y=y(u,v)\end{cases}\qquad (u,v)\in D$$

是 D 到 $\boldsymbol{T}(D)$ 的 C^1 同胚映射, 函数 $f(x,y)$ 在 $\boldsymbol{T}(D)$ 的任何可求面积的有界闭子区域上可积, 则

$$\iint_{\boldsymbol{T}(D)} f(x,y)\mathrm{d}x\mathrm{d}y = \iint_D f(x(u,v),y(u,v))\left|\frac{\partial(x,y)}{\partial(u,v)}\right|\mathrm{d}u\mathrm{d}v. \quad (15.5.2)$$

注 等式 (15.5.2) 应理解为: 若等号两端有一个积分收敛, 则另一个积分也收敛, 并且积分值相等.

例 15.5.3 设函数 $f(x,y)=\dfrac{1}{(x^2+y^2)^{\frac{\alpha}{2}}}=\dfrac{1}{r^\alpha}$, 其中 $r=\sqrt{x^2+y^2}$, α 为常数. 分别就下列积分区域讨论无穷重积分 $\displaystyle\iint_D f(x,y)\mathrm{d}x\mathrm{d}y$ 的敛散性:

(1) $D=\{(r,\theta):1\leqslant r<+\infty, 0\leqslant\theta_1\leqslant\theta\leqslant\theta_2\leqslant 2\pi\}$;

(2) $D=\{(x,y):1\leqslant x<+\infty, 0\leqslant y\leqslant 1\}$.

解 (1) 由极坐标变换得

$$\iint_D \frac{\mathrm{d}x\mathrm{d}y}{(x^2+y^2)^{\frac{\alpha}{2}}} = \lim_{R\to+\infty}\int_{\theta_1}^{\theta_2}\mathrm{d}\theta\int_1^R \frac{r}{r^\alpha}\mathrm{d}r.$$

由一元函数无穷积分的收敛性知, 当 $\alpha-1>1$, 即 $\alpha>2$ 时, $\displaystyle\iint_D \frac{\mathrm{d}x\mathrm{d}y}{(x^2+y^2)^{\frac{\alpha}{2}}}$ 收敛; 而当 $\alpha\leqslant 2$ 时, 该无穷重积分发散.

(2) 在对于 $\forall(x,y)\in D$ 中有

$$\frac{1}{(x^2+1)^{\frac{\alpha}{2}}}\leqslant\frac{1}{(x^2+y^2)^{\frac{\alpha}{2}}}\leqslant\frac{1}{x^\alpha},$$

且

$$\begin{aligned}\iint_D \frac{1}{(x^2+1)^{\frac{\alpha}{2}}}\mathrm{d}x\mathrm{d}y &= \lim_{X\to+\infty}\int_0^1\mathrm{d}y\int_1^X\frac{\mathrm{d}x}{(x^2+1)^{\frac{\alpha}{2}}}\\ &= \lim_{X\to+\infty}\int_1^X\frac{\mathrm{d}x}{(x^2+1)^{\frac{\alpha}{2}}}\end{aligned}$$

及

$$\iint_D \frac{1}{x^\alpha}\mathrm{d}x\mathrm{d}y = \lim_{X\to+\infty}\int_1^X\frac{\mathrm{d}x}{x^\alpha}.$$

由一元非负函数无穷积分敛散性的判别法知, 当 $\alpha > 1$ 时, $\iint_D \frac{1}{x^\alpha}\mathrm{d}x\mathrm{d}y$ 收敛, 从而 $\iint_D \frac{\mathrm{d}x\mathrm{d}y}{(x^2+y^2)^{\frac{\alpha}{2}}}$ 收敛; 当 $\alpha \leqslant 1$ 时, $\iint_D \frac{\mathrm{d}x\mathrm{d}y}{(x^2+1)^{\frac{\alpha}{2}}}$ 发散, 从而 $\iint_D \frac{\mathrm{d}x\mathrm{d}y}{(x^2+y^2)^{\frac{\alpha}{2}}}$ 发散.

注 当 $1 < \alpha \leqslant 2$ 时, $\frac{1}{(x^2+y^2)^{\frac{\alpha}{2}}}$ 在 (1) 中 D 上的无穷重积分发散, 而在 (2) 中 D 上的无穷重积分收敛. 这说明相同的函数在不同区域上的积分可能具有不同的敛散性. 读者不难证明: 对任何一个 $\mathbb{R}^2$ 内的连续函数 $f(x,y)$, 总可找到一个无界闭区域 D, 使得 $\iint_D f(x,y)\mathrm{d}x\mathrm{d}y$ 收敛. 反过来, 对于任何一个无界闭区域 $D \subset \mathbb{R}^2$, 总可以找到一个 D 上的正的连续函数 $g(x,y)$, 使得 $\iint_D g(x,y)\mathrm{d}x\mathrm{d}y$ 发散.

例 15.5.4 讨论无穷重积分 $\iint_D \frac{x^2-y^2}{(x^2+y^2)^2}\mathrm{d}x\mathrm{d}y$ 的敛散性, 其中 $D = \{(x,y): 1 \leqslant x < +\infty, 1 \leqslant y < +\infty\}$.

解 取定 $0 < \theta_1 < \theta_2 < \pi/8$, 利用极坐标变换, 则存在 $R_0 > 0$, 使得

$$\Omega = \{(r,\theta): R_0 \leqslant r < +\infty, \theta_1 \leqslant \theta \leqslant \theta_2\}$$

在变换 $\begin{cases} x = r\cos\theta, \\ y = r\sin\theta \end{cases}$ 下的像 D_1 落在 D 内. 由

$$\begin{aligned}\iint_D \frac{|x^2-y^2|}{(x^2+y^2)^2}\mathrm{d}x\mathrm{d}y &\geqslant \iint_{D_1} \frac{|x^2-y^2|}{(x^2+y^2)^2}\mathrm{d}x\mathrm{d}y = \iint_\Omega \frac{r^2\cos 2\theta}{r^4} r\mathrm{d}r\mathrm{d}\theta \\ &= \lim_{R\to+\infty}\int_{\theta_1}^{\theta_2}\mathrm{d}\theta\int_{R_0}^{R}\cos 2\theta\frac{\mathrm{d}r}{r} = +\infty\end{aligned}$$

知原无穷重积分发散.

例 15.5.5 通过计算 $\iint_{\mathbb{R}^2} \mathrm{e}^{-(x^2+y^2)}\mathrm{d}x\mathrm{d}y$ 求 $\int_0^{+\infty} \mathrm{e}^{-x^2}\mathrm{d}x$ 的值.

解 取 $D_R=\{(x,y):x^2+y^2\leqslant R^2\}$, 则由极坐标变换得

$$\lim_{R\to+\infty}\iint_{D_R}\mathrm{e}^{-(x^2+y^2)}\mathrm{d}x\mathrm{d}y=\lim_{R\to+\infty}\int_0^{2\pi}\mathrm{d}\theta\int_0^R\mathrm{e}^{-r^2}r\mathrm{d}r=\pi.$$

因此无穷重积分 $\iint_{\mathbb{R}^2}\mathrm{e}^{-(x^2+y^2)}\mathrm{d}x\mathrm{d}y$ 收敛, 并且它的值为 π.

现取 $N_R=\{(x,y):-R\leqslant x\leqslant R,-R\leqslant y\leqslant R\}$, 则

$$\begin{aligned}\pi&=\iint_{\mathbb{R}^2}\mathrm{e}^{-(x^2+y^2)}\mathrm{d}x\mathrm{d}y=\lim_{R\to+\infty}\iint_{N_R}\mathrm{e}^{-(x^2+y^2)}\mathrm{d}x\mathrm{d}y\\&=\lim_{R\to+\infty}\int_{-R}^R\mathrm{e}^{-x^2}\mathrm{d}x\int_{-R}^R\mathrm{e}^{-y^2}\mathrm{d}y=\left(\int_{-\infty}^{+\infty}\mathrm{e}^{-x^2}\mathrm{d}x\right)^2.\end{aligned}$$

所以 $\displaystyle\int_0^{+\infty}\mathrm{e}^{-x^2}\mathrm{d}x=\frac{\sqrt{\pi}}{2}$.

15.5.3 瑕重积分

设 $D\subset\mathbb{R}^2$ 是可求面积的有界闭区域, $\boldsymbol{x}_0=(x_0,y_0)\in D$. 在本节中, 我们对 D 作如下假定: 对每个充分小的 $\delta>0$, $D\backslash U(\boldsymbol{x}_0,\delta)$ 是一个闭区域; 若记 $A(\boldsymbol{x}_0,\delta_1,\delta_2)=\{\boldsymbol{x}:0<\delta_1\leqslant|\boldsymbol{x}-\boldsymbol{x}_0|\leqslant\delta_2\}$, 则当 δ_2 充分小时, $D\cap A(\boldsymbol{x}_0,\delta_1,\delta_2)$ 是有限个两两内部不交的可求面积的闭区域之并. 我们引入如下瑕重积分敛散性的定义:

定义 15.5.3 设 $D\subset\mathbb{R}^2$ 是可求面积的有界闭区域, $\boldsymbol{x}_0\in D$, 函数 $f(x,y)$ 在 $D\backslash\{\boldsymbol{x}_0\}$ 上有定义且无界, 在 $D\backslash\{\boldsymbol{x}_0\}$ 的任何可求面积的闭子区域上可积. 若存在常数 I, 使得对于 $\forall\varepsilon>0$, $\exists\delta>0$, 对 $D\backslash\{\boldsymbol{x}_0\}$ 的任何可求面积的闭子区域 D', 只要 $D'\supset D\backslash U(\boldsymbol{x}_0,\delta)$, 就有

$$\left|\iint_{D'}f(x,y)\mathrm{d}x\mathrm{d}y-I\right|<\varepsilon,\tag{15.5.3}$$

则称瑕重积分 $\iint_D f(x,y)\mathrm{d}x\mathrm{d}y$**收敛**, 同时称 I 为 $f(x,y)$ 在 D 上的**瑕重积分**, 并记为

$$\iint_D f(x,y)\mathrm{d}x\mathrm{d}y=I.$$

若不存在常数 I, 使得式 (15.5.3) 成立, 则称瑕重积分 $\iint_D f(x,y)\mathrm{d}x\mathrm{d}y$ **发散**.

注 我们把定义 15.5.3 中的 $\boldsymbol{x}_0=(x_0,y_0)$ 称为 $f(x,y)$ 的**瑕点**.

如同讨论无穷重积分敛散性时引入的穷尽列, 称 $\{D_k\}$ 为可求面积的有界闭区域 D 的一个穷尽列, 若 $D_1\subset D_2\subset\cdots\subset D_k\subset\cdots\subset D\backslash\{\boldsymbol{x}_0\}$, 且对于 $\forall\delta>0$, $\exists K\in\mathbb{N}$, 当 $k>K$ 时, 有 $D_k\supset D\backslash U(\boldsymbol{x}_0,\delta)$. 我们也有以下类似于判定无穷重积分敛散性的定理.

定理 15.5.6 设 $D\subset\mathbb{R}^2$ 是可求面积的有界闭区域, $\boldsymbol{x}_0=(x_0,y_0)\in D$, 函数 $f(x,y)$ 在 $D\backslash\{\boldsymbol{x}_0\}$ 上有定义且无界, 在 $D\backslash\{\boldsymbol{x}_0\}$ 的任何可求面积的闭子区域上可积, 则瑕重积分 $\iint_D f(x,y)\mathrm{d}x\mathrm{d}y$ 收敛的充分必要条件是: 对 D 的任何穷尽列 $\{D_k\}$, 序列极限 $\lim\limits_{k\to\infty}\iint_{D_k} f(x,y)\mathrm{d}x\mathrm{d}y$ 存在.

定理 15.5.7 设 $D\subset\mathbb{R}^2$ 是可求面积的有界闭区域, $\boldsymbol{x}_0=(x_0,y_0)\in D$, 函数 $f(x,y)$ 在 $D\backslash\{\boldsymbol{x}_0\}$ 上有定义、非负且无界, 在 $D\backslash\{\boldsymbol{x}_0\}$ 的任何可求面积的闭子区域上可积, 则瑕重积分 $\iint_D f(x,y)\mathrm{d}x\mathrm{d}y$ 收敛的充分必要条件是: 存在常数 $I>0$ 和 D 的穷尽列 $\{D_k\}$, 使得对于 $\forall k\in\mathbb{N}$, 有

$$\iint_{D_k} f(x,y)\mathrm{d}x\mathrm{d}y\leqslant I.$$

定理 15.5.8 设 $D\subset\mathbb{R}^2$ 是可求面积的有界闭区域, $\boldsymbol{x}_0=(x_0,y_0)\in D$, 函数 $f(x,y)$ 在 $D\backslash\{\boldsymbol{x}_0\}$ 上有定义且无界, 在 $D\backslash\{\boldsymbol{x}_0\}$ 的任何可求面积的闭子区域上可积, 则瑕重积分 $\iint_D f(x,y)\mathrm{d}x\mathrm{d}y$ 收敛的充分必要条件是瑕重积分 $\iint_D |f(x,y)|\mathrm{d}x\mathrm{d}y$ 收敛.

上述这些定理的证明与无穷重积分相应定理的证明相似,请读者自证. 另外, $f(x,y)$ 在 D 内一点的邻域内无界的瑕重积分, 可以推广到多个点, 甚至在一些曲线上无界的情形, 请读者给出它们相应的定义与性质, 在此我们就不再赘述了.

例 15.5.6 试讨论瑕重积分 $\iint_D \frac{\mathrm{d}x\mathrm{d}y}{(x^2+y^2)^{\frac{\alpha}{2}}}$ 的敛散性, 其中 $D=\{(x,y):x^2+y^2\leqslant 1\}$.

解法 1 显然, 当 $\alpha>0$ 时, 原点是被积函数的瑕点. 由极坐标变换得

$$\iint_D \frac{\mathrm{d}x\mathrm{d}y}{(x^2+y^2)^{\frac{\alpha}{2}}}=\lim_{\delta\to 0+0}\int_0^{2\pi}\mathrm{d}\theta\int_\delta^1 \frac{r}{r^\alpha}\mathrm{d}r=\lim_{\delta\to 0+0}2\pi\int_\delta^1 r^{1-\alpha}\mathrm{d}r,$$

因此, 当 $\alpha<2$ 时, 原瑕重积分收敛; 当 $\alpha\geqslant 2$ 时, 原瑕重积分发散.

解法 2 记 $D^*=\{(s,t):s^2+t^2\geqslant 1\}$. 作变换

$$\begin{cases} x=\dfrac{s}{s^2+t^2}, \\ y=\dfrac{-t}{s^2+t^2}, \end{cases} \quad (s,t)\in D^*,$$

则变换将 D^* 映成 $D\backslash\{(0,0)\}$, 且

$$\frac{\partial(x,y)}{\partial(s,t)}=\frac{1}{(s^2+t^2)^2}.$$

因此

$$\iint_D \frac{\mathrm{d}x\mathrm{d}y}{(x^2+y^2)^{\frac{\alpha}{2}}}=\iint_{D^*}\frac{(s^2+t^2)^{\frac{\alpha}{2}}}{(s^2+t^2)^2}\mathrm{d}s\mathrm{d}t=\iint_{D^*}\frac{\mathrm{d}s\mathrm{d}t}{(s^2+t^2)^{2-\frac{\alpha}{2}}}.$$

由例 15.5.3 知, 当 $2-\dfrac{\alpha}{2}>1$, 即 $\alpha<2$ 时, 原瑕重积分收敛; 当 $2-\dfrac{\alpha}{2}\leqslant 1$, 即 $\alpha\geqslant 2$ 时, 原瑕重积分发散.

注 1 结合例 15.5.3 和例 15.5.6, 我们推知, 对任意的 $\alpha\in\mathbb{R}$, 广义重积分 $\iint_{\mathbb{R}^2}\frac{\mathrm{d}x\mathrm{d}y}{(x^2+y^2)^{\frac{\alpha}{2}}}$ 都发散.

注 2 由解法 2, 我们容易将有界闭区域上具有一个瑕点的无界函数的重积分与无界区域上的重积分进行转化. 例如, 从例 15.5.3 我们可以容易地构造以原点为心的单位圆盘 D 内的一个闭区域 Ω, 使得 $\mathbf{0}\in\partial\Omega$ 且当 $2\leqslant\alpha<3$ 时, 无穷重积分 $\iint_\Omega \frac{\mathrm{d}x\mathrm{d}y}{(x^2+y^2)^{\frac{\alpha}{2}}}$ 仍然收敛. 事实上, 取 (s,t) 平面上的闭区域 $G=\{(s,t):1\leqslant s<+\infty, 0\leqslant t\leqslant 1\}$, 然后利用变换

$$\begin{cases} x = \dfrac{s}{s^2+t^2}, \\ y = \dfrac{-t}{s^2+t^2} \end{cases}$$

将它变到单位圆盘内, 容易看出其像集合并上 (0,0) 为一个可求面积的有界闭区域 Ω. 利用例 15.5.3, 可知 $\displaystyle\iint_\Omega \frac{\mathrm{d}x\mathrm{d}y}{(x^2+y^2)^{\alpha/2}}$ 必收敛.

最后, 我们举一个例子来说明如何判别具有多个瑕点的多元函数瑕积分的敛散性.

例 15.5.7 设函数 $f(x)$ 在区间 $[0,1]$ 上连续, 且对于 $\forall x \in [0,1]$, 有 $f(x) > 0$, 又设闭区域 $D = \{(x,y) : 0 \leqslant x \leqslant 1, 0 \leqslant y \leqslant f(x)\}$. 试讨论瑕重积分 $\displaystyle\iint_D \frac{\mathrm{d}x\mathrm{d}y}{|y-f(x)|^\alpha}$ 的敛散性, 其中 $\alpha < 1$.

解 设 $f(x)$ 在 $[0,1]$ 上的最大值为 M. 取 $r > 0$, 令

$$D_r = \{(x,y) : 0 \leqslant x \leqslant 1, 0 \leqslant y \leqslant f(x) - r\},$$

则

$$\begin{aligned} \iint_D \frac{\mathrm{d}x\mathrm{d}y}{|y-f(x)|^\alpha} &= \lim_{r\to0+0} \iint_{D_r} \frac{\mathrm{d}x\mathrm{d}y}{|y-f(x)|^\alpha} \\ &= \lim_{r\to0+0} \int_0^1 \mathrm{d}x \int_0^{f(x)-r} \frac{\mathrm{d}y}{|y-f(x)|^\alpha}. \end{aligned}$$

将 x 看成常数, 对定积分 $\displaystyle\int_0^{f(x)-r} \frac{\mathrm{d}y}{|y-f(x)|^\alpha}$ 作变换 $y = f(x) - t$, 则有

$$\begin{aligned} \lim_{r\to0+0} \int_0^1 \mathrm{d}x \int_0^{f(x)-r} \frac{\mathrm{d}y}{|y-f(x)|^\alpha} &= \lim_{r\to0+0} \int_0^1 \mathrm{d}x \int_r^{f(x)} \frac{\mathrm{d}t}{t^\alpha} \\ &\leqslant \lim_{r\to0+0} \int_0^1 \mathrm{d}x \int_r^M \frac{\mathrm{d}t}{t^\alpha} = \int_0^M \frac{\mathrm{d}t}{t^\alpha} < +\infty. \end{aligned}$$

因此原瑕重积分收敛.

习题十五

1. 设 $\Omega \subset \mathbb{R}^2$ 是可求面积的有界闭区域, 函数 $z = h(x,y)$ 在 Ω 上连续, 且 $h(x,y) \geqslant 0$. 证明 $D = \{(x,y,z) : (x,y) \in \Omega,\ 0 \leqslant z \leqslant h(x,y)\} \subset \mathbb{R}^3$ 可求体积.

2. 设 $E = \{(x,y) : x,y\text{均为有理数}\}$, $D = [0,1] \times [0,1]$, 证明 $D \cap E$ 不可求面积.

3. 设 $D \subset \mathbb{R}^2$ 是可求面积的有界区域, 函数 $f(x,y)$ 在 $\overline{D}$ 上有界并且在 D 内连续. 证明 $f(x,y)$ 在 $\overline{D}$ 上可积.

4. 设函数 $f(\boldsymbol{x})$ 在可求体积的有界闭区域 $\Omega \subset \mathbb{R}^n$ 上可积, 向量函数 $\boldsymbol{x} = \boldsymbol{x}(\boldsymbol{u})$ 是可求体积的有界闭区域 $D \subset \mathbb{R}^n$ 到可求体积的有界闭区域 $\boldsymbol{x}(D) \subset \Omega$ 的 C^1 同胚映射. 证明 $f(\boldsymbol{x}(\boldsymbol{u}))$ 在 D 上可积.

5. 设函数 $f(x,y), g(x,y)$ 在可求面积的有界闭区域 $D \subset \mathbb{R}^2$ 上连续, 且对于 $\forall (x,y) \in D$, 有 $g(x,y) \geqslant 0$. 证明存在无穷多个 $(\xi,\eta) \in D^\circ$ 使得等式

$$\iint_D f(x,y)g(x,y)\mathrm{d}x\mathrm{d}y = f(\xi,\eta)\iint_D g(x,y)\mathrm{d}x\mathrm{d}y$$

成立.

6. 设 $f(\boldsymbol{x})$ 在 $U(\boldsymbol{x}_0,\delta_0) \subset \mathbb{R}^n$ $(\delta_0 > 0)$ 内连续, 并记 V_δ 为 $U(\boldsymbol{x}_0,\delta)$ 的体积. 证明:

$$\lim_{\delta \to 0} \frac{1}{V_\delta} \iint \cdots \int_{U(\boldsymbol{x}_0,\delta)} f(\boldsymbol{x})\mathrm{d}V = f(\boldsymbol{x}_0).$$

7. 设函数 $f(x,y)$ 在可求面积的有界闭区域 $D \subset \mathbb{R}^2$ 可积, 证明 $u = F(x,y,z) = f(x,y)$ 在闭区域 $\Omega = \{(x,y,z) : (x,y) \in D,\ 1 \leqslant z \leqslant 2\} \subset \mathbb{R}^3$ 上的三重积分存在. 反之, 设 $g(x,y,z)$ 在可求体积的有界闭区域 $\Omega \subset \mathbb{R}^3$ 上可积, 并设 $D = \{(x,y,z) : (x,y,z) \in \Omega,\ z = 0\} \subset \mathbb{R}^2$ 是可求面积的有界闭区域, 试问: $g(x,y,0)$ 在 D 上的二重积分是否一定存在?

8. 设函数 $f(\boldsymbol{x})$ 在 $\mathbb{R}^n$ 上有定义, 且在任意可求体积的有界闭区

域上可积. 证明 $F(\boldsymbol{y})=\iint\cdots\int_{|\boldsymbol{x}-\boldsymbol{y}|\leqslant 1} f(\boldsymbol{x})\mathrm{d}V$ 在 $\mathbb{R}^n$ 上连续.

9. 设函数 $f(x)$ 在区间 $[a,b]$ 上连续, 且对于 $\forall x\in[a,b]$, 有 $f(x)\geqslant\alpha>0$. 记 $D=[a,b]\times[a,b]$, 证明 $\iint_D f(x)(f(y))^{-1}\mathrm{d}x\mathrm{d}y\geqslant(b-a)^2$.

10. 计算下列重积分或累次积分:

(1) $\iint_D x^2|y|^3\mathrm{d}x\mathrm{d}y$, 其中 D 为区域 $[-2,2]\times[-1,1]$;

(2) $\int_0^{\sqrt{3}}\mathrm{d}x\int_0^1\frac{8x}{(x^2+y^2+1)^2}\mathrm{d}y$;

(3) $\iiint_D \mathrm{e}^{x+y+z}\mathrm{d}x\mathrm{d}y\mathrm{d}z$, 其中 D 为区域 $[0,\ln 2]\times[0,\ln 3]\times[0,\ln 4]$.

11. 对下列累次积分改变积分顺序:

(1) $\int_3^5\mathrm{d}x\int_{-x}^{x^2}f(x,y)\mathrm{d}y$;

(2) $\int_{-1}^0\mathrm{d}y\int_{-\sqrt{y+1}}^{\sqrt{y+1}}f(x,y)\mathrm{d}x$;

(3) $\int_0^6\mathrm{d}x\int_0^{6-x}\mathrm{d}y\int_{x+y}^6 f(x,y,z)\mathrm{d}z$;

(4) $\int_0^1\mathrm{d}y\int_{y^2}^{2-y}f(x,y)\mathrm{d}x$;

(5) $\int_{-1}^1\mathrm{d}x\int_{-\sqrt{1-x^2}}^{\sqrt{1-x^2}}\mathrm{d}y\int_0^1 f(x,y,z)\mathrm{d}z$;

(6) $\int_0^1\mathrm{d}x_1\int_0^{1-x_1}\mathrm{d}x_2\int_0^{1-x_1-x_2}\mathrm{d}x_3\int_0^{1-x_1-x_2-x_3}f(x_1,x_2,x_3,x_4)\mathrm{d}x_4$;

(7) $\int_0^1\mathrm{d}y\int_{-y}^{y}\mathrm{d}z\int_{-\sqrt{y^2-z^2}}^{\sqrt{y^2-z^2}}f(x,y,z)\mathrm{d}x$;

(8) $\int_{-1}^1\mathrm{d}x\int_{-2\sqrt{1-x^2}}^{2\sqrt{1-x^2}}\mathrm{d}y\int_0^{x^2+\frac{y^2}{4}}f(x,y,z)\mathrm{d}z$.

12. 计算下列重积分:

(1) $\iint_D(x^2+2y)\mathrm{d}x\mathrm{d}y$, 其中 D 是由 $y=x^2$ 与 $y=\sqrt{x}$ 所围的有界闭区域;

(2) $\iint_D \sin y^3 \mathrm{d}x\mathrm{d}y$, 其中 D 是由 $y=\sqrt{x}, y=2$ 与 $x=0$ 所围的有界闭区域;

(3) $\iint_D (x^2+x^4y)\mathrm{d}x\mathrm{d}y$, 其中 D 为闭区域 $1\leqslant x^2+y^2\leqslant 4$;

(4) $\iint_D x^2y^3\mathrm{d}x\mathrm{d}y$, 其中 D 是由 $y^2=2x$, $x=\dfrac{1}{2}$ 所围的有界闭区域;

(5) $\iint_D (x+y)\mathrm{d}x\mathrm{d}y$, 其中 D 是由 $y=\mathrm{e}^x, y=1, x=0, x=1$ 所围的有界闭区域;

(6) $\iiint_D xyz\mathrm{d}x\mathrm{d}y\mathrm{d}z$, 其中 D 是由 $x=0, x=1, y=0, y=1, z=2, z=\sqrt{x^2+y^2}$ 所围的有界闭区域;

(7) $\iiint_D x^2y^4\sin z\mathrm{d}x\mathrm{d}y\mathrm{d}z$, 其中 D 为单位球体 $x^2+y^2+z^2\leqslant 1$;

(8) $\iiint_D \cos x\cos y\cos z\mathrm{d}x\mathrm{d}y\mathrm{d}z$, 其中 D 为闭区域 $|x|+|y|+|z|\leqslant 1$;

(9) $\iiint_D (x^2+y^2)\mathrm{d}x\mathrm{d}y\mathrm{d}z$, 其中 D 是由 $z=16(x^2+y^2)$, $z=4(x^2+y^2)$, $z=64$ 所围的有界闭区域;

(10) $\iint\cdots\int_D \left(\sum_{i=1}^{n} x_i\right)^2 \mathrm{d}x_1\mathrm{d}x_2\cdots\mathrm{d}x_n$, 其中

$$D=[0,1]\times[0,1]\times\cdots\times[0,1].$$

13. 求由曲线 $y^2=4ax$ 与 $x^2=\dfrac{a}{2}y\ (a>0)$ 所围有界闭区域的面积.

14. 求由曲面 $\left(\dfrac{x}{\sqrt{2}}+\dfrac{y}{\sqrt{3}}\right)^2+\dfrac{z^2}{2}=1$与三个坐标平面所围立体在第一卦限部分的体积.

15. 设函数 $f(x,y)$ 在区域 D 内具有二阶连续偏导数. 对于 $\forall \boldsymbol{x}_0=$

$(x_0, y_0) \in D$, 证明:

(1) 当 $\overline{N(\boldsymbol{x}_0,\delta)} \subset D(\delta > 0)$ 时, 成立

$$\iint_{\overline{N(\boldsymbol{x}_0,\delta)}} f''_{xy}(x,y)\mathrm{d}x\mathrm{d}y = \iint_{\overline{N(\boldsymbol{x}_0,\delta)}} f''_{yx}(x,y)\mathrm{d}x\mathrm{d}y;$$

(2) 在 D 内处处成立 $f''_{xy}(x,y) = f''_{yx}(x,y)$.

16. 设函数 $f(x)$ 在区间 $[a,b]$ 上可积, 利用 $F(x,y) = [f(x)-f(y)]^2$ 在 $[a,b]\times[a,b]$ 上的重积分, 证明

$$\left(\int_a^b f(x)\mathrm{d}x\right)^2 \leqslant (b-a)\int_a^b f^2(x)\mathrm{d}x.$$

17. 利用适当的变量替换计算下列二重积分:

(1) $\iint_D y\mathrm{d}x\mathrm{d}y$, 其中 D 是由心脏线 $r = 2(1+\cos\theta)$ 所围且落在 $r=2$ 外部的有界闭区域;

(2) $\iint_D (4-x^2-y^2)^{-\frac{1}{2}}\mathrm{d}x\mathrm{d}y$, 其中 D 为闭单位圆盘 $x^2+y^2 \leqslant 1$ 落在第一象限的部分;

(3) $\iint_D xy\mathrm{d}x\mathrm{d}y$, 其中 D 是闭区域 $\dfrac{x^2}{a^2}+\dfrac{y^2}{b^2} \leqslant 1$ 落在第一象限的部分;

(4) $\iint_D (x^2+y^2)\mathrm{d}x\mathrm{d}y$, 其中 D 是由 $x^2-y^2=1$,$x^2-y^2=9$, $xy=2$, $xy=4$ 所围的有界闭区域;

(5) $\iint_D \mathrm{e}^{\frac{y}{x+y}}\mathrm{d}x\mathrm{d}y$, 其中 D 是由 $x=0$,$y=0$ 及 $x+y=1$ 所围的有界闭区域;

(6) $\iint_D \cos\left(\dfrac{x-y}{x+y}\right)\mathrm{d}x\mathrm{d}y$, 其中 D 与 (5) 中的 D 相同;

(7) $\iint_D \left(x^2+\dfrac{y^2}{4}\right)\mathrm{d}x\mathrm{d}y$, 其中 D 是由 $xy=1$,$xy=2$,$y=4x$,$y=8x$ 所围的有界闭区域.

18. 求由曲线 $(x^2+y^2)^2 = a^2(x^2-y^2)$ 所围有界闭区域的面积.

19. 求在极坐标下表示的圆环 $1 \leqslant r \leqslant 2$ 被极轴 $\theta = 0$ 与螺旋线 $r\theta = 1$ 所分成的两个有界闭区域的面积.

20. 求在第一卦限内由三个坐标平面与曲面 $z = x^2 + y^2 + 1$ 及平面 $2x + y = 2$ 所围立体的体积.

21. 设平面物体 $D \subset \mathbb{R}^2$ 是可求面积的有界闭区域, 其密度函数 $\rho(x, y)$ 在 D 上连续. 试用二重积分来表示 D 的关于 x 轴的转动惯量.

22. 设第一卦限内的某立体由 $z = 0, y = 1, x = y, z = xy$ 所围, 其密度函数为 $\rho(x, y, z) = 1 + 2z$, 求其质心坐标.

23. 求由曲面 $z = x^2 + y^2$, $x^2 + y^2 = x$, $x^2 + y^2 = 2x$ 及平面 $z = 0$ 所围立体的体积.

24. 求下列三重积分或累次积分:

(1) $\iiint_D xyz\mathrm{d}x\mathrm{d}y\mathrm{d}z$, 其中 D 为立体 $x^2 + \dfrac{y^2}{2} + \dfrac{z^2}{3} \leqslant 1$ 在第一卦限的部分;

(2) $\iiint_D (x^2 + y^2)\mathrm{d}x\mathrm{d}y\mathrm{d}z$, 其中 D 是由曲面 $z = 12 - 2x^2 - 2y^2$ 与 $z = x^2 + y^2$ 所围的有界闭区域;

(3) $\displaystyle\int_0^2 \mathrm{d}z \int_0^{(2z-z^2)^{\frac{1}{2}}} \mathrm{d}y \int_0^{(2z-z^2-y^2)^{\frac{1}{2}}} (x^2 + y^2 + z^2)^{-\frac{1}{2}}\mathrm{d}x$;

(4) $\iiint_D (x+y-z)(y+z-x)(x+z-y)\mathrm{d}x\mathrm{d}y\mathrm{d}z$, 其中 $D = \{(x, y, z) : 0 \leqslant x + y - z \leqslant 1, 0 \leqslant y + z - x \leqslant 1, 0 \leqslant x + z - y \leqslant 1\}$;

(5) $\iiint_D (x^2 + y^2)^{\frac{1}{2}}\mathrm{d}x\mathrm{d}y\mathrm{d}z$, 其中 D 是由 $x^2 + y^2 = 9$,$x^2 + y^2 = 16$, $z = 0$, $z = \sqrt{x^2 + y^2}$ 所围的有界闭区域;

(6) $\iiint_D z(x^2 + y^2 + z^2)\mathrm{d}x\mathrm{d}y\mathrm{d}z$, 其中 D 是球体 $x^2 + y^2 + z^2 \leqslant 2z$;

(7) $\displaystyle\int_{-3}^3 \mathrm{d}x \int_{-\sqrt{9-x^2}}^{\sqrt{9-x^2}} \mathrm{d}y \int_{-\sqrt{9-x^2-y^2}}^{\sqrt{9-x^2-y^2}} (x^2 + y^2 + z^2)^{\frac{3}{2}}\mathrm{d}z$.

25. 求立体 $1 \leqslant x^2 + y^2 \leqslant 4$ 夹在 $z = 12 - x^2 - y^2$ 与 $z = 0$ 之间

部分的体积.

26. 设函数 $f(x,y)$ 在 $\mathbb{R}^2$ 上连续, 试找一个由光滑曲线所围的无界闭区域 D, 使得 $\iint_D f(x,y)\mathrm{d}x\mathrm{d}y$ 收敛.

27. 计算下列广义重积分:

(1) $\iiint_{\mathbb{R}^3} \mathrm{e}^{-(x^2+y^2+z^2)}\mathrm{d}x\mathrm{d}y\mathrm{d}z$;

(2) $\iiint_{\mathbb{R}^3} \dfrac{\mathrm{d}x\mathrm{d}y\mathrm{d}z}{(1+x^2+y^2+z^2)^2}$;

(3) $\iiint_D \dfrac{\mathrm{d}x\mathrm{d}y\mathrm{d}z}{\sqrt{x^2+y^2+\left(z-\dfrac{1}{2}\right)^2}}$, 其中 D 为闭区域 $x^2+y^2+z^2 \leqslant 1$.

28. 求第一卦限内由曲面 $z=\dfrac{1}{(1+x+3y)^3}$ 所围立体的体积.

29. 讨论下列广义重积分的敛散性, 其中 α,β,γ 均为常数:

(1) $\iiint_D \dfrac{\mathrm{d}x\mathrm{d}y\mathrm{d}z}{(1+|x|)^\alpha(1+|y|)^\beta(1+|z|)^\gamma}$, 其中 D 为无界闭区域 $\mathbb{R}^3\backslash\Omega$, $\Omega=\{(x,y,z): x^2+y^2+z^2<1\}$;

(2) $\iiint_D \dfrac{\mathrm{d}x\mathrm{d}y\mathrm{d}z}{|x|^\alpha+|y|^\alpha+|z|^\alpha}$, 其中 D 为 (1) 中的无界闭区域;

(3) $\iint_D \dfrac{\mathrm{d}x\mathrm{d}y}{(1-x^2-y^2)^\alpha}$, 其中 D 为单位圆盘 $x^2+y^2\leqslant 1$;

(4) $\iint_D \dfrac{\mathrm{d}x\mathrm{d}y}{|y-x|^\alpha}$, 其中 $D[0,1]\times[0,1]\backslash\{(x,y): y=x, x\in\mathbb{R}\}$;

(5) $\iiint_D \dfrac{\ln(x^2+y^2+z^2)}{(1+x^2+y^2+z^2)^\alpha}\mathrm{d}x\mathrm{d}y\mathrm{d}z$, 其中 $D=\mathbb{R}^3\backslash\{(0,0,0)\}$;

(6) $\iint_{\mathbb{R}^2} \dfrac{\cos(\sqrt{x^2+y^2})}{x^2+y^2+1}\mathrm{d}x\mathrm{d}y$.

30. 设函数 $z=f(x,y)$ 在 $\Omega=[0,1]\times[0,1]$ 上连续, 且对于 $\forall(x,y)\in\Omega$ 有 $f(x,y)>0$. 记 $D=\{(x,y,z): (x,y)\in\Omega, 0\leqslant z\leqslant f(x,y)\}$. 证明: 当 $\alpha<1$ 时, $\iiint_D \dfrac{\mathrm{d}x\mathrm{d}y\mathrm{d}z}{|z-f(x,y)|^\alpha}$ 收敛.

第十六章　曲线积分与曲面积分

在 $\mathbb{R}^n(n \geqslant 2)$ 中具有很多有趣的子集, 如 $\mathbb{R}^2$ 中的曲线, $\mathbb{R}^3$ 中的曲线与曲面等. 当 $n > 3$ 时, 除了曲线与曲面外有趣的子集就更多了. 在科学技术的许多问题中, 人们会遇到这些子集上的积分问题. 在本章中, 我们将研究定义在 $\mathbb{R}^3$ (或 $\mathbb{R}^2$) 中一些特殊几何体上的积分问题, 主要考虑两种简单情况, 即曲线和曲面上的积分. 根据这些积分的不同背景, 人们将它们分成不同类型的积分. 我们主要介绍两类积分: 一类是多元函数的积分, 这类积分称为**第一型积分**; 另一类是向量函数的积分, 这类积分称为**第二型积分**. 在以下各节中, 我们将对它们作详细介绍.

§16.1　第一型曲线积分

16.1.1　第一型曲线积分的定义

在定积分的应用中, 我们学习过曲线弧长的定义. 现在我们简要回顾一下. 设 Γ 是平面内或空间 $\mathbb{R}^3$ 中的一条连续的简单曲线, 以 A, B 为其端点 (当 $A = B$ 时, 则 Γ 是一条约当曲线). 在 Γ 上从 A 到 B 依次取点 $A = A_0, A_1, \cdots, A_K = B$, 它们构成了 Γ 的一个分割 T. 记 $\overline{A_{k-1}A_k}$ 为连接 A_{k-1}, A_k 的线段, 其长为 $s_k\,(k = 1, 2, \cdots, K)$, 则当

$$\sup_T \sum_{k=1}^{K} s_k < +\infty$$

时, 其中上确界是对 Γ 所有的分割 T 取的, 我们称该曲线是可求长的, 并称该上确界为 Γ 的弧长.

现设光滑曲线 Γ 由参数方程 $\begin{cases} x = x(t), \\ y = y(t), \\ z = z(t) \end{cases}$ $(\alpha \leqslant t \leqslant \beta)$ 给出, 则其

弧长 L 可由下述公式计算:

$$L=\int_{\alpha}^{\beta}\sqrt{(x'(t))^2+(y'(t))^2+(z'(t))^2}\mathrm{d}t.$$

为了引入第一型曲线积分, 我们先来研究以下物质曲线的质量问题. 设 Γ 是一条物质曲线, 它可被看成落在 $\mathbb{R}^3$ 中的一条曲线, 并在它上面定义了一个密度函数. 现在设 Γ 以 A 为起点, 以 B 为终点, 在 Γ 上任一点 (x,y,z) 处该物质曲线的线密度为 $\rho(x,y,z)$, 我们来求 Γ 的质量. 当线密度函数为常数函数, 即 $\rho(x,y,z)\equiv\rho_0$ 时, 我们可以求出该物质曲线的质量为 $\rho_0 L$, 其中 L 为该曲线的弧长. 当 $\rho(x,y,z)$ 在 Γ 上不是常数函数时, 依照定积分的思想, 我们可以在 Γ 上依次取点 $A=A_0,A_1,\cdots,A_K=B$, 并称其为 Γ 的一个分割. 此分割将 Γ 分成 K 个小弧段. 在以 A_{k-1},A_k 为端点的弧段 $\overset{\frown}{A_{k-1}A_k}$ 上任取一点 $(\xi_k,\eta_k,\zeta_k)(k=1,2,\cdots,K)$, 作和式 $\sum\limits_{k=1}^{K}\rho(\xi_k,\eta_k,\zeta_k)\Delta s_k$, 其中 $\Delta s_k\,(k=1,2,\cdots,K)$ 是 $\overset{\frown}{A_{k-1}A_k}$ 的弧长. 如同求曲边梯形的面积, 当分割越来越细时, 若该和式的极限趋向于常数 I, 则我们认为 I 即为该物质曲线的质量. 由此我们引进下面的定义.

定义 16.1.1 设 $\Gamma\subset\mathbb{R}^3$ 是可求长的简单曲线, 它以 A 为起点, B 为终点, $f(x,y,z)$ 是定义在 Γ 上的函数. 对于 Γ 的任一分割 T : $A=A_0,A_1,\cdots,A_K=B$, 记 $\Delta s_k\,(k=1,2,\cdots,K)$为弧段 $\overset{\frown}{A_{k-1}A_k}$ 的弧长 (即 Γ 介于 A_{k-1},A_k 之间部分的长度) 及 $\lambda(T)=\max\limits_{1\leqslant k\leqslant K}\Delta s_k$. 在 $\overset{\frown}{A_{k-1}A_k}$ 上任取一点 $(\xi_k,\eta_k,\zeta_k)\,(k=1,2,\cdots,K)$, 作和式

$$\sum_{k=1}^{K}f(\xi_k,\eta_k,\zeta_k)\Delta s_k.$$

若存在 $I\in\mathbb{R}$, 使得对于 $\forall\varepsilon>0$, $\exists\delta>0$, 对 Γ 的任意分割 T 及每个小弧段上任意选取的 (ξ_k,η_k,ζ_k), 当 $\lambda(T)<\delta$ 时, 有

$$\left|\sum_{k=1}^{K} f(\xi_k,\eta_k,\zeta_k)\Delta s_k - I\right| < \varepsilon,$$

即
$$\lim_{\lambda(T)\to 0}\sum_{k=1}^{K} f(\xi_k,\eta_k,\zeta_k)\Delta s_k = I,$$

则称 $f(x,y,z)$ 沿 Γ 的第一型曲线积分存在, 并称 I 为 $f(x,y,z)$ 在 Γ 上的**第一型曲线积分**, 记为

$$I=\int_{\Gamma} f(x,y,z)\mathrm{d}s \quad 或 \quad I=\int_{\widehat{AB}} f(x,y,z)\mathrm{d}s,$$

其中 $f(x,y,z)$ 称为**被积函数**, Γ 称为**积分曲线**.

从定义 16.1.1 可以看出, 第一型曲线积分与 Γ 的方向是无关的. 设 $\Gamma=\widehat{AB}$, 即 Γ 是以 A 为起点, B 为终点的一条曲线. 记 $\Gamma^-=\widehat{BA}$ 是 Γ 的反向曲线, 即将 Γ 的起点与终点对调后所得到的曲线, 则当 $f(x,y,z)$ 在 Γ 上的第一型曲线积分存在时, 有

$$\int_{\Gamma} f(x,y,z)\mathrm{d}s=\int_{\Gamma^-} f(x,y,z)\mathrm{d}s.$$

从定义 16.1.1 还可以推知第一型曲线积分具有下述性质:

(1) 若对于 $\forall (x,y,z)\in\Gamma$, 有 $f(x,y,z)\equiv 1$, 则 $\int_{\Gamma} f(x,y,z)\mathrm{d}s=\int_{\Gamma}\mathrm{d}s$ 即为 Γ 的弧长.

(2) 若 Γ 落在 Oxy 平面上, 且对于 $\forall (x,y)\in\Gamma$, 有 $f(x,y)>0$, 则 $\int_{\Gamma} f(x,y)\mathrm{d}s$ 表示空间柱面 $S=\{(x,y,z):(x,y)\in\Gamma, 0\leqslant z\leqslant f(x,y)\}$ 的面积 (见图 16.1.1, 关于曲面面积的定义将在 §16.3 中讨论).

(3) 第一型曲线积分具有关于被积函数的线性性, 即设 Γ 是可求长的简单曲线, 函数 $f(x,y,z)$ 与 $g(x,y,z)$ 在 Γ 上的第一型曲线积分存

在, $\alpha,\beta\in\mathbb{R}$, 则 $\alpha f(x,y,z)+\beta g(x,y,z)$ 在 $\varGamma$ 上的第一型曲线积分存在, 并且

$$\int_{\varGamma}[\alpha f(x,y,z)+\beta g(x,y,z)]\mathrm{d}s=\alpha\int_{\varGamma}f(x,y,z)\mathrm{d}s+\beta\int_{\varGamma}g(x,y,z)\mathrm{d}s.$$

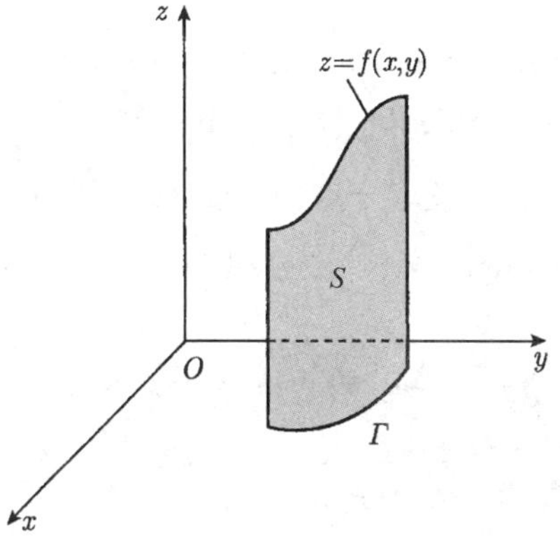

图 16.1.1

(4) 第一型曲线积分具有关于积分曲线的可加性, 即设 $\varGamma_1=\overset{\frown}{AB}$, $\varGamma_2=\overset{\frown}{BC}$ 均为可求长的简单曲线, 且 $\varGamma=\varGamma_1+\varGamma_2=\overset{\frown}{AC}$ 也为可求长的简单曲线, 则函数 $f(x,y,z)$ 在 $\varGamma$ 上的第一型曲线积分存在的充分必要条件是 $f(x,y,z)$ 在 $\varGamma_1$ 和 $\varGamma_2$ 上的第一型曲线积分均存在, 且当第一型曲线积分存在时, 有

$$\int_{\varGamma_1}f(x,y,z)\mathrm{d}s+\int_{\varGamma_2}f(x,y,z)\mathrm{d}s=\int_{\varGamma}f(x,y,z)\mathrm{d}s.$$

以上性质的证明请读者自己给出.

16.1.2 第一型曲线积分的存在性与计算公式

对于第一型曲线积分的存在性, 我们有下面的结论.

定理 16.1.1 设 $\varGamma=\overset{\frown}{AB}\subset\mathbb{R}^3$ 是可求长的简单曲线, 函数 $f(x,y,z)$ 在 $\varGamma$ 上连续, 则第一型曲线积分 $\int_{\varGamma}f(x,y,z)\mathrm{d}s$ 存在.

证明　设 $\varGamma$ 以弧长 s 为参数的参数方程为

$$\varGamma:\begin{cases}x=x(s),\\ y=y(s),\quad (0\leqslant s\leqslant L),\\ z=z(s)\end{cases}$$

其中 L 为 $\varGamma$ 的弧长. 对于 $\varGamma=\widehat{AB}$ 的一个分割 $T: A=A_0, A_1, \cdots, A_K=B$, 则对应于闭区间 $[0,L]$ 的一个分割 $\Delta: 0=s_0<s_1<\cdots<s_K=L$. 在 $\widehat{A_{k-1}A_k}$ 上任取一点 (ξ_k,η_k,ζ_k), 则必存在 $s'_k\in[s_{k-1},s_k]$, 使得 $(\xi_k,\eta_k,\zeta_k)=(x(s'_k),y(s'_k),z(s'_k))(k=1,2,\cdots,K)$. 因此

$$\sum_{k=1}^{K} f(\xi_k,\eta_k,\zeta_k)\Delta s_k=\sum_{k=1}^{K} f(x(s'_k),y(s'_k),z(s'_k))\Delta s_k.$$

上述等式右端是连续函数 $f(x(s),y(s),z(s))$ 在区间 $[0,L]$ 上的黎曼和. 注意到 $\lambda(T)\to 0$ 的充分必要条件是 $\lambda(\Delta)\to 0$, 因此 $\int_\varGamma f(x,y,z)\mathrm{d}s$ 存在, 并且有

$$\int_\varGamma f(x,y,z)\mathrm{d}s=\int_0^L f(x(s),y(s),z(s))\mathrm{d}s.$$

证毕.

在假定 $\varGamma\subset\mathbb{R}^3$ 是光滑曲线时, 我们有以下关于第一型曲线积分的计算公式.

定理 16.1.2　设 $\varGamma$ 是光滑曲线, 其参数方程为

$$\begin{cases}x=x(t),\\ y=y(t),\quad (\alpha\leqslant t\leqslant \beta),\\ z=z(t)\end{cases}$$

再设函数 $f(x,y,z)$ 在 $\varGamma$ 上连续, 则有

$$\int_\varGamma f(x,y,z)\mathrm{d}s=\int_\alpha^\beta f(x(t),y(t),z(t))\sqrt{[x'(t)]^2+[y'(t)]^2+[z'(t)]^2}\mathrm{d}t.$$

证明 由于 Γ 是光滑曲线, 设其弧长为 L. 作 $[\alpha,\beta]\to[0,L]$ 的变换如下: 对于 $\forall t\in[\alpha,\beta]$, 记 $s(t)$ 为 Γ 介于 $(x(\alpha),y(\alpha),z(\alpha))$ 与 $(x(t),y(t),z(t))$ 之间部分的弧长, 即

$$s=s(t)=\int_\alpha^t\sqrt{[x'(u)]^2+[y'(u)]^2+[z'(u)]^2}\mathrm{d}u.$$

注意到

$$\frac{\mathrm{d}s}{\mathrm{d}t}=\sqrt{[x'(t)]^2+[y'(t)]^2+[z'(t)]^2}>0,$$

记 $t=t(s)$ 为 $s(t)$ 的反函数, 因此由定积分换元公式得

$$\begin{aligned}\int_\Gamma f(x,y,z)\mathrm{d}s&=\int_0^L f(x(t(s)),y(t(s)),z(t(s)))\mathrm{d}s\\&=\int_\alpha^\beta f(x(t),y(t),z(t))\sqrt{[x'(t)]^2+[y'(t)]^2+[z'(t)]^2}\mathrm{d}t.\end{aligned}$$

证毕.

例 16.1.1 计算第一型曲线积分 $\int_\Gamma\sqrt{1-x^2-y^2}\mathrm{d}s$, 其中 Γ 是曲线 $x^2+y^2=x$.

解法 1 取曲线 Γ 的参数方程

$$\begin{cases}x=\dfrac{1}{2}+\dfrac{1}{2}\cos t,\\ y=\dfrac{1}{2}\sin t\end{cases}\quad(0\leqslant t\leqslant 2\pi),$$

则

$$\mathrm{d}s=\sqrt{\frac{1}{4}\sin^2 t+\frac{1}{4}\cos^2 t}\mathrm{d}t=\frac{1}{2}\mathrm{d}t.$$

于是

$$\begin{aligned}\int_\Gamma\sqrt{1-x^2-y^2}\mathrm{d}s&=\int_\Gamma\sqrt{1-x}\mathrm{d}s=\frac{1}{2}\int_0^{2\pi}\sqrt{\frac{1-\cos t}{2}}\mathrm{d}t\\&=\frac{1}{2}\int_0^{2\pi}\left|\sin\frac{t}{2}\right|\mathrm{d}t=\int_0^{\pi}\sin\frac{t}{2}\mathrm{d}t=2.\end{aligned}$$

解法 2　由于被积函数及积分曲线的对称性, 我们只要考虑积分曲线落在第一象限的部分即可. 此时曲线 Γ 可写成如下的参数方程

$$\begin{cases} x = x, \\ y = \sqrt{x - x^2} \end{cases} \quad (0 \leqslant x \leqslant 1),$$

从而 $\mathrm{d}s = \dfrac{\mathrm{d}x}{2\sqrt{x - x^2}}$, 因此

$$\int_\Gamma \sqrt{1 - x^2 - y^2}\mathrm{d}s = 2\int_0^1 \sqrt{1-x}\frac{\mathrm{d}x}{2\sqrt{x - x^2}} = \int_0^1 \frac{\mathrm{d}x}{\sqrt{x}} = 2.$$

注　在上例中, 解法 2 中的计算更简单些, 但最后的积分是一个瑕积分. 另外, 由第一型曲线积分的性质, 上例中的积分值是柱面 $x^2 + y^2 = x$ 被单位球面所截得的在 Oxy 平面上方那一块的面积.

例 16.1.2　计算第一型曲线积分 $\displaystyle\int_\Gamma (x+y)^2\mathrm{d}s$, 其中 Γ 是单位圆盘上半部分的边界, 即 $\Gamma = \Gamma_1 \cup \Gamma_2$, 其中

$$\Gamma_1 = \{(x,y) : x^2 + y^2 = 1, y \geqslant 0\}, \quad \Gamma_2 = \{(x,y) : -1 \leqslant x \leqslant 1, y = 0\}.$$

解　由第一型曲线积分的性质, 我们有

$$\int_\Gamma (x+y)^2\mathrm{d}s = \int_{\Gamma_1} (x+y)^2\mathrm{d}s + \int_{\Gamma_2} (x+y)^2\mathrm{d}s.$$

由于

$$\int_{\Gamma_1} (x+y)^2\mathrm{d}s = \int_{\Gamma_1} (x^2+y^2)\mathrm{d}s + 2\int_{\Gamma_1} xy\mathrm{d}s = \int_{\Gamma_1} \mathrm{d}s + 0 = \pi,$$

其中 $\displaystyle\int_{\Gamma_1} xy\mathrm{d}s = 0$ 由对称性得到, 另外我们有

$$\int_{\Gamma_2} (x+y)^2\mathrm{d}s = \int_{-1}^1 x^2\mathrm{d}x = \frac{2}{3},$$

所以

$$\int_\Gamma (x+y)^2\mathrm{d}s = \frac{2}{3} + \pi.$$

§16.2 第二型曲线积分

16.2.1 第二型曲线积分的定义

第二型曲线积分的物理模型是变力做功. 设空间有一个力场, 如地球对空间中任一点都存在引力, 该引力在空间的分布就可称为地球的引力场. 从数学的观点来看一个力场即是在 $\mathbb{R}^3$ 中定义了一个向量函数

$$\boldsymbol{F}(x,y,z)=(P(x,y,z),Q(x,y,z),R(x,y,z)).$$

假定在它的作用下, 一个质点沿空间曲线 $\varGamma$ 从点 A 移到了点 B. 现在我们来求该力场对质点所做的功.

首先注意到, 若 $\boldsymbol{F}$ 是常力, 即它的大小与方向均是常数, 并且在它的作用下, 质点沿连接点 A 和 B 的直线段 $\overline{AB}$ 从 A 移到 B, 则它所做的功为

$$W=\boldsymbol{F}\cdot\overrightarrow{AB}.$$

为了求解上述的一般问题, 我们用熟知的分割、求和、取极限的积分技巧. 记 $\varGamma=\overset{\frown}{AB}$, 沿 $\varGamma$ 依次取分点

$$A=A_0,\ A_1,\ \cdots,\ A_K=B.$$

它们构成 $\varGamma$ 的一个分割 T, 记 $\lambda(T)=\max\limits_{1\leqslant k\leqslant K}\{\mathrm{diam}\,(\overset{\frown}{A_{k-1}A_k})\}$. 在每一段小弧 $\overset{\frown}{A_{k-1}A_k}(k=1,2,\cdots,K)$ 上, 以线段 $\overline{A_{k-1}A_k}$ 代替 $\overset{\frown}{A_{k-1}A_k}$, 并且将 $\boldsymbol{F}(x,y,z)$ 在 $\overset{\frown}{A_{k-1}A_k}$ 上取常力 $\boldsymbol{F}(\xi_k,\eta_k,\zeta_k)((\xi_k,\eta_k,\zeta_k)\in\overset{\frown}{A_{k-1}A_k})$, 则在变力 $\boldsymbol{F}$ 作用下质点沿 $\varGamma$ 从 A_{k-1} 移动到 A_k 所做的功

$$\Delta W_k\approx\boldsymbol{F}(\xi_k,\eta_k,\zeta_k)\cdot\overrightarrow{A_{k-1}A_k}.$$

因此

$$W=\sum_{k=1}^{K}\Delta W_k\approx\sum_{k=1}^{K}\boldsymbol{F}(\xi_k,\eta_k,\zeta_k)\cdot\overrightarrow{A_{k-1}A_k}.$$

当 $\lambda(T)\to 0$ 时, 若上式右端和式的极限存在, 则

$$W=\lim_{\lambda(T)\to 0}\sum_{k=1}^{K}\boldsymbol{F}(\xi_k,\eta_k,\zeta_k)\cdot\overrightarrow{A_{k-1}A_k}.$$

记 $A_k=(x_k,y_k,z_k)\,(k=1,2,\cdots,K)$, 则

$$\overrightarrow{A_{k-1}A_k}=(x_k-x_{k-1},y_k-y_{k-1},z_k-z_{k-1})\triangleq(\Delta x_k,\Delta y_k,\Delta z_k).$$

于是我们有

$$\begin{aligned}&\sum_{k=1}^{K}\boldsymbol{F}(\xi_k,\eta_k,\zeta_k)\cdot\overrightarrow{A_{k-1}A_k}\\&\quad=\sum_{k=1}^{K}(P(\xi_k,\eta_k,\zeta_k)\Delta x_k+Q(\xi_k,\eta_k,\zeta_k)\Delta y_k+R(\xi_k,\eta_k,\zeta_k)\Delta z_k).\end{aligned}$$

从上述变力做功的问题中, 我们得到一个新的和式极限. 由此和式极限我们可以引进一类新的积分. 另外要注意, 我们记空间一条曲线 $\Gamma=\overset{\frown}{AB}$ 是为了强调 Γ 是以 A 为起点, B 为终点的. 当 $A=B$ 时, 我们则必须在 Γ 上取定一个方向.

定义 16.2.1　设 $\Gamma=\overset{\frown}{AB}$ 为空间连续曲线, 向量函数

$$\boldsymbol{F}(x,y,z)=(P(x,y,z),Q(x,y,z),R(x,y,z))$$

在 $\overset{\frown}{AB}$ 上有定义, 记在 $\overset{\frown}{AB}$ 上依次取分点

$$A=A_0,\ A_1,\ \cdots,\ A_K=B$$

组成的分割为 T, $\overrightarrow{A_{k-1}A_k}=(\Delta x_k,\Delta y_k,\Delta z_k)$ $(k=1,2,\cdots,K)$, $\lambda(T)=\max\limits_{1\leqslant k\leqslant K}\{\mathrm{diam}\,(\overset{\frown}{A_{k-1}A_k})\}$. 在 $\overset{\frown}{A_{k-1}A_k}$ 上任取点 $(\xi_k,\eta_k,\zeta_k)(k=1,2,\cdots,K)$. 若极限

$$\lim_{\lambda(T)\to 0}\sum_{k=1}^{K}[P(\xi_k,\eta_k,\zeta_k)\Delta x_k+Q(\xi_k,\eta_k,\zeta_k)\Delta y_k+R(\xi_k,\eta_k,\zeta_k)\Delta z_k]$$

存在并且等于 I, 其中常数 I 不依赖 $\overset{\frown}{AB}$ 的分割 T 以及 (ξ_k,η_k,ζ_k) 的选取, 则称该极限值 I 为 $\boldsymbol{F}(x,y,z)$ 在 Γ 上的**第二型曲线积分**, 记为

$$I=\int_{\Gamma}P(x,y,z)\mathrm{d}x+Q(x,y,z)\mathrm{d}y+R(x,y,z)\mathrm{d}z,$$

或者

$$I=\int_{\overset{\frown}{AB}}P\mathrm{d}x+Q\mathrm{d}y+R\mathrm{d}z,$$

其中 $\boldsymbol{F}(x,y,z)=(P,Q,R)$ 称为**被积函数**, Γ 称为**积分曲线**.

从上述定义可以看出, 第二型曲线积分是考虑一个向量函数在曲线上沿着一个方向的积分, 因此它与曲线的方向有关. 显然, 第一型曲线积分是考虑一个多元函数在曲线上的积分. 当然, 仅从纯数学的观点, 第二型曲线积分也可仅仅定义一个多元函数 $P(x,y,z)$ 的下述积分 $\int_{\overset{\frown}{AB}}P\mathrm{d}x$, $\int_{\overset{\frown}{AB}}P\mathrm{d}y$, $\int_{\overset{\frown}{AB}}P\mathrm{d}z$. 但是这些积分不能反映出第二型曲线积分的物理背景.

从定义我们可以看出第二型曲线积分具有下述**性质**:

(1) 若 $\int_{\overset{\frown}{AB}}P\mathrm{d}x+Q\mathrm{d}y+R\mathrm{d}z$ 存在, 则 $\int_{\overset{\frown}{BA}}P\mathrm{d}x+Q\mathrm{d}y+R\mathrm{d}z$ 存在, 并且

$$\int_{\overset{\frown}{BA}}P\mathrm{d}x+Q\mathrm{d}y+R\mathrm{d}z=-\int_{\overset{\frown}{AB}}P\mathrm{d}x+Q\mathrm{d}y+R\mathrm{d}z.$$

特别地, 当 Γ 是一条简单闭曲线时, 我们有

$$\int_{\Gamma^-}P\mathrm{d}x+Q\mathrm{d}y+R\mathrm{d}z=-\int_{\Gamma}P\mathrm{d}x+Q\mathrm{d}y+R\mathrm{d}z.$$

(2) 设向量函数 $\boldsymbol{f}=(P_1,Q_1,R_1)$ 和 $\boldsymbol{g}=(P_2,Q_2,R_2)$ 在空间曲线 $\overset{\frown}{AB}$ 上的第二型曲线积分都存在, $\alpha,\beta\in\mathbb{R}$, 则 $\alpha\boldsymbol{f}+\beta\boldsymbol{g}$ 在 $\overset{\frown}{AB}$ 上的第二型曲线积分存在, 并且

$$\begin{aligned}&\int_{\overset{\frown}{AB}}(\alpha P_1\mathrm{d}x+\alpha Q_1\mathrm{d}y+\alpha R_1\mathrm{d}z)+(\beta P_2\mathrm{d}x+\beta Q_2\mathrm{d}y+\beta R_2\mathrm{d}z)\\&\quad=\alpha\int_{\overset{\frown}{AB}}P_1\mathrm{d}x+Q_1\mathrm{d}y+R_1\mathrm{d}z+\beta\int_{\overset{\frown}{AB}}P_2\mathrm{d}x+Q_2\mathrm{d}y+R_2\mathrm{d}z.\end{aligned}$$

(3) 设 $\overset{\frown}{AB} = \overset{\frown}{AC} \cup \overset{\frown}{CB}$, 即 $\overset{\frown}{AB}$ 是由两条连续曲线 $\overset{\frown}{AC}, \overset{\frown}{CB}$ 组成, 并且 $\overset{\frown}{AC}$ 与 $\overset{\frown}{CB}$ 仅在端点 C 处相交, 则向量函数 $\boldsymbol{F} = (P, Q, R)$ 在 $\overset{\frown}{AB}$ 上的第二型曲线积分存在的充分必要条件是它在 $\overset{\frown}{AC}$ 及 $\overset{\frown}{CB}$ 上的第二型曲线积分均存在, 并且第二型曲线积分存在时, 成立等式

$$\int_{\overset{\frown}{AB}} P\mathrm{d}x + Q\mathrm{d}y + R\mathrm{d}z = \int_{\overset{\frown}{AC}} P\mathrm{d}x + Q\mathrm{d}y + R\mathrm{d}z + \int_{\overset{\frown}{CB}} P\mathrm{d}x + Q\mathrm{d}y + R\mathrm{d}z.$$

16.2.2 第二型曲线积分的存在性与计算公式

在这里, 我们不准备讨论关于非常广泛的积分曲线和被积函数的第二型曲线积分存在性问题, 只讨论积分曲线是光滑曲线, 而被积函数是连续的情形.

定理 16.2.1 设 $\Gamma = \overset{\frown}{AB}$ 是以 A 为起点, B 为终点的光滑曲线, 其参数方程为

$$\begin{cases} x = x(t), \\ y = y(t), \quad (\alpha \leqslant t \leqslant \beta) \\ z = z(t) \end{cases}$$

且当 t 从 α 连续变为 β 时, 对应曲线上的点从 A 连续变为 B, 再假定函数 $P(x, y, z)$, $Q(x, y, z)$, $R(x, y, z)$ 在 Γ 上连续, 则向量函数 $\boldsymbol{F} = (P, Q, R)$ 在 $\overset{\frown}{AB}$ 上的第二型曲线积分存在, 并且

$$\begin{aligned} &\int_{\overset{\frown}{AB}} P\mathrm{d}x + Q\mathrm{d}y + R\mathrm{d}z \\ &\quad = \int_\alpha^\beta P(x(t), y(t), z(t))x'(t)\mathrm{d}t + \int_\alpha^\beta Q(x(t), y(t), z(t))y'(t)\mathrm{d}t \\ &\qquad + \int_\alpha^\beta R(x(t), y(t), z(t))z'(t)\mathrm{d}t. \end{aligned}$$

证明 我们用微元法证之. 由光滑曲线的定义知 $x'(t), y'(t), z'(t)$ 均是 t 的连续函数, 且对于 $\forall t \in (\alpha, \beta)$, 有

$$x'^2(t) + y'^2(t) + z'^2(t) \neq 0.$$

对于 $\forall[t,t+\mathrm{d}t]\subset[\alpha,\beta]$, 记 $A_t=(x(t),y(t),z(t))\in\Gamma$, $A_{t+\mathrm{d}t}=(x(t+\mathrm{d}t),y(t+\mathrm{d}t),z(t+\mathrm{d}t))\in\Gamma$, 由于

$$\begin{aligned}\overrightarrow{A_tA_{t+\mathrm{d}t}}&\approx(x'(t),y'(t),z'(t))\mathrm{d}t\\&=\frac{(x'(t),y'(t),z'(t))}{\sqrt{x'^2(t)+y'^2(t)+z'^2(t)}}\sqrt{x'^2(t)+y'^2(t)+z'^2(t)}\mathrm{d}t\\&=\frac{(x'(t),y'(t),z'(t))}{\sqrt{x'^2(t)+y'^2(t)+z'^2(t)}}\mathrm{d}s\\&=(\cos\alpha,\cos\beta,\cos\gamma)\mathrm{d}s.\end{aligned}$$

其中 $(\cos\alpha,\cos\beta,\cos\gamma)$ 是曲线在点 $(x(t),y(t),z(t))$ 处的单位切向量. 因此有

$$\begin{aligned}P\mathrm{d}x+Q\mathrm{d}y+R\mathrm{d}z&=(P,Q,R)(\mathrm{d}x,\mathrm{d}y,\mathrm{d}z)\\&=(P,Q,R)(\cos\alpha,\cos\beta,\cos\gamma)\mathrm{d}s\\&=(P\cos\alpha+Q\cos\beta+R\cos\gamma)\mathrm{d}s.\end{aligned}$$

由假设, Γ 是光滑曲线, 从而 $\cos\alpha,\cos\beta,\cos\gamma$ 是 t 的连续函数. 由第一型曲线积分的存在性定理知 $\displaystyle\int_{\overset{\frown}{AB}}(P\cos\alpha+Q\cos\beta+R\cos\gamma)\mathrm{d}s$ 存在, 从而 $\displaystyle\int_{\overset{\frown}{AB}}P\mathrm{d}x+Q\mathrm{d}y+R\mathrm{d}z$ 存在, 并且有公式

$$\begin{aligned}&\int_{\overset{\frown}{AB}}P\mathrm{d}x+Q\mathrm{d}y+R\mathrm{d}z\\&\quad=\int_\alpha^\beta P(x(t),y(t),z(t))x'(t)\mathrm{d}t+\int_\alpha^\beta Q(x(t),y(t),z(t))y'(t)\mathrm{d}t\\&\qquad+\int_\alpha^\beta R(x(t),y(t),z(t))z'(t)\mathrm{d}t.\end{aligned}$$

证毕.

注 在上面定理的证明过程中, 我们清楚地知道, 第二型曲线积分与第一型曲线积分有如下的关系:

$$\int_{\overset{\frown}{AB}}P\mathrm{d}x+Q\mathrm{d}y+R\mathrm{d}z=\int_{\overset{\frown}{AB}}(P,Q,R)\cdot(\cos\alpha,\cos\beta,\cos\gamma)\mathrm{d}s,$$

其中 $(\cos\alpha, \cos\beta, \cos\gamma)$ 为 $\widehat{AB}$ 在 (x, y, z) 处的单位切向量.

到现在为止, 我们讨论了平面及空间的曲线积分问题. 值得指出的是, 在 $\mathbb{R}^n(n > 3)$ 中也可以讨论相应的曲线积分问题. 事实上, 我们已经有了 $\mathbb{R}^n$ 中曲线的定义, 因此可以用完全平行于 $\mathbb{R}^3$ 中的理论来讨论可求长曲线、光滑曲线等问题, 从而可以定义两类不同的积分. 由于这些理论与我们已经研究的 $\mathbb{R}^3$ 中的相应理论有很大的相似性, 我们在这里就不深入讨论了.

例 16.2.1 计算第二型曲线积分 $\displaystyle\int_{\widehat{AB}}(-y)\mathrm{d}x + x\mathrm{d}y$, 其中 $\widehat{AB}$ 为单位圆周 $x^2 + y^2 = 1$ 的上半部分, 方向为从点 $A(1, 0)$ 到点 $B(-1, 0)$.

解法 1 令

$$\begin{cases} x = \cos t, \\ y = \sin t \end{cases} \quad (0 \leqslant t \leqslant \pi),$$

则 t 从 0 连续变化到 π 时, 曲线上的点从 A 连续变化到 B. 因此

$$\begin{aligned} \int_{\widehat{AB}}(-y)\mathrm{d}x + x\mathrm{d}y &= \int_0^{\pi} [-\sin t \cdot (-\sin t) + \cos t \cdot \cos t]\mathrm{d}t \\ &= \int_0^{\pi} \mathrm{d}t = \pi. \end{aligned}$$

解法 2 由 $x^2 + y^2 = 1$ 知 $x\mathrm{d}x + y\mathrm{d}y = 0$, 得 $\mathrm{d}y = -\dfrac{x}{y}\mathrm{d}x$, 从而有

$$\begin{aligned} \int_{\widehat{AB}}(-y)\mathrm{d}x + x\mathrm{d}y &= \int_1^{-1}(-y)\mathrm{d}x + \int_1^{-1} x\left(-\frac{x}{y}\right)\mathrm{d}x \\ &= \int_{-1}^{1}\left(\frac{x^2 + y^2}{y}\right)\mathrm{d}x = \int_{-1}^{1}\frac{\mathrm{d}x}{\sqrt{1 - x^2}} \\ &= \arcsin x\Big|_{-1}^{1} = \pi. \end{aligned}$$

例 16.2.2 计算第二型曲线积分 $\displaystyle\int_{\Gamma}(x^2 - y^2)\mathrm{d}x - 2xy\mathrm{d}y$, 其中 Γ 是从点 $(0, 0)$ 沿曲线 $y = x^{\alpha}(\alpha > 0)$ 到点 $(1, 1)$ 的部分.

解 将曲线 $\begin{cases} x = x, \\ y = x^{\alpha} \end{cases}$ $(x \in [0, 1])$ 代入得

$$\int_\Gamma (x^2-y^2)\mathrm{d}x-2xy\mathrm{d}y=\int_0^1 (x^2-x^{2\alpha})\mathrm{d}x-\int_0^1 2xx^\alpha(\alpha x^{\alpha-1})\mathrm{d}x$$
$$=\int_0^1 [x^2-(2\alpha+1)x^{2\alpha}]\mathrm{d}x=-\frac{2}{3}.$$

此题说明, 该第二型曲线积分与 α 的选取无关, 而只与这些曲线的端点有关.

例 16.2.3 计算第二型曲线积分 $\int_\Gamma x\mathrm{d}x+y\mathrm{d}y+z\mathrm{d}z$, 其中 Γ 为球面 $x^2+y^2+z^2=1$ 与平面 $x+y+z=0$ 的交线, 从 z 轴看去取逆时针方向.

解法 1 作正交变换将 Γ 变到 $O\xi\eta$ 平面:

$$\begin{cases}\xi=\dfrac{1}{\sqrt{2}}(x-y),\\ \eta=\dfrac{1}{\sqrt{6}}(x+y-2z),\\ \zeta=\dfrac{1}{\sqrt{3}}(x+y+z).\end{cases}$$

然后利用 $\xi=\cos t,\eta=\sin t$, $\zeta=0$ 代入上述 Γ 的方程, 即得 Γ 的参数方程

$$\begin{cases}x=\dfrac{1}{\sqrt{2}}\cos t+\dfrac{1}{\sqrt{6}}\sin t,\\ y=-\dfrac{1}{\sqrt{2}}\cos t+\dfrac{1}{\sqrt{6}}\sin t,\\ z=-\dfrac{2}{\sqrt{6}}\sin t,\end{cases}$$

从而 $\int_\Gamma x\mathrm{d}x+y\mathrm{d}y+z\mathrm{d}z$

$$=\int_0^{2\pi}\left[\left(\frac{1}{\sqrt{2}}\cos t+\frac{1}{\sqrt{6}}\sin t\right)\left(-\frac{1}{\sqrt{2}}\sin t+\frac{1}{\sqrt{6}}\cos t\right)\right.$$
$$+\left(-\frac{1}{\sqrt{2}}\cos t+\frac{1}{\sqrt{6}}\sin t\right)\left(\frac{1}{\sqrt{2}}\sin t+\frac{1}{\sqrt{6}}\cos t\right)$$

$$+\left(-\frac{2}{\sqrt{6}}\sin t\right)\left(-\frac{2}{\sqrt{6}}\cos t\right)\Big]\mathrm{d}t$$

$$=\int_0^{2\pi} 0\mathrm{d}t = 0.$$

解法 2　由于球面 $x^2+y^2+z^2=1$ 上每个点 (x,y,z) 在 $\mathbb{R}^3$ 中表示的向量即是球面在该点的单位法向量 $\boldsymbol{n}$, 而曲线 Γ 每个点处的单位切向量 $\boldsymbol{v}$ 与球面在该点的法向量正交, 因此有

$$\int_\Gamma x\mathrm{d}x+y\mathrm{d}y+z\mathrm{d}z=\int_\Gamma \boldsymbol{n}\cdot\boldsymbol{v}\mathrm{d}s=0.$$

§16.3　第一型曲面积分

16.3.1　曲面的面积

在介绍第一型曲面积分之前, 我们先来讨论一下曲面的面积问题. 如何利用积分的思想来求曲面的面积呢? 受求曲线弧长的启发, 我们能否用曲面内接多边形的面积来逼近曲面的面积? 对此施瓦茨曾经有一个著名的例子, 他考虑了由圆柱面的内接全等等腰三角形构成的多面体面积的逼近: 设圆柱面 S 为 $\{(x,y,z): x^2+y^2=1, 0\leqslant z\leqslant 1\}$. 将 S 的高进行了 K 等分, 从而在 S 上得到 $K+1$ 个平行于 Oxy 平面的圆周 $\Gamma_k\,(k=1,2,\cdots,K+1)$. 对每个圆周 $\Gamma_k\,(k=1,2,\cdots,K+1)$ 再 L 等分, 使得 Γ_{k+1} 上的分点在 Oxy 平面的投影落在 Γ_k 上的分点在 Oxy 平面的投影的中间, 然后将每个 Γ_k 上相邻两个分点连接, 并且它们分别与 Γ_{k+1} 上的位于它上方中间的点连接, 这样我们就得到了一个等腰三角形. 所有的这些三角形组成了 S 的一个内接多边形. 这个多边形的面积用初等数学的知识即可求出. 容易证明, 适当选取 K,L 的比例, 如 $K=L^3$, 则可以使得多边形的面积趋于 ∞. 在上述逼近中, 若取 $K=L$, 则容易推出多边形的面积趋于 2π. 因此用内接多边形的面积来逼近曲面面积的方法是行不通的.

仔细分析一下施瓦茨的例子, 当 K 与 L 的比很大时, 即三角形的高与底边长的比趋于零时, 每个小三角形所在平面几乎与柱面的切平

面垂直, 因此产生很多由于弯曲而增加的面积. 如果该三角形所在平面越来越"平行"于切平面, 则多边形面积逼近将会成功. 注意到对于圆柱面, 我们若将其摊平到平面, 则可以计算出它的面积为

$$\text{底周长} \times \text{高} \ = 2\pi.$$

为了求曲面面积, 我们的想法是用每一点处切平面上的部分来构造曲面的外切多边形进行逼近. 由于要用到切平面, 我们只考虑光滑曲面.

设曲面 S 由参数方程

$$\begin{cases} x = x(u,v), \\ y = y(u,v), \quad (u,v) \in D \\ z = z(u,v), \end{cases} \tag{16.3.1}$$

定义, 其中 D 是可求面积的有界闭区域, 函数 $x(u,v), y(u,v), z(u,v)$ 均在 D 上具有连续偏导数. 作为 D 到 $\mathbb{R}^3$ 的映射, (16.3.1) 是单的且其雅可比矩阵

$$\begin{pmatrix} x'_u & y'_u & z'_u \\ x'_v & y'_v & z'_v \end{pmatrix}$$

在每一点 (u,v) 处的秩均为 2. 在本节中, 我们总假定曲面 S 为满足上述条件的光滑曲面.

现记 $\boldsymbol{r}(u,v) = (x(u,v), y(u,v), z(u,v))$ 及

$$A = \frac{\partial(y,z)}{\partial(u,v)}, \quad B = \frac{\partial(z,x)}{\partial(u,v)}, \quad C = \frac{\partial(x,y)}{\partial(u,v)}. \tag{16.3.2}$$

则在任一点 (u,v) 处行列式 A, B, C 中至少有一个不为零, 并且它们均是 (u,v) 的连续函数, 因此法向量 $\boldsymbol{n} = (A,B,C)$ 在曲面 S 上连续变化.

下面我们利用微元法来求曲面的面积. 给定以 (u_0,v_0), $(u_0+\mathrm{d}u, v_0)$, $(u_0+\mathrm{d}u, v_0+\mathrm{d}v)$, $(u_0, v_0+\mathrm{d}v)$ 为顶点的一个小矩形 D_0. 当 (u,v) 在 D_0 上变化时, 在 S 上可得到一小块曲面, 它可近似看成一个小平行四边形, 其两邻边分别为

$$\boldsymbol{r}(u_0+\mathrm{d}u,v_0)-\boldsymbol{r}(u_0,v_0)\approx\boldsymbol{r}'_u(u_0,v_0)\mathrm{d}u$$

与

$$\boldsymbol{r}(u_0,v_0+\mathrm{d}v)-\boldsymbol{r}(u_0,v_0)\approx\boldsymbol{r}'_v(u_0,v_0)\mathrm{d}v.$$

因此它们张成的平行四边形的面积, 即面积微元为

$$\mathrm{d}S(u_0,v_0)=|\boldsymbol{r}'_u(u_0,v_0)\times\boldsymbol{r}'_v(u_0,v_0)|\mathrm{d}u\mathrm{d}v,$$

从而曲面 S 的面积 (仍用 S 表示其面积) 为

$$S=\iint_D|\boldsymbol{r}'_u(u,v)\times\boldsymbol{r}'_v(u,v)|\mathrm{d}u\mathrm{d}v.$$

现在我们进一步计算 $|\boldsymbol{r}'_u(u,v)\times\boldsymbol{r}'_v(u,v)|$. 由

$$|\boldsymbol{r}'_u(u,v)\times\boldsymbol{r}'_v(u,v)|=|(x'_u,y'_u,z'_u)\times(x'_v,y'_v,z'_v)|=\sqrt{A^2+B^2+C^2},$$

若记

$$\left.\begin{aligned}E&=\boldsymbol{r}'_u\boldsymbol{r}'_u=x_u'^2+y_u'^2+z_u'^2,\\F&=\boldsymbol{r}'_u\boldsymbol{r}'_v=x'_ux'_v+y'_uy'_v+z'_uz'_v,\\G&=\boldsymbol{r}'_v\boldsymbol{r}'_v=x_v'^2+y_v'^2+z_v'^2,\end{aligned}\right\}\tag{16.3.3}$$

则可知

$$EG-F^2=A^2+B^2+C^2.$$

因此, 我们有下面的定理.

定理 16.3.1　设光滑曲面 S 由参数方程 (16.3.1) 给出, 则它的面积为

$$S=\iint_D\sqrt{A^2+B^2+C^2}\mathrm{d}u\mathrm{d}v=\iint_D\sqrt{EG-F^2}\mathrm{d}u\mathrm{d}v,$$

其中 A,B,C 和 E,F,G 的定义分别见式 (16.3.2) 和 (16.3.3).

特别地, 当光滑曲面 S 是由 $z=f(x,y)$ $((x,y)\in D)$ 给出时, 则有

$$S=\iint_D\sqrt{1+f_x'^2(x,y)+f_y'^2(x,y)}\mathrm{d}x\mathrm{d}y.$$

例 16.3.1　求单位圆柱面 $x^2+y^2=1$ 在平面 $z=0$ 与 $z=1$ 之间的面积.

解 设所求面积为 S, 则 S 为曲面 $y=f(z,x)=\sqrt{1-x^2}((z,x)\in D$, 其中 $D=[0,1]\times[-1,1])$ 的面积的两倍. 因此有

$$\begin{aligned}S&=2\iint_D\sqrt{1+f_x'^2+f_z'^2}\mathrm{d}z\mathrm{d}x\\&=2\int_0^1\mathrm{d}z\int_{-1}^1\sqrt{1+\left(\frac{-x}{\sqrt{1-x^2}}\right)^2}\mathrm{d}x\\&=2\int_{-1}^1\frac{\mathrm{d}x}{\sqrt{1-x^2}}=2\pi.\end{aligned}$$

例 16.3.2 计算球面 $x^2+y^2+z^2=1$ 被柱面 $\left(x-\frac{1}{2}\right)^2+y^2=\frac{1}{4}$ 所截在柱面内的部分的面积.

解 由对称性, 所求面积 S 为所截得曲面在 Oxy 平面上方部分面积的两倍. 设 $z=f(x,y)=\sqrt{1-x^2-y^2}\,((x,y)\in D)$, 其中

$$D=\left\{(x,y):\left(x-\frac{1}{2}\right)^2+y^2\leqslant\frac{1}{4}\right\},$$

则

$$S=2\iint_D\sqrt{1+f_x'^2+f_y'^2}\mathrm{d}x\mathrm{d}y=2\iint_D\frac{\mathrm{d}x\mathrm{d}y}{\sqrt{1-x^2-y^2}}.$$

利用极坐标变换得

$$\begin{aligned}S&=4\int_0^{\frac{\pi}{2}}\mathrm{d}\theta\int_0^{\cos\theta}\frac{r\mathrm{d}r}{\sqrt{1-r^2}}=4\int_0^{\frac{\pi}{2}}\left(-\sqrt{1-r^2}\right)\Big|_0^{\cos\theta}\mathrm{d}\theta\\&=4\int_0^{\frac{\pi}{2}}(1-\sin\theta)\mathrm{d}\theta=2\pi-4.\end{aligned}$$

16.3.2 第一型曲面积分的定义

由于曲面的复杂性, 我们在这里只讨论光滑曲面上的第一型曲面积分. 具体来说, 在本小节中我们所指的曲面 S 将由参数方程 (16.3.1) 定义, 并且它们满足所假定的光滑条件. 特别地, 我们总假定闭区域 $D\subset\mathbb{R}^2$ 的边界由有限条光滑曲线组成. 设

$$\Delta=\{\Delta D_1,\Delta D_2,\cdots,\Delta D_K\}$$

为 D 的一个分割, 且假定每个 $\Delta D_k\ (k=1,2,\cdots,K)$ 均为由有限条光滑曲线所围成的区域. 在此假定下, $\Delta S_k=\{\boldsymbol{r}(u,v):(u,v)\in\Delta D_k\}(k=1,2,\cdots,K)$ 是一块光滑小曲面, $T=\{\Delta S_1,\Delta S_2,\cdots,\Delta S_K\}$ 是 S 的一个分割. 记 $\lambda(\Delta)=\max\limits_{1\leqslant k\leqslant K}\operatorname{diam}(\Delta D_k)$ 与 $\lambda(T)=\max\limits_{1\leqslant k\leqslant K}\operatorname{diam}(\Delta S_k)$. 由于 $\boldsymbol{r}(u,v)$ 在 D 上一致连续且其逆映射在 S 上一致连续, 因此 $\lambda(\Delta)\to 0$ 的充分必要条件是 $\lambda(T)\to 0$.

对于 S 的分割 $T=\{\Delta S_1,\Delta S_2,\cdots,\Delta S_K\}$, 以下我们总是假定每个 ΔS_k 均是 S 上可求面积的一小块曲面, 并且存在 D 的可求面积的闭子区域 ΔD_k, 使得 $\boldsymbol{r}(u,v)$ 是 ΔD_k 到 ΔS_k 的一一对应, 从而 $\Delta=\{\Delta D_1,\Delta D_2,\cdots,\Delta D_K\}$ 为 D 的一个分割.

定义 16.3.1　设 $S\subset\mathbb{R}^3$ 是光滑曲面, 函数 $f(x,y,z)$ 在 S 上有定义, 又设 $T=\{\Delta S_1,\Delta S_2,\cdots,\Delta S_K\}$ 是 S 的一个分割, 且仍用 $\Delta S_k\ (k=1,2,\cdots,K)$ 来记每块小曲面的面积, 并记

$$\lambda(T)=\max_{1\leqslant k\leqslant K}\operatorname{diam}(\Delta S_k).$$

在 ΔS_k 上任取一点 (ξ_k,η_k,ζ_k), 作和式 $\sum\limits_{k=1}^{K}f(\xi_k,\eta_k,\zeta_k)\Delta S_k$. 若存在常数 I, 使得对于 $\forall\varepsilon>0$, $\exists\delta>0$, 对于 S 的任意分割 T 及任取的 $(\xi_k,\eta_k,\zeta_k)\in\Delta S_k\ (k=1,2,\cdots,K)$, 当 $\lambda(T)<\delta$ 时, 有

$$\left|\sum_{k=1}^{K}f(\xi_k,\eta_k,\zeta_k)\Delta S_k-I\right|<\varepsilon,$$

即
$$\lim_{\lambda(T)\to 0}\sum_{k=1}^{K}f(\xi_k,\eta_k,\zeta_k)\Delta S_k=I,$$

则称 $f(x,y,z)$ 在 S 上的第一型曲面积分存在, 并称 I 为 $f(x,y,z)$ 在 S 上的**第一型曲面积分**, 记为

$$I=\iint_S f(x,y,z)\mathrm{d}S,$$

其中 $f(x,y,z)$ 称为**被积函数**, S 称为**积分曲面**.

从定义可以推出第一型曲面积分具有以下**性质**:

(1) 若在 S 上函数 $f(x,y,z)\equiv 1$, 则 $\iint_S f(x,y,z)\mathrm{d}S=\iint_S \mathrm{d}S$ 即为曲面 S 的面积.

(2) 若曲面 $S\subset\mathbb{R}^2$, 则函数 $f(x,y)$ 在 S 上的曲面积分即为二重积分 $\iint_S f(x,y)\mathrm{d}x\mathrm{d}y$.

另外, 第一型曲面积分同样具有关于被积函数的线性性以及积分曲面的可加性等性质, 请读者自己给出上述性质的精确描述.

16.3.3 第一型曲面积分的存在性与计算公式

对于光滑曲面上连续函数的第一型曲面积分, 我们有以下的存在性定理以及计算公式.

定理 16.3.2 设 $S\subset\mathbb{R}^3$ 是光滑曲面, 其参数方程为

$$\begin{cases} x=x(u,v),\\ y=y(u,v), \quad (u,v)\in D,\\ z=z(u,v),\end{cases}$$

其中 D 是由有限条光滑曲线围成的有界闭区域, 又设函数 $f(x,y,z)$ 在 S 上连续, 则 $f(x,y,z)$ 在 S 上的第一型曲面积分存在, 并且

$$\iint_S f(x,y,z)\mathrm{d}S=\iint_D f(x(u,v),y(u,v),z(u,v))\sqrt{EG-F^2}\mathrm{d}u\mathrm{d}v, \tag{16.3.4}$$

其中 E,G,F 由式 (16.3.3) 定义.

证明 考查曲面 S 的任一分割 $T=\{\Delta S_1,\Delta S_2,\cdots,\Delta S_K\}$, 记其相应于 D 的分割为 $\Delta=\{\Delta D_1,\Delta D_2,\cdots,\Delta D_K\}$. 在每个 $\Delta S_k\,(k=1,2,\cdots,K)$ 上任取点 (ξ_k,ζ_k,η_k), 则存在 $(u_k,v_k)\in\Delta D_k$, 使得

$$(\xi_k,\zeta_k,\eta_k)=(x(u_k,v_k),y(u_k,v_k),z(u_k,v_k)).$$

因为

$$\Delta S_k = \iint_{\Delta D_k} \sqrt{EG - F^2} \mathrm{d}u\mathrm{d}v,$$

所以由重积分第一中值定理得

$$\Delta S_k = \sqrt{EG - F^2}\Big|_{(u'_k, v'_k)} \Delta \sigma_k,$$

其中 $(u'_k, v'_k) \in \Delta D_k, \Delta \sigma_k$ 为 ΔD_k 的面积. 因此

$$\begin{aligned}
&\sum_{k=1}^{K} f(\xi_k, \zeta_k, \eta_k) \Delta S_k \\
&\quad = \sum_{k=1}^{K} f(x(u_k, v_k), y(u_k, v_k), z(u_k, v_k)) \sqrt{EG - F^2}\Big|_{(u'_k, v'_k)} \Delta \sigma_k \\
&\quad = \sum_{k=1}^{K} f(x(u_k, v_k), y(u_k, v_k), z(u_k, v_k)) \sqrt{EG - F^2}\Big|_{(u_k, v_k)} \Delta \sigma_k \\
&\qquad + \Bigg[\sum_{k=1}^{K} f(x(u_k, v_k), y(u_k, v_k), z(u_k, v_k)) \sqrt{EG - F^2}\Big|_{(u'_k, v'_k)} \Delta \sigma_k \\
&\qquad - \sum_{k=1}^{K} f(x(u_k, v_k), y(u_k, v_k), z(u_k, v_k)) \sqrt{EG - F^2}\big|_{(u_k, v_k)} \Delta \sigma_k \Bigg] \\
&\quad \triangleq I_1 + I_2.
\end{aligned}$$

显然

$$\lim_{\lambda(T) \to 0} I_1 = \lim_{\lambda(\Delta) \to 0} I_1 = \iint_D f(x(u, v), y(u, v), z(u, v)) \sqrt{EG - F^2} \mathrm{d}u\mathrm{d}v.$$

记 M 为 $|f(x, y, z)|$ 在 S 上的最大值, M_k, m_k 分别为连续函数 $\sqrt{EG-F^2}$ 在 $\Delta D_k \, (k = 1, 2, \cdots, K)$ 上的最大、最小值, 则有

$$|I_2| \leqslant M \sum_{k=1}^{K} (M_k - m_k) \Delta \sigma_k \to 0 \quad (\lambda(\Delta) \to 0).$$

因此

$$\begin{aligned}
&\lim_{\lambda(T)\to 0}\sum_{k=1}^{K} f(\xi_k,\zeta_k,\eta_k)\Delta S_k \\
&= \lim_{\lambda(T)\to 0}(I_1+I_2) = \lim_{\lambda(\Delta)\to 0}(I_1+I_2) \\
&= \iint_D f(x(u,v),y(u,v),z(u,v))\sqrt{EG-F^2}\mathrm{d}u\mathrm{d}v.
\end{aligned}$$

这就证明了 $f(x,y,z)$ 在 S 上的第一型曲面积分存在, 并且

$$\iint_S f(x,y,z)\mathrm{d}S = \iint_D f(x(u,v),y(u,v),z(u,v))\sqrt{EG-F^2}\mathrm{d}u\mathrm{d}v.$$

证毕.

当曲面 S 由方程 $z=g(x,y)((x,y)\in D)$ 给出时, 由定理 16.3.2 有

$$\iint_S f(x,y,z)\mathrm{d}S = \iint_D f(x,y,g(x,y))\sqrt{1+g_x'^2(x,y)+g_y'^2(x,y)}\mathrm{d}x\mathrm{d}y.$$

例 16.3.3 求第一型曲面积分 $I=\iint_S x^2z\mathrm{d}S$, 其中 S 为以下的曲面:

(1) 上半单位球面 $z=\sqrt{1-x^2-y^2}$;

(2) 单位球面 $x^2+y^2+z^2=1$.

解 (1) 取 $D=\{(x,y): x^2+y^2\leqslant 1\}$, 则

$$\begin{aligned}
I &= \iint_S x^2z\mathrm{d}S \\
&= \iint_D x^2\sqrt{1-x^2-y^2}\sqrt{1+\frac{x^2}{1-x^2-y^2}+\frac{y^2}{1-x^2-y^2}}\mathrm{d}x\mathrm{d}y \\
&= \iint_D x^2\mathrm{d}x\mathrm{d}y = \frac{1}{2}\iint_D (x^2+y^2)\mathrm{d}x\mathrm{d}y \\
&= \frac{1}{2}\int_0^{2\pi}\mathrm{d}\theta\int_0^1 r^3\mathrm{d}r = \frac{\pi}{4}.
\end{aligned}$$

(2) 分别记

$$S_1: z=\sqrt{1-x^2-y^2},\quad (x,y)\in D,$$
$$S_2: z=-\sqrt{1-x^2-y^2},\quad (x,y)\in D,$$

则由积分曲面及被积函数的对称性得

$$\iint_{S_1} x^2 z\mathrm{d}S = -\iint_{S_2} x^2 z\mathrm{d}S,$$

所以 $\iint_S x^2 z\mathrm{d}S = 0$.

例 16.3.4 求均匀物质曲面 $S: z = f(x,y) = 2-(x^2+y^2)\,(z \geqslant 0)$ 的质心坐标.

解 设其质心坐标为 (x_0, y_0, z_0), 由对称性有 $x_0 = y_0 = 0$, 并且由微元法有 $z_0 = \dfrac{M_{xy}}{\sigma} = \dfrac{\iint_S z\mathrm{d}S}{\iint_S \mathrm{d}S}$ (其中 M_{xy} 是曲面 S 到 O_{xy} 平面的力矩, σ 是曲面 S 的面积). 取 $D = \{(x,y) : x^2+y^2 \leqslant 2\}$. 由 $\sqrt{1+f_x'^2+f_y'^2} = \sqrt{1+4x^2+4y^2}$ 有

$$\begin{aligned}\iint_S \mathrm{d}S &= \iint_D \sqrt{1+4x^2+4y^2}\mathrm{d}x\mathrm{d}y = \int_0^{2\pi}\mathrm{d}\theta\int_0^{\sqrt{2}}\sqrt{1+4r^2}r\mathrm{d}r \\ &= 2\pi\cdot\frac{1}{12}(1+4r^2)^{\frac{3}{2}}\Big|_0^{\sqrt{2}} = \frac{13}{3}\pi,\end{aligned}$$

$$\begin{aligned}\iint_S z\mathrm{d}S &= \iint_D (2-x^2-y^2)\sqrt{1+4x^2+4y^2}\mathrm{d}x\mathrm{d}y \\ &= \int_0^{2\pi}\mathrm{d}\theta\int_0^{\sqrt{2}} r(2-r^2)\sqrt{1+4r^2}\mathrm{d}r = \frac{37}{10}\pi,\end{aligned}$$

所以 $z_0 = \dfrac{111}{130}$.

§16.4 第二型曲面积分

16.4.1 曲面的侧

在日常生活中, 我们常见的曲面大都具有不同的两侧, 如一个自来水管具有内侧与外侧, 当水管破裂时, 管内的水将从内侧流向外侧.

是不是所有的曲面都能分出两侧呢？著名的麦比乌斯 (Möbius) 带就是一个单侧曲面. 该曲面的构造非常简单：取一条长方形纸带，记为 $ABCD$, 将纸带扭转后，让 A 与 C, B 与 D 重合后粘起来，使纸带构成一个环带 S, 该环带则称为**麦比乌斯带**. 原长方形的边 AB 与 DC 构成该环带 S 的边界. 用颜色来涂该环带，可以不越过其边界，而将它全部涂遍颜色. 由此我们无法分出该环带不同的侧 (见图 16.4.1).

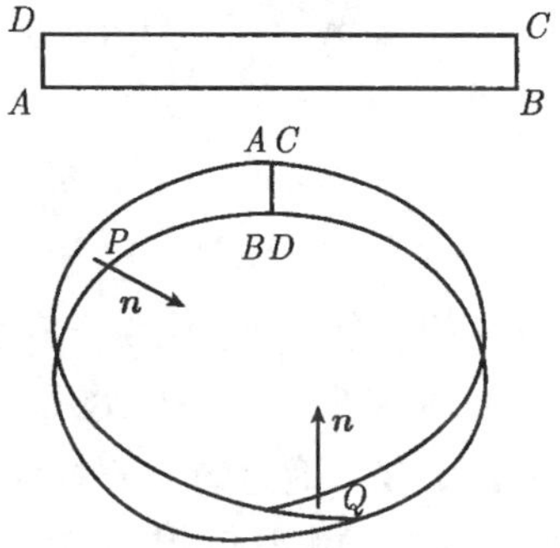

图 16.4.1

如何用精确的语言来描述一个曲面 S 是单侧还是双侧的呢？我们有以下定义.

定义 16.4.1 设 S 是光滑曲面 (S 可以是封闭的，则此时无边界，否则它具有边界). 对 S 内部的任一点 P_0, 取定 S 在 P_0 处的一个法向的朝向. 若一个动点 P 从 P_0 出发，不越过 S 的边界，沿 S 上任何路径 Γ 运动回到 P_0 处，S 在 P 的法向从 P_0 处选定的朝向出发连续地沿路径 Γ 变化回到 P_0 处时，总是保持原先在 P_0 处选定的朝向，则称 S 为**双侧曲面**, 否则称 S 为**单侧曲面**.

由定义，一个单侧曲面 S 上必定存在点 $P_0 \in S$, 以及 S 上的一条经过 P_0 的闭路径 Γ, 若在 P_0 处选择 S 的一个法向的朝向，然后让 P 从 P_0 出发沿 Γ 运动，P 处的法向连续地变化，当 P 经过 Γ 再回到 P_0 时，法向的朝向与原来确定的朝向相反.

现设 S 是一双侧曲面，从定义可以看出在 S 上任取一点 P_0, 然后

取定 S 在 P_0 处一个法向的朝向, 则该曲面一侧法向的朝向即由该处法向的朝向所取定. 这个事实请读者自己来验证. 利用此事实, 我们可以容易地描述由一些参数方程表示的双侧曲面的定侧问题.

例如, 若方程

$$\begin{cases} x = x(u,v), \\ y = y(u,v), \quad (u,v) \in D \\ z = z(u,v), \end{cases}$$

定义了一个光滑的双侧曲面 S, 令

$$A = \frac{\partial(y,z)}{\partial(u,v)}, \quad B = \frac{\partial(z,x)}{\partial(u,v)}, \quad C = \frac{\partial(x,y)}{\partial(u,v)}, \tag{16.4.1}$$

则 $\boldsymbol{n} = \pm(A,B,C)$ 即为 S 的两个不同朝向的法向量. 记 $\boldsymbol{n}_1 = (A,B,C)$, $\boldsymbol{n}_2 = (-A,-B,-C)$. 当 $P_0 \in S$, 且在 P_0 处 $C > 0$ 时, 我们将由 $\boldsymbol{n}_1$ 确定的一侧称为 S 的**上侧**, $\boldsymbol{n}_2$ 确定的一侧称为的 S **下侧**. 类似地, 当 $A \neq 0$ 时, 我们可以说 S 有**前侧**和**后侧**, 而当 $B \neq 0$ 时, S 有**左侧**和**右侧**.

若光滑曲面 S 的方程为

$$z = f(x,y), \quad (x,y) \in D,$$

则 S 上点 (x,y,z) 处的法向量为 $\boldsymbol{n} = \pm(-f'_x, -f'_y, 1)$. 因此, 若 $\boldsymbol{n}$ 取 "+" 号, 便得到了 S 的上侧; 若 $\boldsymbol{n}$ 取 "−" 号, 则得到 S 的下侧.

16.4.2 第二型曲面积分的定义

第二型曲面积分的物理背景是流量的计算问题. 设区域 $D \subset \mathbb{R}^3$ 内有某一流体在流动 (如风的运动, 海水的运动等), 对于 $\forall (x, y, z) \in D$, 其速度函数为

$$\boldsymbol{v}(x,y,z) = (P(x,y,z), Q(x,y,z), R(x,y,z)),$$

简记为 $\boldsymbol{v} = (P,Q,R)$. 若不考虑流体的种类, 上述速度函数也可认为是 D 内的一个**流速场**. 进一步假设 $\boldsymbol{v}$ 仅仅依赖于 D 内点的位置, 而不依赖于时间的变化, 这样的流速场也称为**稳定流速场**.

设 S 是 D 内的一个光滑双侧曲面. 我们的问题是：如何来求单位时间内流体流过 S 的质量？为了使问题简单化, 我们可设该流体的密度为 1. 因此, 我们只要计算该流体通过 S 的流量即可.

若 S 是平面的一部分, 其面积仍由 S 表示, 而 $\boldsymbol{v}$ 是常向量函数, 即 $P = C_1, Q = C_2, R = C_3$ 均为常数函数, 记 S 的单位法向量为 $\boldsymbol{n}$, 则不难看出单位时间内该流体流过 S 的流量

$$W = (\boldsymbol{v} \cdot \boldsymbol{n})\ S,$$

即流量 W 为 S 的面积与 $\boldsymbol{v}$ 在 $\boldsymbol{n}$ 上的投影的乘积. 有了上述的计算公式, 利用积分思想就不难推导出在一般情形下流量的计算公式了.

我们下面仍用微元法来求解此问题. 在 S 上任取一小块 ΔS, 其面积仍然用 ΔS 记之. 任取 $(\xi, \eta, \zeta) \in \Delta S$, 设 ΔS 在 (ξ, η, ζ) 处的单位法向量为 $\boldsymbol{n}(\xi, \eta, \zeta)$, 则可以认为 ΔS 近似地是法向量为 $\boldsymbol{n}(\xi, \eta, \zeta)$, 面积为 ΔS 的一小块平面. 再假设 $\boldsymbol{v}$ 在 ΔS 上也近似为 $\boldsymbol{v}(\xi, \eta, \zeta)$, 则由上面的分析, 我们便得到了流量微元

$$\mathrm{d}W = \boldsymbol{v}(x, y, z) \cdot \boldsymbol{n}(x, y, z)\mathrm{d}S.$$

因此, 整个流量便是

$$W = \iint_S \boldsymbol{v} \cdot \boldsymbol{n}\mathrm{d}S = \iint_S (P\cos\alpha + Q\cos\beta + R\cos\gamma)\mathrm{d}S,$$

其中 $\cos\alpha, \cos\beta, \cos\gamma$ 分别是 $\boldsymbol{n}$ 的方向余弦. 由于上述积分中含有曲面法向量的方向余弦, 因此它不是第一型曲面积分. 它其实是下面我们要讨论的第二型曲面积分.

对于第二型曲面积分所涉及的曲面 S, 我们假定它是分片光滑的双侧曲面. 这类曲面由有限块光滑曲面组成, 任何两块曲面均在边界相交, 并且不存在三块曲面具有相同一段弧作为边界. 如图 16.4.2 中的曲面我们将不予考虑.

现在我们给出分片光滑双侧曲面上的第二型曲面积分的定义.

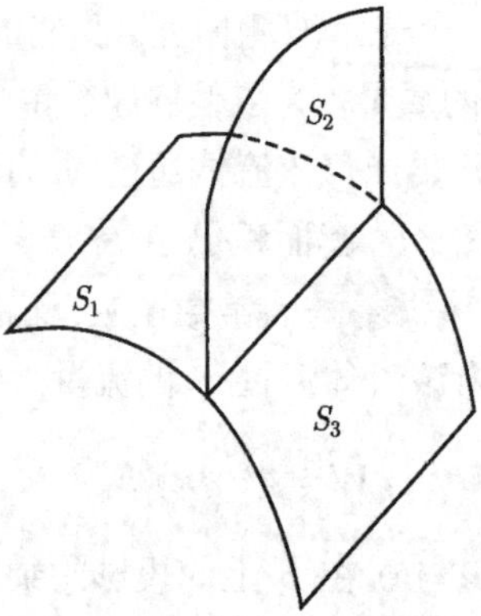

图　16.4.2

定义 16.4.2　设 $S \subset \mathbb{R}^3$ 是分片光滑双侧曲面，若它有边界，则其边界由有限条分段光滑曲线组成. 给定 S 的一侧，S 上每点处的单位法向量记为 $\boldsymbol{n} = (\cos\alpha, \cos\beta, \cos\gamma)$，向量函数 $\boldsymbol{f}(x,y,z) = (P(x,y,z), Q(x,y,z), R(x,y,z))$ 在 S 上有定义. 对 S 作任意分割 $T = \{\Delta S_1, \Delta S_2, \cdots, \Delta S_K\}$，其中 ΔS_k 是以光滑曲线为边界的小光滑曲面，并且仍用 $\Delta S_k\,(k=1,2,\cdots,K)$ 来记其面积. 记 $\lambda(T) = \max\limits_{1\leqslant k\leqslant K} \operatorname{diam}(\Delta S_k)$. 在 ΔS_k 上任取一点 $(\xi_k,\eta_k,\zeta_k)\,(k=1,2,\cdots,K)$. 若存在不依赖于分割 T 以及 $(\xi_k,\eta_k,\zeta_k)\,(k=1,2,\cdots,K)$ 的选取的常数 I，使得

$$\lim_{\lambda(T)\to 0}\sum_{k=1}^{K}\Big(P(\xi_k,\eta_k,\zeta_k)\cos\alpha + Q(\xi_k,\eta_k,\zeta_k)\cos\beta + R(\xi_k,\eta_k,\zeta_k)\cos\gamma\Big)\Delta S_k = I, \tag{16.4.2}$$

则称 I 是 $\boldsymbol{f}(x,y,z) = (P,Q,R)$ 在 S 上的**第二型曲面积分**，记为

$$I = \iint_S P(x,y,z)\mathrm{d}y\mathrm{d}z + Q(x,y,z)\mathrm{d}z\mathrm{d}x + R(x,y,z)\mathrm{d}x\mathrm{d}y,$$

其中 $\boldsymbol{f}(x,y,z) = (P,Q,R)$ 称为**被积函数**，S 称为**积分曲面**.

注 1　我们来解释一下第二型曲面积分记号的合理性. 由定义，一个第二型曲面积分是式 (16.4.2) 定义的极限. 当小曲面 ΔS_k 的直径很小时, ΔS_k 近似于 (ξ_k, η_k, ζ_k) 处一小块切平面, 因此它的面积与 $\cos\alpha$ 的乘积近似为该小块切平面在 Oyz 平面上的投影 $\Delta\sigma_{yz}^k$ 的有向面积, 即当 $\cos\alpha > 0$ 时, 取其投影的面积为正, 否则为负. 因此, 若仍由 $\Delta\sigma_{yz}^k$ 记其有向面积, 则

$$\lim_{\lambda(T)\to 0}\sum_{j=k}^{K} P(\xi_k, \eta_k, \zeta_k)\cos\alpha\Delta S_k = \lim_{\lambda(T)\to 0}\sum_{k=1}^{K} P(\xi_k, \eta_k, \zeta_k)\Delta\sigma_{yz}^k.$$

上式右边可以自然地记成 $\iint_S P\mathrm{d}y\mathrm{d}z$. 同理我们可解释记号 $\iint_S Q\mathrm{d}z\mathrm{d}x$ 和 $\iint_S R\mathrm{d}x\mathrm{d}y$ 的合理性.

对于第二型曲面积分, 读者不难看出它们仍然具有关于被积函数的线性性以及积分曲面的相加性. 值得注意的是, 当曲面相加时要指定曲面的侧. 特别需要指出的是: 双侧曲面上同一个向量函数在两个侧上的第二型曲面积分的绝对值相等, 但相差一个负号.

16.4.3 第二型曲面积分的存在性与计算公式

设光滑曲面 S 由参数方程

$$\begin{cases} x = x(u, v), \\ y = y(u, v), \quad (u, v) \in D \\ z = z(u, v), \end{cases} \tag{16.4.3}$$

给出, 则 S 上每一点处的方向余弦为

$$\cos\alpha = \pm\frac{A}{\sqrt{A^2+B^2+C^2}}, \quad \cos\beta = \pm\frac{B}{\sqrt{A^2+B^2+C^2}},$$

$$\cos\gamma = \pm\frac{C}{\sqrt{A^2+B^2+C^2}},$$

其中 A, B, C 由式 (16.4.1) 定义. 值得指出的是, 它们都是 $(u, v) \in D$ 的连续函数.

定理 16.4.1 设 S 为光滑双侧曲面, 其参数方程由 (16.4.3) 给出. 选定 S 的一侧, 记其单位法向量为

$$\boldsymbol{n}=\left(\frac{A}{\sqrt{A^2+B^2+C^2}},\frac{B}{\sqrt{A^2+B^2+C^2}},\frac{C}{\sqrt{A^2+B^2+C^2}}\right),$$

再设向量函数 $\boldsymbol{f}(x,y,z)=(P(x,y,z),Q(x,y,z),R(x,y,z))$ 在 S 上连续, 则 $\boldsymbol{f}(x,y,z)$ 在 S 上的第二型曲面积分存在, 并且

$$\iint_S P\mathrm{d}y\mathrm{d}z+Q\mathrm{d}z\mathrm{d}x+R\mathrm{d}x\mathrm{d}y=\iint_D(PA+QB+RC)\mathrm{d}u\mathrm{d}v.$$

证明 由S的光滑性及式 (16.4.1) 知$\boldsymbol{n}$在S上是连续向量函数. 由

$$\iint_S P\mathrm{d}y\mathrm{d}z+Q\mathrm{d}z\mathrm{d}x+R\mathrm{d}x\mathrm{d}y=\iint_S(P\cos\alpha+Q\cos\beta+R\cos\gamma)\mathrm{d}S, \tag{16.4.4}$$

并注意到上式的右边是连续函数 $P\cos\alpha+Q\cos\beta+R\cos\gamma$ 在光滑曲面上的第一型曲面积分, 因此左边的第二型曲面积分存在. 定理的可积性部分得证.

由公式 (16.3.4) 得

$$\iint_S(P\cos\alpha+Q\cos\beta+R\cos\gamma)\mathrm{d}S=\iint_D(PA+QB+RC)\mathrm{d}u\mathrm{d}v.$$

证毕.

特别地, 若光滑曲面 S 的方程为

$$z=f(x,y),\quad (x,y)\in D,$$

并取定其上侧, 其中 $D\subset\mathbb{R}^2$ 是由分段光滑曲线所围成的有界闭区域. 由于 S 上的单位法向量平行于 $(-f'_x(x,y),-f'_y(x,y),1)$, 容易推出

$$\begin{aligned}&\iint_S P(x,y,z)\mathrm{d}y\mathrm{d}z+Q(x,y,z)\mathrm{d}z\mathrm{d}x+R(x,y,z)\mathrm{d}x\mathrm{d}y\\&\quad=\iint_D[-P(x,y,f(x,y))f'_x(x,y)-Q(x,y,f(x,y))f'_y(x,y)\\&\qquad+R(x,y,f(x,y))]\mathrm{d}x\mathrm{d}y.\end{aligned}$$

当 S 取下侧时, 上式右端的二重积分前面必须加负号.

当光滑曲面由 $x=g(y,z)((y,z)\in D\subset\mathbb{R}^2)$ 或 $y=h(z,x)((z,x)\in D\subset\mathbb{R}^2)$ 给出, 其中 D 是由分段光滑曲线的围成有界闭区域, 请读者自己给出 $\iint_S P\mathrm{d}y\mathrm{d}z+Q\mathrm{d}z\mathrm{d}x+R\mathrm{d}x\mathrm{d}y$ 的计算公式. 此时读者要注意曲面侧的选取与计算公式前面的正负号应保持一致.

下面我们来举例说明第二型曲面积分的计算.

例 16.4.1 设 S 为单位球面 $x^2+y^2+z^2=1$ 的外侧, 试计算下列第二型曲面积分:

(1) $I_1=\iint_S x\mathrm{d}y\mathrm{d}z+y\mathrm{d}z\mathrm{d}x+z\mathrm{d}x\mathrm{d}y$;

(2) $I_2=\iint_S x^2\mathrm{d}y\mathrm{d}z+y^2\mathrm{d}z\mathrm{d}x+z^2\mathrm{d}x\mathrm{d}y$.

解 (1) 由对称性有

$$I_1=\iint_S x\mathrm{d}y\mathrm{d}z+y\mathrm{d}z\mathrm{d}x+z\mathrm{d}x\mathrm{d}y=3\iint_S z\mathrm{d}x\mathrm{d}y.$$

记 $D=\{(x,y):x^2+y^2\leqslant 1\}$, 并记上半球面为 S_1(取其上侧), 下半球面为 S_2(取其下侧), 则

$$\begin{aligned}I_1=&3\iint_S z\mathrm{d}x\mathrm{d}y=3\iint_{S_1} z\mathrm{d}x\mathrm{d}y+3\iint_{S_2} z\mathrm{d}x\mathrm{d}y\\=&3\iint_D\sqrt{1-x^2-y^2}\mathrm{d}x\mathrm{d}y-3\iint_D(-\sqrt{1-x^2-y^2})\mathrm{d}x\mathrm{d}y\\=&6\iint_D\sqrt{1-x^2-y^2}\mathrm{d}x\mathrm{d}y=6\int_0^{2\pi}\mathrm{d}\theta\int_0^1\sqrt{1-r^2}r\mathrm{d}r\\=&12\pi\left[-\frac{1}{3}(1-r^2)^{\frac{3}{2}}\right]\Big|_0^1=4\pi.\end{aligned}$$

(2) 同理, $I_2=3\iint_S z^2\mathrm{d}x\mathrm{d}y$. 注意到被积函数在上、下半球面对称点的值相等, 但此时上、下球面的侧取向相反, 因此有 $I_2=0$.

读者应注意到对于关于原点对称的封闭曲面上的第二型曲面积分, 在 (1) 中的奇函数积分不为零, 而 (2) 中偶函数积分反而为零.

例 16.4.2　计算第二型曲面积分

$$I=\iint_S x\mathrm{d}y\mathrm{d}z+y\mathrm{d}z\mathrm{d}x+z\mathrm{d}x\mathrm{d}y,$$

其中 S 为由三个坐标平面及平面 $x+y+z=1$ 所围四面体的外侧.

解法 1　记 S 落在 Oxy,Oyz,Ozx 平面上的部分分别记为 S_z,S_x 及 S_y, 落在平面 $x+y+z=1$ 的部分记为 S_1(见图 16.4.3). 在 S_z 上, $z=0$, $\mathrm{d}y\mathrm{d}z=\mathrm{d}z\mathrm{d}x=0$, 从而

$$\iint_{S_z} x\mathrm{d}y\mathrm{d}z+y\mathrm{d}z\mathrm{d}x+z\mathrm{d}x\mathrm{d}y=0.$$

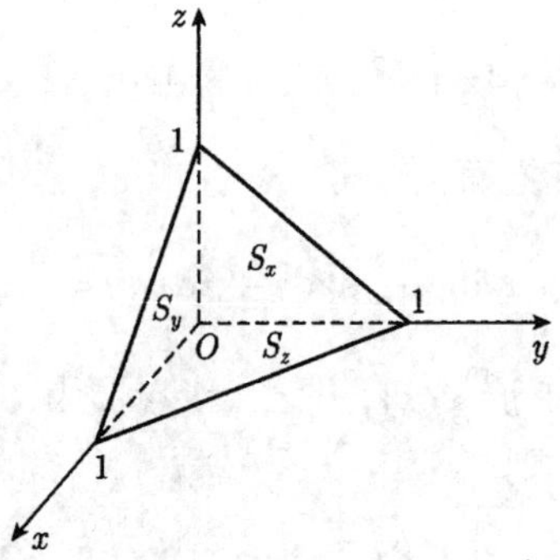

图　16.4.3

同理, 在 S_y 与 S_x 上的积分都为零. 因此

$$I=\iint_{S_1} x\mathrm{d}y\mathrm{d}z+y\mathrm{d}z\mathrm{d}x+z\mathrm{d}x\mathrm{d}y.$$

记 $D=\{(x,y):x\geqslant 0,y\geqslant 0,x+y\leqslant 1\}$, 则由对称性有

$$I=3\iint_D(1-x-y)\mathrm{d}x\mathrm{d}y=3\int_0^1\mathrm{d}x\int_0^{1-x}(1-x-y)\mathrm{d}y=\frac{1}{2}.$$

解法 2　与解法 1 同理得到

$$I=\iint_{S_1} x\mathrm{d}y\mathrm{d}z+y\mathrm{d}z\mathrm{d}x+z\mathrm{d}x\mathrm{d}y.$$

由于在 S_1 上点 (x,y,z) 处的方向余弦 $(\cos\alpha,\cos\beta,\cos\gamma)$ 即为 S_1 的单位法向量, 且

$$\cos\alpha=\cos\beta=\cos\gamma=\frac{1}{\sqrt{3}},$$

而 S_1 是一个三角形, 其面积为 $\frac{\sqrt{3}}{2}$, 因此

$$I=\iint_{S_1}\frac{x+y+z}{\sqrt{3}}\mathrm{d}S=\frac{1}{\sqrt{3}}\iint_{S_1}\mathrm{d}S=\frac{1}{2}.$$

§16.5 各类积分之间的联系

设 $f(x)\in C^1[a,b]$. 众所周知, 牛顿–莱布尼茨公式

$$\int_a^b \mathrm{d}f(x)=f(b)-f(a)$$

是一元微积分中最重要的公式. 换种观点来看该公式, 如果我们定义一个函数 $f(x)$ 在 $a,b(a<b)$ 两点上的积分为 $f(b)-f(a)$, 则上述公式建立了区间 $[a,b]$ 上 $f'(x)$ 的积分与 $f(x)$ 在端点处的积分的联系. 因此, 一个自然的问题是: 是否平面或空间中一个几何体的边界与内部上的某些积分总存在联系? 本节中我们将讨论这个问题.

16.5.1 格林公式

格林 (Green) 公式给出的是平面区域上函数的二重积分与其相关的函数在边界上的第二型曲线积分之间的联系. 在这里, 我们只讨论 $\mathbb{R}^2$ 中的有界闭区域 D, 其边界是有限条约当曲线, 且每条约当曲线都是分段光滑的. 因此 D 一定具有如图 16.5.1 的形状.

对于平面 $\mathbb{R}^2$ 内一条约当曲线 Γ, 以 Γ 为边界的区域有两个: 一个是有界区域, 该区域也称为 Γ 的**内部**; 而另一个是无界区域, 该区域也称为 Γ 的**外部**. 如在图 16.5.1 中, D 位于 Γ_0 的内部, 而在 $\Gamma_k\,(k=1,2,\cdots,K)$ 的外部. 一个区域 D 称为**单连通区域**, 如果位于 D 内的任

一条约当曲线的内部总包含在 D 内; 否则称 D 是**多连通区域**. 在我们假定的情形下, 若 D 是一条约当曲线的内部, 则它是单连通的; 若 D 由 $K(K>1)$ 条约当曲线围成, 则 D 是多连通的, 此时也称 D 是 **K 连通**的.

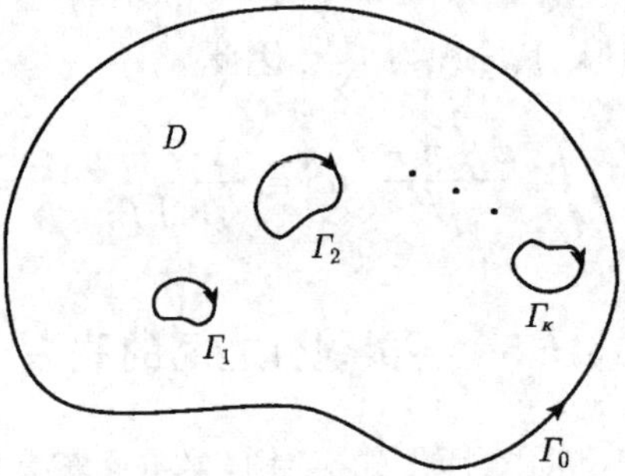

图 16.5.1

一条约当曲线具有两个互为相反的方向. 现设 D 是由有限条约当曲线所围成的区域. 我们在第二册曾给出 ∂D 的定向, 即若一个人沿着 D 的边界曲线上的一个方向前进时, 曲线所围的区域总在他的左边, 则称该方向为 ∂D 的**正向**. 如图 16.5.1 所示, 相对 D 来说, Γ_0 的正向是逆时针方向, 而 $\Gamma_k\,(k=1,2,\cdots,K)$ 的正向是顺时针方向.

有了上述准备, 我们可以证明下述定理.

定理 16.5.1(格林公式) 设 $D\subset\mathbb{R}^2$ 是有界闭区域, 其边界由有限条分段光滑的约当曲线组成. 若函数 $P(x,y),Q(x,y)$ 在 D 上具有连续偏导数, 则有

$$\int_{\partial D} P\mathrm{d}x+Q\mathrm{d}y=\iint_D\left(\frac{\partial Q}{\partial x}-\frac{\partial P}{\partial y}\right)\mathrm{d}x\mathrm{d}y,$$

其中 ∂D 的方向为正向.

证明 我们先证 D 是单连通区域的情形. 证明分以下几步进行:

(1) 设 D 是 Y 型区域, 即

$$D=\{(x,y):\varphi(y)\leqslant x\leqslant\psi(y),c\leqslant y\leqslant d\},$$

如图 16.5.2 所示. 下面我们证明

$$\int_{\partial D} Q(x,y)\mathrm{d}y = \iint_D \frac{\partial Q}{\partial x}\mathrm{d}x\mathrm{d}y.$$

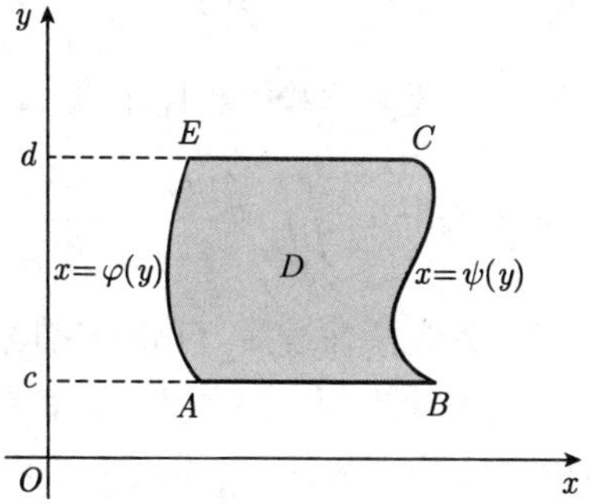

图 16.5.2

我们有

$$\iint_D \frac{\partial Q}{\partial x}\mathrm{d}x\mathrm{d}y = \int_c^d \mathrm{d}y \int_{\varphi(y)}^{\psi(y)} \frac{\partial Q}{\partial x}\mathrm{d}x = \int_c^d [Q(\psi(y),y) - Q(\varphi(y),y)]\mathrm{d}y.$$

由

$$\int_{\partial D} Q(x,y)\mathrm{d}y = \int_{\widehat{AB}} Q(x,y)\mathrm{d}y + \int_{\widehat{BC}} Q(x,y)\mathrm{d}y + \int_{\widehat{CE}} Q(x,y)\mathrm{d}y + \int_{\widehat{EA}} Q(x,y)\mathrm{d}y,$$

$$\int_{\widehat{AB}} Q(x,y)\mathrm{d}y = \int_{\widehat{CE}} Q(x,y)\mathrm{d}y = 0,$$

$$\int_{\widehat{BC}} Q(x,y)\mathrm{d}y = \int_c^d Q(\psi(y),y)\mathrm{d}y,$$

及

$$\int_{\widehat{EA}} Q(x,y)\mathrm{d}y = \int_d^c Q(\varphi(y),y)\mathrm{d}y = -\int_c^d Q(\varphi(y),y)\mathrm{d}y,$$

因此有

$$\int_{\partial D} Q(x,y)\mathrm{d}y = \iint_D \frac{\partial Q}{\partial x}\mathrm{d}x\mathrm{d}y.$$

(2) 若 D 是 X 型区域, 与 (1) 同理可证

$$\int_{\partial D} P(x,y)\mathrm{d}x = -\iint_D \frac{\partial P}{\partial y}\mathrm{d}x\mathrm{d}y.$$

(3) 若 D 既是 X 型又是 Y 型区域, 则成立

$$\int_{\partial D} P\mathrm{d}x + Q\mathrm{d}y = \iint_D \left(\frac{\partial Q}{\partial x} - \frac{\partial P}{\partial y}\right)\mathrm{d}x\mathrm{d}y.$$

若区域 D 加上有限条光滑曲线后, 可分成有限个既是 X 型又是 Y 型区域, 则可在每个小区域上应用上述结果. 将每个小区域边界上的曲线积分与区域上的重积分分别相加, 由于添加的曲线必然是两个小区域的公共边界, 因此在曲线积分求和中出现两次, 但因方向相反而相互抵消, 所以总有

$$\int_{\partial D} P\mathrm{d}x + Q\mathrm{d}y = \iint_D \left(\frac{\partial Q}{\partial x} - \frac{\partial P}{\partial y}\right)\mathrm{d}x\mathrm{d}y.$$

对一般的单连通区域, 可以用分成有限个既是 X 型又是 Y 型区域的区域逼近方法证之, 但这方面内容在数学分析课程中难以介绍, 因此我们略去该证明.

当 D 是 $K(K>1)$ 连通时, 我们同样可以在区域 D 内添加若干条光滑曲线, 将 D 分成有限个单连通区域 (见图 16.5.3). 在每个小单连通区域上由上所证成立格林公式, 然后将每个小区域边界上的曲线

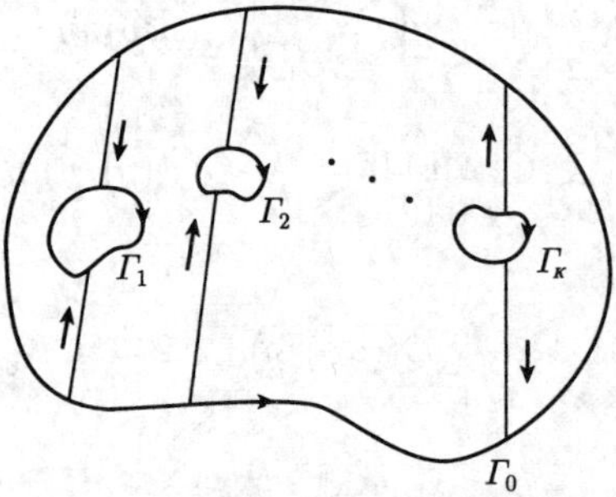

图 16.5.3

积分与区域上的重积分分别相加, 注意到所添加的光滑曲线仍然是两个小区域的公共边界, 因此和式中在所添加曲线上的曲线积分将相互抵消, 所以格林公式对 K 连通区域仍然成立. 证毕.

在上述格林公式中, 我们假定了函数 P 和 Q 在 D 上具有连续偏导数, 这就要求 P,Q 在包含 D 的某个开集内具有连续偏导数. 另外, 对于有限条封闭曲线 Γ 所围的区域 D, 为了强调曲线的封闭性, 今后我们常常用 $\oint_{\partial D} P\mathrm{d}x+Q\mathrm{d}y$ 来表示沿 ∂D 关于 D 的正向的积分.

对于格林公式, 我们还可以有以下形式. 设光滑曲线 Γ 由

$$\begin{cases} x=x(t), \\ y=y(t) \end{cases} \quad (t\in[\alpha,\beta])$$

给出, t 的增加方向恰好是 Γ 的正向. 记该曲线在 (x,y) 处的单位切向量为 $\boldsymbol{v}$, 则有

$$\begin{aligned} \mathrm{d}x=x'(t)\mathrm{d}t&=\frac{x'(t)}{\sqrt{x'^2(t)+y'^2(t)}}\sqrt{x'^2(t)+y'^2(t)}\mathrm{d}t \\ &=\cos(\boldsymbol{v},x)\mathrm{d}s, \end{aligned}$$

其中 $\cos(\boldsymbol{v},x)$ 为切向量 $\boldsymbol{v}$ 与 x 轴正向的夹角的余弦. 同理, 有

$$\mathrm{d}y=y'(t)\mathrm{d}t=\cos(\boldsymbol{v},y)\mathrm{d}s,$$

其中 $\cos(\boldsymbol{v},y)$ 为切向量 $\boldsymbol{v}$ 与 y 轴正向的夹角的余弦. 设函数 $P(x,y)$, $Q(x,y)$ 在 Γ 上连续, 则

$$\int_\Gamma P\mathrm{d}x+Q\mathrm{d}y=\int_\Gamma[P\cos(\boldsymbol{v},x)+Q\cos(\boldsymbol{v},y)]\mathrm{d}s.$$

现取 Γ 在 (x,y) 处的单位法向量为 $\boldsymbol{n}$, 使得 $\boldsymbol{n}$ 与 $\boldsymbol{v}$ 成右手系. 这样, 在封闭曲线 Γ 围成区域 D 时, 若取 Γ 的正向, 则选取的法向量指向 D 的外部 (见图 16.5.4), 从而有

$$\begin{cases} \cos(\boldsymbol{n},x)=\cos(\boldsymbol{v},y), \\ \cos(\boldsymbol{n},y)=-\cos(\boldsymbol{v},x), \end{cases}$$

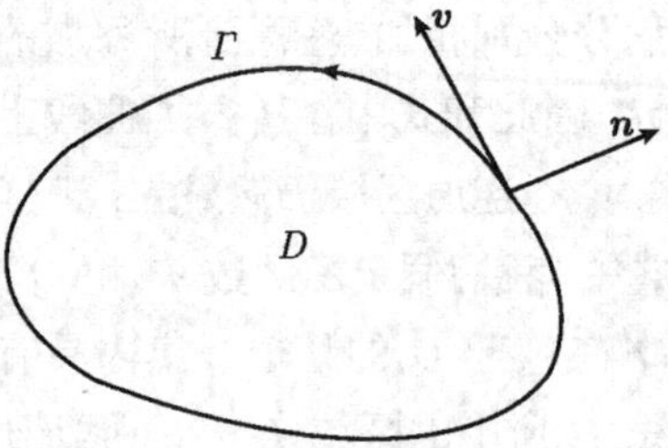

图 16.5.4

其中 $\cos(\boldsymbol{n},x)$ 与 $\cos(\boldsymbol{n},y)$ 分别为法向 $\boldsymbol{n}$ 与 x 轴, y 轴正向的夹角的余弦. 因此

$$\int_\Gamma [P\cos(\boldsymbol{n},x)+Q\cos(\boldsymbol{n},y)]\mathrm{d}s=\int_\Gamma [-Q\cos(\boldsymbol{v},x)+P\cos(\boldsymbol{v},y)]\mathrm{d}s.$$
$$=\int_\Gamma (-Q)\mathrm{d}x+P\mathrm{d}y=\iint_D\left(\frac{\partial P}{\partial x}+\frac{\partial Q}{\partial y}\right)\mathrm{d}x\mathrm{d}y.$$

另外, 在定积分的应用中, 我们曾用

$$\int_\Gamma x\mathrm{d}y=-\int_\Gamma y\mathrm{d}x=\frac{1}{2}\int_\Gamma x\mathrm{d}y-y\mathrm{d}x$$

来表示封闭曲线 Γ 所围区域 D 的面积. 现在利用格林公式可以清楚看到上述三个积分都等于 $\iint_D \mathrm{d}x\mathrm{d}y$, 即 D 的面积.

例 16.5.1 设 $\Gamma=\overset{\frown}{AB}\subset\mathbb{R}^2$是从点 $A(0,0)$ 到点 $B(1,0)$ 的任一条光滑曲线, 试计算第二型曲线积分 $\int_\Gamma 2xy\mathrm{d}x+(x^2-y^2)\mathrm{d}y$.

解 由于 Γ 是任一条光滑曲线, 因此直接计算将无法求出积分值. 注意到若令

$$P(x,y)=2xy,\quad Q(x,y)=x^2-y^2,$$

则有

$$\frac{\partial Q}{\partial x}=2x=\frac{\partial P}{\partial y}.$$

因此对于 $\forall(x,y)\in\mathbb{R}^2$, 有 $\dfrac{\partial Q}{\partial x}-\dfrac{\partial P}{\partial y}\equiv 0$.

为了应用格林公式, 设实轴上从点 (0,0) 到点 (0,1) 的线段为 Γ_2. 我们再取一条光滑曲线 Γ_1, 使得 Γ_1 和 Γ_2 都以点 (0,0),(0,1) 为端点, 并且 $\Gamma\cup\Gamma_1^-$ 和 $\Gamma_1\cup\Gamma_2^-$ 均为约当区域 (见图 16.5.5). 设 $\Gamma\cup\Gamma_1^-$ 所围的有界闭区域为 D_1, 而 $\Gamma_1\cup\Gamma_2^-$ 所围的有界闭区域为 D_2, 由格林公式有

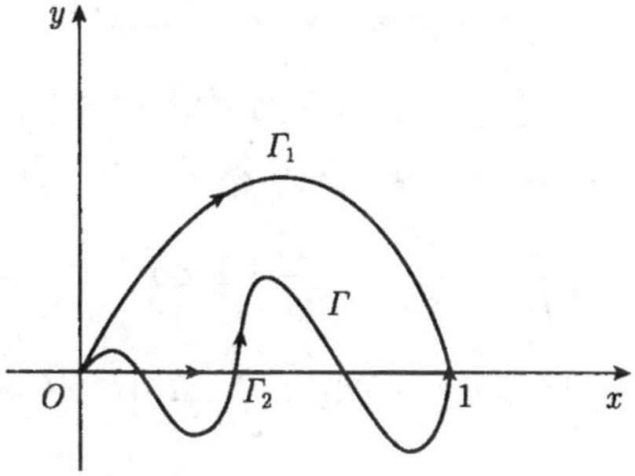

图 16.5.5

$$
\begin{aligned}
\int_{\Gamma} P\mathrm{d}x+Q\mathrm{d}y &= \int_{\Gamma_1} P\mathrm{d}x+Q\mathrm{d}y+\int_{\Gamma\cup\Gamma_1^-} P\mathrm{d}x+Q\mathrm{d}y\\
&= \int_{\Gamma_1} P\mathrm{d}x+Q\mathrm{d}y+\iint_{D_1} 0\mathrm{d}x\mathrm{d}y\\
&= \int_{\Gamma_2} P\mathrm{d}x+Q\mathrm{d}y+\int_{\Gamma_1\cup\Gamma_2^-} P\mathrm{d}x+Q\mathrm{d}y\\
&= \int_{\Gamma_2} P\mathrm{d}x+Q\mathrm{d}y+\iint_{D_2} 0\mathrm{d}x\mathrm{d}y\\
&= \int_0^1 0\mathrm{d}x=0.
\end{aligned}
$$

例 16.5.2 计算第二型曲线积分 $\displaystyle\oint_{\Gamma}\frac{x\mathrm{d}y-y\mathrm{d}x}{x^2+y^2}$, 其中 $\Gamma\subset\mathbb{R}^2$ 为任一条光滑约当曲线, 且 $(0,0)\notin\Gamma$.

解 记 $P(x,y)=\dfrac{-y}{x^2+y^2}, Q(x,y)=\dfrac{x}{x^2+y^2}$, 则对任意的 $(x,y)\neq$

(0,0), 有

$$\frac{\partial Q}{\partial x}=\frac{y^2-x^2}{(x^2+y^2)^2}=\frac{\partial P}{\partial y}.$$

因此, 设 Γ 所围成的区域为 D, 则当 $(0,0)\notin D$ 时, 由格林公式有

$$\oint_{\Gamma}\frac{x\mathrm{d}y-y\mathrm{d}x}{x^2+y^2}=\iint_D 0\mathrm{d}x\mathrm{d}y=0.$$

当 $(0,0)\in D$ 时, 格林公式条件不满足. 对于 $R>0$, 设

$$\Gamma_R=\{(x,y):x^2+y^2=R^2\}.$$

取 R 充分大, 使得 Γ 落在 Γ_R 的内部. 如图 16.5.6, 则 Γ 与 Γ_R 围成一个二连通区域 D_R, 在此区域上应用格林公式, 有

$$\begin{aligned}0&=\iint_{D_R}\left(\frac{\partial Q}{\partial x}-\frac{\partial P}{\partial y}\right)\mathrm{d}x\mathrm{d}y\\&=\int_{\Gamma_R}P\mathrm{d}x+Q\mathrm{d}y+\int_{\Gamma^-}P\mathrm{d}x+Q\mathrm{d}y.\end{aligned}$$

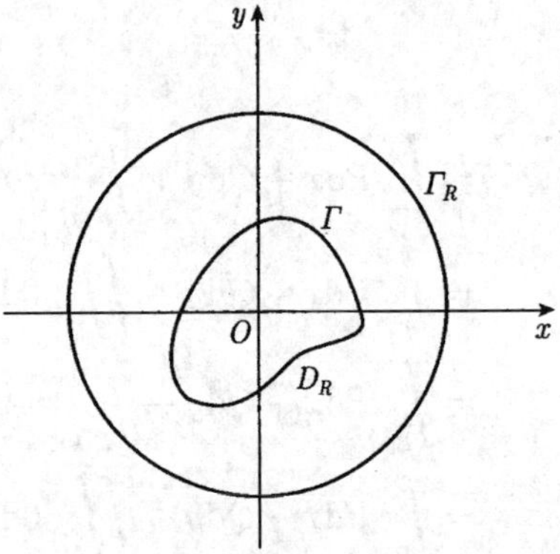

图　16.5.6

因此, 我们有

$$\begin{aligned}\int_{\Gamma}P\mathrm{d}x+Q\mathrm{d}y&=\int_{\Gamma_R}\frac{x\mathrm{d}y-y\mathrm{d}x}{x^2+y^2}=\frac{1}{R^2}\int_{\Gamma_R}x\mathrm{d}y-y\mathrm{d}x\\&=\frac{2}{R^2}\iint_{D_R}\mathrm{d}x\mathrm{d}y=2\pi.\end{aligned}$$

16.5.2 高斯公式

在本小节中, 设 $D\subset\mathbb{R}^3$ 是有界闭区域, ∂D 由有限块光滑双侧曲面所组成. 选定 ∂D 的侧为 D 的外侧, 即 D 的外法向量确定的侧 (此时也称外侧为 ∂D 的正向). 高斯 (Gauss) 公式将给出函数在 D 上的三重积分与相关函数在 ∂D 上的曲面积分的关系.

定理 16.5.2(高斯公式) 设 $D\subset\mathbb{R}^3$ 是有界闭区域, ∂D 是 D 的外侧, 函数 $P(x,y,z)$, $Q(x,y,z)$, $R(x,y,z)$ 在 D 上具有连续偏导数, 则有

$$\iint_{\partial D} P\mathrm{d}y\mathrm{d}z+Q\mathrm{d}z\mathrm{d}x+R\mathrm{d}x\mathrm{d}y=\iiint_D\left(\frac{\partial P}{\partial x}+\frac{\partial Q}{\partial y}+\frac{\partial R}{\partial z}\right)\mathrm{d}x\mathrm{d}y\mathrm{d}z.$$

证明 高斯公式的证明与格林公式的证明具有相似性, 基本思想是: 先设 D 是一些特殊的区域, 然后再用区域逼近来证明一般区域上的高斯公式. 同样, 区域逼近这一步在这里也不作介绍.

(1) 设 D 是如下的闭区域:

$$D=\{(x,y,z):(y,z)\in\Omega,\varphi(y,z)\leqslant x\leqslant\psi(y,z)\}$$

(通常也称为 X 型区域), 其中 $\Omega\subset\mathbb{R}^2$ 是由有限多条光滑闭曲线所围的有界闭区域, $\varphi(y,z)$ 与 $\psi(y,z)$ 是 Ω 上的连续函数. 我们来证明

$$\iint_{\partial D} P(x,y,z)\mathrm{d}y\mathrm{d}z=\iiint_D\frac{\partial P}{\partial x}\mathrm{d}x\mathrm{d}y\mathrm{d}z.$$

其证明方法是将上式两边的积分都化为 Ω 上的二重积分.

记

$S_1=\{(x,y,z):x=\psi(y,z),\ (y,z)\in\Omega\}$, 取前侧;

$S_2=\{(x,y,z):x=\varphi(y,z),\ (y,z)\in\Omega\}$, 取后侧;

$S_3=\{(x,y,z):\varphi(y,z)\leqslant x\leqslant\psi(y,z),\ (y,z)\in\Omega\}$, 取 S_3 的侧为 S 的外侧在 S_3 的限制.

由于

$$\iint_{S_1} P(x,y,z)\mathrm{d}y\mathrm{d}z=\iint_\Omega P(\psi(y,z),y,z)\mathrm{d}y\mathrm{d}z,$$

$$\iint_{S_2} P(x,y,z)\mathrm{d}y\mathrm{d}z = -\iint_{\Omega} P(\varphi(y,z),y,z)\mathrm{d}y\mathrm{d}z,$$

$$\iint_{S_3} P(x,y,z)\mathrm{d}y\mathrm{d}z = 0,$$

因此

$$\iint_{\partial D} P(x,y,z)\mathrm{d}y\mathrm{d}z = \iint_{\Omega} (P(\psi(y,z),y,z) - P(\varphi(y,z),y,z))\mathrm{d}y\mathrm{d}z.$$

而

$$\begin{aligned}\iiint_D \frac{\partial P}{\partial x}\mathrm{d}x\mathrm{d}y\mathrm{d}z &= \iint_{\Omega}\mathrm{d}y\mathrm{d}z\int_{\varphi(y,z)}^{\psi(y,z)}\frac{\partial P}{\partial x}\mathrm{d}x\\ &= \iint_{\Omega}[P(\psi(y,z),y,z) - P(\varphi(y,z),y,z)]\mathrm{d}y\mathrm{d}z,\end{aligned}$$

所以

$$\iint_{\partial D} P(x,y,z)\mathrm{d}y\mathrm{d}z = \iiint_D \frac{\partial P}{\partial x}\mathrm{d}x\mathrm{d}y\mathrm{d}z.$$

(2) 若 $D = \{(x,y,z) : (x,y) \in \Omega, \varphi(x,y) \leqslant z \leqslant \psi(x,y)\}$ (称之为 Z 型区域, 其中 Ω, φ, ψ 所满足的条件与 (1) 中的相同), 则我们可以证明

$$\iint_{\partial D} R(x,y,z)\mathrm{d}x\mathrm{d}y = \iiint_D \frac{\partial R}{\partial z}\mathrm{d}x\mathrm{d}y\mathrm{d}z.$$

(3) 当 $D = \{(x,y,z) : (z,x) \in \Omega, \varphi(z,x) \leqslant y \leqslant \psi(z,x)\}$(也称为 Y 型区域, 其中 Ω, φ, ψ 所满足的条件与 (1) 中的相同) 时, 我们可以证明

$$\iint_{\partial D} Q(x,y,z)\mathrm{d}z\mathrm{d}x = \iiint_D \frac{\partial Q}{\partial y}\mathrm{d}x\mathrm{d}y\mathrm{d}z.$$

(4) 显然, 当 D 刚好同时是这三种区域时, 定理结论成立. 对于一般的中间无 "洞" 的有界闭区域 D, 当区域 D 可以用有限块光滑曲面将其分成一些小闭区域, 且使得每个小闭区域同时是 X 型, Y 型与 Z 型区域时 (如四面体区域), 高斯公式在每个小区域上成立. 再将每个小区域上相应积分相加, 注意到所添加曲面必是两个小区域的公共边

界, 因此在第二型曲面积分中出现两次, 但因它们的侧刚好相反, 从而相互抵消. 所以对这类区域, 高斯公式依然成立. 若 D 不能分成有限块同时是上述的 X 型, Y 型和 Z 型区域, 我们不加证明地指出, 利用分成同时是上述三种区域的区域逼近方法, 可以证明对于 D 仍成立高斯公式.

(5) 若 D 是中间有 "洞" 的情形. 此时, 我们亦可添加若干块分片光滑的曲面, 将 D 分成有限个中间无 "洞" 的小区域. 由上所证, 高斯公式在这些小区域上成立. 注意到所添加曲面必是两个小区域的公共边界, 因此对这类相当广泛的区域, 高斯公式依然成立. 证毕.

注 对于区域有 "洞" 的情形, 区域 D 内的 "洞" D_1 的边界曲面的侧相对于区域 D 来说, 应该是 ∂D_1 的内侧 (见图 16.5.7).

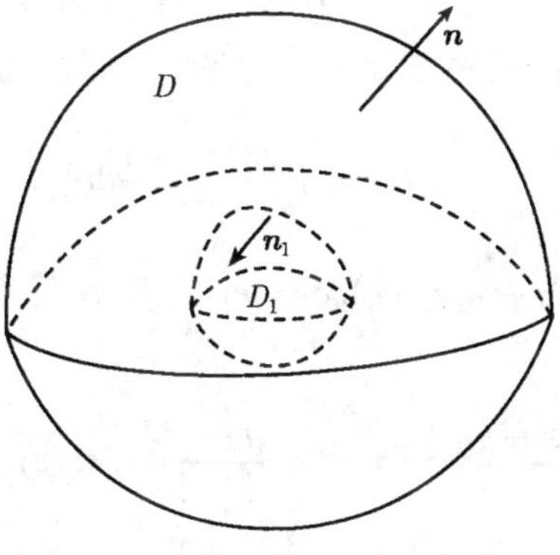

图 16.5.7

例 16.5.3 计算第二型曲面积分

$$I=\iint_S(\sin yz+x)\mathrm{d}y\mathrm{d}z+(\mathrm{e}^{xz}+y)\mathrm{d}z\mathrm{d}x+(xy+z)\mathrm{d}x\mathrm{d}y,$$

其中 S 是单位球面上半部分的上侧, 即

$$S=\{(x,y,z):x^2+y^2+z^2=1,z\geqslant 0\}.$$

解 直接计算似乎比较复杂, 因此利用高斯公式来计算. 由于 S

不封闭, 若我们取 Oxy 平面上的单位圆盘 $S_1 = \{(x,y) : x^2 + y^2 \leqslant 1\}$, 并取 S_1 的下侧, 则 $S \cup S_1$ 构成了上半单位球体 D 的边界, 且取外侧. 由高斯公式得

$$\begin{aligned}
&\iint_{S\cup S_1} (\sin yz + x)\mathrm{d}y\mathrm{d}z + (\mathrm{e}^{xz} + y)\mathrm{d}z\mathrm{d}x + (xy+z)\mathrm{d}x\mathrm{d}y \\
&= 3\iiint_D \mathrm{d}x\mathrm{d}y\mathrm{d}z = 3\cdot\frac{1}{2}\cdot\frac{4\pi}{3} = 2\pi,
\end{aligned}$$

而在 S_1 上 $\mathrm{d}y\mathrm{d}z = 0, \mathrm{d}z\mathrm{d}x = 0$, 又

$$\iint_{S_1} (xy+z)\mathrm{d}x\mathrm{d}y = -\iint_{x^2+y^2\leqslant 1} xy\mathrm{d}x\mathrm{d}y = 0,$$

所以 $I = 2\pi$.

例 16.5.4　设 $S \subset \mathbb{R}^3$ 为封闭光滑曲面, 取外侧, 以它为边界的有界闭区域是 D. 已知点 $(\xi,\eta,\zeta) \in \mathbb{R}^3$ 不在 S 上. 计算**高斯积分**

$$I = \iint_S \frac{\cos(\boldsymbol{r},\boldsymbol{n})}{r^2}\mathrm{d}S,$$

其中 $\boldsymbol{r} = (x-\xi, y-\eta, z-\zeta), r = |\boldsymbol{r}|$, $\boldsymbol{n}$ 是 S 的单位外法向量.

解　由于

$$\cos(\boldsymbol{r},\boldsymbol{n}) = \frac{x-\xi}{r}\cos(\boldsymbol{n},x) + \frac{y-\eta}{r}\cos(\boldsymbol{n},y) + \frac{z-\zeta}{r}\cos(\boldsymbol{n},z),$$

因此

$$I = \iint_S \frac{x-\xi}{r^3}\mathrm{d}y\mathrm{d}z + \frac{y-\eta}{r^3}\mathrm{d}z\mathrm{d}x + \frac{z-\zeta}{r^3}\mathrm{d}x\mathrm{d}y.$$

因为

$$\begin{aligned}
\frac{\partial}{\partial x}\left(\frac{x-\xi}{r^3}\right) &= \frac{1}{r^3} - \frac{3(x-\xi)^2}{r^5}, \\
\frac{\partial}{\partial y}\left(\frac{y-\eta}{r^3}\right) &= \frac{1}{r^3} - \frac{3(y-\eta)^2}{r^5}, \\
\frac{\partial}{\partial z}\left(\frac{z-\zeta}{r^3}\right) &= \frac{1}{r^3} - \frac{3(z-\zeta)^2}{r^5},
\end{aligned}$$

所以

$$\frac{\partial}{\partial x}\left(\frac{x-\xi}{r^3}\right)+\frac{\partial}{\partial y}\left(\frac{y-\eta}{r^3}\right)+\frac{\partial}{\partial z}\left(\frac{z-\zeta}{r^3}\right)\equiv 0.$$

因此, 当 $(\xi,\eta,\zeta)\notin D$ 时, 由高斯公式得 $I=0$.

当 $(\xi,\eta,\zeta)\in D$ 时, 我们可取 ε 充分小, 使得球面

$$S_\varepsilon=\{(x,y,z):(x-\xi)^2+(y-\eta)^2+(z-\zeta)^2=\varepsilon^2\}$$

完全落在 D 的内部. 取 S_ε 的内侧 S_ε^-, 设闭区域 D_ε 以 $S\cup S_\varepsilon^-$ 为边界, 则

$$\iint_{S\cup S_\varepsilon^-}\frac{\cos(\boldsymbol{r},\boldsymbol{n})}{r^2}\mathrm{d}s=\iiint_{D_\varepsilon}0\mathrm{d}x\mathrm{d}y\mathrm{d}z=0.$$

注意到在 S_ε 上, $\boldsymbol{r}$ 与 $\boldsymbol{n}$ 平行, 所以

$$\begin{aligned}\iint_S\frac{\cos(\boldsymbol{r},\boldsymbol{n})}{r^2}\mathrm{d}S&=-\iint_{S_\varepsilon^-}\frac{\cos(\boldsymbol{r},\boldsymbol{n})}{r^2}\mathrm{d}S=\iint_{S_\varepsilon}\frac{\cos(\boldsymbol{r},\boldsymbol{n})}{r^2}\mathrm{d}S\\&=\iint_{S_\varepsilon}\frac{\mathrm{d}S}{\varepsilon^2}=\frac{1}{\varepsilon^2}4\pi\varepsilon^2=4\pi.\end{aligned}$$

16.5.3 斯托克斯公式

斯托克斯 (Stokes) 公式是格林公式的直接推广, 它揭示了函数在空间曲面 S 上的第二型曲面积分与相关函数在 ∂S 上的第二型曲线积分之间的关系. 为此我们先讨论一下空间曲面与其边界的定向问题. 设 S 是空间分片光滑的双侧曲面, 其边界由有限条分段光滑的空间闭曲线组成. 给定 S 的一侧, 设其由法向量 $\boldsymbol{n}$ 所确定. 若一个人站立与该法向量保持一致并且沿 ∂S 前进时 S 在其左边, 则称他的前进方向为 ∂S 关于该曲面确定的侧的**正向**.

如图 16.5.8, $\varGamma_0$ 的逆时针方向及 $\varGamma_k\,(k=1,2,\cdots,K)$ 的顺时针方向构成了 S 关于 $\boldsymbol{n}$ 确定的侧的正向. 显然, 这样的定向与平面区域的边界定向是保持一致的.

定理 16.5.3(斯托克斯公式) 设 $S\subset\mathbb{R}^3$ 是光滑双侧曲面, ∂S 由有限多条分段光滑曲线组成, 给定 S 的一侧并取 ∂S 关于该侧为正向

的方向, 再设函数 $P(x,y,z)$, $Q(x,y,z)$, $R(x,y,z)$ 在包含 S 的某个区域内具有连续偏导数, 则

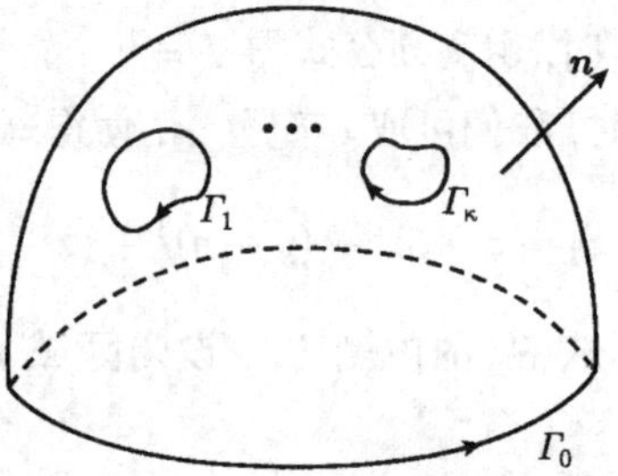

图 16.5.8

$$\int_{\partial S} P\mathrm{d}x + Q\mathrm{d}y + R\mathrm{d}z$$
$$= \iint_S \left(\frac{\partial R}{\partial y} - \frac{\partial Q}{\partial z}\right)\mathrm{d}y\mathrm{d}z + \left(\frac{\partial P}{\partial z} - \frac{\partial R}{\partial x}\right)\mathrm{d}z\mathrm{d}x + \left(\frac{\partial Q}{\partial x} - \frac{\partial P}{\partial y}\right)\mathrm{d}x\mathrm{d}y.$$

证明 若 ∂S 由有限条闭曲线所组成, 我们可以在 S 上添加若干条曲线将 S 分成有限块小曲面, 而每块小曲面的边界只有一条闭曲线. 如同格林公式的证明, 若在小曲面上斯托克斯公式成立, 则 S 上也成立. 因此不妨设 S 的边界是一条分段光滑的闭曲线. 另外, 我们也只对几种简单的曲面进行证明, 对于一般的曲面, 可以由简单曲面逼近来证明, 但这个过程非常复杂, 在此就不作介绍了.

具体地说, 我们先设 S 由方程

$$z = f(x,y), \quad (x,y) \in D \tag{16.5.1}$$

给出, 其中 $D \subset \mathbb{R}^2$ 是由一条分段光滑的约当曲线所围成的区域, ∂D 的定向由 S 在 D 的投影所确定.

一方面, 由第二型曲线积分的计算公式以及格林公式得

$$\int_{\partial S} P(x,y,z)\mathrm{d}x = \int_{\partial D} P(x,y,f(x,y))\mathrm{d}x$$
$$= -\iint_D \left(\frac{\partial P}{\partial y} + \frac{\partial P}{\partial z}\cdot\frac{\partial f}{\partial y}\right)\mathrm{d}x\mathrm{d}y.$$

另一方面, 有

$$\begin{aligned}\iint_S \frac{\partial P}{\partial z}\mathrm{d}z\mathrm{d}x - \frac{\partial P}{\partial y}\mathrm{d}x\mathrm{d}y &= \iint_D \left[\frac{\partial P}{\partial z}\left(-\frac{\partial f}{\partial y}\right) - \frac{\partial P}{\partial y}\right]\mathrm{d}x\mathrm{d}y \\ &= -\iint_D \left(\frac{\partial P}{\partial y} + \frac{\partial P}{\partial z}\cdot\frac{\partial f}{\partial y}\right)\mathrm{d}x\mathrm{d}y.\end{aligned}$$

因此

$$\int_{\partial S} P\mathrm{d}x = \iint_S \frac{\partial P}{\partial z}\mathrm{d}z\mathrm{d}x - \frac{\partial P}{\partial y}\mathrm{d}x\mathrm{d}y.$$

同样的计算可以得出

$$\int_{\partial S} Q\mathrm{d}y = \iint_S \left(-\frac{\partial Q}{\partial z}\right)\mathrm{d}y\mathrm{d}z + \frac{\partial Q}{\partial x}\mathrm{d}x\mathrm{d}y.$$

同理, 对于曲面 S 由方程 $x = g(y,z)\,((y,z) \in D)$ 给出的情形, 其中 S 与 D 的光滑性假设如 (16.5.1), 则有

$$\int_{\partial S} Q\mathrm{d}y + \int_{\partial S} R\mathrm{d}z = \iint_S \left(\frac{\partial R}{\partial y} - \frac{\partial Q}{\partial z}\right)\mathrm{d}y\mathrm{d}z + \frac{\partial Q}{\partial x}\mathrm{d}x\mathrm{d}y - \frac{\partial R}{\partial x}\mathrm{d}z\mathrm{d}x;$$

而对于曲面 S 由方程 $y = h(z,x)\,((z,x) \in D)$ 给出的情形, 则有

$$\int_{\partial S} P\mathrm{d}x + \int_{\partial S} R\mathrm{d}z = \iint_S \left(\frac{\partial P}{\partial z} - \frac{\partial R}{\partial x}\right)\mathrm{d}z\mathrm{d}x + \frac{\partial R}{\partial y}\mathrm{d}y\mathrm{d}z - \frac{\partial P}{\partial y}\mathrm{d}x\mathrm{d}y.$$

因此, 若 S 是同时能表示成上述三种形式的曲面或用光滑曲线可以将 S 分成有限块这样的曲面, 则有

$$\begin{aligned}&\iint_{\partial S} P\mathrm{d}x + Q\mathrm{d}y + R\mathrm{d}z \\ =&\iint_S \left(\frac{\partial R}{\partial y} - \frac{\partial Q}{\partial z}\right)\mathrm{d}y\mathrm{d}z + \left(\frac{\partial P}{\partial z} - \frac{\partial R}{\partial x}\right)\mathrm{d}z\mathrm{d}x + \left(\frac{\partial Q}{\partial x} - \frac{\partial P}{\partial y}\right)\mathrm{d}x\mathrm{d}y.\end{aligned}$$

证毕.

在斯托克斯公式中, 曲面积分的被积函数似乎不太容易记忆, 我们可以用下述方式来记该公式:

$$\int_{\partial S} P\mathrm{d}x + Q\mathrm{d}y + R\mathrm{d}z = \iint_S \begin{vmatrix} \cos\alpha & \cos\beta & \cos\gamma \\ \dfrac{\partial}{\partial x} & \dfrac{\partial}{\partial y} & \dfrac{\partial}{\partial z} \\ P & Q & R \end{vmatrix} \mathrm{d}S$$

$$= \iint_S \begin{vmatrix} \mathrm{d}y\mathrm{d}z & \mathrm{d}z\mathrm{d}x & \mathrm{d}x\mathrm{d}y \\ \dfrac{\partial}{\partial x} & \dfrac{\partial}{\partial y} & \dfrac{\partial}{\partial z} \\ P & Q & R \end{vmatrix},$$

其中 $(\cos\alpha, \cos\beta, \cos\gamma)$为与 ∂S 的正向保持一致的法向量的方向余弦. 另外, 由于此时 ∂S 为封闭曲线, 我们也用 $\oint_{\partial S} P\mathrm{d}x + Q\mathrm{d}y + R\mathrm{d}z$ 来记 $\int_{\partial S} P\mathrm{d}x + Q\mathrm{d}y + R\mathrm{d}z$.

例 16.5.5　计算第二型曲线积分

$$I = \oint_{\Gamma_h} (y^2 - z^2)\mathrm{d}x + (z^2 - x^2)\mathrm{d}y + (x^2 - y^2)\mathrm{d}z,$$

其中 Γ_h 是平面 $x+y+z=h\,(-1<h<1)$ 与球面 $x^2+y^2+z^2=1$ 的交线, 从 z 轴看去取逆时针方向.

解　设平面 $x+y+z=h\,(-1<h<1)$ 被圆周 Γ_h 所围的部分为 S_h, 则 S_h 是半径为 $\sqrt{1-h^2/3}$ 的圆盘. 取 S_h 的法向量向上, 即选取法向量的方向余弦为 $(\cos\alpha, \cos\beta, \cos\gamma) = \left(\dfrac{1}{\sqrt{3}}, \dfrac{1}{\sqrt{3}}, \dfrac{1}{\sqrt{3}}\right)$. 利用斯托克斯公式, 有

$$I = \iint_{S_h} \begin{vmatrix} \dfrac{1}{\sqrt{3}} & \dfrac{1}{\sqrt{3}} & \dfrac{1}{\sqrt{3}} \\ \dfrac{\partial}{\partial x} & \dfrac{\partial}{\partial y} & \dfrac{\partial}{\partial z} \\ y^2 - z^2 & z^2 - x^2 & x^2 - y^2 \end{vmatrix} \mathrm{d}S$$

$$
\begin{aligned}
&= -\frac{4}{\sqrt{3}}\iint_{S_h}(x+y+z)\mathrm{d}S \\
&= -\frac{4}{\sqrt{3}}\iint_{S_h}h\mathrm{d}S = -\frac{4\pi}{\sqrt{3}}h\left(1-\frac{h^2}{3}\right).
\end{aligned}
$$

§16.6 微分形式简介

16.6.1 微分形式

我们前面学过了许多不同的积分，对一个多元函数来说，笼统地说它的积分是十分不确切的事情. 就三元向量函数而言，给了一个三元向量函数 $(P(x,y,z),Q(x,y,z),R(x,y,z))$，对它就可以进行曲线积分与曲面积分. 但如果我们写出 $P\mathrm{d}x+Q\mathrm{d}y+R\mathrm{d}z$ 或 $P\mathrm{d}y\mathrm{d}z+Q\mathrm{d}z\mathrm{d}x+R\mathrm{d}x\mathrm{d}y$，就可以清楚知道前者可以在曲线上积分，而后者可以在曲面上积分. 而 $P\mathrm{d}x+Q\mathrm{d}y+R\mathrm{d}z$ 与 $P\mathrm{d}y\mathrm{d}z+Q\mathrm{d}z\mathrm{d}x+R\mathrm{d}x\mathrm{d}y$ 就是所谓的微分形式. 当然，微分形式的意义远不止这些，它是现代数学中一种基本的工具，在许多领域中有着广泛的应用. 由于在后续课程中有专门课程来介绍它，在这里我们只作一些简单介绍，主要目的是使读者能对重积分换元公式及各种积分之间的联系有更深刻的理解.

设 $f(\boldsymbol{x})=f(x_1,x_2,\cdots,x_n)$ 是定义在 $\mathbb{R}^n(n\geqslant 2)$ 中的一个可微函数，则它的微分是

$$
\mathrm{d}f=\sum_{i=1}^{n}\frac{\partial f(\boldsymbol{x})}{\partial x_i}\mathrm{d}x_i.
$$

现在抛开微分的几何意义，纯粹从数学的观点来看上式右边的表达式，我们可以认为 $\sum\limits_{i=1}^{n}\dfrac{\partial f(\boldsymbol{x})}{\partial x_i}\mathrm{d}x_i$是 $\mathbb{R}^n$ 中点 $\boldsymbol{x}$ 处的一个关于 $(\mathrm{d}x_1,\mathrm{d}x_2,\cdots,\mathrm{d}x_n)$ 的线性组合. 因此，我们可以将 $(\mathrm{d}x_1,\mathrm{d}x_2,\cdots,\mathrm{d}x_n)$ 看做一组基. 对给定 $\mathbb{R}^n$ 中的一个区域 D, $C^1(D)$(D 内连续可微函数的全体)在这组基上的线性组合

$$\sum_{i=1}^{n} a_i(\boldsymbol{x})\mathrm{d}x_i \quad (a_i(\boldsymbol{x}) \in C^1(D),\ i = 1, 2, \cdots, n)$$

称为 D 内的一个**一次微分形式**或 **1-形式**, 一般用 ω, η 等来记之. 所有 D 内的 1- 形式的全体记为 $\Lambda^1(D)$. 在后面的讨论中, 我们总是固定区域 D, 因此 $\Lambda^1(D)$ 也记为 Λ^1.

在 Λ^1 内, 我们可以自然地定义**加法**与**数乘**如下:

(1) 设 $\omega_j = \sum\limits_{i=1}^{n} a_i^j(\boldsymbol{x})\mathrm{d}x_i \in \Lambda^1\ (j = 1, 2)$, 定义

$$\omega_1 + \omega_2 = \sum_{i=1}^{n} (a_i^1(\boldsymbol{x}) + a_i^2(\boldsymbol{x}))\mathrm{d}x_i \in \Lambda^1.$$

(2) 设 $\omega = \sum\limits_{i=1}^{n} a_i(\boldsymbol{x})\mathrm{d}x_i \in \Lambda^1$, $\lambda \in \mathbb{R}$, 定义

$$\lambda\omega = \sum_{i=1}^{n} (\lambda a_i(\boldsymbol{x}))\mathrm{d}x_i \in \Lambda^1,$$

另外, 我们规定 $0 = \sum\limits_{i=1}^{n} 0\mathrm{d}x_i$.

读者不难验证上述两种运算满足一个线性空间所要求的各种运算定律, 从而 Λ^1 构成一个线性空间.

现对任意的 $k(1 < k \leqslant n)$, 在 $(\mathrm{d}x_1, \mathrm{d}x_2, \cdots, \mathrm{d}x_n)$ 中取 k 个元素, 将其形式地记成 $\mathrm{d}x_{i_1} \wedge \mathrm{d}x_{i_2} \wedge \cdots \wedge \mathrm{d}x_{i_k}$, 这里 $\wedge$ 暂且作为一个形式记号. 然后规定

$$\begin{aligned} &\mathrm{d}x_{i_1} \wedge \cdots \wedge \mathrm{d}x_{i_j} \wedge \mathrm{d}x_{i_{j+1}} \wedge \cdots \wedge \mathrm{d}x_{i_k} \\ &\qquad = -\mathrm{d}x_{i_1} \wedge \cdots \wedge \mathrm{d}x_{i_{j+1}} \wedge \mathrm{d}x_{i_j} \wedge \cdots \wedge \mathrm{d}x_{i_k}. \end{aligned}$$

在此规定下, 若 $i_1, i_2, \cdots, i_k$ 中的两个指标相同的话, 便有

$$\mathrm{d}x_{i_1} \wedge \mathrm{d}x_{i_2} \wedge \cdots \wedge \mathrm{d}x_{i_k} = -\mathrm{d}x_{i_1} \wedge \mathrm{d}x_{i_2} \wedge \cdots \wedge \mathrm{d}x_{i_k}.$$

这是因为将这两个相同的基元素对调, 该形式记号不变, 而这个对换需要奇次个相邻位置的换位来完成, 所以需要在前面加上负号. 因此, 若

有 $i_j = i_l\,(1 \leqslant j < l \leqslant k)$, 则 $\mathrm{d}x_{i_1} \wedge \mathrm{d}x_{i_2} \wedge \cdots \wedge \mathrm{d}x_{i_k} = 0$. 因此我们有 C_n^k 个有序元

$$\mathrm{d}x_{i_1} \wedge \mathrm{d}x_{i_2} \wedge \cdots \wedge \mathrm{d}x_{i_k} \quad (1 \leqslant i_1 < i_2 < \cdots < i_k \leqslant n).$$

我们将以这 C_n^k 个有序元作为基并且系数在 $C^1(D)$ 的线性空间记为 Λ^k. Λ^k 中的元素称为 k **次微分形式**, 一般我们还是用 ω, η 等来记它们. 从定义我们知道, 对于 $\forall \omega \in \Lambda^k$, 我们有下述表达式:

$$\omega = \sum_{1 \leqslant i_1 < i_2 < \cdots < i_k \leqslant n} a_{i_1 i_2 \cdots i_k}(\boldsymbol{x}) \mathrm{d}x_{i_1} \wedge \mathrm{d}x_{i_2} \wedge \cdots \wedge \mathrm{d}x_{i_k},$$

其中 $a_{i_1 i_2 \cdots i_k}(\boldsymbol{x}) \in C^1(D)$. ω 的这种表示称为它的**标准形式**. 特别地, 我们将 $C^1(D)$ 记为 Λ^0, 即 Λ^0 是 D 内连续可微函数的全体, 它的基是 $f(\boldsymbol{x}) = 1$, 从而它是一维线性空间. 另外, 我们记 0 为任意次零微分形式.

当 $k = n$ 时, Λ^n 只有一个基 $\mathrm{d}x_1 \wedge \mathrm{d}x_2 \wedge \cdots \wedge \mathrm{d}x_n$, 从而 Λ^n 也是一维线性空间.

在 $\mathbb{R}^2$ 中可记 $(x_1, x_2) = (x, y)$. 在 $\mathbb{R}^3$ 中, 我们记 $(x_1, x_2, x_3) = (x, y, z)$. 例如, 在 $\mathbb{R}^3$ 中设 $\omega \in \Lambda^2$, 则 ω 的标准形式为

$$\omega = P\mathrm{d}y \wedge \mathrm{d}z + Q\mathrm{d}x \wedge \mathrm{d}z + R\mathrm{d}x \wedge \mathrm{d}y,$$

其中 P, Q, R 是 $\mathbb{R}^3$ 中的连续可微函数.

16.6.2 微分形式的外积

外积运算建立了不同次微分形式空间的联系. 一个 p 次微分形式 ω 与一个 q 次微分形式 η 的外积记为 $\omega \wedge \eta$, 它是一个 $p+q$ 次微分形式. 因此只有当 $p+q \leqslant n$ 时, 外积才有意义. **外积** $\omega \wedge \eta$ 的确切定义为: 设

$$\omega = \sum_{1 \leqslant i_1 < i_2 < \cdots < i_p \leqslant n} a_{i_1 i_2 \cdots i_p}(\boldsymbol{x}) \mathrm{d}x_{i_1} \wedge \mathrm{d}x_{i_2} \wedge \cdots \wedge \mathrm{d}x_{i_p} \in \wedge^p,$$

$$\eta = \sum_{1 \leqslant j_1 < j_2 < \cdots < j_q \leqslant n} a_{j_1 j_2 \cdots j_q}(\boldsymbol{x}) \mathrm{d}x_{j_1} \wedge \mathrm{d}x_{j_2} \wedge \cdots \wedge \mathrm{d}x_{j_q} \in \wedge^q,$$

则

$$\omega\wedge\eta=\sum_{\substack{1\leqslant i_1<i_2<\cdots<i_p\leqslant n\\1\leqslant j_1<j_2<\cdots<j_q\leqslant n}} a_{i_1i_2\cdots i_p}(\boldsymbol{x})a_{j_1j_2\cdots j_q}(\boldsymbol{x})$$

$$\cdot\mathrm{d}x_{i_1}\wedge\mathrm{d}x_{i_2}\wedge\cdots\wedge\mathrm{d}x_{i_p}\wedge\mathrm{d}x_{j_1}\wedge\mathrm{d}x_{j_2}\wedge\cdots\wedge\mathrm{d}x_{j_q}\in\Lambda^{p+q}.$$

特别地, 当 $f\in\Lambda^0,\omega\in\Lambda^k$ 时, $f\wedge\omega$ 定义为 $f\omega$.

容易验证, 外积具有下述性质:

(1) 设 $f_1,f_2\in\Lambda^0,\omega_1,\omega_2\in\Lambda^p,\eta\in\Lambda^q$, 则有

$$(f_1\omega_1+f_2\omega_2)\wedge\eta=f_1\omega_1\wedge\eta+f_2\omega_2\wedge\eta.$$

(2) 设 $\omega\in\Lambda^p,\eta\in\Lambda^q$, 则有 $\omega\wedge\eta=(-1)^{p+q}\eta\wedge\omega$.

上述性质 (2) 也称为外积的**反对称性**. 此性质的证明可由一个微分形式中的基元素两两换位改变符号直接推出.

(3) 设 ω,η,θ 是任意三个微分形式, 则 $\omega\wedge(\eta\wedge\theta)=(\omega\wedge\eta)\wedge\theta$.

有了外积的概念, 微分形式 $\mathrm{d}x_1\wedge\mathrm{d}x_2$ 可以看成是 $\mathrm{d}x_1$ 与 $\mathrm{d}x_2$ 的外积, 类似地理解 $\mathrm{d}x_1\wedge\mathrm{d}x_2\wedge\cdots\wedge\mathrm{d}x_n$.

例 16.6.1 设 $\begin{pmatrix}x\\y\end{pmatrix}=\begin{pmatrix}x(u,v)\\y(u,v)\end{pmatrix}$ 是 $D\subset\mathbb{R}^2$到 $\Omega\subset\mathbb{R}^2$ 的 C^1 同胚映射, 求 $\mathrm{d}x\wedge\mathrm{d}y$ 关于 $\mathrm{d}u\wedge\mathrm{d}v$ 的表示.

解 由微分定义有

$$\mathrm{d}x=\frac{\partial x}{\partial u}\mathrm{d}u+\frac{\partial x}{\partial v}\mathrm{d}v,\quad \mathrm{d}y=\frac{\partial y}{\partial u}\mathrm{d}u+\frac{\partial y}{\partial v}\mathrm{d}v,$$

因此

$$\begin{aligned}\mathrm{d}x\wedge\mathrm{d}y&=\left(\frac{\partial x}{\partial u}\mathrm{d}u+\frac{\partial x}{\partial v}\mathrm{d}v\right)\wedge\left(\frac{\partial y}{\partial u}\mathrm{d}u+\frac{\partial y}{\partial v}\mathrm{d}v\right)\\&=\left(\frac{\partial x}{\partial u}\frac{\partial y}{\partial u}-\frac{\partial v}{\partial u}\frac{\partial y}{\partial u}\right)\mathrm{d}u\mathrm{d}v=\frac{\partial(x,y)}{\partial(u,v)}\mathrm{d}u\wedge\mathrm{d}v.\end{aligned}$$

例 16.6.2 设 $\begin{pmatrix}x\\y\\z\end{pmatrix}=\begin{pmatrix}x(u,v,w)\\y(u,v,w)\\z(u,v,w)\end{pmatrix}$ 是 $D\subset\mathbb{R}^3$到 $\Omega\subset\mathbb{R}^3$

的 C^1 同胚映射, 求 $\mathrm{d}x\wedge\mathrm{d}y\wedge\mathrm{d}z$ 关于 $\mathrm{d}u\wedge\mathrm{d}v\wedge\mathrm{d}w$ 的表示.

解 因为

$$\begin{aligned}\mathrm{d}x&=\frac{\partial x}{\partial u}\mathrm{d}u+\frac{\partial x}{\partial v}\mathrm{d}v+\frac{\partial x}{\partial w}\mathrm{d}w,\\ \mathrm{d}y&=\frac{\partial y}{\partial u}\mathrm{d}u+\frac{\partial y}{\partial v}\mathrm{d}v+\frac{\partial y}{\partial w}\mathrm{d}w,\\ \mathrm{d}z&=\frac{\partial z}{\partial u}\mathrm{d}u+\frac{\partial z}{\partial v}\mathrm{d}v+\frac{\partial z}{\partial w}\mathrm{d}w,\end{aligned}$$

所以

$$\begin{aligned}\mathrm{d}x\wedge\mathrm{d}y&=\left(\frac{\partial x}{\partial u}\mathrm{d}u+\frac{\partial x}{\partial v}\mathrm{d}v+\frac{\partial x}{\partial w}\mathrm{d}w\right)\wedge\left(\frac{\partial y}{\partial u}\mathrm{d}u+\frac{\partial y}{\partial v}\mathrm{d}v+\frac{\partial y}{\partial w}\mathrm{d}w\right)\\ &=\frac{\partial(x,y)}{\partial(v,w)}\mathrm{d}v\wedge\mathrm{d}w+\frac{\partial(x,y)}{\partial(w,u)}\mathrm{d}w\wedge\mathrm{d}u+\frac{\partial(x,y)}{\partial(u,v)}\mathrm{d}u\wedge\mathrm{d}v.\end{aligned}$$

$$\begin{aligned}\mathrm{d}x\wedge\mathrm{d}y\wedge\mathrm{d}z&=\frac{\partial z}{\partial u}\cdot\frac{\partial(x,y)}{\partial(v,w)}\mathrm{d}v\wedge\mathrm{d}w\wedge\mathrm{d}u+\frac{\partial z}{\partial v}\cdot\frac{\partial(x,y)}{\partial(w,u)}\mathrm{d}w\wedge\mathrm{d}u\wedge\mathrm{d}v\\ &\quad+\frac{\partial z}{\partial w}\cdot\frac{\partial(x,y)}{\partial(u,v)}\mathrm{d}u\wedge\mathrm{d}v\wedge\mathrm{d}w\\ &=\frac{\partial(x,y,z)}{\partial(u,v,w)}\mathrm{d}u\wedge\mathrm{d}v\wedge\mathrm{d}w.\end{aligned}$$

下面我们以区域 $D\subset\mathbb{R}^2$ 到 $\Omega\subset\mathbb{R}^2$ 的 C^1 同胚映射 $\begin{pmatrix}x\\y\end{pmatrix}=\begin{pmatrix}x(u,v)\\y(u,v)\end{pmatrix}$ 来说明其雅可比行列式的符号与映射的保向性的联系. 记 $\boldsymbol{u}=(u,v),\boldsymbol{x}=(x,y)$, 并将上述同胚映射记成 $\boldsymbol{x}=\boldsymbol{f}(\boldsymbol{u})$.

任取一点 $\boldsymbol{u}_0\in D$, 则由 C^1 同胚映射的性质, 存在 $U(\boldsymbol{u}_0,\delta_0)\subset D$, 使得 $\boldsymbol{f}(U(\boldsymbol{u}_0,\delta_0))$ 是包含 $\boldsymbol{f}(\boldsymbol{u}_0)=\boldsymbol{x}_0$ 的一个区域. 因此任取一条约当曲线 $\Gamma\subset U(\boldsymbol{u}_0,\delta_0)$, 则 $\gamma=\boldsymbol{f}(\Gamma)$ 是 Ω 内的一条约当曲线. 如果 $\boldsymbol{x}=\boldsymbol{f}(\boldsymbol{u})$ 将 Γ 的正向映成 γ 的正向 (即动点 $\boldsymbol{u}$ 沿 Γ 逆时针运动时, 动点 $\boldsymbol{f}(\boldsymbol{u})$ 沿 γ 逆时针运动), 则称 $\boldsymbol{f}(\boldsymbol{u})$ 在 $\boldsymbol{u}_0$ 处**保向**. 若 $\boldsymbol{f}(\boldsymbol{u})$ 在 $\boldsymbol{u}_0$ 处将 Γ 的正向映成 γ 的负向, 则称 $\boldsymbol{f}(\boldsymbol{u})$ 在 $\boldsymbol{u}_0$ 处**反定向**. 可以证明,

若 $\boldsymbol{f}(\boldsymbol{u})$ 在 $\boldsymbol{u}_0$ 处保向, 则它在任意点 $\boldsymbol{u} \in D$ 都是保向的 (见本章习题).

下面我们来研究保向映射的雅可比行列式的性质. 任取 $\boldsymbol{u}_0 = (u_0, v_0) \in D$, 任取过 $\boldsymbol{u}_0$ 的一条光滑曲线

$$\Gamma: \begin{cases} u = u(t), \\ v = v(t) \end{cases} \quad t \in (\alpha, \beta),$$

使得它满足 $u(t_0) = u_0, v(t_0) = v_0 \, (t_0 \in (\alpha, \beta))$. Γ 在 $\boldsymbol{u}_0$ 处的切线斜率为

$$k_{\boldsymbol{u}} = \frac{v'(t_0)}{u'(t_0)}.$$

曲线 $\gamma = \boldsymbol{f}(\Gamma)$ 的参数方程为

$$\begin{cases} x = x(u(t), v(t)), \\ y = y(u(t), v(t)). \end{cases}$$

它在 $\boldsymbol{x}_0 = \boldsymbol{f}(\boldsymbol{u}_0)$ 处的切线的斜率

$$\begin{aligned} k_{\boldsymbol{x}} &= \frac{y'(t_0)}{x'(t_0)} = \frac{y'_u(\boldsymbol{x}_0)u'(t_0) + y'_v(\boldsymbol{x}_0)v'(t_0)}{x'_u(\boldsymbol{x}_0)u'(t_0) + x'_v(\boldsymbol{x}_0)v'(t_0)} \\ &= \frac{y'_u(\boldsymbol{x}_0) + y'_v(\boldsymbol{x}_0)k_{\boldsymbol{u}}}{x'_u(\boldsymbol{x}_0) + x'_v(\boldsymbol{x}_0)k_{\boldsymbol{u}}}. \end{aligned}$$

所以

$$\frac{\mathrm{d}k_{\boldsymbol{x}}}{\mathrm{d}k_{\boldsymbol{u}}} = \frac{\left.\dfrac{\partial(x, y)}{\partial(u, v)}\right|_{\boldsymbol{u}_0}}{[x'_u(\boldsymbol{x}_0) + x'_v(\boldsymbol{x}_0)k_{\boldsymbol{u}}]^2}.$$

从上式可以看出, 当 $\left.\dfrac{\partial(x, y)}{\partial(u, v)}\right|_{\boldsymbol{u}_0} > 0$ 时, $k_{\boldsymbol{x}}$ 是 $k_{\boldsymbol{u}}$ 的单调上升函数. 由导数的几何意义知, 此时 $f(\boldsymbol{u})$ 在 $\boldsymbol{u}_0$ 处保向; 当 $\left.\dfrac{\partial(x, y)}{\partial(u, v)}\right|_{\boldsymbol{u}_0} < 0$ 时, $f(\boldsymbol{u})$ 在 $\boldsymbol{u}_0$ 处反定向. 我们已经知道, 一个变换在一点保向则处处保向, 因此 $\dfrac{\partial(x, y)}{\partial(u, v)}$ 在 D 内必定不变号.

现在回到微分形式的外积. 设 $\begin{pmatrix} x \\ y \end{pmatrix} = \begin{pmatrix} x(u,v) \\ y(u,v) \end{pmatrix}$ 是区域 $D \subset \mathbb{R}^2$ 到可求面积的有界闭区域 $\Omega \subset \mathbb{R}^2$ 的 C^1 同胚映射. 当它保向时, 有 $\dfrac{\partial(x,y)}{\partial(u,v)} \geqslant 0$. 这时我们有 $\mathrm{d}x \wedge \mathrm{d}y = \dfrac{\partial(x,y)}{\partial(u,v)}\mathrm{d}u \wedge \mathrm{d}v$. 当变换 $\begin{pmatrix} x \\ y \end{pmatrix} = \begin{pmatrix} x(u,v) \\ y(u,v) \end{pmatrix}$ 不保向时, 则 $\dfrac{\partial(x,y)}{\partial(u,v)} \leqslant 0$. 现在我们把 Ouv 平面上的 u 轴改为 v 轴, 而把 v 轴改成 u 轴. 即令 $u' = v, v' = u$, 则上述变换雅可比行列式为

$$\frac{\partial(x,y)}{\partial(u',v')} = \begin{vmatrix} \dfrac{\partial x}{\partial u'} & \dfrac{\partial x}{\partial v'} \\ \dfrac{\partial y}{\partial u'} & \dfrac{\partial y}{\partial v'} \end{vmatrix} = \begin{vmatrix} \dfrac{\partial x}{\partial v} & \dfrac{\partial x}{\partial u} \\ \dfrac{\partial y}{\partial v} & \dfrac{\partial y}{\partial u} \end{vmatrix} = -\frac{\partial(x,y)}{\partial(u,v)} \geqslant 0,$$

从而

$$\mathrm{d}x \wedge \mathrm{d}y = \frac{\partial(x,y)}{\partial(u',v')}\mathrm{d}u' \wedge \mathrm{d}v' = \frac{\partial(x,y)}{\partial(u,v)}\mathrm{d}u \wedge \mathrm{d}v.$$

因此, 若 $f(x,y)$ 是 Ω 上的可积函数, 当映射 $\begin{pmatrix} x \\ y \end{pmatrix} = \begin{pmatrix} x(u,v) \\ y(u,v) \end{pmatrix}$ 保向时, 有

$$\iint_\Omega f(x,y)\mathrm{d}x \wedge \mathrm{d}y = \iint_D f(x(u,v),y(u,v))\frac{\partial(x,y)}{\partial(u,v)}\mathrm{d}u \wedge \mathrm{d}v.$$

而当 $\begin{pmatrix} x \\ y \end{pmatrix} = \begin{pmatrix} x(u,v) \\ y(u,v) \end{pmatrix}$ 不保向时, 仍然成立

$$\iint_\Omega f(x,y)\mathrm{d}x \wedge \mathrm{d}y = \iint_D f(x(u,v),y(u,v))\frac{\partial(x,y)}{\partial(u,v)}\mathrm{d}u \wedge \mathrm{d}v.$$

同理, 对 n 重积分也有类似的结果. 这说明了引入微分形式的外积后, 我们在重积分的变量替换中不必考虑变换的雅可比行列式的正负号. 当 $n \geqslant 3$ 时, 一个映射的保向性的刻画比 $\mathbb{R}^2$ 的情形会更加复杂, 在这里我们就不作介绍了.

16.6.3　外微分

微分形式的外微分是一个重要的运算, 利用它可以将许多我们学过的重要定理统一起来. 下面我们先对 $\mathbb{R}^n(n \geqslant 2)$ 中区域 D 内的微分形式引进外微分这一概念.

定义 16.6.1　设 $\omega \in \Lambda^k$ $(1 \leqslant k \leqslant n)$, 其形式为

$$\omega = \sum_{1 \leqslant i_1 < i_2 < \cdots < i_k \leqslant n} a_{i_1 i_2 \cdots i_k}(\boldsymbol{x}) \mathrm{d}x_{i_1} \wedge \mathrm{d}x_{i_2} \wedge \cdots \wedge \mathrm{d}x_{i_k},$$

称 $k+1$ 次微分形式

$$\sum_{1 \leqslant i_1 < i_2 < \cdots < i_k \leqslant n} \left(\sum_{j=1}^{n} \frac{\partial a_{i_1 i_2 \cdots i_k}(\boldsymbol{x})}{\partial x_j} \mathrm{d}x_j \right) \wedge \mathrm{d}x_{i_1} \wedge \mathrm{d}x_{i_2} \wedge \cdots \wedge \mathrm{d}x_{i_k}$$

为 ω 的**外微分**, 记为 $\mathrm{d}\omega$.

显然, 当 $\omega \in \Lambda^n$ 时, $\mathrm{d}\omega = 0$. 当 $\omega \in \Lambda^k$, 且 ω 在 Λ^k 的基元素前面的系数函数是 D 内的 C^1 函数时, 称 ω 是 C^1 **微分形式**, 这时 $\mathrm{d}\omega$ 的系数仅在 D 内连续. 若要讨论 $\mathrm{d}(\mathrm{d}\omega) \triangleq \mathrm{d}^2\omega$ (称之为**二次外微分**, 即外微分的外微分), 则要假定 ω 是 C^2 微分形式, 即 ω 中在基前面的系数函数在 D 内具有各个二阶连续偏导数.

由定义可推知外微分具有下述性质:

(1) 设 $\omega_1, \omega_2 \in \Lambda^k$, 则 $\mathrm{d}(\omega_1 + \omega_2) = \mathrm{d}\omega_1 + \mathrm{d}\omega_2$.

(2) 设 $\omega \in \Lambda^k$, $\eta \in \Lambda^l$, 则 $\mathrm{d}(\omega \wedge \eta) = \mathrm{d}\omega \wedge \eta + (-1)^k \omega \wedge \mathrm{d}\eta$.

(3) 当 $\omega \in \Lambda^k$, 且 ω 是 C^2 微分形式时, $\mathrm{d}(\mathrm{d}\omega) = \mathrm{d}^2\omega = 0$.

这些性质的证明留给读者.

下面我们来求一些微分形式的外微分.

(1) 设 $\omega = P(x,y)\mathrm{d}x + Q(x,y)\mathrm{d}y$, 则

$$\mathrm{d}\omega = \left(\frac{\partial Q}{\partial x} - \frac{\partial P}{\partial y} \right) \mathrm{d}x \wedge \mathrm{d}y.$$

(2) 设 $\eta = P(x,y,z)\mathrm{d}x + Q(x,y,z)\mathrm{d}y + R(x,y,z)\mathrm{d}z$, 则

$$\begin{aligned}\mathrm{d}\eta=&\left(\frac{\partial R}{\partial y}-\frac{\partial Q}{\partial z}\right)\mathrm{d}y\wedge\mathrm{d}z+\left(\frac{\partial P}{\partial z}-\frac{\partial R}{\partial x}\right)\mathrm{d}z\wedge\mathrm{d}x\\&+\left(\frac{\partial Q}{\partial x}-\frac{\partial P}{\partial y}\right)\mathrm{d}x\wedge\mathrm{d}y.\end{aligned}$$

(3) 设 $\theta=P(x,y,z)\mathrm{d}y\wedge\mathrm{d}z+Q(x,y,z)\mathrm{d}z\wedge\mathrm{d}x+R(x,y,z)\mathrm{d}x\wedge\mathrm{d}y$, 则

$$\mathrm{d}\theta=\left(\frac{\partial P}{\partial x}+\frac{\partial Q}{\partial y}+\frac{\partial R}{\partial z}\right)\mathrm{d}x\wedge\mathrm{d}y\wedge\mathrm{d}z.$$

本节开始时我们曾指出, 给了 $\mathbb{R}^3$ 中的一个微分形式, 我们很清楚它在 $\mathbb{R}^3$ 中什么样的子集上可积分. 因此, 对于一个几何体 D (闭区域、曲面、曲线等), 由上述外微分的表达式, 格林公式、高斯公式以及斯托克斯公式可以统一地写成

$$\int_D\mathrm{d}\omega=\int_{\partial D}\omega,$$

其中 ω 是 $\overline{D}$ 上的一个 C^1 微分形式, ∂D 取正向.

若在牛顿–莱布尼茨公式 $\int_a^b f'(x)\mathrm{d}x=f(x)\Big|_a^b$ 中将 $f(x)\Big|_a^b=f(b)-f(a)$ 看成是 $\omega=f(x)$ 在 a,b 两点的积分, 上述公式也可写成 $\int_D\mathrm{d}\omega=\int_{\partial D}\omega$ 的形式, 其中 $D=[a,b],\partial D=\{a,b\}$.

公式 $\int_D\mathrm{d}\omega=\int_{\partial D}\omega$ 也称为**斯托克斯公式**. 尽管如此, 任何积分公式最后的计算以及它们的证明都必须要用到牛顿–莱布尼茨公式, 所以人们还是称牛顿–莱布尼茨公式为微积分基本定理.

另外, 当 $n\geqslant 4$ 时, 微分形式具有更多的形式, 因此在 $\mathbb{R}^n$ 中具有更多可以讨论积分问题的子集. 关于这些问题在微分流形课程中将做系统的介绍, 在这里我们就不展开这方面的内容了.

§16.7 曲线积分与路径的无关性

设 $D \subset \mathbb{R}^3$ 是一个区域, $u(x,y,z)$ 是 D 内的 C^1 函数, 则 $\mathrm{d}u = u'_x\mathrm{d}x + u'_y\mathrm{d}y + u'_z\mathrm{d}z$ 是 $u(x,y,z)$ 在 D 内的全微分. 给定 $A_0 \in D$, 则对于 $\forall A \in D$, A 与 A_0 之间均可用 D 内无穷多条分段光滑的曲线连接. 如果我们写出其中任意一条曲线 Γ(以 A_0 为起点, 以 A 为终点) 的参数方程, 然后计算可知

$$\int_\Gamma u'_x\mathrm{d}x + u'_y\mathrm{d}y + u'_z\mathrm{d}z = u(A) - u(A_0).$$

换句话说, $u'_x\mathrm{d}x + u'_y\mathrm{d}y + u'_z\mathrm{d}z$ 在 D 内沿任何光滑曲线上的积分, 只依赖于该曲线的起点与终点, 而与曲线的选取无关. 对于这种现象, 我们引入以下概念.

定义 16.7.1 设 $D \subset \mathbb{R}^3$ 为一个区域, 函数 $P(x,y,z), Q(x,y,z), R(x,y,z)$ 在 D 内连续. 如果对于 $\forall A_0, A \in D$ 及 D 内任意一条以 A_0 为起点, A 为终点的分段光滑的曲线 Γ, 曲线积分

$$\int_\Gamma P\mathrm{d}x + Q\mathrm{d}y + R\mathrm{d}z$$

的值只与 A_0, A 有关, 而与曲线 Γ 的选取无关, 则称曲线积分 $\int_\Gamma P\mathrm{d}x + Q\mathrm{d}y + R\mathrm{d}z$ 在 D 内**与路径无关**.

从第二型曲线积分的物理背景可以看出, 该曲线积分与路径无关是指 D 内力场 $\boldsymbol{F} = (P,Q,R)$ 将单位质量的粒子从点 A_0 移动到点 A 所做的功不依赖于粒子所走的路线, 而只依赖粒子运动的起点与终点. 从直观上看, 重力做功应具有该性质, 因为重力对质点所做的功只依赖于空间这两点之间的垂直距离.

现在, 我们来研究对于区域 D 内给定的三个函数 P, Q, R, 何时曲线积分 $\int_\Gamma P\mathrm{d}x + Q\mathrm{d}y + R\mathrm{d}z$ 在 D 内与路径无关. 设 $P(x,y,z), Q(x,y,z)$,

$R(x,y,z)$ 是空间 $\mathbb{R}^3$ 中区域 D 内的三个函数, 若存在 D 内的可微函数 $u=u(x,y,z)$, 使得

$$\mathrm{d}u = P\mathrm{d}x + Q\mathrm{d}y + R\mathrm{d}z,$$

则称 u 为 $P\mathrm{d}x+Q\mathrm{d}y+R\mathrm{d}z$ 的一个**原函数**. 因此, $P\mathrm{d}x+Q\mathrm{d}y+R\mathrm{d}z$ 有原函数 u 的等价定义是: 存在可微函数 u, 使得 $P\mathrm{d}x+Q\mathrm{d}y+R\mathrm{d}z$ 是 u 的全微分.

在本节中, 我们将主要证明以下两个定理.

定理 16.7.1 设 D 是 $\mathbb{R}^3$ 中的区域, 函数 $P(x,y,z),Q(x,y,z)$, $R(x,y,z)$ 在 D 内连续, 则以下三个命题等价:

(1) 曲线积分 $\displaystyle\int_\Gamma P\mathrm{d}x+Q\mathrm{d}y+R\mathrm{d}z$ 在 D 内与路径无关;

(2) 对 D 内任何分段光滑的约当曲线 Γ, 有

$$\oint_\Gamma P\mathrm{d}x+Q\mathrm{d}y+R\mathrm{d}z=0;$$

(3) $P\mathrm{d}x+Q\mathrm{d}y+R\mathrm{d}z$ 在 D 内存在原函数.

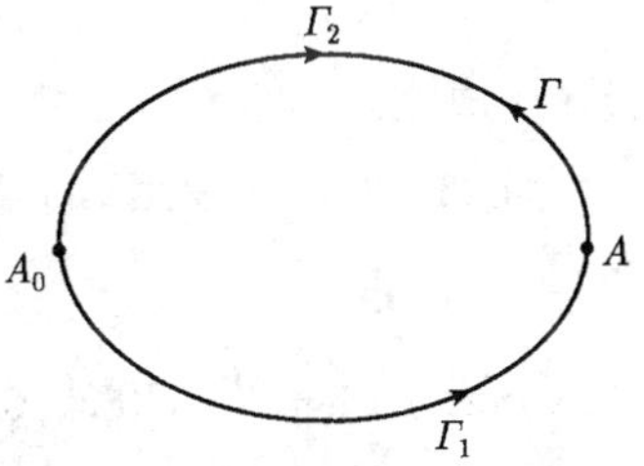

图 16.7.1

证明 先证 (1) $\Rightarrow$ (2). 设 Γ 是 D 内任一条分段光滑的约当曲线. 在 Γ 上取定两点 A_0, A, 则 Γ 构成了从点 A_0 到点 A 的两条曲线 Γ_1, Γ_2, 其中 Γ_1 取曲线 Γ 的正向, Γ_2 则取 Γ 的负向 (如图 16.7.1). 由 (1) 我们有

$$\begin{aligned}0&=\int_{\Gamma_1} P\mathrm{d}x+Q\mathrm{d}y+R\mathrm{d}z-\int_{\Gamma_2} P\mathrm{d}x+Q\mathrm{d}y+R\mathrm{d}z\\&=\int_{\Gamma_1+\Gamma_2^-} P\mathrm{d}x+Q\mathrm{d}y+R\mathrm{d}z\\&=\int_\Gamma P\mathrm{d}x+Q\mathrm{d}y+R\mathrm{d}z,\end{aligned}$$

因此 (2) 成立.

再证 (2) $\Rightarrow$ (1). 对于 $\forall A_0, A \in D$, 任取两条以 A_0 为起点, A 为终点的光滑曲线 Γ_1, Γ_2. 若 $\Gamma_1 \cup \Gamma_2^-$ 组成一条约当曲线, 令 $\Gamma = \Gamma_1 \cup \Gamma_2^-$, 则我们有

$$\begin{aligned}&\int_{\Gamma_1} P\mathrm{d}x + Q\mathrm{d}y + R\mathrm{d}z - \int_{\Gamma_2} P\mathrm{d}x + Q\mathrm{d}y + R\mathrm{d}z\\&= \int_{\Gamma_1 \cup \Gamma_2^-} P\mathrm{d}x + Q\mathrm{d}y + R\mathrm{d}z\\&= \int_{\Gamma} P\mathrm{d}x + Q\mathrm{d}y + R\mathrm{d}z = 0.\end{aligned}$$

当 $\Gamma_1 \cup \Gamma_2^-$ 不是约当曲线时, 在 D 内选取一条从点 A_0 到点 A 的光滑曲线 Γ_3, 使得 $\Gamma_1 \cup \Gamma_3^-$, $\Gamma_2 \cup \Gamma_3^-$ 均是约当曲线, 如图 16.7.2. 由上面所证有

$$\begin{aligned}\int_{\Gamma_1} P\mathrm{d}x + Q\mathrm{d}y + R\mathrm{d}z &= \int_{\Gamma_3} P\mathrm{d}x + Q\mathrm{d}y + R\mathrm{d}z\\&= \int_{\Gamma_2} P\mathrm{d}x + Q\mathrm{d}y + R\mathrm{d}z,\end{aligned}$$

因此 (1) 成立.

现证 (1) $\Rightarrow$ (3). 取定 $A_0 = (x_0, y_0, z_0) \in D$, 任取 $A = (x, y, z) \in D$, 则可记

$$u(x,y,z) = \int_{\Gamma_0} P(\xi,\eta,\zeta)\mathrm{d}\xi + Q(\xi,\eta,\zeta)\mathrm{d}\eta + R(\xi,\eta,\zeta)\mathrm{d}\zeta,$$

其中 Γ_0 为 D 中一条从点 A_0 到点 A 的固定的光滑曲线.

由于 $A \in D$, 因此 A 是 D 的内点. 对于充分小的 Δx, 有 $A_{\Delta x} = (x + \Delta x, y, z) \in D$, 于是线段 $\overline{AA}_{\Delta x} \in D$. 记 $\Gamma_{\Delta x} = \Gamma_0 \cup \overline{AA}_{\Delta x}$, 如图 16.7.3, 则

$$\begin{aligned}&u(x+\Delta x, y, z) - u(x,y,z)\\&= \int_{\Gamma_{\Delta x}} P\mathrm{d}\xi + Q\mathrm{d}\eta + R\mathrm{d}\zeta - \int_{\Gamma_0} P\mathrm{d}\xi + Q\mathrm{d}\eta + R\mathrm{d}\zeta\end{aligned}$$

$$= \int_{\overline{AA_{\Delta x}}} P\mathrm{d}\xi + Q\mathrm{d}\eta + R\mathrm{d}\zeta$$

$$= \int_{x}^{x+\Delta x} P(\xi, \eta, \zeta)\mathrm{d}\xi = P(x + \theta\Delta x, y, z)\Delta x \quad (0 < \theta < 1).$$

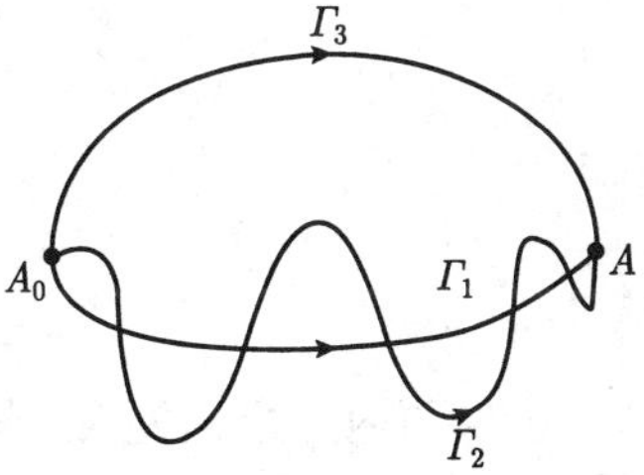

图 16.7.2

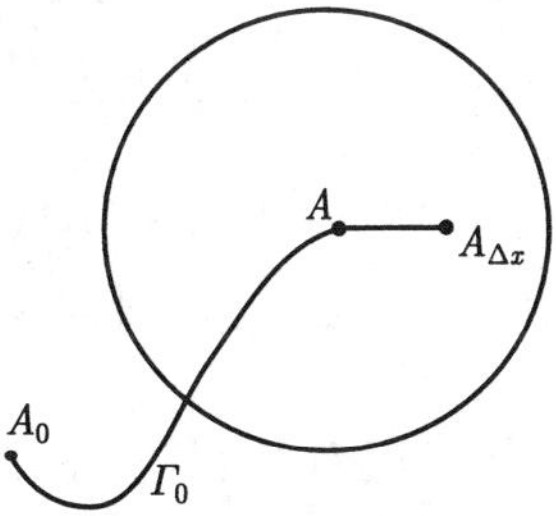

图 16.7.3

因此

$$\frac{\partial u}{\partial x} = \lim_{\Delta x \to 0} \frac{u(x + \Delta x, y, z) - u(x, y, z)}{\Delta x}$$
$$= \lim_{\Delta x \to 0} P(x + \theta\Delta x, y, z) = P(x, y, z).$$

同理可证 $\dfrac{\partial u}{\partial y} = Q$ 及 $\dfrac{\partial u}{\partial z} = R$.

由 P, Q, R 的连续性知, $\mathrm{d}u = P\mathrm{d}x + Q\mathrm{d}y + R\mathrm{d}z$ 在 D 内成立, 因此 $u(x, y, z)$ 是 $P\mathrm{d}x + Q\mathrm{d}y + R\mathrm{d}z$ 的一个原函数.

最后证 (3) $\Rightarrow$ (1). 设 $u(x, y, z)$ 满足 $\mathrm{d}u = P\mathrm{d}x + Q\mathrm{d}y + R\mathrm{d}z$, 再设 $A_0 = (x_0, y_0, z_0), A_1 = (x_1, y_1, z_1) \in D$ 是任意两点, 任取一条从点 A_0 到点 A 的分段光滑曲线

$$\Gamma: \begin{cases} x = x(t), \\ y = y(t), \quad t \in [\alpha, \beta], \\ z = z(t), \end{cases}$$

且 $(x(\alpha), y(\alpha), z(\alpha)) = (x_0, y_0, z_0)$, $(x(\beta), y(\beta), z(\beta)) = (x_1, y_1, z_1)$, 则

$$\begin{aligned}
&\int_\Gamma P\mathrm{d}x+Q\mathrm{d}y+R\mathrm{d}z\\
&\quad=\int_\alpha^\beta [P(x(t),y(t),z(t))x'(t)+Q(x(t),y(t),z(t))y'(t)\\
&\qquad +R(x(t),y(t),z(t))z'(t)]\mathrm{d}t\\
&\quad=\int_\alpha^\beta \frac{\mathrm{d}u(x(t),y(t),z(t))}{\mathrm{d}t}\mathrm{d}t\\
&\quad=u(x(\beta),y(\beta),z(\beta))-u(x(\alpha),y(\alpha),z(\alpha))\\
&\quad=u(x_1,y_1,z_1)-u(x_0,y_0,z_0).
\end{aligned}$$

这说明了曲线积分 $\int_\Gamma P\mathrm{d}x+Q\mathrm{d}y+R\mathrm{d}z$ 在 D 与内路径无关. 证毕.

当曲线积分 $\int_\Gamma P\mathrm{d}x+Q\mathrm{d}y+R\mathrm{d}z$ 在 D 内与路径无关时, 对于 $A_0=(x_0,y_0,z_0), A_1=(x_1,y_1,z_1)\in D$, 我们用 $\int_{(x_0,y_0,z_0)}^{(x_1,y_1,z_1)} P\mathrm{d}x+Q\mathrm{d}y+R\mathrm{d}z$ 来表示 D 内从点 A_0 到点 A_1 的任一条路径的曲线积分.

为了得到进一步的判定曲线积分与路径无关的准则, 我们需要对空间区域作一些限制. 设 $D\subset\mathbb{R}^3$ 是一个区域, 如果 D 内任何一条约当曲线 Γ 总能在 D 内连续地缩成 D 内的一点, 则称 D 是一个**单连通区域**. 因此对于 $\mathbb{R}^3$ 中的单连通区域 D, D 内部可以有 "洞", 如同心球面围成的区域就是单连通的. 而对于形如轮胎的环面所围区域就不是单连通的了. 空间的单连通区域 D 的一个特点是: 对于 D 中任何一条分段光滑的约当曲线 Γ, 我们总可以在 D 内找一个分片光滑的双侧曲面 S, 使得 $\Gamma=\partial S$. 上述事实的证明超出了数学分析课程的范围, 在这里我们就不介绍了. 但是在下面定理的证明中我们将不加证明地利用该事实.

定理 16.7.2　设 $D\subset\mathbb{R}^3$ 是单连通区域, 函数 $P(x,y,z), Q(x,y,z), R(x,y,z)$ 在 D 内具有连续偏导数, 则曲线积分 $\int_\Gamma P\mathrm{d}x+Q\mathrm{d}y+R\mathrm{d}z$ 在 D 内与路径无关的充分必要条件是: 在 D 内有

$$\frac{\partial R}{\partial y} \equiv \frac{\partial Q}{\partial z}, \quad \frac{\partial P}{\partial z} \equiv \frac{\partial R}{\partial x}, \quad \frac{\partial Q}{\partial x} \equiv \frac{\partial P}{\partial y},$$

即向量

$$\begin{vmatrix} \boldsymbol{i} & \boldsymbol{j} & \boldsymbol{k} \\ \dfrac{\partial}{\partial x} & \dfrac{\partial}{\partial y} & \dfrac{\partial}{\partial z} \\ P & Q & R \end{vmatrix} \equiv \mathbf{0}.$$

证明 **必要性** 设 $\int_\Gamma P\mathrm{d}x + Q\mathrm{d}y + R\mathrm{d}z$ 在 D 内与路径无关, 则由定理 16.7.1 知, 存在定义在 D 内的可微函数 $u(x,y,z)$, 使得

$$P\mathrm{d}x + Q\mathrm{d}y + R\mathrm{d}z = u'_x\mathrm{d}x + u'_y\mathrm{d}y + u'_z\mathrm{d}z.$$

因此, 在 D 内恒有

$$\frac{\partial R}{\partial y} = \frac{\partial^2 u}{\partial y\partial z} = \frac{\partial^2 u}{\partial z\partial y} = \frac{\partial Q}{\partial z}, \quad \frac{\partial P}{\partial z} = \frac{\partial^2 u}{\partial z\partial x} = \frac{\partial^2 u}{\partial x\partial z} = \frac{\partial R}{\partial x},$$

$$\frac{\partial Q}{\partial x} = \frac{\partial^2 u}{\partial x\partial y} = \frac{\partial^2 u}{\partial y\partial x} = \frac{\partial P}{\partial y},$$

即必要性成立.

充分性 任取 D 内一条分段光滑的约当曲线 Γ, 作 D 内一个分片光滑的双侧曲面 S, 使得 $\partial S = \Gamma$, 且选取 S 的侧使得 Γ 定向为正向. 由斯托克斯公式我们有

$$\oint_\Gamma P\mathrm{d}x + Q\mathrm{d}y + R\mathrm{d}z = \iint_S \begin{vmatrix} \mathrm{d}y\mathrm{d}z & \mathrm{d}z\mathrm{d}x & \mathrm{d}x\mathrm{d}y \\ \dfrac{\partial}{\partial x} & \dfrac{\partial}{\partial y} & \dfrac{\partial}{\partial z} \\ P & Q & R \end{vmatrix} = 0.$$

由定理 16.7.1 知, $\int_\Gamma P\mathrm{d}x + Q\mathrm{d}y + R\mathrm{d}z$ 在 D 内与路径无关. 证毕.

由于我们在很多时候要讨论平面区域内的曲线积分与路径的关系, 我们不加证明地给出下面定理.

定理 16.7.3 设 $D\subset\mathbb{R}^2$ 是一个区域, 函数 $P(x,y),Q(x,y)$ 在 D 内连续, 则以下断言等价:

(1) 曲线积分 $\displaystyle\int_\Gamma P\mathrm{d}x+Q\mathrm{d}y$ 在 D 内与路径无关;

(2) 对 D 内任何分段光滑的约当曲线 Γ, 有 $\displaystyle\oint_\Gamma P\mathrm{d}x+Q\mathrm{d}y=0$;

(3) 在 D 内存在可微函数 $u(x,y)$, 使得 $\mathrm{d}u=P\mathrm{d}x+Q\mathrm{d}y$.

当 D 是单连通区域且 P,Q 具有连续偏导数时, 则下述断言与上述三个断言等价:

(4) 在 D 内成立 $\dfrac{\partial Q}{\partial x}\equiv\dfrac{\partial P}{\partial y}$.

此定理的证明与定理 16.7.1 和 16.7.2 证明方法相同, 不过在证明 (4) 时, 要用到格林公式.

例 16.7.1 记 $E=\{(x,y):x\in[0,1],y=0\}$, 证明曲线积分

$$\int_\Gamma \frac{x\mathrm{d}y-y\mathrm{d}x}{x^2+y^2}-\frac{(x-1)\mathrm{d}y-y\mathrm{d}x}{(x-1)^2+y^2}$$

在 $D=\mathbb{R}^2\backslash E$ 内与路径无关.

证明 设 $\Gamma_0\subset D$ 是任一条分段光滑的约当曲线, 记

$$I=\int_{\Gamma_0}\frac{x\mathrm{d}y-y\mathrm{d}x}{x^2+y^2}-\frac{(x-1)\mathrm{d}y-y\mathrm{d}x}{(x-1)^2+y^2},$$

则
$$I=\int_{\Gamma_0}\frac{x\mathrm{d}y-y\mathrm{d}x}{x^2+y^2}-\int_{\Gamma_0}\frac{(x-1)\mathrm{d}y-y\mathrm{d}x}{(x-1)^2+y^2}.$$

由于

$$\frac{\partial}{\partial x}\left(\frac{x}{x^2+y^2}\right)=\frac{y^2-x^2}{(x^2+y^2)^2}=\frac{\partial}{\partial y}\left(\frac{-y}{x^2+y^2}\right)$$

及

$$\begin{aligned}\frac{\partial}{\partial x}\left(\frac{x-1}{(x-1)^2+y^2}\right)&=\frac{y^2-(x-1)^2}{[(x-1)^2+y^2]^2}\\&=\frac{\partial}{\partial y}\left(\frac{-y}{(x-1)^2+y^2}\right),\end{aligned}$$

因此, 对任意的光滑约当曲线 $\Gamma_0 \subset D$, 设 Γ_0 所围区域为 D_0, 若 $D_0 \cap E = \varnothing$, 则由定理 16.7.3 知 $I=0$. 当 $E \subset D_0$ 时, 点 (0,0) 及 (0,1) 均在 D_0 内, 从而由例 16.5.2 知

$$\int_{\Gamma_0} \frac{x\mathrm{d}y - y\mathrm{d}x}{x^2+y^2} = 2\pi, \quad \int_{\Gamma_0} \frac{(x-1)\mathrm{d}y - y\mathrm{d}x}{(x-1)^2+y^2} = 2\pi.$$

因此同样有 $I=0$. 由定理 16.7.3 知, 曲线积分

$$\int_{\Gamma} \frac{x\mathrm{d}y-y\mathrm{d}x}{x^2+y^2} - \frac{(x-1)\mathrm{d}y-y\mathrm{d}x}{(x-1)^2+y^2}$$

在 D 内与路径无关.

注 显然, 若在 $\mathbb{R}^2\backslash\{(0,0),(0,1)\}$ 内考虑曲线积分

$$\int_{\Gamma} \frac{x\mathrm{d}y - y\mathrm{d}x}{x^2+y^2} - \frac{(x-1)\mathrm{d}y - y\mathrm{d}x}{(x-1)^2+y^2},$$

则它在 D 内与路径有关. 另外, 我们容易看出, 在 $\mathbb{R}^2\backslash\{(-\infty,0]\cup[1,+\infty)\}$ 内该曲线积分与路径无关. 以后从复变函数课程中, 我们还将讨论上述的积分问题, 在那里我们可以更加清楚地知道这些曲线积分与路径无关的本质.

例 16.7.2 设 $f(r)$ 是定义在 $(0,+\infty)$ 内的一元连续函数, 其中 $r=\sqrt{x^2+y^2+z^2}$. 证明: 当区域 $D \subset \mathbb{R}^3$ 不含原点时, 曲线积分

$$\int_{\Gamma} f(r)(x\mathrm{d}x + y\mathrm{d}y + z\mathrm{d}z)$$

在 D 内与路径无关.

证明 由于$rf(r)$连续, 从而它存在原函数$u(r)$. 取$u(\sqrt{x^2+y^2+z^2})$, 则当 D 不含原点时, 有

$$\begin{aligned}
\mathrm{d}u &= \frac{\partial u}{\partial r}\cdot\frac{\partial r}{\partial x}\mathrm{d}x + \frac{\partial u}{\partial r}\cdot\frac{\partial r}{\partial y}\mathrm{d}y + \frac{\partial u}{\partial r}\cdot\frac{\partial r}{\partial z}\mathrm{d}z \\
&= f(r)r\left(\frac{x}{r}\mathrm{d}x + \frac{y}{r}\mathrm{d}y + \frac{z}{r}\mathrm{d}z\right) \\
&= f(r)(x\mathrm{d}x + y\mathrm{d}y + z\mathrm{d}z).
\end{aligned}$$

由定理 16.7.1 知 $\int_\Gamma f(r)(x\mathrm{d}x+y\mathrm{d}y+z\mathrm{d}z)$ 在 D 内与路径无关.

注　选择不同的 $f(r)$, 我们可以得到许多在 $\mathbb{R}^3$ 中不含原点的区域内的函数 P,Q,R, 使得 $\int_\Gamma P\mathrm{d}x+Q\mathrm{d}y+R\mathrm{d}z$ 在 D 内与路径无关.

最后我们介绍一下如何来求原函数, 即给定微分 $P\mathrm{d}x+Q\mathrm{d}y+R\mathrm{d}z$, 当 $\int_\Gamma P\mathrm{d}x+Q\mathrm{d}y+R\mathrm{d}z$ 在区域 D 内与路径无关时, 如何找到在 D 内的函数 $u(x,y,z)$, 使得 $\mathrm{d}u=P\mathrm{d}x+Q\mathrm{d}y+R\mathrm{d}z$.

第一种方法是**不定积分法**: 由于

$$\frac{\partial u}{\partial x}=P,\quad \frac{\partial u}{\partial y}=Q,\quad \frac{\partial u}{\partial z}=R,$$

将 y,z 视为常数, 对 $\frac{\partial u}{\partial x}=P$ 关于 x 求不定积分得

$$u(x,y,z)=\int P\mathrm{d}x+\varphi(y,z),$$

其中 $\varphi(y,z)$ 是与 x 无关的 (y,z) 的待定函数. 因此我们有

$$\frac{\partial\varphi}{\partial y}=Q-\frac{\partial}{\partial y}\int P\mathrm{d}x.$$

在上面等式两边对 y 求不定积分得

$$\varphi(y,z)=\int\left(Q-\frac{\partial}{\partial y}\int P\mathrm{d}x\right)\mathrm{d}y+\psi(z),$$

其中 $\psi(z)$ 是与 y 无关的 z 的待定函数. 因此我们有

$$\frac{\partial\psi}{\partial z}=R-\frac{\partial}{\partial z}\int P\mathrm{d}x-\frac{\partial}{\partial z}\left(\int\left(Q-\frac{\partial}{\partial y}\int P\mathrm{d}x\right)\mathrm{d}y\right).$$

在上面等式两边对 z 求不定积分得

$$\psi(z)=\int\left[R-\frac{\partial}{\partial z}\int P\mathrm{d}x-\frac{\partial}{\partial z}\left(\int\left(Q-\frac{\partial}{\partial y}\int P\mathrm{d}x\right)\mathrm{d}y\right)\right]\mathrm{d}z.$$

最后我们有

$$u(x,y,z)=\int P\mathrm{d}x+\int\left(Q-\frac{\partial}{\partial y}\int P\mathrm{d}x\right)\mathrm{d}y$$
$$+\int\left[R-\frac{\partial}{\partial z}\int P\mathrm{d}x-\frac{\partial}{\partial z}\left(\int\left(Q-\frac{\partial}{\partial y}\int P\mathrm{d}x\right)\mathrm{d}y\right)\right]\mathrm{d}z.$$

第二种方法是**曲线积分法**: 给定 D 中一点 $A_0=(x_0,y_0,z_0)$, 对于任意一点 $A=(x,y,z)\in D$, 在 D 内选择一些连接 A_0,A 且易于求曲线积分的路径, 然后计算曲线积分即得.

例 16.7.3 在 $\mathbb{R}^3$ 内求 $u(x,y,z)$, 使得

$$\mathrm{d}u(x,y,z)=(yz\mathrm{e}^{xyz}+3x^2)\mathrm{d}x+(xz\mathrm{e}^{xyz}+\sin y)\mathrm{d}y+(xy\mathrm{e}^{xyz}+2z)\mathrm{d}z.$$

解 记

$$P(x,y,z)=yz\mathrm{e}^{xyz}+3x^2,\quad Q(x,y,z)=xz\mathrm{e}^{xyz}+\sin y,$$
$$R(x,y,z)=xy\mathrm{e}^{xyz}+2z.$$

容易验证它们处处成立

$$\frac{\partial R}{\partial y}=\frac{\partial Q}{\partial z},\quad \frac{\partial P}{\partial z}=\frac{\partial R}{\partial x},\quad \frac{\partial Q}{\partial x}=\frac{\partial P}{\partial y},$$

因此 $\int_\Gamma P\mathrm{d}x+Q\mathrm{d}y+R\mathrm{d}z$ 在 $\mathbb{R}^3$ 内与路径无关.

下面我们用两种方法来求 $u(x,y,z)$.

方法 1 由 $\frac{\partial u}{\partial x}=yz\mathrm{e}^{xyz}+3x^2$, 两边对 x 求不定积分得

$$u(x,y,z)=\mathrm{e}^{xyz}+x^3+\varphi(y,z),\tag{16.7.1}$$

其中 $\varphi(y,z)$ 为与 x 无关的 (y,z) 的待定函数. 上式两边对 y 求偏导数得

$$Q(x,y,z)=xz\mathrm{e}^{xyz}+\sin y=\frac{\partial u}{\partial y}=xz\mathrm{e}^{xyz}+\frac{\partial\varphi}{\partial y},\tag{16.7.2}$$

因此 $\frac{\partial\varphi}{\partial y}=\sin y$. 该式两边对 y 求不定积分得

$$\varphi(y,z)=-\cos y+\psi(z),\tag{16.7.3}$$

其中 $\psi(z)$ 为与 x, y 无关的 z 的待定函数. 将式 (16.7.3) 代入式 (16.7.1), 再对 z 求偏导数得

$$R(x,y,z) = xy\mathrm{e}^{xyz} + 2z = \frac{\partial u}{\partial z} = xy\mathrm{e}^{xyz} + \psi'(z),$$

从而 $\psi'(z) = 2z$. 此式两边求不定积分得 $\psi(z) = z^2 + C$, 其中 C 为常数. 因此

$$u(x,y,z) = \mathrm{e}^{xyz} + x^3 - \cos y + z^2 + C.$$

方法 2　设 $\mathbb{R}^3$ 中任意一点的坐标为 (ξ,η,ζ), 并设 $\Gamma_1, \Gamma_2, \Gamma_3$ 分别是连接 $(0,0,0)$与$(\xi,0,0)$, $(\xi,0,0)$与$(\xi,\eta,0)$, $(\xi,\eta,0)$与(ξ,η,ζ) 的线段, 则 $\Gamma_1 \cup \Gamma_2 \cup \Gamma_3$ 是连接 $(0,0,0)$ 与 (ξ,η,ζ) 的一条分段光滑曲线.

由于曲线积分与路径无关, 我们得到 $P\mathrm{d}x + Q\mathrm{d}y + R\mathrm{d}z$ 的一个原函数如下:

$$\begin{aligned}
u_1(\xi,\eta,\zeta) &= \int_{(0,0,0)}^{(\xi,\eta,\zeta)} P\mathrm{d}x + Q\mathrm{d}y + R\mathrm{d}z \\
&= \int_0^{\xi} P(x,0,0)\mathrm{d}x + \int_0^{\eta} Q(\xi,y,0)\mathrm{d}y + \int_0^{\zeta} R(\xi,\eta,z)\mathrm{d}z \\
&= \int_0^{\xi} 3x^2\mathrm{d}x + \int_0^{\eta} \sin y\mathrm{d}y + \int_0^{\zeta} (\xi\eta\mathrm{e}^{\xi\eta z} + 2z)\mathrm{d}z \\
&= \xi^3 - \cos\eta + 1 + \mathrm{e}^{\xi\eta\zeta} - 1 + \zeta^2 \\
&= \mathrm{e}^{\xi\eta\zeta} + \xi^3 - \cos\eta + \zeta^2.
\end{aligned}$$

将 (ξ,η,ζ) 换回 (x,y,z), 并注意到两个原函数可以相差一个常数, 我们有

$$u(x,y,z) = \mathrm{e}^{xyz} + x^3 - \cos y + z^2 + C.$$

§16.8　场论简介

场的概念来源于物理学. 在物理学中, 通常将一些量在空间区域的分布称为**场**. 最常见的场有密度场、温度场、引力场、磁场等. 如果一

个场可以用一个函数来刻画, 则称该场为**数量场**; 如果一个场需要用一个向量函数来刻画, 则称该场为**向量场**. 例如, 密度场与温度场都是数量场, 而引力场与磁场则都是向量场.

有些场只与空间的位置有关, 而与时间的变化无关, 这些场称为**稳定场**, 如地球的引力场就是稳定场. 而温度场等随着空间位置及时间的变化而变化, 这样的场则称为**不稳定场**.

16.8.1 数量场的梯度

前面我们已经介绍了梯度的概念, 在这里我们来回顾一下. 设 $u = u(x,y,z)$ 是区域 $D \subset \mathbb{R}^3$ 内的一个数量场 (我们这样来表示数量场, 实际上是建立了一个直角坐标系, 从而数量场在该坐标系下可由 $u = u(x,y,z)$ 来表示), 则当 u 是可微函数时, u 的梯度为

$$\mathbf{grad}\ u = \left(\frac{\partial u}{\partial x}, \frac{\partial u}{\partial y}, \frac{\partial u}{\partial z}\right).$$

设 $\boldsymbol{x}_0 = (x_0, y_0, z) \in D$ 且 $\boldsymbol{v} = (\cos\alpha, \cos\beta, \cos\gamma)$ 为一个单位向量, 则过 A_0 沿该单位向量的方向导数为

$$\left.\frac{\partial f(\boldsymbol{x}_0)}{\partial \boldsymbol{v}}\right|_{\boldsymbol{x}_0} = \left.\left(\frac{\partial u}{\partial x}\cos\alpha + \frac{\partial u}{\partial y}\cos\beta + \frac{\partial u}{\partial z}\cos\gamma\right)\right|_{\boldsymbol{x}_0} = \mathbf{grad}\ u\Big|_{\boldsymbol{x}_0} \cdot \boldsymbol{v}.$$

因此 $\mathbf{grad}\ u\Big|_{\boldsymbol{x}_0}$ 与 $\boldsymbol{v}$ 同向时, 在 $\boldsymbol{x}_0$ 处沿 $\boldsymbol{v}$ 的方向导数达到最大. 换句话说, 一个数量场的梯度是一个向量; 它是数量场改变最快的方向, 其向量的模长为数量场沿该方向的变化率. 由此定义的梯度显然与表示该数量场的坐标系的选取无关.

梯度与数量场的等位面密切相关. 所谓**等位面**是指区域 D 内满足方程 $u(x,y,z) = C$(C 为常数) 的根的集合. 当 $u(x,y,z)$ 具有较好的性质时 (如是 C^1 的), 数量场的等位面一般是一个曲面. 显然, 任何两个不同的等位面均不相交, 且 D 内任一点都在某一等位面上. 等位面可能是空集、一个点或者一个曲面. 当等位面是一曲面时, 前面我们已经

知道它的法向量为 $\left(\frac{\partial u}{\partial x}, \frac{\partial u}{\partial y}, \frac{\partial u}{\partial z}\right)$. 由此, 等位面在点 $\boldsymbol{x} \in D$ 处的法向量即为 u 在 $\boldsymbol{x}$ 处的梯度 $\mathbf{grad}\ u\Big|_{\boldsymbol{x}}$.

16.8.2 向量场的向量线

设 $D \subset \mathbb{R}^3$ 为一个区域, 在 D 内有一个向量场

$$\boldsymbol{F}(x, y, z) = (P(x, y, z), Q(x, y, z), R(x, y, z)),$$

其中 P, Q, R 在 D 内均具有连续偏导数. 现在设 Γ 为 D 内的一条光滑曲线, 其方程为

$$\begin{cases} x = x(t), \\ y = y(t), \quad t \in I, \\ z = z(t), \end{cases}$$

则该曲线上任一点处的切向量为 $(x'(t), y'(t), z'(t))$. 若对于 $\forall t \in I$, 该切向量与向量 $\boldsymbol{F}(x(t), y(t), z(t))$ 一致, 则曲线 Γ 称为 $\boldsymbol{F}$ 的一条**向量线**. 由于 $(x'(t), y'(t), z'(t))$ 与 (P, Q, R) 共线, 我们有

$$\frac{x'(t)\mathrm{d}t}{P} = \frac{y'(t)\mathrm{d}t}{Q} = \frac{z'(t)\mathrm{d}t}{R},$$

即 Γ 上的点必须满足

$$\frac{\mathrm{d}x}{P} = \frac{\mathrm{d}y}{Q} = \frac{\mathrm{d}z}{R}.$$

因此我们也称满足上述方程的曲线为 $\boldsymbol{F}$ 的向量线. 对于 D 内的 C^1 向量函数来说, 过 D 内每一点有且只有一条向量线, 并且不同的向量线互不相交, 所有向量线充满区域 D. 关于向量线理论在后续课程中还有介绍.

例 16.8.1 设向量场 $\boldsymbol{F}(x, y, z) = (x, y, z)$, 求 $\boldsymbol{F}$ 在 $\mathbb{R}^3 \backslash \{(0,0,0)\}$ 的向量线.

解 设 $(x_0, y_0, z_0) \in \mathbb{R}^3$, 且 $(x_0, y_0, z_0) \neq (0,0,0)$, 不妨设 $x_0 \neq 0$. 下面我们来求过点 (x_0, y_0, z_0) 的向量线. 由

$$\frac{\mathrm{d}x}{x} = \frac{\mathrm{d}y}{y}, \quad \frac{\mathrm{d}x}{x} = \frac{\mathrm{d}z}{z}$$

知$y=c_1x, z=c_2x$, 其中c_1, c_2为待定常数. 再由该向量线过点(x_0, y_0, z_0)知 $c_1=\dfrac{y_0}{x_0}, c_2=\dfrac{z_0}{x_0}$ 即

$$\begin{cases} y=\dfrac{y_0}{x_0}x, \\ z=\dfrac{z_0}{x_0}x, \end{cases}$$

此即射线 $\dfrac{x}{x_0}=\dfrac{y}{y_0}=\dfrac{z}{z_0}$. 从几何上看, 也可以简单地求出该向量线.

16.8.3 向量场的散度

设 $\boldsymbol{F}=(P(x,y,z),Q(x,y,z),R(x,y,z))$ 是空间区域 D 内的一个 C^1 向量场 (函数), 则 $\boldsymbol{F}$ 的**散度**是一个数量场, 其定义为

$$\operatorname{div}\boldsymbol{F}=\frac{\partial P}{\partial x}+\frac{\partial Q}{\partial y}+\frac{\partial R}{\partial z}.$$

上述定义的散度实际上与坐标系的选取无关, 对此我们可以用高斯公式来证明之. 事实上, 将 $\boldsymbol{F}$ 看做一个流速场. 任给 D 中一点 $\boldsymbol{x}_0$, 以 $\boldsymbol{x}_0$ 为心, r 为半径作一小球体 V_r, 使得 $V_r\subset D$, 再取 ∂V_r 外侧的单位法向量为 $\boldsymbol{n}$, 则

$$\iint_{\partial V_r}\boldsymbol{F}\cdot\boldsymbol{n}\mathrm{d}S=\iiint_{V_r}\operatorname{div}\boldsymbol{F}\mathrm{d}V.$$

由第二型曲面积分的几何意义, 上述等式的左边是该流速场单位时间从内到外通过 $\partial\boldsymbol{V}_r$ 的流量, 由此它不依赖于坐标系的选取. 由重积分的第一中值定理, 有

$$\operatorname{div}\boldsymbol{F}(\boldsymbol{x}_0)=\lim_{r\to0+0}\frac{\displaystyle\iint_{\partial V_r}\boldsymbol{F}\cdot\boldsymbol{n}\mathrm{d}S}{V_r},$$

其中我们仍然用 V_r 表示 V_r 的体积. 由此说明散度的定义也不依赖于坐标系的选取, 是一个向量场的本质属性.

对于在空间区域 D 内具有连续偏导数的向量函数 $\boldsymbol{F}(x,y,z)$, 若它的散度 $\operatorname{div}\boldsymbol{F}$ 在 $\boldsymbol{x}_0=(x_0,y_0,z_0)\in D$ 处不为零, 则当 $\operatorname{div}\boldsymbol{F}(\boldsymbol{x}_0)>0$

时, 对于任何一个包含 $\boldsymbol{x}_0$ 的充分小光滑闭曲面 S 所围的区域 V, 有 $\iiint_V \mathrm{div}\boldsymbol{F}\mathrm{d}V > 0$. 由高斯公式知, 此处从内向外流出的流量为正. 因此 $\boldsymbol{x}_0$ 也称为该向量场的源. 反之, 若 $\mathrm{div}\boldsymbol{F}(\boldsymbol{x}_0) < 0$, 则对任何内部含有 $\boldsymbol{x}_0$ 的充分小的闭曲面, 从外向里流进的流量为正. 这时, $\boldsymbol{x}_0$ 也称该向量场的汇. 当 $\mathrm{div}\boldsymbol{F}(\boldsymbol{x}_0) = 0$ 时, 称向量场 $\boldsymbol{F}$ 在 $\boldsymbol{x}_0$ 处无源.

16.8.4 向量场的旋度

如同上一小节, 我们仍设 $\boldsymbol{F}(x, y, z) = (P(x, y, z), Q(x, y, z), R(x, y, z))$ 为区域 $D \subset \mathbb{R}^3$ 内的一个 C^1 向量场. 在斯托克斯公式中, 曾出现如下与 $\boldsymbol{F}$ 有关的向量

$$\begin{vmatrix} \boldsymbol{i} & \boldsymbol{j} & \boldsymbol{k} \\ \dfrac{\partial}{\partial x} & \dfrac{\partial}{\partial y} & \dfrac{\partial}{\partial z} \\ P & Q & R \end{vmatrix}.$$

我们称此向量为 $\boldsymbol{F}$ 的**旋度**, 记为 $\mathbf{rot}\,\boldsymbol{F}$.

设 S 是一分片光滑曲面, ∂S 是空间分段光滑闭曲线, 且其定向与 S 的侧的单位法向量 $\boldsymbol{n}$ 的选定一致, 则斯托克斯公式告诉我们

$$\oint_{\partial S} P\mathrm{d}x + Q\mathrm{d}y + R\mathrm{d}z = \iint_S \mathbf{rot}\boldsymbol{F} \cdot \boldsymbol{n}\mathrm{d}S.$$

上式左边的线积分通常称为 $\boldsymbol{F}$ 沿 ∂S 的**环量**, 它显然可记成 $\oint_{\partial S} \boldsymbol{F}\mathrm{d}\boldsymbol{s}$, 其中 $\mathrm{d}\boldsymbol{s} = (\mathrm{d}x, \mathrm{d}y, \mathrm{d}z)$. 由此定义的环量与坐标系的选取无关.

利用这一定义, 我们同样可说明旋度也与坐标系选取无关. 事实上, 任取以 $\boldsymbol{x}_0 \in D$ 为心, 半径 r 充分小的一个圆盘 $S_r \subset D$, 取定 ∂S_r 的方向与 S_r 的一侧的单位法向量 $\boldsymbol{n}$ 保持一致, 则

$$\oint_{\partial S_r} \boldsymbol{F}\mathrm{d}\boldsymbol{s} = \iint_{S_r} \mathbf{rot}\boldsymbol{F} \cdot \boldsymbol{n}\mathrm{d}S,$$

从而

$$\lim_{r\to 0}\mathbf{rot}\boldsymbol{F}\cdot\boldsymbol{n}=\lim_{r\to 0}\frac{\displaystyle\oint_{\partial S_r}\boldsymbol{F}\mathrm{d}\boldsymbol{s}}{\pi r^2}.$$

由于 S_r 是任意一个圆盘, 从而 $\boldsymbol{n}$ 可取到 $\boldsymbol{x}_0$ 出发的任何方向. 上式说明向量 $\mathbf{rot}\boldsymbol{F}$ 在任何方向的投影均不依赖于坐标系的选取, 从而 $\mathbf{rot}\boldsymbol{F}$ 与坐标系的选取无关. 由斯托克斯定理, 旋度与环量是密切相关的. 特别地, 曲线积分 $\displaystyle\int_\Gamma P\mathrm{d}x+Q\mathrm{d}y+R\mathrm{d}z$ 在区域 D 内与路径无关的一个必要条件是 $\boldsymbol{F}$ 的旋度处处为零. 当 $\boldsymbol{F}$ 的旋度处处为零时, 我们称 $\boldsymbol{F}$ 为一个**无旋场**.

16.8.5 一些重要算子

所谓 "算子" 是作用在某些特定对象 (如函数、向量函数等) 的一些特别的运算. 人们对它们赋予了一些特殊的记号. 在这里我们主要介绍两个重要的算子.

1. 哈密尔顿算子

哈密尔顿 (Hamilton) 曾在 $\mathbb{R}^n$ 中引进了以下算子:

$$\nabla=\left(\frac{\partial}{\partial x_1},\frac{\partial}{\partial x_2},\cdots,\frac{\partial}{\partial x_n}\right).$$

我们称该算子为**哈密尔顿算子**. 对于区域 $D\subset\mathbb{R}^n$ 内的可微函数 $f(x_1,x_2,\cdots,x_n)$, 哈密尔顿算子 ∇ 对 f 的作用定义为

$$\nabla f=\left(\frac{\partial f}{\partial x_1},\frac{\partial f}{\partial x_2},\cdots,\frac{\partial f}{\partial x_n}\right)=\mathbf{grad}\ f.$$

容易验证, 哈密尔顿算子 ∇ 具有如下**性质**: 设 $c\in\mathbb{R}$, f,g 是可微函数, 则

(1) $\nabla(cf)=c\nabla f$;

(2) $\nabla(f+g)=\nabla f+\nabla g$;

(3) $\nabla(fg)=f\nabla g+g\nabla f$.

另外, $\mathbb{R}^3$ 中的向量场 $\boldsymbol{F}=(P,Q,R)$ 的散度可表示为

$$\mathrm{div}\boldsymbol{F}=\frac{\partial P}{\partial x}+\frac{\partial Q}{\partial y}+\frac{\partial R}{\partial z}=\nabla\cdot\boldsymbol{F},$$

而 $\boldsymbol{F}$ 的旋度表示为

$$\mathbf{rot}\boldsymbol{F}=\begin{vmatrix}\boldsymbol{i} & \boldsymbol{j} & \boldsymbol{k}\\ \dfrac{\partial}{\partial x} & \dfrac{\partial}{\partial y} & \dfrac{\partial}{\partial z}\\ P & Q & R\end{vmatrix}=\nabla\times\boldsymbol{F}.$$

2. 拉普拉斯算子

下面我们介绍第二个重要算子, 即拉普拉斯算子. 在 $\mathbb{R}^n$ 中, **拉普拉斯算子**的定义为

$$\Delta=\sum_{i=1}^{n}\frac{\partial^2}{\partial x_i^2}.$$

对于在区域 $D\subset\mathbb{R}^n$ 内具有二阶连续偏导数的函数 $f(x_1,x_2,\cdots,x_n)$, 拉普拉斯算子 Δ 对 f 的作用定义为

$$\Delta f=\sum_{i=1}^{n}\frac{\partial^2 f}{\partial x_i^2}.$$

当 $u=f(x_1,x_2,\cdots,x_n)$ 在 D 内恒满足

$$\Delta u=\sum_{i=1}^{n}\frac{\partial^2 f}{\partial x_i^2}=0$$

时, 称 u 为 D 内的**调和函数**.

显然一元函数$f(x)$ 为调和函数的充分必要条件是 $f(x)$ 为线性函数. 对二元函数 $u=f(x,y)$, 由定义, 当 $\Delta u=\dfrac{\partial^2 f}{\partial x^2}+\dfrac{\partial^2 f}{\partial y^2}=0$ 时, $u=f(x,y)$ 是调和函数. 读者不难验证, $\mathrm{e}^x\cos y, 2xy$ 均是调和函数. 调和函数具有许多特殊的性质, 在后续课程中将有详细介绍.

例 16.8.2 设 $D\subset\mathbb{R}^2$ 是单连通区域, $u(x,y)$ 是 D 内的调和函

数. 证明曲线积分 $\int_\Gamma (-u_y')\mathrm{d}x + u_x'\mathrm{d}y$ 在 D 内与路径无关, 且 $-u_y'\mathrm{d}x + u_x'\mathrm{d}y$ 的原函数为 D 内的调和函数.

证明 由于 $P\mathrm{d}x + Q\mathrm{d}y = -u_y'\mathrm{d}x + u_x'\mathrm{d}y$ 及

$$\frac{\partial Q}{\partial x} - \frac{\partial P}{\partial y} = \frac{\partial u_x'}{\partial x} - \frac{\partial(-u_y')}{\partial y} = \frac{\partial^2 u}{\partial x^2} + \frac{\partial^2 u}{\partial y^2} \equiv 0,$$

再注意到 D 是单连通区域, 根据定理 16.7.3 知, $\int_\Gamma (-u_y')\mathrm{d}x + u_x'\mathrm{d}y$ 在 D 内与路径无关.

设 $v(x,y)$ 为 $-u_y'\mathrm{d}x + u_x'\mathrm{d}y$ 的一个原函数, 则

$$\frac{\partial v}{\partial x} = -u_y', \quad \frac{\partial v}{\partial y} = u_x'.$$

因此
$$\frac{\partial^2 v}{\partial x^2} + \frac{\partial^2 v}{\partial y^2} = -\frac{\partial^2 u}{\partial y \partial x} + \frac{\partial^2 u}{\partial x \partial y} \equiv 0,$$

所以 $v(x,y)$ 是 D 内的调和函数.

注 设 $u(x,y)$ 是 D 内的调和函数, 在上例中得到的 D 内的调和函数 $v(x,y)$ 称为 $u(x,y)$ 的**共轭调和函数**.

习 题 十 六

1. 设 Γ 是空间 $\mathbb{R}^3$ 中一条光滑的物质曲线, 其密度函数 $\rho(x,y,z)$ 在 Γ 上连续, 试求 Γ 的质心坐标.

2. 设曲线 Γ 是单位圆周 : $x^2+y^2=1$, 求下列第一型曲线积分:

(1) $\int_\Gamma x\mathrm{d}s$; (2) $\int_\Gamma xy\mathrm{d}s$; (3) $\int_\Gamma x^2\mathrm{d}s$; (4) $\int_\Gamma |x|\mathrm{d}s$.

3. 设曲线 Γ 为球面 $x^2+y^2+z^2=1$与平面 $x+y+z=0$ 的交线, 求下列第一型曲线积分:

(1) $\int_\Gamma x\mathrm{d}s$; (2) $\int_\Gamma xy\mathrm{d}s$; (3) $\int_\Gamma x^2\mathrm{d}s$.

4. 求下列第一型曲线积分:

(1) $\int_{\Gamma} xy(z+1)\mathrm{d}s$, 其中 Γ 为以下曲线:

(a) $x=\cos t, y=\sin t, z=0, (t\in[0,2\pi])$;

(b) $x=\cos t, y=\sin t, z=t\,(t\in[0,2\pi])$.

(2) $\int_{\Gamma}\left(x^{\frac{4}{3}}+y^{\frac{4}{3}}\right)\mathrm{d}s$, 其中 Γ 为曲线 $x^{\frac{2}{3}}+y^{\frac{2}{3}}=a^{\frac{2}{3}}$.

(3) $\int_{\Gamma} xyz\mathrm{d}s$, 其中 Γ 为曲线 $x=t, y=\dfrac{1}{2}t^2, z=1\,(0\leqslant t\leqslant 1)$.

(4) $\int_{\Gamma}\left(\sum\limits_{i=1}^{n} x_i\right)\mathrm{d}s$, 其中 Γ 为 $\mathbb{R}^n$ 中连接原点与点 $(1,1,\cdots,1)$ 的线段.

5. 设函数 $f(x,y)$ 在 $\mathbb{R}^2$ 内的光滑曲线 L 上连续, 定义 $f(x,y)$ 在 L 上的平均值为 $\dfrac{\int_L f(x,y)\mathrm{d}s}{\int_L \mathrm{d}s}$. 试求 $f(x,y)=x^2$ 在 $x^2+y^2=1$ 上的平均值.

6. 设函数 $f(x,y,z)$ 在可求长曲线 Γ 上连续, 证明: 存在 $(\xi,\eta,\zeta)\in\Gamma$, 使得 $\int_{\Gamma} f(x,y,z)\mathrm{d}s=f(\xi,\eta,\zeta)L$, 其中 L 为 Γ 的弧长.

7. 计算下列第二型曲线积分:

(1) $\int_{\Gamma}(3x^2-6yz)\mathrm{d}x+(2y-3xz)\mathrm{d}y+(1-4xyz^2)\mathrm{d}z$, 其中 Γ 为以下曲线:

(a) 从点 $(0,0,0)$ 到点 $(1,1,1)$ 的线段;

(b) 从点 $(0,0,0)$ 到点 $(0,0,1)$, 然后从点 $(0,0,1)$ 到点 $(0,1,1)$, 最后从点 $(0,1,1)$ 到点 $(1,1,1)$ 的折线.

(2) $\int_{\Gamma}(y+z)\mathrm{d}x+(x+z)\mathrm{d}y+(x+y)\mathrm{d}z$, 其中 Γ 为:

(a) 曲线 $x^2+y^2=1$, $z=0$, 从 z 轴正向看去取逆时针方向;

(b) 螺旋线 $x=\cos t, y=\sin t, z=t\,(0\leqslant t\leqslant 2\pi)$.

(3) $\int_\Gamma e^x(y+z)dx+dy+dz$, 其中 Γ 为曲线 $\begin{cases} y=x^2, \\ z=x \end{cases}$ 从点 $(0,0,0)$ 到点 $(1,1,1)$ 的部分.

(4) $\int_\Gamma (x+y)dx+(x-y)dy$, 其中 Γ 为椭圆 $\dfrac{x^2}{a^2}+\dfrac{y^2}{b^2}=1\ (a,b>0)$ 在第一象限的部分, 取从点 $(a,0)$ 到点 $(0,b)$ 的方向.

(5) $\int_\Gamma y dx + z dy + x dz$, 其中 Γ 为曲线

$$\begin{cases} x^2+y^2+z^2=2z, \\ x+z=1, \end{cases}$$

从 z 轴正向看去, Γ 取逆时针方向.

8. 计算下列第二型曲线积分:

(1) $\oint_\Gamma \dfrac{x dy - y dx}{x^2+y^2}$;　　(2) $\oint_\Gamma \dfrac{x dy + y dx}{x^2+y^2}$,

其中 Γ 为以下曲线: (a) $x^2+y^2=1$; (b) $\partial N((0,0),1)$.

9. 计算第二型曲线积分 $\int_\Gamma e^{x+y}dx + e^{x-y}dy$, 其中 Γ 是顶点为 $(0,0),(0,1)$ 和 $(1,0)$ 的三角形, 取逆时针方向.

10. 设函数 $P(x,y,z)$, $Q(x,y,z)$, $R(x,y,z)$ 在光滑曲线 $\Gamma\subset\mathbb{R}^3$ 上连续, 记 $M=\max\limits_{(x,y,z)\in\Gamma}\sqrt{P^2+Q^2+R^2}$, L 为 Γ 的弧长. 证明:

$$\left|\int_\Gamma P dx + Q dy + R dz\right| \leqslant ML.$$

11. 设曲线 Γ_R 是球面 $x^2+y^2+z^2=R^2$ 与平面 $ax+by+cz+d=0$ 的交线, 求极限 $\lim\limits_{R\to+\infty}\int_{\Gamma_R}\dfrac{z dx + x dy + y dz}{(x^2+y^2+z^2)^{3/2}}$.

12. 求下列曲面的面积:

(1) 曲面 $z=2-(x^2+y^2)$ 在 Oxy 平面上方的部分;

(2) 单位球面 $x^2+y^2+z^2=1$ 被柱面 $x^2+y^2=\dfrac{1}{4}$ 所截在柱面内的部分;

(3) 锥面 $z^2=3(x^2+y^2)$ 被平面 $x+y+z=2$ 所截下面的部分;

(4) 柱面 $x^2+y^2=1, x^2+z^2=1, y^2+z^2=1$ 所围立体的表面;

(5) 平面 $ax+by+cz+d=0$ $(c\neq 0)$ 落在圆柱面 $x^2+y^2=1$ 内的部分.

13. 设圆锥的高为 1, 底面半径为 1, 求其表面积 (不包括底面).

14. 求下列第一型曲面积分:

(1) $\displaystyle\iint_S z^3\mathrm{d}S$, 其中 S 是单位球面的上半部分 $x^2+y^2+z^2=1, z\geqslant 0$;

(2) $\displaystyle\iint_S x^2y^2\mathrm{d}S$, 其中 S 是由柱面 $x^2+y^2=1$, 平面 $z=0$ 与 $z=1$ 所围立体的表面;

(3) $\displaystyle\iint_S x^2y^2\mathrm{d}S$, 其中 S 是单位球面 $x^2+y^2+z^2=1$;

(4) $\displaystyle\iint_S xyz\mathrm{d}S$, 其中 S 是曲面 $z=\sqrt{x^2+y^2}$ 位于平面 $z=1$ 与 $z=1+h(h>0)$ 之间的部分;

(5) $\displaystyle\iint_S z^2\mathrm{d}S$, 其中 S 为螺旋面

$$\begin{cases} x=u\cos v, \\ y=u\sin v, \quad (0\leqslant u\leqslant 1, 0\leqslant v\leqslant 2\pi). \\ z=v \end{cases}$$

15. 设物质曲面是 $S: z=x^2+y^2$ 位于平面 $z=y$ 下方的部分, 其密度函数为 $\rho(x,y,z)=\sqrt{1+4x^2+4y^2}$, 试求其质量.

16. 求曲面 $x^2+y^2+z^2=1$ 位于锥面 $z\tan\alpha=\sqrt{x^2+y^2}\left(0<\alpha<\dfrac{\pi}{2}\right)$ 内的部分的质心坐标.

17. 求下列第二型曲面积分:

(1) $\iint_S (-y)\mathrm{d}y\mathrm{d}z + x\mathrm{d}z\mathrm{d}x$, 其中 S 在平面 $z=8x-4y-5$ 上, 且它在 Oxy 平面上的投影是以 $(0,0)$, $(0,1)$, $(1,0)$ 为顶点的三角形, 取 S 的上侧;

(2) $\iint_S x^2\mathrm{d}y\mathrm{d}z + y^2\mathrm{d}z\mathrm{d}x + z^2\mathrm{d}x\mathrm{d}y$, 其中 S 为 $\partial N((0,0,0),1)$ 的外侧;

(3) $\iint_S xy\mathrm{d}y\mathrm{d}z + yz\mathrm{d}z\mathrm{d}x$, 其中 S 为曲面 $x^2+y^2=1$ 与平面 $z=0, z=1$ 所围立体表面的外侧.

18. 设 S 为单位球面 $x^2+y^2+z^2=1$ 的外侧, 求下列第二型曲面积分:

(1) $\iint_S x^3\mathrm{d}y\mathrm{d}z + y^3\mathrm{d}z\mathrm{d}x + z^3\mathrm{d}x\mathrm{d}y$;

(2) $\iint_S \dfrac{x\mathrm{d}y\mathrm{d}z}{(x^2+y^2+z^2)^{\frac{3}{2}}}$.

19. 计算第一型曲线积分 $\oint_\Gamma \cos(\boldsymbol{v}_0, \boldsymbol{n})\mathrm{d}s$, 其中 $\Gamma \subset \mathbb{R}^2$ 是一条光滑约当曲线, $\boldsymbol{v}_0$ 是某固定方向, $\boldsymbol{n}$ 是 Γ 的单位外法向量.

20. 利用格林公式计算下列第二型曲线积分:

(1) $\oint_\Gamma 4x^2y\mathrm{d}x + 2y\mathrm{d}y$, 其中 Γ 是以 $(0,0)$, $(1,2)$, $(0,2)$ 为顶点的三角形;

(2) $\oint_\Gamma 2xy\mathrm{d}x + y^2\mathrm{d}y$, 其中 Γ 是由两条连接点 $(0,0)$, $(4,2)$ 的曲线 $y=\dfrac{x}{2}$ 与 $y=\sqrt{x}$ 组成的封闭曲线;

(3) $\oint_\Gamma (x^2+4xy)\mathrm{d}x + (2x^2+3y)\mathrm{d}y$, 其中 Γ 是椭圆周 $\dfrac{x^2}{16}+\dfrac{y^2}{9}=1$;

(4) $\oint_\Gamma (x^3-x^2y)\mathrm{d}x + xy^2\mathrm{d}y$, 其中 Γ 是 $D=\{(x,y): 4 \leqslant x^2+y^2 \leqslant 16\}$ 的边界;

(5) $\int_{\Gamma}(2x^2y-y^2\cos x)\mathrm{d}x+(1-2y\sin x+3x^2y^2)\mathrm{d}y$, 其中 Γ 是抛物线 $x=\frac{\pi}{2}y^2$ 从点 $(0,0)$ 到点 $\left(\frac{\pi}{2},1\right)$ 的部分;

(6) $\int_{\Gamma}(\mathrm{e}^x\sin y-x-y)\mathrm{d}x+(\mathrm{e}^x\cos y-x)\mathrm{d}y$, 其中 Γ 是曲线 $y=\sin x$ 从点 $(0,0)$ 到点 $(\pi,0)$ 的部分.

21. 设平面区域 D 由约当曲线所围成, 已知 D 的面积为 A, 求第二型曲线积分 $\int_{\Gamma}(a_1x+b_1y+c_1)\mathrm{d}x+(a_2x+b_2y+c_2)\mathrm{d}y$.

22. 求第二型曲线积分 $\oint_{\Gamma}\frac{(ax-by)\mathrm{d}x+(bx+ay)\mathrm{d}y}{x^2+y^2}$, 其中 Γ 是平面内一条光滑的约当曲线, 且点 $(0,0)$ 在 Γ 的内部.

23. 利用格林公式证明约当曲线Γ 所围有界闭区域在极坐标下的求面积公式 $A=\frac{1}{2}\int_{\Gamma}r^2\mathrm{d}\theta$, 并求 $r=3\sin 2\theta$ 所围有界闭区域在第一象限部分的面积.

24. 求第二型曲线积分 $\oint_{\partial D}(\sin x^3+y^3)\mathrm{d}x+(2\mathrm{e}^{y^2}-x^3)\mathrm{d}y$, 其中 $D=\{(x,y):x^2+y^2<1\}$ 为单位圆盘.

25. 求第二型曲线积分 $\oint_{\partial D}y\ln x\mathrm{d}y$, 其中 $D=\{(x,y):1\leqslant y\leqslant 3,\mathrm{e}^y\leqslant x\leqslant \mathrm{e}^{y^2}\}$.

26. 设 $D=\{(x,y):x^2+y^2\leqslant 1\}$ 为闭单位圆盘, $a,b,\alpha\in\mathbb{R}$ 为任意常数, 证明 $\oint_{\partial D}a(x^2+y^2)^{\alpha}\mathrm{d}x+b(x^2+y^2)^{\alpha}\mathrm{d}y=0$.

27. 求星形线 $\begin{cases}x=a\cos^3 t,\\ y=a\sin^3 t\end{cases}$ $(a>0)$ 所围有界闭区域的面积.

28. 利用高斯公式计算下列第二型曲面积分:

(1) $\iint_S x^2\mathrm{d}y\mathrm{d}z+y^2\mathrm{d}z\mathrm{d}x+z^2\mathrm{d}x\mathrm{d}y$, 其中 S 为单位正方体 $\{(x,y,z):0\leqslant x,y,z\leqslant 1\}$ 的外侧;

(2) $\iint_S x\mathrm{d}y\mathrm{d}z + y\mathrm{d}z\mathrm{d}x + z\mathrm{d}x\mathrm{d}y$, 其中 S 为曲面 $z = 4 - (x^2 + y^2)$ 与平面 $z = 0$ 所围立体的外侧;

(3) $\iint_S x\mathrm{d}y\mathrm{d}z + (2y + \sin z)\mathrm{d}z\mathrm{d}x + (z + \mathrm{e}^x \cos y)\mathrm{d}x\mathrm{d}y$, 其中 S 是立体 $\{(x, y, z) : 1 \leqslant x^2 + y^2 + z^2 \leqslant 4\}$ 的外侧;

(4) $\iint_S z^3\mathrm{d}x\mathrm{d}y$, 其中 S 是单位球面 $x^2 + y^2 + z^2 = 1$ 的外侧;

(5) $\iint_S (z^3 - x)\mathrm{d}y\mathrm{d}z - xy\mathrm{d}z\mathrm{d}x + 3z\mathrm{d}x\mathrm{d}y$, 其中 S 是曲面 $z = 4 - y^2$, 平面 $x = 0$, $x = 3$ 与 Oxy 平面所围立体的外侧.

29. 设 S 是一个光滑封闭曲面, $\boldsymbol{n}$ 为其单位外法向量, $\boldsymbol{r}_0$ 为一固定方向, 证明

$$\iint_S \cos(\boldsymbol{r}_0, \boldsymbol{n})\mathrm{d}S = 0.$$

30. 设函数 $f(x, y, z)$ 在光滑封闭曲面 S 上具有二阶连续偏导数, 证明 $\iint_S \frac{\partial f}{\partial \boldsymbol{n}}\mathrm{d}S = \iiint_D \left(\frac{\partial^2 f}{\partial x^2} + \frac{\partial^2 f}{\partial y^2} + \frac{\partial^2 f}{\partial z^2}\right)\mathrm{d}V$, 其中 D 是 S 所围成的区域, $\boldsymbol{n}$ 是 S 的单位外法向量.

31. 利用斯托克斯定理求下列第二型曲线积分:

(1) $\int_\Gamma 2y\mathrm{d}x + z\mathrm{d}y + 3y\mathrm{d}z$, 其中 Γ 是球面 $x^2 + y^2 + z^2 = 8$ 与平面 $z = x + 2$ 的交线, 从原点看去取顺时针方向.

(2) $\iint_S \begin{vmatrix} \mathrm{d}y\mathrm{d}z & \mathrm{d}z\mathrm{d}x & \mathrm{d}x\mathrm{d}y \\ \dfrac{\partial}{\partial x} & \dfrac{\partial}{\partial y} & \dfrac{\partial}{\partial z} \\ x - z & x^3 + yz & -3xy^2 \end{vmatrix}$, 其中 S 是曲面 $z = 2 - \sqrt{x^2 + y^2}$ 在 Oxy 平面的上半部分, 取上侧.

(3) $\int_\Gamma (-3y)\mathrm{d}x + 3x\mathrm{d}y + \mathrm{d}z$, 其中 Γ 是柱面 $x^2 + y^2 = 1$ 与平

面 $z=2$ 的交线, 从原点看去取逆时针方向.

(4) $\int_\Gamma (y^2+z^2)\mathrm{d}x+(z^2+x^2)\mathrm{d}y+(x^2+y^2)\mathrm{d}z$, 其中 Γ 是球面 $x^2+y^2+z^2=2Rx$ 与柱面 $x^2+y^2=2rx$ 的交线 $(0<r<R, z>0)$, 从点 $(r,0,0)$ 看去取逆时针方向.

(5) $\oint_\Gamma (z-2)\mathrm{d}x+(3x-4y)\mathrm{d}y+(z+3y)\mathrm{d}z$, 其中 Γ 是以下曲线:

(a) $\Gamma=\{(x,y,z): x^2+y^2=1, z=2\}$;

(b) 连接点 $(1,0,0),(0,1,0)$ 和 $(0,0,1)$ 的三角形.

32. 设 S 是光滑封闭曲面, 函数 $P(x,y,z),Q(x,y,z),R(x,y,z)$ 在 S 上具有连续偏导数, 利用斯托克斯公式求第二型曲面积分

$$\iint_S \begin{vmatrix} \mathrm{d}y\mathrm{d}z & \mathrm{d}z\mathrm{d}x & \mathrm{d}x\mathrm{d}y \\ \dfrac{\partial}{\partial x} & \dfrac{\partial}{\partial y} & \dfrac{\partial}{\partial z} \\ P & Q & R \end{vmatrix}.$$

33. 证明下列第二型曲线积分与路径无关, 并求值:

(1) $\int_{(1,-2)}^{(3,4)} \dfrac{y\mathrm{d}x-x\mathrm{d}y}{x^2}$, 积分曲线不经过 y 轴;

(2) $\int_{(0,1,0)}^{(\pi,0,1)} \sin x\mathrm{d}x+y^2\mathrm{d}y+\mathrm{e}^z\mathrm{d}z$;

(3) $\int_{(1,1)}^{(2,3)} \left(4x^3y^3+\dfrac{1}{x}\right)\mathrm{d}x+\left(3x^4y^2-\dfrac{1}{y}\right)\mathrm{d}y$;

(4) $\int_{(1,1,1)}^{(2,-1,3)} yz\mathrm{d}x+xz\mathrm{d}y+xy\mathrm{d}z$;

(5) $\int_{(0,0)}^{(1,1)} (x^2y\cos x+2xy\sin x-y^2\mathrm{e}^x)\mathrm{d}x+(x^2\sin x-2y\mathrm{e}^x)\mathrm{d}y$;

(6) $\int_{(1,0,\frac{\pi}{2})}^{(2,\pi,\frac{3}{2}\pi)} \cos y\sin z\mathrm{d}x-x\sin y\sin z\mathrm{d}y+x\cos y\cos z\mathrm{d}z$.

34. 求下列微分的原函数:

(1) $\mathrm{d}u=(y\mathrm{e}^{xy}+xy^2\mathrm{e}^{xy}+y\cos x)\mathrm{d}x+(x\mathrm{e}^{xy}+x^2y\mathrm{e}^{xy}+\sin x)\mathrm{d}y$;

(2) $\mathrm{d}u=(\sin yz+yz\cos xz+yz\cos xy)\mathrm{d}x+(\sin xz+xz\cos yz$

$+xz\cos xy)\mathrm{d}y+(\sin xy+xy\cos yz+xy\cos xz)\mathrm{d}z$.

35. 证明：(1) 曲线积分 $\displaystyle\int_\Gamma \frac{x\mathrm{d}y-y\mathrm{d}x}{x^2+y^2}$ 在不含原点的单连通区域内与路径无关, 但在 $\mathbb{R}^2$ 内与路径有关.

(2) 设 $(x_0,y_0)\in\mathbb{R}^2$ 且 $x_0>,y_0>0$, Γ_0 是连接点 $(1,0)$ 与 (x_0,y_0) 的线段. 证明：对任一连接点 $(1,0)$ 与 (x_0,y_0) 的不过原点的光滑曲线 Γ, $\displaystyle\int_\Gamma \frac{x\mathrm{d}y-y\mathrm{d}x}{x^2+y^2}-\int_{\Gamma_0} \frac{x\mathrm{d}y-y\mathrm{d}x}{x^2+y^2}$ 是 2π 的整数倍.

36. 求下列微分形式的外积 $\omega\wedge\eta$, 并将它们化成标准形式：

(1) $\omega=x\mathrm{d}y-yz\mathrm{d}z$, $\eta=y\mathrm{d}x+xy\mathrm{d}y-z\mathrm{d}z$;

(2) $\omega=a\mathrm{d}x+b\mathrm{d}y+c\mathrm{d}z$, $\eta=A\mathrm{d}y\wedge\mathrm{d}z+B\mathrm{d}z\wedge\mathrm{d}x+C\mathrm{d}x\wedge\mathrm{d}y$, 其中 a,b,c,A,B,C 均为常数.

37. 设向量函数 $\boldsymbol{x}=\boldsymbol{f}(\boldsymbol{u})$ 是 $\mathbb{R}^2$ 中区域 D 到 Ω 的同胚映射, 且 $\boldsymbol{f}(\boldsymbol{u})$ 在 $\boldsymbol{u}_0\in D$ 处保定向. 证明 $\boldsymbol{f}(\boldsymbol{u})$ 在 D 内处处保定向.

38. 求 $\mathrm{d}x\wedge\mathrm{d}y$ 在极坐标变换 $\begin{cases}x=r\cos\theta,\\ y=r\sin\theta\end{cases}$ 下的表示.

39. 求 $\mathrm{d}x\wedge\mathrm{d}y\wedge\mathrm{d}z$ 在球坐标变换 $\begin{cases}x=r\sin\varphi\cos\theta,\\ y=r\sin\varphi\sin\theta,\\ z=r\cos\varphi\end{cases}$ 下的表示.

40. 证明外微分具有以下性质：

(1) 设 $\omega\in\Lambda^k,\eta\in\Lambda^l$, 则 $\mathrm{d}(\omega\wedge\eta)=\mathrm{d}\omega\wedge\eta+(-1)^k\omega\wedge\mathrm{d}\eta$;

(2) 设 ω 是 C^2 微分形式, 则 $d^2\omega=0$.

41. 计算下列微分形式的外微分, 并将它化成标准形式：

(1) $\omega=xz\mathrm{d}y\wedge\mathrm{d}x+xy\mathrm{d}z\wedge\mathrm{d}x+2yz\mathrm{d}y\wedge\mathrm{d}z$;

(2) $\omega=\mathrm{e}^{xy}\mathrm{d}x-x^2y\mathrm{d}y$.

42. 求下列数量场的梯度：

(1) $f(x,y)=x\mathrm{e}^x\cos y$; (2) $f(x,y,z)=\sin xyz$.

43. 求下列向量场的散度与旋度：

(1) $\boldsymbol{F}(x,y,z)=(\mathrm{e}^x\cos y)\boldsymbol{i}+(\mathrm{e}^x\sin y)\boldsymbol{j}+z\boldsymbol{k}$;

(2) $\boldsymbol{F}(x,y,z)=yz\boldsymbol{i}+xz\boldsymbol{j}+xy\boldsymbol{k}$.

44. 设 $f(x,y,z)$ 为一数量场, $\boldsymbol{F}(x,y,z)$ 为一向量场, 计算：

(1) $\mathrm{div}\,(\nabla f)$; (2) $\nabla(\mathrm{div}\boldsymbol{F})$; (3) $\mathbf{rot}(\mathbf{grad}\ f)$; (4) $\mathrm{div}(f\boldsymbol{F})$.

45. 设向量场 $\boldsymbol{F}(x,y,z)=(x^2,y^2,z^2)$, 证明 $\mathrm{div}\,(\mathbf{rot}\,\boldsymbol{F})=0$.

46. 设函数 $f(x,y,z)=\dfrac{1}{r}$, 其中 $r=\sqrt{x^2+y^2+z^2}$, 证明

$$\mathbf{rot}(\mathbf{grad}\,f)=\mathbf{0}.$$

47. 设向量函数 $\boldsymbol{F}(x,y,z)=f(r)(x\boldsymbol{i}+y\boldsymbol{j}+z\boldsymbol{k})$, 其中 f 是一元可微函数.

(1) 证明当 $r\neq 0$ 时, $\mathbf{rot}(\boldsymbol{F})=\mathbf{0}$;

(2) 如果 $\mathrm{div}\boldsymbol{F}=0$, 证明 $f(r)=cr^{-3}$(c 为常数).

48. 拉普拉斯算子 Δ 可以定义为 ∇^2, 其中 ∇^2 对任何具有二阶连续偏导数的函数 $f(x,y,z)$ 的作用为

$$\nabla(\nabla f)=\left(\frac{\partial}{\partial x},\frac{\partial}{\partial y},\frac{\partial}{\partial z}\right)\cdot\left(\frac{\partial}{\partial x},\frac{\partial}{\partial y},\frac{\partial}{\partial z}\right)=\Delta f.$$

证明：$\nabla^2(fg)=f\nabla^2(g)+g\nabla^2(f)+2(\nabla f\nabla g)$.

第十七章 含参变量积分

含参变量积分在许多自然科学问题中常常碰到. 例如, 一个不稳定流速场可以表示成 $\boldsymbol{F}(x,y,z,t)$, $(x,y,z)\in D$, $t\in(a,b)$, 其中 D 是 $\mathbb{R}^3$ 中的区域, t 是时间变量. 一般说来, $\boldsymbol{F}(x,y,z,t)$ 是 (x,y,z,t) 的连续函数. 现设一个光滑双侧曲面 S 位于 D 内, 取定 S 的一侧, 则在任意时刻 t, $\boldsymbol{F}$ 在 S 上的第二型曲面积分与流量密切相关. 对固定的时刻 t, 我们可以在 S 上对 $\boldsymbol{F}$ 进行第二型曲面积分. 当 t 变化时, 该积分便是 t 的函数. 一个自然的问题是: 该积分是否是 t 的连续函数? 如果该积分是 t 的连续函数, 则通过对 t 积分就可计算出某时间段内流体通过 S 的流量. 以后我们还要研究: 当 $\boldsymbol{F}$ 关于 t 可求偏导数时, 该积分关于 t 的导数是否存在? 这些问题的解决就要用到含参变量积分的理论.

在本章中, 我们将重点讨论含有参数的函数的积分问题, 讨论的积分以定积分与广义积分为主. 读者可以将这些积分推广到其他积分 (如重积分、曲线积分和曲面积分等) 的情形.

§17.1 含参变量定积分

设函数 $f(x,y)$ 在平面区域 $D=[a,b]\times[c,d]$ 上有定义. 若对于 $\forall x\in[a,b]$, 定积分 $\int_c^d f(x,y)\mathrm{d}y$ 存在, 则由此定义了区间 $[a,b]$ 上的函数

$$I(x)=\int_c^d f(x,y)\mathrm{d}y.$$

我们称如此定义的函数为**含参变量定积分** (简称**含参变量积分**), 其中 x 为**参变量**. 同理, 若对于 $\forall y\in[c,d]$, $J(y)=\int_a^b f(x,y)\mathrm{d}x$ 存在, 则也

称 $J(y)$ 为含参变量定积分, 其中 y 为参变量.

由于定积分是一个极限过程, 因此对含参变量积分的研究有点类似于对函数序列或函数项级数的相应研究. 我们主要的研究兴趣在于: 对 $f(x,y)$ 加什么条件, 可以保证 $I(x)$ 在区间 $[a,b]$ 上连续、可积以及可导? 下面我们分别来讨论这些问题.

定理 17.1.1 设函数 $f(x,y)$ 在区域 $D=[a,b]\times[c,d]$ 上连续, 则对于 $\forall x\in[a,b]$, 含参变量定积分 $I(x)=\int_c^d f(x,y)\mathrm{d}y$ 存在, 并且 $I(x)$ 在区间 $[a,b]$ 上连续.

证明 由于 $f(x,y)\in C(D)$, 因此对固定的 x, $f(x,y)$ 在 $[c,d]$ 上连续, 从而 $I(x)=\int_c^d f(x,y)\mathrm{d}y$ 存在. 下面证 $I(x)$ 在 $[a,b]$ 上连续. 对于 $\forall x_0\in[a,b]$ 及 $\forall x\in[a,b]$, 有

$$I(x)-I(x_0)=\int_c^d [f(x,y)-f(x_0,y)]\mathrm{d}y.$$

由 $f(x,y)$ 在 D 上的一致连续性知, 对于 $\forall\varepsilon>0$, $\exists\delta>0$, 当 (x_1,y_1), $(x_2,y_2)\in D$ 且满足 $\sqrt{(x_1-x_2)^2+(y_1-y_2)^2}<\delta$ 时, 有

$$|f(x_1,y_1)-f(x_2,y_2)|<\frac{\varepsilon}{d-c}.$$

所以, 当 $|x-x_0|<\delta$ 且 $x\in[a,b]$ 时, 有

$$|I(x)-I(x_0)|\leqslant\int_c^d |f(x,y)-f(x_0,y)|\mathrm{d}y<\frac{\varepsilon}{d-c}(d-c)=\varepsilon.$$

证毕.

显然, 定理 17.1.1 中 $f(x,y)$ 在 D 上连续只是 $I(x)$ 连续的充分条件. 读者容易举出 $f(x,y)$ 在 D 上不连续时 $I(x)$ 仍然连续的例子.

另外, 在定理 17.1.1 的条件下, 我们有

$$\lim_{x\to x_0}\int_c^d f(x,y)\mathrm{d}y=\lim_{x\to x_0} I(x)=I(x_0)=\int_c^d \lim_{x\to x_0} f(x,y)\mathrm{d}y.$$

因此, 函数 $I(x)$ 的连续性可以解释为极限运算与积分运算的可交换性.

注 定理 17.1.1 可以作如下推广：在定理 17.1.1 的假定下，对于 $\forall(x,u)\in D$，变上限含参变量积分

$$I(x,u)=\int_c^u f(x,y)\mathrm{d}y$$

存在，并且二元函数 $I(x,u)$ 在 D 上连续 (见本章习题). 对于变下限含参变量积分，也有类似的结论.

由化二重积分为累次积分的定理 (定理 15.3.1)，我们有如下关于含参变量定积分的积分定理.

定理 17.1.2 设函数 $f(x,y)$ 在区域 $D=[a,b]\times[c,d]$ 上连续，则函数 $I_1(x)=\displaystyle\int_c^d f(x,y)\mathrm{d}y$ 和 $I_2(y)=\displaystyle\int_a^b f(x,y)\mathrm{d}x$ 分别在区间 $[a,b]$ 和 $[c,d]$ 上可积，并且

$$\int_a^b I_1(x)\mathrm{d}x=\int_c^d I_2(y)\mathrm{d}y.$$

定理 17.1.2 说明，在定理条件下，两个求积分的顺序可以交换：

$$\int_a^b \mathrm{d}x\int_c^d f(x,y)\mathrm{d}y=\int_c^d \mathrm{d}y\int_a^b f(x,y)\mathrm{d}x.$$

下面我们来讨论含参变量定积分的可导性.

定理 17.1.3 设函数 $f(x,y)$ 及其偏导数 $f'_x(x,y)$ 在区域 $D=[a,b]\times[c,d]$ 上连续，则函数 $I(x)=\displaystyle\int_c^d f(x,y)\mathrm{d}y$ 在区间 $[a,b]$ 上可导，并且有

$$I'(x)=\int_c^d f'_x(x,y)\mathrm{d}y.$$

证明 由于 $f'_x(x,y)$ 在 D 上连续，从而由定理 17.1.1 知函数

$$g(x)=\int_c^d f'_x(x,y)\mathrm{d}y$$

在 $[a,b]$ 上存在并且连续. 现将 $g(x)$ 改写成

$$g(u)=\int_c^d f'_u(u,y)\mathrm{d}y.$$

对于 $\forall x\in[a,b]$, 对 $f'_u(u,y)$ 在 $D=[a,x]\times[c,d]$ 上应用定理 17.1.2, 有

$$\begin{aligned}\int_a^x g(u)\mathrm{d}u&=\int_a^x \mathrm{d}u\int_c^d f'_u(u,y)\mathrm{d}y=\int_c^d \mathrm{d}y\int_a^x f'_u(u,y)\mathrm{d}u\\&=\int_c^d [f(x,y)-f(a,y)]\mathrm{d}y=I(x)-I(a).\end{aligned}$$

因此对变限定积分 $\int_a^x g(u)\mathrm{d}u$ 求导数得 $I'(x)=g(x)=\int_c^d f'_x(x,y)\mathrm{d}y$. 证毕.

定理 17.1.3 说明了在 $f'_x(x,y)$ 连续的条件下求导数与积分的可交换性. 此定理也可通过导数定义直接求出 $I'(x)$ 来加以证明.

定理 17.1.4　设函数 $f(x,y)$ 及其偏导数 $f'_x(x,y)$ 在区域 $D=[a,b]\times[c,d]$ 上连续, 且 $\varphi(x)$ $(x\in[a,b])$ 是满足 $c\leqslant\varphi(x)\leqslant d$ 的可微函数, 则函数 $I(x)=\int_c^{\varphi(x)} f(x,y)\mathrm{d}y$ 在区间 $[a,b]$ 上可导, 并且

$$I'(x)=\int_c^{\varphi(x)} f'_x(x,y)\mathrm{d}y+f(x,\varphi(x))\varphi'(x).$$

证明　对任意给定的 $x_0\in[a,b]$, 由 $c\leqslant\varphi(x_0)\leqslant d$ 及 $f(x,y)$ 在 D 的连续性知, $f(x_0,y)$ 在 $[c,\varphi(x_0)]$ 上连续, 所以 $I(x_0)=\int_c^{\varphi(x_0)} f(x,y)\mathrm{d}y$ 存在. 因此 $I(x)$ 在 $[a,b]$ 上有定义.

另外, 令 $u=\varphi(x)$, 则 $I(x)$ 可以看成是 $F(x,u)=\int_c^u f(x,y)\mathrm{d}y$ 与 $u=\varphi(x)$ 的复合函数. 由定理 17.1.3 我们知

$$\frac{\partial F(x,u)}{\partial x}=\int_c^u f'_x(x,y)\mathrm{d}y.$$

再由定理 17.1.1 的注知 $\frac{\partial F(x,u)}{\partial x}=\int_c^u f'_x(x,y)\mathrm{d}y$ 在 D 上连续. 对 $F(x,u)=\int_c^u f(x,y)\mathrm{d}y$ 两边关于 u 求偏导数得

$$\frac{\partial F(x,u)}{\partial u}=f(x,u),$$

由假设它也在 D 上连续. 这说明 $F(x,u)$ 的两个偏导数在 D 上连续. 因此利用复合函数求导法得

$$\begin{aligned} I'(x) &= \frac{\partial F(x,u)}{\partial x} + \frac{\partial F(x,u)}{\partial u} \cdot \frac{\partial u}{\partial x} \\ &= \int_c^{\varphi(x)} f'_x(x,y)\mathrm{d}y + f(x,\varphi(x))\varphi'(x). \end{aligned}$$

证毕.

例 17.1.1 求极限 $\lim\limits_{x\to 0+0}\int_0^1 (1+y)^x \mathrm{e}^{xy}\sin(x+y)\mathrm{d}y$.

解 由于 $f(x,y) = (1+y)^x\mathrm{e}^{xy}\sin(x+y)$ 在 $[0,+\infty)\times[0,1]$ 上连续, 因此 $I(x) = \int_0^1 (1+y)^x\mathrm{e}^{xy}\sin(x+y)\mathrm{d}y$ 在 $[0,+\infty)$ 上连续. 特别地, 我们有

$$\lim_{x\to 0+0}\int_0^1 (1+y)^x\mathrm{e}^{xy}\sin(x+y)\mathrm{d}y = \int_0^1 \sin y\mathrm{d}y = 1-\cos 1.$$

例 17.1.2 求定积分 $\int_0^1 \frac{x^{2\mathrm{e}-1}-x^{\mathrm{e}-1}}{\ln x}\mathrm{d}x$.

解 如果直接求此定积分, 计算将会非常困难, 因此考虑利用含参变量积分来计算. 由

$$\frac{x^{2\mathrm{e}-1}-x^{\mathrm{e}-1}}{\ln x} = \int_{\mathrm{e}-1}^{2\mathrm{e}-1} x^y\mathrm{d}y$$

及 $f(x,y)=x^y$ 在 $[0,1]\times[\mathrm{e}-1,2\mathrm{e}-1]$ 上连续, 我们有

$$\begin{aligned} \int_0^1 \frac{x^{2\mathrm{e}-1}-x^{\mathrm{e}-1}}{\ln x}\mathrm{d}x &= \int_0^1 \mathrm{d}x\int_{\mathrm{e}-1}^{2\mathrm{e}-1} x^y\mathrm{d}y \\ &= \int_{\mathrm{e}-1}^{2\mathrm{e}-1}\mathrm{d}y\int_0^1 x^y\mathrm{d}x = \int_{\mathrm{e}-1}^{2\mathrm{e}-1}\frac{\mathrm{d}y}{1+y} \\ &= \ln(1+y)\Big|_{\mathrm{e}-1}^{2\mathrm{e}-1} = \ln 2. \end{aligned}$$

例 17.1.3 设函数 $f(s,t)$ 在 $\mathbb{R}^2$ 上连续, 记

$$F(x) = \int_x^{x^2}\mathrm{d}s\int_s^x f(s,t)\mathrm{d}t,$$

求 $F'(x)$.

解 记 $g(s,x)=\int_s^x f(s,t)\mathrm{d}t$. 由定理 17.1.1 的注知, 它在 $\mathbb{R}^2$ 中连续, 从而对于 $\forall x\in(-\infty,+\infty)$, 我们有

$$F(x)=\int_x^{x^2} g(s,x)\mathrm{d}s=\int_0^{x^2} g(s,x)\mathrm{d}s-\int_0^x g(s,x)\mathrm{d}s$$

存在. 另外, $\dfrac{\partial g(s,x)}{\partial x}=f(s,x)$ 在 $\mathbb{R}^2$ 上连续, 并且 x,x^2 均是可导函数, 从而由定理 17.1.4 知 $F'(x)$ 存在.

记

$$F_1(x)=\int_0^{x^2} g(s,x)\mathrm{d}s,\quad F_2(x)=\int_0^x g(s,x)\mathrm{d}s,$$

则有

$$\begin{aligned}F_1'(x)=&\frac{\mathrm{d}}{\mathrm{d}x}\left(\int_0^{x^2} g(s,x)\mathrm{d}s\right)=\int_0^{x^2}\frac{\partial g(s,x)}{\partial x}\mathrm{d}s+g(x^2,x)(x^2)'\\=&\int_0^{x^2} f(s,x)\mathrm{d}s+2x\int_{x^2}^x f(x^2,t)\mathrm{d}t.\end{aligned}$$

同理,

$$F_2'(x)=\int_0^x f(s,x)\mathrm{d}s+\int_x^x f(x,t)\mathrm{d}t=\int_0^x f(s,x)\mathrm{d}s.$$

最后我们有

$$F'(x)=F_1'(x)-F_2'(x)=\int_x^{x^2} f(s,x)\mathrm{d}s+2x\int_{x^2}^x f(x^2,t)\mathrm{d}t.$$

§17.2 含参变量广义积分

含参变量广义积分视积分为无穷积分或瑕积分可分为两种：含参变量无穷积分和含参变量瑕积分. 我们先来讨论含参变量无穷积分.

17.2.1 含参变量无穷积分

设函数 $f(x,y)$ 在 $E\times[c,+\infty)$ 上有定义, 其中 $E\subset\mathbb{R}$ 为一个集合. 若对于 $\forall x\in E$, 广义积分 $\displaystyle\int_c^{+\infty} f(x,y)\mathrm{d}y$ 收敛, 则可得到 E 上的函数

$$I(x)=\int_c^{+\infty} f(x,y)\mathrm{d}y,$$

我们称该函数为**含参变量无穷积分**.

在这里我们仍将讨论 $I(x)$ 的连续性、可微性以及积分与无穷积分的交换性等问题. 在讨论这些问题时, 一般我们假定 E 是一个区间. 如同函数项级数, 为了保证 $I(x)$ 能够继承 $f(x,y)$ 的一些性质, 引入含参变量无穷积分一致收敛的概念是必要的.

定义 17.2.1 设函数 $f(x,y)$ 在 $E\times[c,+\infty)$ 上有定义, 其中 $E\subset\mathbb{R}$ 是一个区间. 若对于 $\forall\varepsilon>0$, $\exists A_0>c$, 当 $A>A_0$ 时, 对于 $\forall x\in E$, 有

$$\left|\int_A^{+\infty} f(x,y)\mathrm{d}y\right|<\varepsilon,$$

则称含参变量无穷积分 $\displaystyle\int_c^{+\infty} f(x,y)\mathrm{d}y$ 在 E 上**一致收敛**.

在一致收敛的研究中, 柯西准则是一个非常重要的理论工具.

定理 17.2.1 设函数 $f(x,y)$ 在 $E\times[c,+\infty)$ 上有定义, 其中 $E\subset\mathbb{R}$ 是一个区间, 则含参变量无穷积分 $\displaystyle\int_c^{+\infty} f(x,y)\mathrm{d}y$ 在 E 上一致收敛的充分必要条件是: 对于 $\forall\varepsilon>0$, $\exists A_0>c$, 当 $A,A'>A_0$ 时, 对于 $\forall x\in E$ 有

$$\left|\int_A^{A'} f(x,y)\mathrm{d}y\right|<\varepsilon.$$

证明 **必要性** 设 $\displaystyle\int_c^{+\infty} f(x,y)\mathrm{d}y$ 在 E 上一致收敛, 则对于 $\forall\varepsilon>0$, $\exists A_0>0$, 当 $A>A_0$ 时, 对于 $\forall x\in E$ 有

$$\left|\int_A^{+\infty} f(x,y)\mathrm{d}y\right|<\frac{\varepsilon}{2},$$

从而当 $A, A' > A_0$ 时, 有

$$\left|\int_A^{A'} f(x,y)\mathrm{d}y\right| \leqslant \left|\int_A^{+\infty} f(x,y)\mathrm{d}y\right| + \left|\int_{A'}^{+\infty} f(x,y)\mathrm{d}y\right| < \frac{\varepsilon}{2} + \frac{\varepsilon}{2} = \varepsilon.$$

充分性 设对于 $\forall\varepsilon > 0, \exists A_0 > 0$, 当 $A, A' > A_0$ 时, 对于 $\forall x \in E$ 有

$$\left|\int_A^{A'} f(x,y)\mathrm{d}y\right| < \frac{\varepsilon}{2}. \tag{17.2.1}$$

这说明 $\int_c^{+\infty} f(x,y)\mathrm{d}y$ 在每点 $x \in E$ 满足柯西准则, 从而它点点收敛. 在式 (17.2.1) 中令 $A' \to +\infty$, 则对于 $\forall x \in E$, 都有

$$\left|\int_A^{+\infty} f(x,y)\mathrm{d}y\right| \leqslant \frac{\varepsilon}{2} < \varepsilon.$$

证毕.

设函数 $f(x,y)$ 在 $E \times [c,+\infty)$ 上有定义, 其中 $E \subset \mathbb{R}$ 是一个区间. 若对于 $\forall x \in E$, $\int_c^{+\infty} |f(x,y)|\mathrm{d}y$ 收敛, 则称 $\int_c^{+\infty} f(x,y)\mathrm{d}y$ 在 E 上**绝对收敛**. 显然, 若 $\int_c^{+\infty} f(x,y)\mathrm{d}y$ 在 E 上绝对收敛, 则 $\int_c^{+\infty} f(x,y)\mathrm{d}y$ 在 E 上收敛. 另外, 若 $\int_c^{+\infty} |f(x,y)|\mathrm{d}y$ 在 E 上一致收敛, 则称 $\int_c^{+\infty} f(x,y)$ 在 E 上**绝对一致收敛**.

定理 17.2.2 (魏尔斯特拉斯定理) 设函数 $f(x,y)$ 在 $E \times [c,+\infty)$ 上有定义, 其中 $E \subset \mathbb{R}$ 是一个区间. 若存在函数 $g(y)(y \in [c,+\infty))$, 使得对于 $\forall x \in E$ 及 $\forall y \in [c,+\infty)$, 有 $|f(x,y)| \leqslant g(y)$, 并且 $\int_c^{+\infty} g(y)\mathrm{d}y$ 收敛, 则 $\int_c^{+\infty} f(x,y)\mathrm{d}y$ 在 E 上绝对一致收敛.

证明 对于 $\forall\varepsilon > 0$, 由 $\int_c^{+\infty} g(y)\mathrm{d}y$ 收敛, 从而 $\exists A_0 > 0$, 当 $A, A' > A_0$ 时, 有

$$\left|\int_A^{A'} g(y)\mathrm{d}y\right| < \varepsilon.$$

我们不妨设 $A' > A$, 从而对于 $\forall x \in E$, 有

$$\left|\int_A^{A'} f(x,y)\mathrm{d}y\right| \leqslant \int_A^{A'} |f(x,y)|\mathrm{d}y \leqslant \int_A^{A'} g(y)\mathrm{d}y < \varepsilon.$$

由定理 17.2.1 知 $\int_c^{+\infty} |f(x,y)|\mathrm{d}y$ 在 E 上一致收敛, 即 $\int_c^{+\infty} f(x,y)\mathrm{d}y$ 在 E 上绝对一致收敛. 证毕.

对于含参变量无穷积分一致收敛的判别法则, 可以参照无穷积分的收敛判别法则来加以修改得到. 事实上, 只要将后者的判别法则中的条件对参数一致满足即可得到前者的判别法则. 我们有下面的两个定理.

定理 17.2.3 (狄利克雷判别法) 设函数 $f(x,y), g(x,y)$ 在 $E \times [c,+\infty)$ 上有定义 (其中 $E \subset \mathbb{R}$ 是一个区间), 并且满足:

(1) 存在 $M > 0$, 对于 $\forall A > c$ 及 $\forall x \in E$, 有

$$\left|\int_c^{A} f(x,y)\mathrm{d}y\right| \leqslant M;$$

(2) 对任意固定的 $x \in E$, $g(x,y)$ 是 y 的单调函数, 且对于 $\forall \varepsilon > 0, \exists A > c$, 当 $y > A$ 时, 对一切 $x \in E$, 有 $|g(x,y)| < \varepsilon$, 即当 $y \to +\infty$ 时, $g(x,y)$ 关于 x 一致趋于 0,

则含参变量无穷积分 $\int_c^{+\infty} f(x,y)g(x,y)\mathrm{d}y$ 在 E 上一致收敛.

证明 对于 $A' > A > c$, 由定积分第二中值定理, $\exists \xi \in (A, A')$, 使得

$$\int_A^{A'} f(x,y)g(x,y)\mathrm{d}y = g(x,A)\int_A^{\xi} f(x,y)\mathrm{d}y + g(x,A')\int_{\xi}^{A'} f(x,y)\mathrm{d}y. \tag{17.2.2}$$

由 (2) 知, 对于 $\forall \varepsilon > 0, \exists A_0 > c$, 当 $y > A_0$ 时, 对一切 $x \in E$, 有 $|g(x,y)| < \dfrac{\varepsilon}{4M}$. 因此当 $A' > A > A_0$ 时, 由式 (17.2.2) 即有

$$\left|\int_A^{A'} f(x,y)g(x,y)\mathrm{d}y\right| < \frac{\varepsilon}{4M}\left|\int_c^{\xi} f(x,y)\mathrm{d}y - \int_c^{A} f(x,y)\mathrm{d}y\right|$$
$$+\frac{\varepsilon}{4M}\left|\int_c^{A'} f(x,y)\mathrm{d}y - \int_c^{\xi} f(x,y)\mathrm{d}y\right|$$
$$\leqslant \frac{\varepsilon}{4M}(2M+2M)=\varepsilon.$$

证毕.

定理 17.2.4 (阿贝尔判别法)　设函数 $f(x,y), g(x,y)$ 在 $E\times[c,+\infty)$ 上有定义 (其中 $E\subset\mathbb{R}$ 是一个区间), 并且满足:

(1) $\int_c^{+\infty} f(x,y)\mathrm{d}y$ 在 E 上一致收敛;

(2) 对任意固定的 $x\in E$, $g(x,y)$ 是 y 的单调函数, 并且存在常数 $M>0$, 对于 $\forall x\in E$ 及 $\forall y\in[c,+\infty)$, 有 $|g(x,y)|\leqslant M$,

则含参变量无穷积分 $\int_c^{+\infty} f(x,y)g(x,y)\mathrm{d}y$ 在 E 上一致收敛.

证明　对于 $A'>A>c$, 我们仍然有式 (17.2.2).

由 $\int_c^{+\infty} f(x,y)\mathrm{d}y$ 在 E 上一致收敛, 对于 $\forall\varepsilon>0, \exists A_0>c$, 当 $A'>A>A_0$ 时, 对一切 $x\in E$, 有 $\left|\int_A^{A'} f(x,y)\mathrm{d}y\right|<\frac{\varepsilon}{2M}$, 从而由式 (17.2.2) 得

$$\left|\int_A^{A'} f(x,y)g(x,y)\mathrm{d}y\right| < \frac{\varepsilon}{2M}(|g(x,A)|+|g(x,A')|)\leqslant\varepsilon.$$

证毕.

例 17.2.1　证明含参变量无穷积分 $\int_0^{+\infty} y^x\mathrm{e}^{-y}\mathrm{d}y$, 满足:

(1) 在 $[0,M]$ $(0<M<+\infty)$ 上一致收敛;

(2) 在 $[0,+\infty)$ 上不一致收敛.

证明　(1) 对于 $\forall x\in[0,M]$, 有

$$0\leqslant y^x\mathrm{e}^{-y}\leqslant y^M\mathrm{e}^{-y}.$$

由于 $\int_0^{+\infty} y^M\mathrm{e}^{-y}\mathrm{d}y$ 收敛, 由定理 17.2.4 知, $\int_0^{+\infty} y^x\mathrm{e}^{-y}\mathrm{d}y$ 在 $[0,M]$ 上一致收敛.

(2) 对任意的 $A_0>1$, 任取 $A_1>A_0, A_2=A_1+1$, 考查 $\int_{A_1}^{A_2} y^x\mathrm{e}^{-y}\mathrm{d}y$. 由于 $\lim\limits_{x\to+\infty} A_1^x\mathrm{e}^{-A_2}=+\infty$, 从而存在 $x'\in(0,+\infty)$, 使得 $A_1^{x'}\mathrm{e}^{-A_2}\geqslant 1$, 因此

$$\int_{A_1}^{A_2} y^{x'}\mathrm{e}^{-y}\mathrm{d}y \geqslant \int_{A_1}^{A_2} A_1^{x'}\mathrm{e}^{-A_2}\mathrm{d}y \geqslant 1.$$

这说明 $\int_0^{+\infty} y^x\mathrm{e}^{-y}\mathrm{d}y$ 在 $[0,+\infty)$ 上不一致收敛.

例 17.2.2 证明含变量无穷积分 $\int_0^{+\infty}\frac{\sin xy}{y}\mathrm{d}y$

(1) 在 $[\alpha_0,+\infty)$ $(\alpha_0>0)$ 上一致收敛;

(2) 在 $(0,+\infty)$ 内不一致收敛.

证明 (1) *方法 1* 设 $f(x,y)=\sin xy, g(x,y)=\frac{1}{y}$, 则对于 $\forall x\in[\alpha_0,+\infty)$ 及 $\forall A>0$, 有

$$\left|\int_0^A f(x,y)\mathrm{d}y\right| = \left|\int_0^A \sin xy\mathrm{d}y\right| = \left|\frac{1}{x}(1-\cos xA)\right| \leqslant \frac{2}{\alpha_0}.$$

而 $g(x,y)=\frac{1}{y}$ 关于 y 单调, 且对 $x\in[\alpha_0,+\infty)$ 一致趋于 0, 由狄利克雷判别法知 $\int_0^{+\infty}\frac{\sin xy}{y}\mathrm{d}y$ 在 $[\alpha_0,+\infty)$ 上一致收敛.

方法 2 对于 $\forall\varepsilon>0$, 由 $\int_0^{+\infty}\frac{\sin y}{y}\mathrm{d}y$ 收敛, 从而存在 $A_0>0$, 使得当 $A>A_0$ 时, 有

$$\left|\int_A^{+\infty}\frac{\sin y}{y}\mathrm{d}y\right|<\varepsilon.$$

取 $A_1=\frac{A_0}{\alpha_0}$, 则当 $A>A_1$ 时, 对一切 $x\in[\alpha_0,+\infty)$, 有 $xA>\alpha_0A_1=A_0$, 从而有

$$\left|\int_A^{+\infty}\frac{\sin xy}{y}\mathrm{d}y\right|=\left|\int_{xA}^{+\infty}\frac{\sin y}{y}\mathrm{d}y\right|<\varepsilon.$$

因此 $\int_0^{+\infty}\frac{\sin xy}{y}\mathrm{d}y$ 在 $[\alpha_0,+\infty)$ 上一致收敛.

(2) 取 $x=\frac{1}{2k}\,(k\in\mathbf{N})$, 我们有

$$\left|\int_{4k\pi}^{5k\pi}\frac{\sin xy}{y}\mathrm{d}y\right|=\left|\int_{4k\pi}^{5k\pi}\frac{\sin\dfrac{y}{2k}}{y}\mathrm{d}y\right|\geqslant\frac{1}{5k\pi}\left|\int_{4k\pi}^{5k\pi}\sin\frac{y}{2k}\mathrm{d}y\right|=\frac{2}{5\pi}.$$

因此 $\exists\varepsilon_0=\frac{1}{5\pi}$, 对 $\forall A>0$, 存在正整数 $k_0>A$, 从而 $\exists A'=4k_0\pi$, $A''=5k_0\pi>A$ 及 $x'=\frac{1}{2k_0}\in(0,+\infty)$, 使得

$$\left|\int_{A'}^{A''}\frac{\sin x'y}{y}\mathrm{d}y\right|>\varepsilon_0.$$

这说明 $\int_0^{+\infty}\frac{\sin xy}{y}\mathrm{d}y$ 在 $(0,+\infty)$ 内不一致收敛.

例 17.2.3 设函数 $f(x)$ 在 $[0,+\infty)$ 内连续, 证明无穷积分 $\int_0^{+\infty}\mathrm{e}^{-\alpha x}f(x)\mathrm{d}x$ 对 $\alpha\in(0,+\infty)$ 一致收敛的充分必要条件是无穷积分 $\int_0^{+\infty}f(x)\mathrm{d}x$ 收敛.

证明 **充分性** 由于 $f(x)$ 与 α 无关, 且 $\int_0^{+\infty}f(x)\mathrm{d}x$ 收敛, 从而它关于 $\alpha\in(0,+\infty)$ 一致收敛. 而对于 $\forall\alpha\in(0,+\infty)$, $\mathrm{e}^{-\alpha x}$ 关于 x 单调下降, 且对于 $\forall\alpha\in(0,+\infty)$ 及 $\forall x\in[0,+\infty)$, 有 $|\mathrm{e}^{-\alpha x}|\leqslant1$. 由阿贝尔判别法知 $\int_0^{+\infty}\mathrm{e}^{-\alpha x}f(x)\mathrm{d}x$ 对于 $\alpha\in(0,+\infty)$ 一致收敛.

必要性 我们用反证法. 设 $\int_0^{+\infty}f(x)\mathrm{d}x$ 发散, 则 $\exists\varepsilon_0>0$, 对于 $\forall A_0>0$, $\exists A_2>A_1>A_0$, 使得

$$\left|\int_{A_1}^{A_2}f(x)\mathrm{d}x\right|>2\varepsilon_0.$$

由于 $F(x,\alpha)=\mathrm{e}^{-\alpha x}f(x)$ 在 $[A_1,A_2]\times[0,+\infty)$ 内连续, 从而有

$$\lim_{\alpha\to 0+0}\int_{A_1}^{A_2}\mathrm{e}^{-\alpha x}f(x)\mathrm{d}x=\int_{A_1}^{A_2}f(x)\mathrm{d}x.$$

因此 $\exists\alpha'>0$, 使得

$$\left|\int_{A_1}^{A_2}\mathrm{e}^{-\alpha' x}f(x)\mathrm{d}x\right|\geqslant\left|\frac{1}{2}\int_{A_1}^{A_2}f(x)\mathrm{d}x\right|>\frac{1}{2}\cdot 2\varepsilon_0=\varepsilon_0.$$

这说明 $\displaystyle\int_0^{+\infty}\mathrm{e}^{-\alpha x}f(x)\mathrm{d}x$ 对 $\alpha\in(0,+\infty)$ 不一致收敛. 此矛盾便证明了必要性.

17.2.2 含参变量无穷积分的性质

为了讨论含参变量无穷积分的性质, 我们下面建立一个含参变量无穷积分一致收敛与函数序列一致收敛的关系定理.

定理 17.2.5 设函数 $f(x,y)$ 在 $E\times[c,+\infty)$ 上有定义, 其中 $E\subset\mathbb{R}$, 则含参变量无穷积分 $\displaystyle\int_c^{+\infty}f(x,y)\mathrm{d}y$ 在 E 上一致收敛的充分必要条件是: 对任意的满足条件

$$c<t_1<t_2<\cdots<t_k<\cdots\quad 且\quad \lim_{k\to\infty}t_k=+\infty$$

的序列 $\{t_k\}$, 函数序列 $F_k(x)=\displaystyle\int_c^{t_k}f(x,y)\mathrm{d}y\,(k=1,2,\cdots)$ 在 E 上一致收敛.

证明 **必要性** 设 $\displaystyle\int_c^{+\infty}f(x,y)\mathrm{d}y$ 在 E 上一致收敛, 则对于 $\forall\varepsilon>0$, $\exists A_0>0$, 当 $A,A'>A_0$ 时, 对一切 $x\in E$, 有

$$\left|\int_A^{A'}f(x,y)\mathrm{d}y\right|<\varepsilon.$$

现设 $\{t_k\}$ 是一列单调趋于 $+\infty$ 的序列, 且 $t_1\geqslant c$, 则 $\exists K\in\mathbb{N}$, 当 $k>K$ 时, 有 $t_k>A_0$, 从而当 $k',k>K$ 时, 有

$$|F_k(x)-F_{k'}(x)|=\left|\int_{t_k}^{t_{k'}}f(x,y)\mathrm{d}y\right|<\varepsilon$$

对一切 $x\in E$ 成立. 利用函数序列一致收敛的柯西准则知 $\{F_k(x)\}$ 在 E 上一致收敛.

充分性 倘若 $\int_c^{+\infty}f(x,y)\mathrm{d}y$ 在 E 上不一致收敛, 则 $\exists\varepsilon_0>0$, 对于 $\forall A>0$, $\exists A',A''>A$ 及 $x'\in E$, 使得

$$\left|\int_{A'}^{A''}f(x',y)\mathrm{d}y\right|\geqslant\varepsilon_0.$$

令 $A=1$, 则存在 $1<t_1'<t_1''$ 及 $x_1\in E$, 使得

$$\left|\int_{t_1'}^{t_1''}f(x_1,y)\mathrm{d}y\right|\geqslant\varepsilon_0.$$

利用数学归纳法易于推知, 存在两个序列 $\{t_k'\}$, $\{t_k''\}$, 它们满足 $k<t_k'<t_k''<t_{k+1}'<t_{k+1}''$, 并且 $\exists x_k\in E$ $(k=1,2,\cdots)$, 使得

$$\left|\int_{t_k'}^{t_k''}f(x_k,y)\mathrm{d}y\right|\geqslant\varepsilon_0.$$

由此取 $\{t_k\}=\{t_1',t_1'',t_2',t_2'',\cdots,t_l',t_l'',\cdots\}$, 则由函数序列一致收敛的柯西准则知 $F_k(x)=\int_c^{t_k}f(x,y)\mathrm{d}y$ $(k=1,2,\cdots)$ 在 E 上不一致收敛. 此矛盾便证明了充分性. 证毕.

容易看出, 在定理 17.2.5 中, 若 $\int_c^{+\infty}f(x,y)\mathrm{d}y$ 在 E 上一致收敛, 则对任意满足该定理条件的 $\{t_k\}$, 当 $k\to\infty$ 时, 都有

$$F_k(x)\rightrightarrows\int_c^{+\infty}f(x,y)\mathrm{d}y\quad(x\in E).$$

在讨论含参变量积分的连续性时, 我们一般设 E 是一个区间. 对此我们有下面的结论.

定理 17.2.6 设函数 $f(x,y)$ 在 $E\times[c,+\infty)$ 上连续, 其中 $E\subset\mathbb{R}$ 是一个区间, 并且含参变量无穷积分 $\displaystyle\int_c^{+\infty} f(x,y)\mathrm{d}y$ 在 E 上一致收敛到函数 $I(x)$, 则 $I(x)$ 在 E 上连续.

证明 对于 $\forall k\in\mathbb{N}$, 令 $t_k=c+k$ 及 $F_k(x)=\displaystyle\int_c^{t_k} f(x,y)\mathrm{d}y$, 则 $F_k(x)$ 在 E 上连续, 且当 $k\to\infty$ 时, $F_k(x)\rightrightarrows I(x)\,(x\in E)$. 由于一致收敛的连续函数序列其极限函数必连续, 我们知 $I(x)$ 在 E 上连续. 证毕.

定理 17.2.7 设函数 $f(x,y)$ 在 $[a,b]\times[c,+\infty)$ 上连续, 且含参变量无穷积分 $\displaystyle\int_c^{+\infty} f(x,y)\mathrm{d}y$ 在 $[a,b]$ 上一致收敛, 则有

$$\int_a^b \mathrm{d}x\int_c^{+\infty} f(x,y)\mathrm{d}y=\int_c^{+\infty}\mathrm{d}y\int_a^b f(x,y)\mathrm{d}x. \tag{17.2.3}$$

证明 由定理 17.2.6 知, $I(x)=\displaystyle\int_c^{+\infty} f(x,y)\mathrm{d}y$ 在 $[a,b]$ 上连续, 因此在 $[a,b]$ 上可积, 从而式 (17.2.3) 左边的积分存在. 任取单调上升趋于 $+\infty$ 的序列 $\{t_k\}\,(t_1>c)$, 则有 $F_k(x)=\displaystyle\int_c^{t_k} f(x,y)\mathrm{d}y\,(k=1,2,\cdots)$ 在 $[a,b]$ 上一致收敛. 由函数序列积分与极限交换顺序的定理得

$$\begin{aligned}\int_a^b I(x)\mathrm{d}x&=\int_a^b\lim_{k\to\infty}F_k(x)\mathrm{d}x=\lim_{k\to\infty}\int_a^b\mathrm{d}x\int_c^{t_k} f(x,y)\mathrm{d}y\\&=\lim_{k\to\infty}\int_c^{t_k}\mathrm{d}y\int_a^b f(x,y)\mathrm{d}x.\end{aligned}$$

由于 $\{t_k\}$ 是任一单调上升趋于 $+\infty$ 的序列, 且 $\displaystyle\lim_{k\to\infty}\int_c^{t_k}\mathrm{d}y\int_a^b f(x,y)\mathrm{d}x$ 收敛, 所以无穷积分 $\displaystyle\int_c^{+\infty}\left(\int_a^b f(x,y)\mathrm{d}x\right)\mathrm{d}y$ 收敛, 并且

$$\lim_{k\to\infty}\int_c^{t_k}\mathrm{d}y\int_a^b f(x,y)\mathrm{d}y=\int_c^{+\infty}\mathrm{d}y\int_a^b f(x,y)\mathrm{d}y.$$

证毕.

现在我们来讨论含参变量无穷积分对参变量的导数. 对此有以下定理.

定理 17.2.8　设函数 $f(x,y)$ 及其偏导数 $f'_x(x,y)$ 在 $E\times[c,+\infty)$ 上连续, 其中 $E\subset\mathbb{R}$ 是一个区间, 再设存在 $x_0\in E$, 使得 $\int_c^{+\infty} f(x_0,y)\mathrm{d}y$ 收敛, 并且 $\int_c^{+\infty} f'_x(x,y)\mathrm{d}y$ 在 E 上一致收敛, 则

(1) $I(x)=\int_c^{+\infty} f(x,y)\mathrm{d}y$ 在 E 上一致收敛;

(2) $I'(x)=\left(\int_c^{+\infty} f(x,y)\mathrm{d}y\right)'=\int_c^{+\infty} f'_x(x,y)\mathrm{d}y.$

证明　任取一列严格上升趋于 $+\infty$ 的序列 $\{t_k\}\,(t_1>c)$, 记

$$F_k(x)=\int_c^{t_k} f(x,y)\mathrm{d}y.$$

由定理 17.1.3 知, $F'_k(x)$ 存在, 并且

$$F'_k(x)=\int_0^{t_k} f'_x(x,y)\mathrm{d}y\quad(k=1,2,\cdots).$$

故函数序列 $\{F_k(x)\}$ 满足:

(a) $\{F_k(x_0)\}$ 收敛;

(b) $\{F'_k(x)\}$ 在 E 上一致收敛.

由函数序列一致收敛的性质知, $\{F_k(x)\}$ 在 E 一致收敛. 由定理 17.2.5 知, $\int_c^{+\infty} f(x,y)\mathrm{d}y$ 在 E 上一致收敛.

特别地, 取 $t_k=c+k$, 则 $\{F_k(x)\}$ 在 E 上一致收敛到 $I(x)$. 由定理 17.2.5 知 $\{F'_k(x)\}$ 在 E 上一致收敛, 从而由函数序列求导数与极限交换的定理有

$$I'(x)=\lim_{k\to\infty}F'_k(x)=\lim_{k\to\infty}\int_c^{t_k} f'_x(x,y)\mathrm{d}y=\int_c^{+\infty} f'_x(x,y)\mathrm{d}y.$$

证毕.

例 17.2.4 (狄尼定理) 设函数 $f(x,y)$ 在 $[a,b]\times[c,+\infty)$ 上连续且不变号, 再设对于 $\forall x\in[a,b]$, $I(x)=\int_c^{+\infty}f(x,y)\mathrm{d}y$ 收敛, 且 $I(x)$ 在 $[a,b]$ 上连续, 证明 $I(x)$ 在 $[a,b]$ 上一致收敛.

证明 不妨设对于 $\forall(x,y)\in[a,b]\times[c,+\infty)$, 有 $f(x,y)\geqslant 0$. 任取一个严格单调上升趋于 $+\infty$ 的序列 $\{t_k\}$ $(t_1>c)$, 考查

$$F_k(x)=\int_c^{t_k}f(x,y)\mathrm{d}y\quad(k=1,2,\cdots),$$

则对任意的 $x\in[a,b]$, $\{F_k(x)\}$ 是单调上升序列, 且

$$\lim_{k\to\infty}F_k(x)=I(x)\in C[a,b].$$

因此由函数序列收敛的狄尼定理知, $\{F_k(x)\}$ 在 $[a,b]$ 上一致收敛到 $I(x)$. 再由定理 17.2.5 知, $I(x)=\int_c^{+\infty}f(x,y)\mathrm{d}y$ 在 $[a,b]$ 上一致收敛.

例 17.2.5 计算狄利克雷积分 $\int_0^{+\infty}\frac{\sin x}{x}\mathrm{d}x$.

解 在第十二章傅里叶级数中, 我们曾计算出该积分的值. 现在我们应用含参变量积分理论来求它的值.

令

$$I(\alpha)=\int_0^{+\infty}\mathrm{e}^{-\alpha x}\frac{\sin x}{x}\mathrm{d}x,$$

则 $I(\alpha)$ 是一个含参变量无穷积分. 由于 $\int_0^{+\infty}\frac{\sin x}{x}\mathrm{d}x$ 收敛 (从而它关于 α 一致收敛). $\mathrm{e}^{-\alpha x}$ 对一切 $\alpha\in(0,+\infty)$ 关于 x 单调, 并且对于 $\forall\alpha\in(0,+\infty)$ 及 $\forall x\in[0,+\infty)$, 有 $|\mathrm{e}^{-\alpha x}|\leqslant 1$, 由阿贝尔判别法知, $\int_0^{+\infty}\mathrm{e}^{-\alpha x}\frac{\sin x}{x}\mathrm{d}x$ 对 $\alpha\in(0,+\infty)$ 一致收敛. 又因为对于 $\forall\alpha\in(0,+\infty)$,

$$\frac{\partial}{\partial\alpha}\left(\mathrm{e}^{-\alpha x}\frac{\sin x}{x}\right)=-\mathrm{e}^{-\alpha x}\sin x,$$

且对 $\alpha_0 > 0$, $\int_0^{+\infty} -(\mathrm{e}^{-\alpha x}\sin x)\mathrm{d}x$ 在 $[\alpha_0, +\infty)$ 一致收敛, 从而对于 $\forall\alpha \in (0, +\infty)$, 有

$$\begin{aligned} I'(\alpha) &= -\int_0^{+\infty} \mathrm{e}^{-\alpha x}\sin x\mathrm{d}x \\ &= \mathrm{e}^{-\alpha x}\cos x\Big|_0^{+\infty} + \alpha\int_0^{+\infty} \mathrm{e}^{-\alpha x}\cos x\mathrm{d}x \\ &= -1 + \alpha\mathrm{e}^{-\alpha x}\sin x\Big|_0^{+\infty} + \alpha^2\int_0^{+\infty} \mathrm{e}^{-\alpha x}\sin x\mathrm{d}x. \end{aligned}$$

由上式推出

$$I'(\alpha) = -\int_0^{+\infty} \mathrm{e}^{-\alpha x}\sin x\mathrm{d}x = -\frac{1}{1+\alpha^2},$$

从而
$$I(\alpha) = -\int \frac{1}{1+\alpha^2}\mathrm{d}\alpha = -\arctan\alpha + C,$$

其中 C 为常数. 由于

$$|I(\alpha)| = \left|\int_0^{+\infty} \mathrm{e}^{-\alpha x}\frac{\sin x}{x}\mathrm{d}x\right| \leqslant \int_0^{+\infty} \mathrm{e}^{-\alpha x}\mathrm{d}x = \frac{1}{\alpha}$$

对一切 $\alpha \in (0, +\infty)$ 成立, 因此有

$$\lim_{\alpha\to+\infty} I(\alpha) = 0 = \lim_{\alpha\to+\infty}(-\arctan\alpha + C) = -\frac{\pi}{2} + C,$$

所以 $C = \frac{\pi}{2}$. 再注意到 $I(\alpha)$ 在 $\alpha = 0$ 处右连续, 我们最后有

$$\frac{\pi}{2} = \lim_{\alpha\to 0+0} I(\alpha) = \int_0^{+\infty} \lim_{\alpha\to 0+0}\left(\mathrm{e}^{-\alpha x}\frac{\sin x}{x}\right)\mathrm{d}x = \int_0^{+\infty} \frac{\sin x}{x}\mathrm{d}x.$$

17.2.3 含参变量瑕积分

设函数 $f(x,y)$ 在 $[a,b]\times(c,d]$ 上连续, 当 $x \in [a,b]$ 时, $f(x,y)$ 以 c 为瑕点. 若对任意 $x \in [a,b]$, 瑕积分

$$I(x) = \int_c^d f(x,y)\mathrm{d}y \tag{17.2.4}$$

收敛, 则 $I(x)$ 为在 $[a,b]$ 上有定义的函数. 通常我们称 $I(x)$ 为**含参变量瑕积分**. 如同含参变量无穷积分, 读者可以讨论含参变量瑕积分的一致收敛性以及它的性质. 当然, 利用变换 $y=\dfrac{1}{t-c}$, 我们可以将 (17.2.4) 化成含参变量无穷积分 $\displaystyle\int_{\frac{1}{d-c}}^{+\infty} f\left(x,\frac{1}{t-c}\right)\frac{\mathrm{d}t}{(t-c)^2}$, 从而得到含参变量瑕积分的相应结果. 在这里我们就不再赘述了.

另外, 我们要指出的是, 含参变量积分的理论可以向参变量更广泛的变化的范围及更广泛的积分进行推广. 例如, 设 $m\times n$ 元函数 $f(\boldsymbol{x},\boldsymbol{y})$ 在有界闭区域 $D_1\times D_2\subset\mathbb{R}^m\times\mathbb{R}^n$ 上连续, 则

$$\iint\cdots\int_{D_2} f(\boldsymbol{x},\boldsymbol{y})\mathrm{d}y_1\cdots\mathrm{d}y_n$$

定义了 D_1 上的函数 $I(\boldsymbol{x})$. 类似于含参变量积分, 我们可以讨论 $I(\boldsymbol{x})$ 在 D_1 的连续性、可积性、重积分的交换性以及 $I(\boldsymbol{x})$ 的各个偏导数的存在性等问题.

特别地, 我们回到在本章开始时提出的问题. 设 $S\subset\mathbb{R}^3$ 是空间一个光滑双侧曲面, 其边界由有限条光滑闭曲线组成, 当一个不稳定流量场 $\boldsymbol{F}(x,y,z,t)$ 在 $S\times[a,b]$ 上连续时, 我们可以用以下方法求某一时间段 $[t_0,t_1]\subset[a,b]$ 内通过 S 的流量. 首先我们可以证明:

$$S(t)=\iint_S \boldsymbol{F}(x,y,z,t)\cdot\boldsymbol{n}(x,y,z)\mathrm{d}S$$

在 $[a,b]$ 上一致连续, 其中 $\boldsymbol{n}$ 是 S 指定侧的单位法向量. 事实上, 由于 $\boldsymbol{F}\cdot\boldsymbol{n}$ 在 $D=S\times[a,b]$ 上连续且注意到 D 是 $\mathbb{R}^4$ 中的紧集, 从而 $\boldsymbol{F}\cdot\boldsymbol{n}$ 在 D 上一致连续. 因此对于 $\forall\varepsilon>0,\exists\delta>0$, 当 $t_1,t_2\in[a,b]$ 且 $|t_1-t_2|<\delta$ 时, 对于 $\forall(x,y,z)\in S$, 有

$$|\boldsymbol{F}(x,y,z,t_1)\cdot\boldsymbol{n}(x,y,z)-\boldsymbol{F}(x,y,z,t_2)\cdot\boldsymbol{n}(x,y,z)|<\frac{\varepsilon}{S},$$

其中 S 是曲面 S 的面积, 从而有

$$\left|\iint_S \boldsymbol{F}(x,y,z,t_1)\cdot\boldsymbol{n}(x,y,z)\mathrm{d}S-\iint_S \boldsymbol{F}(x,y,z,t_2)\cdot\boldsymbol{n}(x,y,z)\mathrm{d}S\right|$$

$$\leqslant \iint_S \left| \boldsymbol{F}(x,y,z,t_1)\cdot\boldsymbol{n}(x,y,z) - \boldsymbol{F}(x,y,z,t_2)\cdot\boldsymbol{n}(x,y,z) \right| \mathrm{d}S < \varepsilon.$$

这说明了 $\displaystyle\iint_S \boldsymbol{F}(x,y,z,t)\cdot\boldsymbol{n}(x,y,z)\mathrm{d}S$ 在 $[a,b]$ 上一致连续. 这样一来, 我们很自然地将在时间 $[t_0,t_1]\subset[a,b]$ 内流体通过 S 的流量由下述积分式表出:

$$Q = \int_{t_0}^{t_1} \mathrm{d}t \iint_S \boldsymbol{F}(x,y,z,t)\cdot\boldsymbol{n}(x,y,z)\mathrm{d}S.$$

特别地, 当 $\boldsymbol{F}$ 是稳定场时, 单位时间通过 S 的流量

$$Q = \int_{t_0}^{t_0+1} \mathrm{d}t \iint_S \boldsymbol{F}\cdot\boldsymbol{n}\mathrm{d}S = \iint_S \boldsymbol{F}\cdot\boldsymbol{n}\mathrm{d}S.$$

这与我们在第二型曲面积分所得到的结果是一致的.

§17.3 Γ 函数与 B 函数

Γ 函数与 B 函数是两类重要的由含参变量积分所定义的函数, 它们在许多理论问题和实际计算中有着广泛的应用.

17.3.1 Γ 函数

Γ (读做: 伽马) 函数是由如下含参变量积分定义的函数:

$$\Gamma(s) = \int_0^{+\infty} x^{s-1}\mathrm{e}^{-x}\mathrm{d}x.$$

注意到, 当 $s<1$ 时, $x=0$ 是 $x^{s-1}\mathrm{e}^{-x}$ 的瑕点, 若记

$$\Gamma(s) = \int_0^1 x^{s-1}\mathrm{e}^{-x}\mathrm{d}x + \int_1^{+\infty} x^{s-1}\mathrm{e}^{-x}\mathrm{d}x,$$

则上式右边的瑕积分当 $s>0$ 时收敛, 而无穷积分对任何的 $s\in\mathbb{R}$ 均收敛, 所以 $\Gamma(s)$ 的定义域为 $(0,+\infty)$. 显然, 对于 $\forall s\in(0,+\infty)$, 有 $\Gamma(s)>0$.

下面我们来讨论 Γ 函数的一些性质.

性质 17.3.1 Γ 函数具有递推公式: $\Gamma(s+1)=s\Gamma(s)$ $(s>0)$.

证明 由定义有

$$\Gamma(s+1)=\int_0^{+\infty}x^s\mathrm{e}^{-x}\mathrm{d}x=-\int_0^{+\infty}x^s\mathrm{d}\mathrm{e}^{-x}$$
$$=-x^s\mathrm{e}^{-x}\Big|_0^{+\infty}+s\int_0^{+\infty}x^{s-1}\mathrm{e}^{-x}\mathrm{d}x=s\Gamma(s).$$

证毕.

从性质 17.3.1 中的递推公式知, 对任何 $k\in\mathbb{N}$, $\Gamma(k+1)=k!$. 事实上,

$$\Gamma(k+1)=k\Gamma(k)=k(k-1)\Gamma(k-1)=\cdots=k!\Gamma(1)$$
$$=k!\int_0^{+\infty}\mathrm{e}^{-x}\mathrm{d}x=k!.$$

性质 17.3.2 Γ 函数具有以下形式: $\Gamma(s)=2\int_0^{+\infty}x^{2s-1}\mathrm{e}^{-x^2}\mathrm{d}x$ $(s>0)$.

证明 令 $x=t^2$, 则 $\mathrm{d}x=2t\mathrm{d}t$, 因此

$$\Gamma(s)=\int_0^{+\infty}x^{s-1}\mathrm{e}^{-x}\mathrm{d}x=2\int_0^{+\infty}t^{2s-1}\mathrm{e}^{-t^2}\mathrm{d}t.$$

将积分变量 t 换回 x 即得. 证毕.

性质 17.3.3 Γ 函数 $\Gamma(s)\in C^{\infty}(0,+\infty)$.

证明 由于对于 $\forall k\in\mathbb{N}$,

$$\frac{\partial^k}{\partial s^k}(x^{s-1}\mathrm{e}^{-x})=x^{s-1}(\ln x)^k\mathrm{e}^{-x},$$

我们只需证明: 对于任意给定的 $s_0\in(0,+\infty)$ 以及 $\forall k\in\mathbb{N}$, $\int_0^{+\infty}x^{s-1}(\ln x)^k\mathrm{e}^{-x}\mathrm{d}x$ 在 $\left[\frac{s_0}{2},s_0+1\right]$ 上一致收敛.

事实上, 当 $0<x\leqslant 1$ 时, 对于 $\forall s\geqslant\frac{s_0}{2}$, 有

$$x^{s-1}|(\ln x)^k|\mathrm{e}^{-x}\leqslant x^{\frac{s_0}{2}-1}|(\ln x)^k|,$$

而 $\int_0^1 x^{\frac{s_0}{2}-1}|(\ln x)^k|\mathrm{d}x$ 收敛, 从而 $\int_0^1 x^{s-1}(\ln x)^k\mathrm{e}^{-x}\mathrm{d}x$ 对 $s \geqslant \frac{s_0}{2}$ 绝对一致收敛.

当 $x \geqslant 1$ 时, 对于 $\forall s \leqslant s_0+1$, 有

$$x^{s-1}|\ln x|^k\mathrm{e}^{-x} \leqslant x^{s_0+k}\mathrm{e}^{-x},$$

而 $\int_0^{+\infty} x^{s_0+k}\mathrm{e}^{-x}\mathrm{d}x$ 收敛, 从而 $\int_1^{+\infty} x^{s-1}(\ln x)^k\mathrm{e}^{-x}\mathrm{d}x$ 对 $s \leqslant s_0+1$ 绝对一致收敛.

结合上述两种情形知, $\int_0^{+\infty} x^{s-1}(\ln x)^k\mathrm{e}^{-x}\mathrm{d}x$ 在 $\left[\frac{s_0}{2}, s_0+1\right]$ 上一致收敛.

由含参变量积分的求导数定理知

$$\Gamma^{(k)}(s_0) = \int_0^{+\infty} x^{s_0-1}(\ln x)^k\mathrm{e}^{-x}\mathrm{d}x.$$

再由 $s_0 \in (0,+\infty)$ 的任意性以及 $k \in \mathbb{N}$ 的任意性知 $\Gamma(s) \in C^\infty(0,+\infty)$. 证毕.

性质 17.3.4 $\Gamma(s)$ 与 $\ln\Gamma(s)$ 都是 $(0,+\infty)$ 内的严格凸函数.

证明 由 $\Gamma''(s) = \int_0^{+\infty} x^{s-1}(\ln x)^2\mathrm{e}^{-x}\mathrm{d}x > 0$, 我们知 $\Gamma(s)$ 是 $(0,+\infty)$ 内的严格凸函数.

由 $(\ln\Gamma(s))' = \frac{\Gamma'(s)}{\Gamma(s)}$ 得

$$(\ln\Gamma(s))'' = \frac{\Gamma(s)\Gamma''(s) - (\Gamma'(s))^2}{\Gamma^2(s)}.$$

现证明 $(\ln\Gamma(s))'' > 0$. 事实上, 由柯西–施瓦茨不等式我们有

$$\begin{aligned}\Gamma(s)\Gamma''(s) &= \int_0^{+\infty} x^{s-1}\mathrm{e}^{-x}\mathrm{d}x \cdot \int_0^{+\infty} x^{s-1}(\ln x)^2\mathrm{e}^{-x}\mathrm{d}x \\ &> \Big(\int_0^{+\infty} |x^{s-1}\ln x\mathrm{e}^{-x}|\mathrm{d}x\Big)^2 \geqslant (\Gamma'(s))^2,\end{aligned}$$

因此 $\ln\Gamma(s)$ 也是 $(0,+\infty)$ 内的严格凸函数. 证毕.

17.3.2 B 函数

B (读做: 贝塔) **函数**是由如下含两个参变量的瑕积分定义的函数:

$$\mathrm{B}(p,q)=\int_0^1 x^{p-1}(1-x)^{q-1}\mathrm{d}x.$$

由瑕积分的收敛判别法容易知道, $\mathrm{B}(p,q)$ 的定义域为 $p>0$ 及 $q>0$.

对于 B 函数, 我们有以下性质:

性质 17.3.5 B 函数有以下对称性和递推公式:

(1) 对称性: $\mathrm{B}(p,q)=\mathrm{B}(q,p)\ (p,q>0)$;

(2) 递推公式: $\mathrm{B}(p,q)=\dfrac{p-1}{p+q-1}\mathrm{B}(p-1,q)\ (p>1,q>0)$.

证明 (1) 只要作变量替换 $x=1-t$ 即可.

(2) 利用分部积分我们有

$$\begin{aligned}\mathrm{B}(p,q)=&\mathrm{B}(q,p)=\int_0^1\frac{1}{q}(1-x)^{p-1}\mathrm{d}x^q\\&=\frac{1}{q}x^q(1-x)^{p-1}\Big|_0^1+\frac{p-1}{q}\int_0^1 x^q(1-x)^{p-2}\mathrm{d}x\\&=\frac{p-1}{q}\left[\int_0^1 x^{q-1}(1-x)^{p-2}\mathrm{d}x-\int_0^1 x^{q-1}(1-x)^{p-1}\mathrm{d}x\right]\\&=\frac{p-1}{q}\mathrm{B}(q,p-1)-\frac{p-1}{q}\mathrm{B}(q,p),\end{aligned}$$

因此
$$\frac{p+q-1}{q}\mathrm{B}(p,q)=\frac{p-1}{q}\mathrm{B}(p-1,q),$$

整理即得
$$\mathrm{B}(p,q)=\frac{p-1}{p+q-1}\mathrm{B}(p-1,q).$$

证毕.

与 (2) 的证明类似, 利用对称性, 当 $p>1,q>1$ 时, 我们有下面的递推式:

$$\mathrm{B}(p,q)=\frac{(p-1)(q-1)}{(p+q-1)(p+q-2)}\mathrm{B}(p-1,q-1).$$

性质 17.3.6　B 函数具有以下形式:

(1) $\mathrm{B}(p,q)=2\int_0^{\frac{\pi}{2}}\cos^{2p-1}\theta\sin^{2q-1}\theta\mathrm{d}\theta\,(p,q>0)$;

(2) $\mathrm{B}(p,q)=\int_0^{+\infty}\frac{x^{q-1}}{(1+x)^{p+q}}\mathrm{d}x\,(p,q>0)$.

证明　(1) 只要通过令 $x=\sin^2\theta$ 作积分变换即可.

(2) 只要令通过 $x=\dfrac{t}{1+t}$ 作积分变换即可. 证毕.

17.3.3　Γ 函数与 B 函数的关系

对于 Γ 函数与 B 函数的关系, 我们有以下的结论:

定理 17.3.7　设 $p>0,q>0$, 则有 $\mathrm{B}(p,q)=\dfrac{\Gamma(p)\Gamma(q)}{\Gamma(p+q)}$.

证明　由性质 17.3.2 有

$$\Gamma(p)=2\int_0^{+\infty}x^{2p-1}\mathrm{e}^{-x^2}\mathrm{d}x,\quad \Gamma(q)=2\int_0^{+\infty}y^{2q-1}\mathrm{e}^{-y^2}\mathrm{d}y.$$

若令 $D=\{(x,y):0\leqslant x<+\infty,0\leqslant y<+\infty\}$, 则有

$$\Gamma(p)\Gamma(q)=4\iint_D x^{2p-1}y^{2q-1}\mathrm{e}^{-(x^2+y^2)}\mathrm{d}x\mathrm{d}y.$$

利用极坐标变换 $x=r\cos\theta,\ y=r\sin\theta$, 并令

$$D_1=\left\{(r,\theta):0<r<+\infty,0\leqslant\theta\leqslant\frac{\pi}{2}\right\},$$

则有

$$\begin{aligned}\Gamma(p)\Gamma(q)=&4\iint_{D_1}r^{2(p+q)-1}\mathrm{e}^{-r^2}\cos^{2p-1}\theta\sin^{2q-1}\theta\mathrm{d}r\mathrm{d}\theta\\=&\left(2\int_0^{\frac{\pi}{2}}\cos^{2p-1}\theta\sin^{2q-1}\theta\mathrm{d}\theta\right)\left(2\int_0^{+\infty}r^{2(p+q)-1}\mathrm{e}^{-r^2}\mathrm{d}r\right)\\=&\mathrm{B}(p,q)\Gamma(p+q).\end{aligned}$$

证毕.

推论　$\mathrm{B}(p,q)$ 在 $(0,+\infty)\times(0,+\infty)$ 内具有任意阶偏导数.

定理 17.3.8 (余元公式)　设 $0<p<1$, 则有

$$\mathrm{B}(p,1-p)=\Gamma(p)\Gamma(1-p)=\frac{\pi}{\sin p\pi}.$$

证明 由于 $\mathrm{B}(p,1-p)=\int_0^{+\infty}\frac{x^{p-1}}{1+x}\mathrm{d}x$, 利用变量替换 $x=\frac{1}{t}$ 有

$$\int_1^{+\infty}\frac{x^{p-1}}{1+x}\mathrm{d}x=\int_0^1\frac{x^{-p}}{1+x}\mathrm{d}x,$$

因此有

$$\mathrm{B}(p,1-p)=\int_0^1\frac{x^{p-1}+x^{-p}}{1+x}\mathrm{d}x.$$

我们将 $\frac{1}{1+x}$ 展成幂级数, 从而有

$$\begin{aligned}
\mathrm{B}(p,1-p)&=\lim_{r\to1-0}\int_0^r\frac{x^{p-1}+x^{-p}}{1+x}\mathrm{d}x\\
&=\lim_{r\to1-0}\int_0^r\left[\sum_{k=0}^{+\infty}(-1)^kx^{k+p-1}+\sum_{k=0}^{+\infty}(-1)^kx^{k-p}\right]\mathrm{d}x\\
&=\lim_{r\to1-0}\left[\sum_{k=0}^{+\infty}\frac{(-1)^k}{k+p}r^{k+p}+\sum_{k=0}^{+\infty}\frac{(-1)^k}{k-p+1}r^{k-p+1}\right]\\
&=\sum_{k=0}^{+\infty}\frac{(-1)^k}{k+p}+\sum_{k=0}^{+\infty}\frac{(-1)^k}{k-p+1}\\
&=\frac{1}{p}+\sum_{k=1}^{+\infty}(-1)^k\left(\frac{1}{k+p}+\frac{1}{p-k}\right)\\
&=\frac{1}{p}+\sum_{k=1}^{+\infty}(-1)^k\frac{2p}{p^2-k^2}.
\end{aligned}$$

由于 $\cos px$ 的傅里叶级数

$$\cos px=\frac{\sin p\pi}{\pi}\left[\frac{1}{p}+\sum_{k=1}^{+\infty}(-1)^k\frac{2p}{p^2-k^2}\cos kx\right]$$

在 $|x|\leqslant\pi$ 处处收敛, 令 $x=0$ 即得

$$\mathrm{B}(p,1-p)=\frac{1}{p}+\sum_{k=1}^{+\infty}(-1)^k\frac{2p}{p^2-k^2}=\frac{\pi}{\sin p\pi}.$$

证毕.

特别地, 在余元公式中令 $p=\frac{1}{2}$, 得

$$\mathrm{B}\left(\frac{1}{2},\frac{1}{2}\right)=2\int_0^{\frac{\pi}{2}}\cos\theta\sin\theta\mathrm{d}\theta=\pi.$$

$$\Gamma^2\left(\frac{1}{2}\right)=\frac{\Gamma\left(\frac{1}{2}\right)\Gamma\left(\frac{1}{2}\right)}{\Gamma\left(\frac{1}{2}+\frac{1}{2}\right)}=\mathrm{B}\left(\frac{1}{2},\frac{1}{2}\right)=\pi\quad(\Gamma(1)=1),$$

即 $\Gamma\left(\frac{1}{2}\right)=\sqrt{\pi}$. 由递推公式及余元公式, 若我们知道 $\Gamma(s)$ 在 $\left(0,\frac{1}{2}\right)$ 中的值, 则可求出它在 $(0,+\infty)$ 的所有值. 值得注意的是, 我们又一次得到了

$$\int_0^{+\infty}\mathrm{e}^{-x^2}\mathrm{d}x=\frac{1}{2}\Gamma\left(\frac{1}{2}\right)=\frac{\sqrt{\pi}}{2}.$$

例 17.3.1　计算定积分 $I_n=\int_0^{\frac{\pi}{2}}\sin^n x\mathrm{d}x=\int_0^{\frac{\pi}{2}}\cos^n x\mathrm{d}x$.

解　在第七章定积分中我们已经计算过此积分, 但由 B 函数的定义我们有

$$\begin{aligned}I_n=&\frac{1}{2}\cdot 2\int_0^{\frac{\pi}{2}}\cos^{\frac{1}{2}\cdot 2-1}x\sin^{\frac{2(n+1)}{2}-1}x\mathrm{d}x\\=&\frac{1}{2}\mathrm{B}\left(\frac{1}{2},\frac{n+1}{2}\right)=\frac{\Gamma\left(\frac{1}{2}\right)\Gamma\left(\frac{n+1}{2}\right)}{2\Gamma\left(\frac{1}{2}+\frac{n+1}{2}\right)}\\=&\begin{cases}\dfrac{\Gamma\left(\frac{1}{2}\right)\left(\frac{n+1}{2}-1\right)\left(\frac{n+1}{2}-2\right)\cdots\left(\frac{n+1}{2}-\frac{n}{2}\right)\Gamma\left(\frac{1}{2}\right)}{2\left(\frac{n+2}{2}-1\right)\left(\frac{n+2}{2}-2\right)\cdots\left(\frac{n+2}{2}-\frac{n+2}{2}+1\right)\Gamma(1)}, & n\text{ 为偶数},\\ \dfrac{\Gamma\left(\frac{1}{2}\right)\left(\frac{n+1}{2}-1\right)\left(\frac{n+1}{2}-2\right)\cdots\left(\frac{n+1}{2}-\frac{n-1}{2}\right)\Gamma(1)}{2\left(\frac{n+2}{2}-1\right)\left(\frac{n+2}{2}-2\right)\cdots\left(\frac{n+2}{2}-\frac{n}{2}\right)\Gamma\left(\frac{1}{2}\right)}, & n\text{ 为奇数}\end{cases}\end{aligned}$$

$$=\begin{cases}\dfrac{(n-1)!!}{n!!}\cdot\dfrac{\pi}{2}, & n\text{ 为偶数},\\ \dfrac{(n-1)!!}{n!!}, & n\text{ 为奇数}.\end{cases}$$

例 17.3.2 求 $\mathbb{R}^n$ 中单位球体 $D: x_1^2+x_2^2+\cdots+x_n^2\leqslant 1$ 的体积.

解 由 n 重积分的几何意义知, 所求体积为

$$V=\iint\cdots\int_D \mathrm{d}x_1\mathrm{d}x_2\cdots\mathrm{d}x_n.$$

类似于三维情形的球坐标变换, 我们令变换为

$$\begin{cases}x_1=r\cos\theta_1,\\ x_2=r\sin\theta_1\cos\theta_2,\\ x_3=r\sin\theta_1\sin\theta_2\cos\theta_3,\\ \cdots\cdots\cdots\cdots\\ x_{n-1}=r\sin\theta_1\sin\theta_2\cdots\sin\theta_{n-2}\cos\theta_{n-1},\\ x_n=r\sin\theta_1\sin\theta_2\cdots\sin\theta_{n-2}\sin\theta_{n-1},\end{cases}$$

其中 $0<r<1$, $0<\theta_1,\theta_2,\cdots,\theta_{n-2}<\pi$, $0<\theta_{n-1}<2\pi$, 则其雅可比行列式

$$\frac{\partial(x_1,x_2,\cdots,x_n)}{\partial(r,\theta_1,\theta_2,\cdots,\theta_{n-2})}=r^{n-1}\sin^{n-2}\theta_1\sin^{n-3}\theta_2\cdots\sin\theta_{n-2}.$$

由此得

$$\begin{aligned}V&=\iint\cdots\int_D \mathrm{d}x_1\mathrm{d}x_2\cdots\mathrm{d}x_n\\ &=\int_0^{2\pi}\mathrm{d}\theta_{n-1}\int_0^{\pi}\mathrm{d}\theta_{n-2}\cdots\int_0^{\pi}\mathrm{d}\theta_1\int_0^1 r^{n-1}\sin^{n-2}\theta_1\\ &\quad\cdot\sin^{n-3}\theta_2\cdots\sin\theta_{n-2}\mathrm{d}r\\ &=\frac{2\pi}{n}\left(\int_0^{\pi}\sin^{n-2}\theta_1\mathrm{d}\theta_1\right)\left(\int_0^{\pi}\sin^{n-3}\theta_2\mathrm{d}\theta_2\right)\cdots\left(\int_0^{\pi}\sin\theta_{n-2}\mathrm{d}\theta_{n-2}\right)\\ &=\frac{2\pi}{n}\mathrm{B}\left(\frac{1}{2},\frac{n-1}{2}\right)\mathrm{B}\left(\frac{1}{2},\frac{n-2}{2}\right)\cdots\mathrm{B}\left(\frac{1}{2},1\right)\end{aligned}$$

$$= \frac{2\pi}{n} \cdot \frac{\Gamma\left(\frac{1}{2}\right)\Gamma\left(\frac{n-1}{2}\right)}{\Gamma\left(\frac{n}{2}\right)} \cdot \frac{\Gamma\left(\frac{1}{2}\right)\Gamma\left(\frac{n-2}{2}\right)}{\Gamma\left(\frac{n-1}{2}\right)} \cdots \frac{\Gamma\left(\frac{1}{2}\right)\Gamma(1)}{\Gamma\left(\frac{3}{2}\right)}$$

$$= \frac{2\pi}{n} \cdot \frac{\Gamma^{n-2}\left(\frac{1}{2}\right)}{\Gamma\left(\frac{n}{2}\right)} = \frac{\pi^{\frac{n}{2}}}{\Gamma\left(\frac{n}{2}+1\right)}.$$

习 题 十 七

1. 举例说明在 $D=[0,1]\times[0,1]$ 上存在函数 $f(x,y)$, 使得它同时满足以下条件:

(1) $f(x,y)$ 的不连续点在 D 稠密;

(2) 对于 $\forall x\in[0,1]$, $I(x)=\displaystyle\int_0^1 f(x,y)\mathrm{d}y$ 存在, 并且 $I(x)$ 在 $[0,1]$ 上连续.

2. 设函数 $f(x,y)$ 在 $D=[a,b]\times[c,d]$ 上连续, 证明: 对于 $\forall(x,u)\in D$, $I(x,u)=\displaystyle\int_c^u f(x,y)\mathrm{d}y$ 存在, 并且 $I(x,u)$ 在 D 上连续.

3. 设 $N(\mathbf{0},1)\subset\mathbb{R}^n$, 函数 $f(\boldsymbol{x},\boldsymbol{y})$ 在 $\overline{N(\mathbf{0},1)}\times\overline{N(\mathbf{0},1)}$ 上连续, 证明: 对于 $\forall\boldsymbol{x}\in\overline{N(\mathbf{0},1)}$, $I(\boldsymbol{x})=\displaystyle\iint\cdots\int_{N(\mathbf{0},1)} f(\boldsymbol{x},\boldsymbol{y})\mathrm{d}y_1\mathrm{d}y_2\cdots\mathrm{d}y_n$ 存在, 并且在 $\overline{N(\mathbf{0},1)}$ 上连续.

4. 求下列极限:

(1) $\displaystyle\lim_{x\to0}\int_0^{\mathrm{e}^x}\frac{\cos xy}{\sqrt{x^2+y^2+1}}\mathrm{d}y$;　　(2) $\displaystyle\lim_{x\to1}\int_0^1\frac{\mathrm{d}y}{1+xy^2}$.

5. 计算无穷积分 $\displaystyle\int_0^{+\infty}\frac{\mathrm{e}^{-ax}-\mathrm{e}^{-bx}}{x}\mathrm{d}x\quad(a>b>0)$.

6. 计算无穷积分 $\displaystyle\int_0^{+\infty}\frac{\mathrm{e}^{-ax^2}-\mathrm{e}^{-bx^2}}{x^2}\mathrm{d}x\quad(b>a>0)$.

7. 求下列函数的导数：

(1) $F(x)=\int_{a+x}^{b+x}\frac{\sin xy}{y}\mathrm{d}y$; (2) $F(x)=\int_{x}^{x^2}\mathrm{d}t\int_{t}^{\sin x}f(t,s)\mathrm{d}s$;

(3) $F(x)=\int_{0}^{1}\frac{x}{\sqrt{x^2+y^2}}\mathrm{d}y$; (4) $F(x)=\int_{0}^{x}\mathrm{e}^{-xy}\cos xy\mathrm{d}y$.

8. 设函数 $f(x,y,z)$, $f'_x(x,y,z)$ 在可求体积的有界闭区域 $[a,b]\times D$ 上连续，其中 $[a,b]\subset\mathbb{R}$, $D\subset\mathbb{R}^2$ 是可求面积的有界闭区域. 证明：函数 $F(x)=\iint_D f(x,y,z)\mathrm{d}y\mathrm{d}z$ 在 $[a,b]$ 上有定义、可微，并且

$$F'(x)=\iint_D f'_x(x,y,z)\mathrm{d}y\mathrm{d}z.$$

9. 设函数 $f(x)\in C^2(\mathbb{R})$, $g(x)\in C^1(\mathbb{R})$, 并令

$$u(x,t)=\frac{1}{2}[f(x+at)+f(x-at)]+\frac{1}{2a}\int_{x-at}^{x+at}g(y)\mathrm{d}y.$$

证明：当 $x\in(-\infty,+\infty)$, $t\in[0,+\infty)$ 时，$u(x,t)$ 具有连续二阶偏导数，且满足

(1) $\frac{\partial^2 u}{\partial t^2}=a^2\frac{\partial^2 u}{\partial x^2}$; (2) $u(x,0)=f(x)$; (3) $\frac{\partial u(x,0)}{\partial t}=g(x)$.

10. 设函数 $f(t)\in C[0,2\pi]$, 求函数

$$\begin{aligned}&F(x_0,x_1,\cdots,x_n,y_1,\cdots,y_n)\\&=\frac{1}{\pi}\int_0^{2\pi}\left[f(t)-\frac{x_0}{2}-\sum_{k=1}^{n}(x_k\cos kt+y_k\sin kt)\right]^2\mathrm{d}t\end{aligned}$$

的最小值.

11. 设函数 $f(t)\in C(\mathbb{R})$, 证明 $\varphi(x)=\frac{1}{\alpha}\int_0^x f(t)\sin\alpha(x-t)\mathrm{d}t$ 满足 $\varphi''(x)+\alpha^2\varphi(x)=f(x)$ (其中 α 是非零常数), 并求 $\varphi(0)$, $\varphi'(0)$.

12. 证明函数 $J_0(x)=\frac{1}{\pi}\int_0^{\pi}\cos(x\sin\theta)\mathrm{d}\theta$ 满足

$$x^2J_0''(x)+xJ_0'(x)+x^2J_0(x)=0.$$

13. 设函数 $f(x,y)=\int_{\frac{1}{2}}^{1}\frac{\sin(x+yt)}{t}\mathrm{d}t-\int_{\frac{1}{2}}^{1}\frac{\sin t}{t}\mathrm{d}t$, 问: 在 $x=0$ 的某个邻域内是否存在连续函数 $y=g(x)$, 满足 $g(0)=1$ 和 $f(x,g(x))=0$?

14. 利用 $\frac{1}{2\pi}\int_0^{2\pi}\frac{1-r^2}{1-2r\cos\theta+r^2}\mathrm{d}\theta=1\ (0<r<1)$ 求定积分

$$I(r)=\int_0^{2\pi}\ln(1-2r\cos\theta+r^2)\mathrm{d}\theta.$$

15. 证明下列含参变量积分在指定集合上一致收敛:

(1) $\int_0^{+\infty}\mathrm{e}^{-xy}\frac{\sin y}{\sqrt{y}}\mathrm{d}y\quad(x\geqslant 0)$;

(2) $\int_1^{+\infty}\frac{x^2}{1+x^2y^2}\mathrm{d}y\quad(x\in(-M,M),0<M<+\infty)$;

(3) $\int_0^{+\infty}\frac{\sin(x^2y)\ln(1+y)}{x^2+y^2}\mathrm{d}y\quad(x\geqslant a>0)$;

(4) $\int_0^{1}\frac{\sin\sqrt{xy}\mathrm{d}y}{y^{1/4}+x}\quad(x\in[0,1])$.

16. 讨论下列含参变量积分的一致收敛性:

(1) $\int_0^{+\infty}\frac{\mathrm{d}y}{\left(xy+\frac{x}{y}\right)^2}$, 其中 (a) $x>a>0$; (b) $x>0$.

(2) $\int_0^{+\infty}\frac{\sqrt{xy}}{x^2+y^2}\mathrm{d}y$, 其中 (a) $0<a\leqslant x\leqslant b<+\infty$; (b) $x\geqslant 0$.

(3) $\int_0^{+\infty}\mathrm{e}^{-(x-y)^2}\mathrm{d}y$, 其中 (a) $x\leqslant a<+\infty$; (b) $x\in(-\infty,+\infty)$.

17. 设函数 $f(x,y)$ 在 $[a,b]\times[0,+\infty)$ 上连续, 且含参变量无穷积分 $\int_0^{+\infty}f(x,y)\mathrm{d}y$ 在开区间 (a,b) 内一致收敛. 证明该含参变量无穷积分必在闭区间 $[a,b]$ 上一致收敛. 利用此结论讨论 $\int_0^{+\infty}\mathrm{e}^{-ax}\sin x\mathrm{d}x$ 在 $(0,+\infty)$ 内的一致收敛性.

18. 设函数 $f(x)=\int_1^{+\infty}\frac{\cos xy}{1+y^2}\mathrm{d}y$, 试求 $\lim\limits_{x\to0}f(x)$ 和 $\lim\limits_{x\to+\infty}f(x)$.

19. 利用含参变量无穷积分 $F(\alpha)=\int_0^{+\infty}\mathrm{e}^{-x^2-\frac{\alpha^2}{x^2}}\mathrm{d}x$ 求无穷积分 $\int_0^{+\infty}\mathrm{e}^{-x^2-x^{-2}}\mathrm{d}x$.

20. 求含参变量无穷积分 $\int_0^{+\infty}\frac{(\sin xy)^2}{y^2}\mathrm{d}y$.

21. 求无穷积分 $\int_0^{+\infty}\frac{1-\cos x}{x^2}\mathrm{d}x$.

22. 求含参变量无穷积分 $\int_0^{+\infty}\mathrm{e}^{-y}\cos(xy)\mathrm{d}y$.

23. 利用 $\int_0^{+\infty}\frac{\sin x}{x}\mathrm{d}x=\frac{\pi}{2}$, 求无穷积分 $\int_0^{+\infty}\frac{\sin^2 x}{x^2}\mathrm{d}x$ 的值.

24. 求极限 $\lim\limits_{x\to+\infty}\int_0^{+\infty}\sin(\mathrm{e}^{xy})\mathrm{d}y$.

25. 证明函数 $F(x)=\int_1^{+\infty}\frac{\sin y}{y^x}\mathrm{d}y$ 在 $(0,+\infty)$ 内具有连续导数.

26. 计算无穷积分 $\int_0^{+\infty}\mathrm{e}^{-\alpha x}\frac{\sin bx-\sin ax}{x}\mathrm{d}x\ (\alpha>0,b>a>0)$.

27. 设函数 $f(x)$ 在 $[0,+\infty)$ 上连续, 且 $f(+\infty)=\lim\limits_{x\to+\infty}f(x)$ 存在. 证明:

$$\int_0^{+\infty}\frac{f(bx)-f(ax)}{x}\mathrm{d}x=(f(+\infty)-f(0))\ln\frac{b}{a}\quad(a,b>0).$$

利用上述结果求 $\int_0^{+\infty}\frac{\arctan(bx)-\arctan(ax)}{x}\mathrm{d}x\ (a,b>0)$.

28. 设函数 $f(x)\in C[0,+\infty)$, 并且 $\int_0^{+\infty}xf(x)\mathrm{d}x$ 与 $\int_0^{+\infty}\frac{f(x)}{x}\mathrm{d}x$ 都收敛. 证明 $I(t)=\int_0^{+\infty}x^tf(x)\mathrm{d}x$ 在 $(-1,1)$ 内具有连续导数.

29. 证明：$\int_1^{+\infty}\mathrm{d}x\int_1^{+\infty}\frac{x-y}{(x+y)^3}\mathrm{d}y\neq\int_1^{+\infty}\mathrm{d}y\int_1^{+\infty}\frac{x-y}{(x+y)^3}\mathrm{d}x$.

30. 计算下列广义积分：

(1) $\int_0^{+\infty}\frac{\mathrm{d}x}{1+x^4}$;　　(2) $\int_0^{\frac{\pi}{2}}\sqrt{\tan x}\mathrm{d}x$;

(3) $\int_0^1\ln^n x\mathrm{d}x$;　　(4) $\int_0^{\frac{\pi}{2}}\tan^p x\mathrm{d}x\ (|p|<1)$;

(5) $\int_0^{+\infty}\frac{\mathrm{e}^{-2x}}{\sqrt{x}}\mathrm{d}x$;　　(6) $\int_0^{\frac{\pi}{2}}\sin^4\theta\cos^5\theta\mathrm{d}\theta$;

(7) $\int_0^1\frac{\mathrm{d}x}{\sqrt[3]{1-x^2}}$;　　(8) $\int_0^{+\infty}2^{-x}x\mathrm{d}x$.

31. 证明 B 函数具有以下形式:

(1) $\mathrm{B}(\alpha,\beta)=\int_0^{+\infty}\frac{x^{\beta-1}}{(1+x)^{\alpha+\beta}}\mathrm{d}x$.

(2) $\mathrm{B}(\alpha,\beta)=\int_0^1\frac{x^{\alpha-1}+x^{\beta-1}}{(1+x)^{\alpha+\beta}}\mathrm{d}x$;

32. 求曲线 $x^{\frac{2}{3}}+y^{\frac{2}{3}}=1$ 所围区域的面积.

33. 求曲面 $x^{\frac{1}{2}}+y^{\frac{1}{2}}+z^{\frac{1}{2}}=a^{\frac{1}{2}}\ (a>0)$ 与坐标平面在第一象限所围立体的体积.

34. 求极限 $\lim\limits_{\alpha\to+\infty}\int_0^{+\infty}\mathrm{e}^{-x^\alpha}\mathrm{d}x$.

35. 求极限 $\lim\limits_{\alpha\to+\infty}\int_0^{+\infty}\frac{\mathrm{d}x}{1+x^\alpha}$.

部分习题答案与提示

第 十 三 章

1. 将要证的不等式两边平方, 然后利用内积的性质.

2. (1) 否; (2) 否.

3. (1) $\{(t,t,1):0\leqslant t\leqslant 1\}$; (2) $\{(1,1),(1,0),(1,-1)\}$;

(3) $E\bigcup\{(x,y):x^2+y^2=1\}$.

4. (1) 内部: $E^\circ=\varnothing$; 外部: $(E^c)^\circ=\mathbb{R}^3\backslash\{(x,y,z):x\geqslant 0,y\geqslant 0,z=1\}$; 边界: $\partial E=\{(x,y,z):x\geqslant 0,y\geqslant 0,z=1\}$;

闭包: $\overline{E}=\{(x,y,z):x\geqslant 0,y\geqslant 0,z=1\}$.

(2) 内部: $E^\circ=E$; 外部: $(E^c)^\circ=\mathbb{R}^2\backslash\{(x,y):x\geqslant 0,x^2+y^2-2x\geqslant 1\}$; 边界: $\partial E=\{(x,y):x=0,x^2+y^2-2x\geqslant 1\}\cup\{(x,y):x>0,x^2+y^2-2x=1\}$; 闭包: $\overline{E}=\{(x,y):x\geqslant 0,x^2+y^2-2x\geqslant 1\}$.

5. 否, 例如: $\left\{\left(0,\dfrac{1}{k}\right)\right\}$ 和 $\left\{\left(k+1,\dfrac{1}{k}\right)\right\}$.

6. 由定义直接证明.

7. 直接验证.

8. 由定义直接证明.

9. (1) 若 E 是开集, 则 E_1 与 E_2 均为开集; 若 E 是闭集, 则未必正确, 如 $E=\left\{\left(\dfrac{1}{k},k\right):k\in\mathbb{N}\right\}$, E 是 $\mathbb{R}^2$ 中的闭集, 但 $E_1=\left\{\dfrac{1}{k}:k\in\mathbb{N}\right\}$ 不是闭集.

(2) 均否定, 如 $E_1=\{(-1,1)\}$, 而 $E=\left\{(x,y):\dfrac{1}{2}\leqslant x^2+y^2<1\right\}$.

10. 利用第 3 题的 (3).

11. (1) $E_1=\{(x,y):x^2+y^2<1\}$, $E_2=\{(x,y):x^2+y^2>1\}$;

(2) $E_1=\mathbb{R}$, $E_2=\{(x,y):y=\mathrm{e}^{-x},x\in[0,+\infty)\}$;

(3) 在题目所给条件下, 必存在收敛点列 $\{\boldsymbol{x}_k\}\subset E_1$, $\{\boldsymbol{y}_k\}\subset E_2$, 使得 $\lim\limits_{k\to\infty}|\boldsymbol{x}_k-\boldsymbol{y}_k|=0$. 记 $\lim\limits_{k\to\infty}\boldsymbol{x}_k=\boldsymbol{x}_0$, 则有 $\boldsymbol{x}_0\in E_1\cap E_2$.

12. 利用有限覆盖定理.

13. (1) $\{(x,y,z): x^2+z^2<y\}$; (2) $\{(x,y,z): x^2+y^2>z^2\}$;

(3) $\{(x,y,z): z>0, x^2+y^2>z\}$.

14. (1) 存在, 0; (2) 存在, 0; (3) 存在, 0;

(4) 不存在; (5) 不存在; (6) 不存在;

(7) 不存在; (8) 存在, 0; (9) 不存在.

15. 仿照二元函数构造.

16. (1) 由 $\lim\limits_{x\to 0} f(x)=0$, 可选取序列 $\{x_k\}$, 使得 $\lim\limits_{k\to\infty} x_k=0$ 且 $\lim\limits_{k\to\infty}\dfrac{f(x_{k+1})}{f(x_k)}$ $=0$, 从而有

$$\lim_{k\to\infty}\frac{f(x_k)f(x_{k+1})}{f^2(x_k)+f^2(x_{k+1})}=0 \quad 及 \quad \lim_{k\to\infty}\frac{f(x_k)f(x_k)}{f^2(x_k)+f^2(x_k)}=\frac{1}{2}.$$

(2) 可分别考虑 (x,y) 沿曲线 $y=f(x)$ 和 $y=f^2(x)$ 趋于 (0, 0).

17. 例如 $f(x,y)=\dfrac{x^{K+1}}{x^{K+1}+y}$.

18. 利用柯西准则证明 (1) 及 (2).

(3) 利用不等式 $|f(x,y)-c|\leqslant|f(x,y)-h(y)|+|h(y)-c|$.

19. $\left\{\left(x,\dfrac{1}{2}\right): 0\leqslant x\leqslant 1,\ 且\ f(x)\neq 0\right\}$.

20. 不妨设 $(x_0,y_0)\in(0,1)\times(0,1)$.

(1) 对于 $\forall\varepsilon>0$, 由 $f(x_0,y)$ 在 $y=y_0$ 处连续, 存在充分小的 $\delta_1>0$, 使得当 $y\in[y_0-\delta_1,y_0+\delta_1]\subset(0,1)$ 时, 有

$$|f(x_0,y_0+\delta_1)-f(x_0,y_0-\delta_1)|<\varepsilon/9.$$

再由 $f(x,y_0+\delta_1)$ 与 $f(x,y_0-\delta_1)$ 在 $x=x_0$ 处连续, 存在 $\delta_2>0$, 使得当 $|x-x_0|<\delta_2$ 时, 有

$$|f(x,y_0+\delta_1)-f(x_0,y_0+\delta_1)|<\varepsilon/9$$

及

$$|f(x,y_0-\delta_1)-f(x_0,y_0-\delta_1)|<\varepsilon/9.$$

因此, 取 $\delta=\min\{\delta_1,\delta_2\}$, 当 $|x-x_0|<\delta$ 及 $|y-y_0|<\delta$ 时, 有

$$\begin{aligned}|f(x,y)-f(x_0,y_0)|\leqslant&|f(x,y)-f(x,y_0+\delta_1)|\\&+|f(x,y_0+\delta_1)-f(x_0,y_0+\delta_1)|\\&+|f(x_0,y_0+\delta_1)-f(x_0,y_0)|<\varepsilon.\end{aligned}$$

(2) 类似 (1), 利用

$$|f(x,y)-f(x_0,y_0)|\leqslant|f(x,y)-f(x,y_0)|+|f(x,y_0)-f(x_0,y_0)|.$$

21. 必要性是显然的. 对于充分性，设 $\boldsymbol{f}(\boldsymbol{x})=(f_1(\boldsymbol{x}),f_2(\boldsymbol{x}),\cdots,f_m(\boldsymbol{x}))$, 倘若 $\boldsymbol{f}(\boldsymbol{x})$ 在 $\boldsymbol{x}_0$ 处不连续, 则存在 $1\leqslant j_0\leqslant m$, 使得 $f_{j_0}(\boldsymbol{x})$ 在 $\boldsymbol{x}_0$ 处不连续. 令 $h(\boldsymbol{y})=h(y_1,y_2,\cdots,y_m)=y_{j_0}$, 则 $h\circ\boldsymbol{f}(\boldsymbol{x})$ 在 $\boldsymbol{x}_0$ 处不连续.

22. 从函数连续的定义加以证明.

23. (1) $g(x_0,y_0)\leqslant f(x_0,y_0)$; (2) $g(x_0,y_0)\geqslant f(x_0,y_0)$.

24. (1) 利用对角线排法;

(2) 对于 $\forall(x_1,y_1),(x_2,y_2)\in\mathbb{R}^2\backslash E$, 从 (x_1,y_1) 或 (x_2,y_2) 出发的射线的全体不可排成一个序列, 因此可证 (2).

25. 设 $f(x_1,y_1)=m$, $f(x_2,y_2)=M$, 则 D 内连接点 (x_1,y_1) 与 (x_2,y_2) 的任意曲线上都存在 (ξ,η), 使得 $f(\xi,\eta)=c$.

26. 对于 $\boldsymbol{x}\neq\boldsymbol{0}$, 则 $\boldsymbol{x}'=\dfrac{\boldsymbol{x}}{|\boldsymbol{x}|}$ 满足 $|\boldsymbol{x}'|=1$. 注意到 $f(\boldsymbol{x}')=|\boldsymbol{A}\boldsymbol{x}'|$ 是 $\mathbb{R}^n$ 中单位球面 $S=\{\boldsymbol{x}':|\boldsymbol{x}'|=1\}$ 上的连续正函数, 从而可取 λ 为 $f(\boldsymbol{x}')$ 在 S 上的最小值.

27. 利用三角不等式.

28. 取 $(x_k',y_k')=\left(\dfrac{1}{k},k\right)$, $(x_k'',y_k'')=(0,k)$, 则当 $k\to\infty$ 时, $|(x_k',y_k')-(x_k'',y_k'')|\to0$, 但对于 $\forall k\in\mathbb{N}$, 有 $|f(x_k',y_k')-f(x_k'',y_k'')|=1$.

29. 类似于一元函数相应性质的证明.

30. 充分性显然. 必要性：对于 $\forall\boldsymbol{x}_0\in S=\{\boldsymbol{x}:|\boldsymbol{x}|=1\}$, 取定点列 $\{\boldsymbol{x}_k\}\subset U(\boldsymbol{0},1)$, 使得 $\lim\limits_{k\to\infty}\boldsymbol{x}_k=\boldsymbol{x}_0$, 并且 $\lim\limits_{k\to\infty}f(\boldsymbol{x}_k)$ 收敛 (由 $f(\boldsymbol{x})$ 的一致连续性, 这样的序列一定存在). 定义 $g(\boldsymbol{x}_0)=\lim\limits_{k\to\infty}f(\boldsymbol{x}_k)$, 证明对任意点列 $\{\boldsymbol{x}_k'\}\subset U(\boldsymbol{0},1)$, 只要 $\lim\limits_{k\to\infty}\boldsymbol{x}_k'=\boldsymbol{x}_0$, 必有 $\lim\limits_{k\to\infty}f(\boldsymbol{x}_k')=g(\boldsymbol{x}_0)$. 然后证明 $g(\boldsymbol{x})$ 在 $\overline{U(\boldsymbol{0},1)}$ 上连续.

31. 在每个分支 D 都存在一个点 $(x_1,x_2,\cdots,x_n)$, 使得对于 $\forall i\,(1\leqslant i\leqslant n)$, 有 $x_i\in\mathbb{Q}$.

32. 例如 $(u,v)=\left(\dfrac{x}{1-\sqrt{x^2+y^2}},\dfrac{y}{1-\sqrt{x^2+y^2}}\right)$, $(x,y)\in\varDelta$.

第十四章

1. 利用一元函数的微分中值定理, 如

$$g(x,y)=\begin{cases}(x^2+y^2)\sin\dfrac{1}{x^2+y^2}, & x^2+y^2\neq 0,\\ 0, & x^2+y^2=0.\end{cases}$$

2. 例如 $f(x,y)=\begin{cases}0, & x \text{ 与 } y \text{ 至少有一个是有理数},\\ 1, & x \text{ 与 } y \text{ 都是无理数}.\end{cases}$

3. (1) $-2, \cos 1$; (2) -2.

4. (1) $\dfrac{\partial z}{\partial x}=\dfrac{-2x^2+y^3}{(2x^2+xy+y^3)^2}, \dfrac{\partial z}{\partial y}=-\dfrac{x(x+3y^2)}{(2x^2+xy+y^3)^2}$;

(2) $\dfrac{\partial z}{\partial x}=\dfrac{2x^2-y^2}{\sqrt{x^2-y^2}}, \dfrac{\partial z}{\partial y}=-\dfrac{xy}{\sqrt{x^2-y^2}}$;

(3) $\dfrac{\partial z}{\partial x}=2x\sec^2(x^2+2y^3), \dfrac{\partial z}{\partial y}=6y^2\sec^2(x^2+2y^3)$;

(4) $\dfrac{\partial u}{\partial x}=[1+yz(x+y+z)]e^{xyz}, \dfrac{\partial u}{\partial y}=[1+xz(x+y+z)]e^{xyz}$,

$\dfrac{\partial u}{\partial z}=[1+xy(x+y+z)]e^{xyz}$;

(5) $\dfrac{\partial u}{\partial x}=\cos(ye^{xz})yze^{xz}, \dfrac{\partial u}{\partial y}=\cos(ye^{xz})e^{xz}, \dfrac{\partial u}{\partial z}=\cos(ye^{xz})yxe^{xz}$;

(6) $\dfrac{\partial u}{\partial x}=\dfrac{y+4x^3}{xy+x^4+z^2}, \dfrac{\partial u}{\partial y}=\dfrac{x}{xy+x^4+z^2}, \dfrac{\partial u}{\partial z}=\dfrac{2z}{xy+x^4+z^2}$;

(7) $\dfrac{\partial u}{\partial x}=\dfrac{\partial u}{\partial y}=-\dfrac{z\sin(2(x+y))}{3[1-z\sin^2(x+y)]^{\frac{2}{3}}}, \dfrac{\partial u}{\partial z}=-\dfrac{\sin^2(x+y)}{3[1-z\sin^2(x+y)]^{\frac{2}{3}}}$;

(8) $\dfrac{\partial u}{\partial x}=\dfrac{z\cos xz}{\cos x^2+y}+\dfrac{2x\sin x^2\sin xz}{(\cos x^2+y)^2}, \dfrac{\partial u}{\partial y}=-\dfrac{\sin xz}{(\cos x^2+y)^2}$,

$\dfrac{\partial u}{\partial z}=\dfrac{x\cos xz}{\cos x^2+y}$;

(9) $\dfrac{\partial u}{\partial x}=\dfrac{\tan\sqrt{x+y-z}}{2\sqrt{x+y-z}}, \dfrac{\partial u}{\partial y}=\dfrac{\tan\sqrt{x+y-z}}{2\sqrt{x+y-z}}, \dfrac{\partial u}{\partial z}=-\dfrac{\tan\sqrt{x+y-z}}{2\sqrt{x+y-z}}$;

(10) $\dfrac{\partial u}{\partial x}=-ze^{-xz}\tan y, \dfrac{\partial u}{\partial y}=e^{-xz}\sec^2 y, \dfrac{\partial u}{\partial z}=-xe^{-xz}\tan y$;

(11) $\dfrac{\partial u}{\partial x}=2xe^z, \dfrac{\partial u}{\partial y}=2ye^z, \dfrac{\partial u}{\partial z}=e^z(x^2+y^2+z^2+2z)$;

(12) $\dfrac{\partial u}{\partial x}=\dfrac{z}{x}\left(\dfrac{x}{y}\right)^z$, $\dfrac{\partial u}{\partial y}=-\dfrac{z}{y}\left(\dfrac{x}{y}\right)^z$, $\dfrac{\partial u}{\partial z}=\ln\dfrac{x}{y}\left(\dfrac{x}{y}\right)^z$;

(13) $\dfrac{\partial u}{\partial x_i}=\dfrac{x_i}{\sum\limits_{i=1}^n x_i^2+\sqrt{\sum\limits_{i=1}^n x_i^2}}$;

(14) $\dfrac{\partial u}{\partial x_i}=\dfrac{x_1x_2\cdots x_n}{x_i}+n(x_1+x_2+\cdots+x_n)^{n-1}$.

5. 直接验证. **6.** $0, -1, \sqrt{2}/2$.

7. 记 $\boldsymbol{v}=(u,v,w)$ 为单位向量, 则 $\dfrac{\partial f(1,1,1)}{\partial \boldsymbol{v}}=u+v+2w$; $\sqrt{6}$, $-\sqrt{6}$, $\left(t\mp\dfrac{\sqrt{2-6t^2}}{2}, t\pm\dfrac{\sqrt{2-6t^2}}{2}, -t\right)$, $-\dfrac{1}{\sqrt{3}}\leqslant t\leqslant\dfrac{1}{\sqrt{3}}$.

8. 注意到 $\boldsymbol{e}_r=(\cos\theta,\sin\theta)$;

$$\boldsymbol{e}_\theta=\left(\cos\left(\theta+\frac{\pi}{2}\right),\sin\left(\theta+\frac{\pi}{2}\right)\right)=(-\sin\theta,\cos\theta).$$

9. 例如

$$f(x_1,x_1,\cdots,x_n)=\begin{cases}|x_n|, & x_n=x_1^2+x_2^2+\cdots+x_{n-1}^2, \text{且 } x_1^2+x_2^2+\cdots+x_{n-1}^2\neq 0,\\ 0, & \text{其他}.\end{cases}$$

10. 直接验证.

11. (1) $2\mathrm{d}x$; (2) $\mathrm{d}x+\mathrm{d}y$.

12. (1) $\mathrm{d}f=(y^2\cos x+4xy)\mathrm{d}x+(2y\sin x+2x^2)\mathrm{d}y$;

(2) $\mathrm{d}f=\mathrm{e}^{-2y}\mathrm{d}x+(-2x\mathrm{e}^{-2y}+12y^3)\mathrm{d}y$;

(3) $\mathrm{d}f=\dfrac{2xy^2}{x^2+2}\mathrm{d}x+2y\ln(x^2+2)(z^2+1)\mathrm{d}y+\dfrac{2zy^2}{z^2+1}\mathrm{d}z$;

(4) $\mathrm{d}f=\sum\limits_{i=1}^n\dfrac{x_i}{|\boldsymbol{x}|}\mathrm{d}x_i$; (5) $\mathrm{d}f=\sum\limits_{i=1}^n\dfrac{x_i}{|\boldsymbol{x}|^2}\mathrm{d}x_i$.

13. $\mathrm{d}f=2xy\mathrm{d}x+(x^2-3)\mathrm{d}y$, 159.1. **14.** (1) 3.78; (2) 2.98.

15. 仿照定理 14.1.2 的证明, 利用数学归纳法.

16. (1) $(2x\sin yz+y^2z\mathrm{e}^{xz}, x^2z\cos yz+2y\mathrm{e}^{xz}, x^2y\cos yz+xy^2\mathrm{e}^{xz}+2z)$;

(2) $\left(\left(\dfrac{1}{|\boldsymbol{x}|}-1\right)x_1\mathrm{e}^{-|\boldsymbol{x}|}, \left(\dfrac{1}{|\boldsymbol{x}|}-1\right)x_2\mathrm{e}^{-|\boldsymbol{x}|}, \cdots, \left(\dfrac{1}{|\boldsymbol{x}|}-1\right)x_n\mathrm{e}^{-|\boldsymbol{x}|}\right)$.

17. $(3x^2-3yz, 3x^2-3xz, 3z^2-3xy)$, 曲面 $z^2=xy$; 曲线 $\begin{cases} x^2=yz, \\ y^2=xz; \end{cases}$ 直线 $x=y=z$.

18. $\dfrac{\partial f(x_0,y_0)}{\partial \boldsymbol{i}}=\dfrac{3\sqrt{6}+3\sqrt{2}-\sqrt{3}-1}{2}$, $\dfrac{\partial f(x_0,y_0)}{\partial \boldsymbol{j}}=\dfrac{7-3\sqrt{6}-3\sqrt{2}+\sqrt{3}}{2}$.

19. $[-\sqrt{484},\sqrt{484}]$.

20. (1) $\begin{pmatrix} |\boldsymbol{x}|+\dfrac{x_1^2}{|\boldsymbol{x}|} & \dfrac{x_1x_2}{|\boldsymbol{x}|} & \cdots & \dfrac{x_1x_n}{|\boldsymbol{x}|} \\ \dfrac{x_2x_1}{|\boldsymbol{x}|} & |\boldsymbol{x}|+\dfrac{x_2^2}{|\boldsymbol{x}|} & \cdots & \dfrac{x_2x_n}{|\boldsymbol{x}|} \\ \vdots & \vdots & & \vdots \\ \dfrac{x_nx_1}{|\boldsymbol{x}|} & \dfrac{x_nx_2}{|\boldsymbol{x}|} & \cdots & |\boldsymbol{x}|+\dfrac{x_n^2}{|\boldsymbol{x}|} \end{pmatrix}$;

(2) $\begin{pmatrix} \dfrac{1}{|\boldsymbol{x}|}-\dfrac{x_1^2}{|\boldsymbol{x}|^3} & -\dfrac{x_1x_2}{|\boldsymbol{x}|^3} & \cdots & -\dfrac{x_1x_n}{|\boldsymbol{x}|^3} \\ -\dfrac{x_2x_1}{|\boldsymbol{x}|^3} & \dfrac{1}{|\boldsymbol{x}|}-\dfrac{x_2^2}{|\boldsymbol{x}|^3} & \cdots & -\dfrac{x_2x_n}{|\boldsymbol{x}|^3} \\ \vdots & \vdots & & \vdots \\ -\dfrac{x_nx_1}{|\boldsymbol{x}|^3} & -\dfrac{x_nx_2}{|\boldsymbol{x}|^3} & \cdots & \dfrac{1}{|\boldsymbol{x}|}-\dfrac{x_n^2}{|\boldsymbol{x}|^3} \end{pmatrix}$;

(3) $\dfrac{\partial f}{\partial x_k}=2\left(\sum\limits_{i=1}^n a_{i1}x_1+\cdots+\sum\limits_{i=1}^n a_{in}x_n\right)\sum\limits_{i=1}^n a_{ik}$.

21. 仿照定理 14.2.2 的证明.

22. (1) $\dfrac{\partial z}{\partial x}=\mathrm{e}^y f_1'+\mathrm{e}^{-y}f_2'$, $\dfrac{\partial z}{\partial y}=x\mathrm{e}^y f_1'-x\mathrm{e}^{-y}f_2'$;

(2) $\dfrac{\partial z}{\partial x_1}=2x_1f_1'+2x_1x_2^2x_3^2\cdots x_n^2f_2'$, $\dfrac{\partial z}{\partial x_2}=2x_2f_1'+2x_2x_1^2x_3^2\cdots x_n^2f_2'$,

$$\frac{\partial z}{\partial x_k}=2x_kf_1'+2x_k\prod_{i=1,i\neq k}^n x_i^2f_2'+f_k'\ (3\leqslant k\leqslant n).$$

23. (1) 对于 D 内任意两点 $\boldsymbol{x}_1,\boldsymbol{x}_2$, 连接它们的线段在 D 内. 由其偏导数的有界性, 利用拉格朗日微分中值定理可以证明 $f(\boldsymbol{x})$ 在区域 D 内一致连续;
(2) 以二元函数为例, 记 $D=N((0,0),1)\backslash\{(x,y):x=0,0\leqslant y<1\}$, 构

造 $f(x,y)=\begin{cases}0, & x>0,y>0,\\ y^2, & (x,y)\in D\text{ 且 }x\leqslant 0\text{ 或 }y\leqslant 0.\end{cases}$ 容易验证, $f(x,y)$ 在 D 内具有有界的两个偏导数, 但它在 D 内不是一致连续的.

24. (1) 对于凸域, 利用拉格朗日微分中值定理即可证明;

(2) 对于区域 D 内任意两点, 我们总可以用折线段将它们连接, 再在每个折线段上用拉格朗日微分中值定理.

(3) 见第 23 题的 (2).

25. 对 $f(t\boldsymbol{x})=t^Kf(\boldsymbol{x})$ 两边关于 t 求 k 阶导数, 再令 $t=1$.

26. $-\dfrac{\pi^3}{8}$.

27. $\dfrac{\partial u}{\partial r}=z\left(\dfrac{4}{x}-\dfrac{6ry}{x^2}\right)\cos\dfrac{y}{x}+4r\sin\dfrac{y}{x}$;

$\dfrac{\partial u}{\partial s}=z\left(-\dfrac{6s^2}{x}-\dfrac{2y}{x^2}\right)\cos\dfrac{y}{x}-6s\sin\dfrac{y}{x}$.

28. 利用复合函数求导法则直接验证.

29. $\dfrac{1}{(x^2+y^2)^2}$.

30. (1) $\dfrac{\partial^{\sum\limits_{i=1}^{n}m_i}f(\boldsymbol{x})}{\partial x_1^{m_1}\partial x_2^{m_2}\cdots\partial x_n^{m_n}}=\mathrm{e}^{\sum\limits_{i=1}^{n}x_i}$;

(2) $\dfrac{\partial^{\sum\limits_{i=1}^{n}m_i}f(\boldsymbol{x})}{\partial x_1^{m_1}\partial x_2^{m_2}\cdots\partial x_n^{m_n}}=(-1)^{\sum\limits_{i=1}^{n}m_i-1}\dfrac{a_1^{m_1}a_2^{m_2}\cdots a_n^{m_n}\left(\sum\limits_{i=1}^{n}m_i-1\right)!}{\left(\sum\limits_{i=1}^{n}a_ix_i\right)^{\sum\limits_{i=1}^{n}m_i}}$.

31. (1) $\dfrac{\partial^2 z}{\partial x^2}=f_{11}''4x^2+f_{12}''4xy+f_{22}''y^2+2f_1'$,

$\dfrac{\partial^2 z}{\partial x\partial y}=f_{11}''4xy+2(x^2+y^2)f_{12}''+f_{22}''xy+f_2'$,

$\dfrac{\partial^2 z}{\partial y^2}=f_{11}''4y^2+f_{12}''4xy+f_{22}''x^2+2f_1'$;

(2) $\dfrac{\partial^2 u}{\partial x_i\partial x_j}=f''(x_1+x_2+\cdots+x_n)$.

37. $\dfrac{\partial^2 f(x,y)}{\partial r\partial s}=-2f_{xx}''+3f_{xy}''+2f_{yy}''$.

38. 令 $u=x-1, v=y-1$, 则有

$$F(u,v)=au^2+cv^2+2buv+2(a+b)u+2(b+c)v+(a+2b+c).$$

39. $\mathrm{e}^{x+y}=1+(x+y)+\dfrac{(x+y)^2}{2!}+\cdots+\dfrac{(x+y)^n}{n!}+\cdots.$

40. (1) $1+x+y-x^2+2xy-y^2-x^3-xy^2-x^2y-y^3+x^4-2x^3y$
$+2x^2y^2-2xy^3+y^4+o((x^2+y^2)^2)$;

(2) $(x_1^2+x_2^2+\cdots+x_n^2)+(x_1+x_2+\cdots+x_n)(x_1^2+x_2^2+\cdots+x_n^2)$
$+(x_1+x_2+\cdots+x_n)^2(x_1^2+x_2^2+\cdots+x_n^2)+o((x_1^2+x_2^2+\cdots+x_n^2)^2).$

42. $\left.\dfrac{\partial^{m+n}f(x,y)}{\partial x^m y^n}\right|_{(0,0)}=\begin{cases}0, & m\neq n,\\ n!, & m=n.\end{cases}$

43. 例如: (1) $z=|y|$; (2) $z=y^3$.

44. 记 $F(x,y,z)=x^2-2xy+z+x\mathrm{e}^z$. 由于 $\dfrac{\partial F(1,1,0)}{\partial z}=2\neq 0$, 因此 $F(x,y,z)=0$ 在 $(1,1,0)$ 的某邻域内唯一确定一个隐函数 $z=f(x,y)$. 利用待定系数法可得 $f(x,y)=-2x+2x^2+xy+o(x^2+y^2)$ $(x^2+y^2\to 0)$.

45. 记 $F(x,y,z)=x+x^2+y^2+(x^2+y^2)z^2+\sin z$. 由于 $\dfrac{\partial F(0,0,0)}{\partial z}=1$, 因此 $F(x,y,z)=0$ 在 $(0,0,0)$ 的某邻域内唯一确定一个隐函数 $z=f(x,y)$. $\dfrac{\partial^3 f(0,0)}{\partial x^3}=-1$, 其余三阶偏导数为 0.

46. 在题目条件下, $y=f(x)$ 在 x_0 的邻域 $U(x_0,\delta)$ 内的导数不为 0, 因此它具有反函数. 再由隐函数存在定理的唯一性部分知结论成立.

47. (1) $\dfrac{\partial z}{\partial x}=-\dfrac{F_1'+yzF_2'}{F_1+xyF_2}, \dfrac{\partial z}{\partial y}=-\dfrac{F_1'+xzF_2'}{F_1'+xyF_2'}$;

(2) $\dfrac{\partial z}{\partial x}=-\dfrac{(F_1'+F_2')x}{F_2'z}, \dfrac{\partial z}{\partial y}=-\dfrac{(F_1'+F_2')y}{F_2'z}$.

48. (1) $\dfrac{\mathrm{d}y}{\mathrm{d}x}=\dfrac{y-x^2}{y^2-x}, \dfrac{\mathrm{d}^2y}{\mathrm{d}x^2}=2\left[\dfrac{y-x^2}{(y^2-x)^2}-\dfrac{x}{y^2-x}-\dfrac{y(y-x^2)^2}{(y^2-x)^3}\right]$;

(2) $\dfrac{\partial^2 z}{\partial x^2}=-\dfrac{y^2\mathrm{e}^{yz}+2}{(y\mathrm{e}^{yz}+2z)^3}, \dfrac{\partial^2 z}{\partial y^2}=\dfrac{2\mathrm{e}^{yz}(yz\mathrm{e}^{yz}-2z^4)}{(y\mathrm{e}^{yz}+2z)^3}$,

$\dfrac{\partial^2 z}{\partial x\partial y}=\dfrac{\mathrm{e}^{yz}(y\mathrm{e}^{yz}+2yz^2)}{(y\mathrm{e}^{yz}+2z)^3}$.

49. $\dfrac{\partial u}{\partial x}=\dfrac{\partial f}{\partial x},\ \dfrac{\partial u}{\partial y}=\dfrac{\partial f}{\partial y}+\dfrac{\dfrac{\partial f}{\partial z}\cdot\dfrac{\partial h}{\partial t}\cdot\dfrac{\partial g}{\partial y}}{\dfrac{\partial h}{\partial z}\cdot\dfrac{\partial g}{\partial t}-\dfrac{\partial h}{\partial t}\cdot\dfrac{\partial g}{\partial z}}+\dfrac{\dfrac{\partial f}{\partial t}\cdot\dfrac{\partial h}{\partial z}\cdot\dfrac{\partial g}{\partial y}}{\dfrac{\partial g}{\partial z}\cdot\dfrac{\partial h}{\partial t}-\dfrac{\partial h}{\partial z}\cdot\dfrac{\partial g}{\partial t}}.$

50. $4\dfrac{\partial^2 z}{\partial u\partial v}=0.$　**51.** $\dfrac{1}{\sqrt{x^2+y^2}}.$　**52.** $u^2+v^2.$　**53.** $abcr^2\sin\varphi.$

54. 用反证法. 利用逆映射存在定理推出矛盾.

55. (1) 极大值点: $(-1,-2)$; 极小值点: $(1,2)$.

(2) 极大值点: $\left(-\dfrac{1}{\sqrt{2\mathrm{e}}},\dfrac{1}{\sqrt{2\mathrm{e}}}\right),\left(\dfrac{1}{\sqrt{2\mathrm{e}}},-\dfrac{1}{\sqrt{2\mathrm{e}}}\right)$;

极小值点: $\left(\dfrac{1}{\sqrt{2\mathrm{e}}},\dfrac{1}{\sqrt{2\mathrm{e}}}\right),\left(-\dfrac{1}{\sqrt{2\mathrm{e}}},-\dfrac{1}{\sqrt{2\mathrm{e}}}\right)$.

56. (2) 将直线 $x=0$ 及 $y=kx\,(k\in\mathbb{R})$ 代入直接验证.

57. $G'_xF'_v=F'_xG'_v.$　**58.** $\dfrac{3\sqrt{3}}{4}$, 2.

59. 证明 $u(x,y)$ 在 Δ 内不存在小于零的极小值和大于零的极大值.

60. 底半径 $\left(\dfrac{1}{2\pi}\right)^{\frac{1}{3}}$, 高 $\left(\dfrac{4}{\pi}\right)^{\frac{1}{3}}$.　**61.** $\left|\sum\limits_{i=1}^{n}a_ix_i^0\right|\Big/\sqrt{\sum\limits_{i=1}^{n}a_i^2}.$

62. $\sqrt{9-5\sqrt{3}},\sqrt{9+5\sqrt{3}}.$　**63.** $\left(\dfrac{5}{11},\dfrac{30}{11},\dfrac{8}{11}\right).$

64. $\dfrac{3}{2}\sqrt{5}.$　**65.** $\dfrac{5}{8},-\dfrac{1}{8}.$　**66.** $\sqrt{n}.$

67. $(a,b,c)=\Big(\int_0^1 f(x)(180x^2-180x+30)\mathrm{d}x,\int_0^1 f(x)(-180x^2+192x$
$-36)\mathrm{d}x,\int_0^1 f(x)(-30x^2+36x-9)\mathrm{d}x\Big).$

68. $\dfrac{c^2}{4}.$　**69.** $\pi\sqrt{\dfrac{750}{17}}.$

70. 利用曲面上任一点处的法向量与切向量正交.

71. 切线方程: $\dfrac{x-1}{3}=\dfrac{y+1}{16}=\dfrac{z-1}{2}$; 法平面方程: $3x+16y+2z+11=0.$

72. (1) 法线方程: $\dfrac{x-2}{2}=\dfrac{y-1}{1}=\dfrac{z-1}{-1}$; 切平面方程: $2x+y-z-4=0.$

(2) 法线方程: $\dfrac{a^2(x-x_0)}{x_0}=\dfrac{b^2(y-y_0)}{y_0}=\dfrac{c^2(z-z_0)}{z_0}$;

切平面方程: $\dfrac{x_0x}{a^2}+\dfrac{y_0y}{b^2}+\dfrac{z_0z}{c^2}=1.$

73. $(3,-1,-14)$.

74. 法线方程: $\dfrac{(r\cos\theta-r_0\cos\theta_0)}{F_r\cos\theta_0-\dfrac{F_\theta\sin\theta_0}{r_0}}=\dfrac{(r\sin\theta-r_0\sin\theta_0)}{F_r\sin\theta_0+\dfrac{F_\theta\cos\theta_0}{r_0}}=\dfrac{z-z_0}{F_z}$;

切平面方程: $\left(F_r\cos\theta_0-\dfrac{F_\theta\sin\theta_0}{r_0}\right)(r\cos\theta-r_0\cos\theta_0)$

$+\left(F_r\sin\theta_0+\dfrac{F_\theta\cos\theta_0}{r_0}\right)(r\sin\theta-r_0\sin\theta_0)+F_z(z-z_0)=0.$

75. 设 l 是切平面上过点 (x_0,y_0,z_0) 的任一直线, 则过 l 且与切平面正交的平面与曲面的交线即为所求.

76. 注意到 $\dfrac{\partial z}{\partial t}=b$ 为常数函数.

77. $\left(\dfrac{x_0+y_0}{y_0}\mathrm{e}^{\frac{x_0}{y_0}}\right)(x-x_0)-\left(\dfrac{x_0^2}{y_0^2}\mathrm{e}^{\frac{x_0}{y_0}}\right)(y-y_0)-(z-z_0)=0.$

78. $\arccos\sqrt{2}z_0$.　　**79.** 固定直线为 $\dfrac{x}{a}=\dfrac{y}{b}=z$.

80. 常数为 a.　　**81.** 体积为 $9a/2$.

82. 显然点 $(0,-1,2)$ 在两个曲面上，证明两个曲面在该点的切平面为同一个平面.

第十五章

1. 对于 $\forall\varepsilon>0$, 构造有限个小立方体组成的集合 E, 使得 $\partial D\subset E$ 且 $V(E)<\varepsilon$. 对于该曲顶柱体的底及侧面, 满足上述性质的小正方形显然存在; 对于曲顶, 可根据 $h(x,y)$ 在 Ω 内的一致连续性来构造小正方体.

2. 注意以下事实: 对任何长方体族 $\mathcal{A}_D$, 总有 $m(\mathcal{A}_D)=0$ 和 $M(\mathcal{A}_D)\geqslant 1$.

3. 设对于 $\forall(x,y)\in\overline{D}$ 有 $|f(x,y)|\leqslant M$. 对于 $\forall\varepsilon>0$, 存在由有限个小正方形构成的简单集 E, 使得 $\partial D\subset E^\circ$ 且 $m(E)\leqslant\dfrac{\varepsilon}{2M}$. 再注意到 $\overline{D\backslash E^\circ}$ 是紧集, 从而 $f(x,y)$ 在它上面一致连续. 因此可构造 $\overline{D}$ 的分割 $\{\Delta D_1,\Delta D_2,\cdots,\Delta D_K\}$, 使得 $\displaystyle\sum_{k=1}^{K}\omega_k\Delta V_k<\varepsilon$, 其中 ΔV_k 为 ΔD_k 的体积, ω_k 为 $f(x,y,z)$ 在 $\Delta D_k\,(k=1,2,\cdots,k)$ 上的振幅.

4. 利用同胚映射的一致连续性.

5. 当 $\iint_D g(x,y)\mathrm{d}x\mathrm{d}y = 0$ 时结论显然成立. 当该积分不为零时, 记 m, M 分别为 $f(x,y)$ 在 D 的最小最大值, 由积分第一中值定理, 则 $\exists(\xi,\eta)\in D$ 使得该等式成立. 若 $f(\xi,\eta)=m$(或M), 证明 $f(x,y)$ 在 $D_1=\{(x,y): g(x,y)>0\}$ 内为常数; 当 $m<f(\xi,\eta)<M$ 时, 由连续函数的介值性推知结论成立.

6. 利用重积分第一中值定理.

7. 三重积分的存在性可用定理 15.2.3 证之, 反之未必成立. 例如, 任取一个在 D 内不可积的函数 $f(x,y)$, 构造 Ω 上的函数

$$g(x,y,z)=\begin{cases} f(x,y), & (x,y,0)\in\Omega, \\ 0, & (x,y,z)\in\Omega\ (z\neq 0), \end{cases}$$

则 $g(x,y,z)$ 在 Ω 上可积.

8. 对于 $\forall \boldsymbol{y}_0\in\mathbb{R}^n$, 记 $U_{\boldsymbol{y}_0}=\{\boldsymbol{x}\in\mathbb{R}^n: |\boldsymbol{x}-\boldsymbol{y}_0|\leqslant 1\}$. 注意到当 $\boldsymbol{y}\to\boldsymbol{y}_0$ 时, $U_{\boldsymbol{y}_0\boldsymbol{y}}=\{U_{\boldsymbol{y}_0}\bigcup U_{\boldsymbol{y}}\}\backslash\{U_{\boldsymbol{y}_0}\bigcap U_{\boldsymbol{y}}\}$ 的体积趋于 0.

9. 注意到

$$\iint_D f(x)(f(y))^{-1}\mathrm{d}x\mathrm{d}y=\iint_D (f(x))^{-1}f(y)\mathrm{d}x\mathrm{d}y, \quad 且 \quad \frac{f(x)}{f(y)}+\frac{f(y)}{f(x)}\geqslant 2.$$

10. (1) $\frac{8}{3}$; (2) $\pi-2\arctan\frac{1}{2}$; (3) 6.

11. (1) $\int_{-3}^{9}\mathrm{d}y\int_{3}^{5}f(x,y)\mathrm{d}x+\int_{9}^{25}\mathrm{d}y\int_{\sqrt{y}}^{5}f(x,y)\mathrm{d}x+\int_{-5}^{-3}\mathrm{d}y\int_{-y}^{5}f(x,y)\mathrm{d}x$;

(2) $\int_{-1}^{1}\mathrm{d}x\int_{x^2-1}^{0}f(x,y)\mathrm{d}y$;

(3) $\int_{0}^{6}\mathrm{d}y\int_{0}^{6-y}\mathrm{d}x\int_{x+y}^{6}f(x,y,z)\mathrm{d}z$;

(4) $\int_{0}^{1}\mathrm{d}x\int_{0}^{\sqrt{x}}f(x,y)\mathrm{d}y+\int_{1}^{2}\mathrm{d}x\int_{0}^{2-x}f(x,y)\mathrm{d}y$;

(5) $\int_{-1}^{1}\mathrm{d}y\int_{-\sqrt{1-y^2}}^{\sqrt{1-y^2}}\mathrm{d}x\int_{0}^{1}f(x,y,z)\mathrm{d}z$;

(6) $\int_{0}^{1}\mathrm{d}x_4\int_{0}^{1-x_4}\mathrm{d}x_3\int_{0}^{1-x_4-x_3}\mathrm{d}x_2\int_{0}^{1-x_4-x_3-x_2}f(x_1,x_2,x_3,x_4)\mathrm{d}x_1$;

(7) $\int_{-1}^{1}\mathrm{d}x\int_{-\sqrt{1-x^2}}^{\sqrt{1-x^2}}\mathrm{d}z\int_{\sqrt{x^2+z^2}}^{1}f(x,y,z)\mathrm{d}y$;

(8) $\int_{-2}^{2}\mathrm{d}y\int_{-\sqrt{1-\frac{y^2}{4}}}^{\sqrt{1-\frac{y^2}{4}}}\mathrm{d}y\int_{0}^{x^2+\frac{y^2}{4}}f(x,y,z)\mathrm{d}z$.

12. (1) $\frac{27}{70}$; (2) $\frac{1}{3}(1-\cos 8)$; (3) $\frac{15}{4}\pi$; (4) 0; (5) $\frac{1}{4}(\mathrm{e}^2-1)$; (6) $\frac{3}{8}$; (7) 0; (8) $2\sin 1-\cos 1$; (9) 2560π; (10) $\frac{1}{4}n^2+\frac{1}{12}n$.

13. $\frac{2}{3}a^2$. **14.** $\frac{2}{\sqrt{3}}$.

15. (1) 化为累次积分; (2) 令 $\delta\to 0$ 并利用第 6 题.

16. 利用
$$\begin{aligned}\left(\int_a^b f(x)\mathrm{d}x\right)^2&=\int_a^b f(x)\mathrm{d}x\int_a^b f(y)\mathrm{d}y=\iint_{[a,b]\times[a,b]}f(x)f(y)\mathrm{d}x\mathrm{d}y\\&\leqslant\frac{1}{2}\iint_{[a,b]\times[a,b]}(f^2(x)+f^2(y))\mathrm{d}x\mathrm{d}y\\&=\iint_{[a,b]\times[a,b]}f^2(x)\mathrm{d}x\mathrm{d}y\\&=(b-a)\int_a^b f^2(x)\mathrm{d}x\mathrm{d}y.\end{aligned}$$

17. (1) 0; (2) $\frac{2-\sqrt{3}}{2}\pi$; (3) $\frac{1}{8}a^2b^2$; (4) 8; (5) $\frac{\mathrm{e}-1}{2}$; (6) $\frac{\sin 1}{2}$; (7) $\frac{27}{32}$.

18. a^2. **19.** $1, 3\pi-1$. **20.** $\frac{11}{6}$.

21. $\iint_D y^2\rho(x,y)\mathrm{d}x\mathrm{d}y$. **22.** $\left(\frac{258}{455},\frac{372}{455},\frac{7}{26}\right)$. **23.** $\frac{45}{32}\pi$.

24. (1) $\frac{1}{8}$; (2) 32π; (3) $\frac{\pi}{3}$; (4) $\frac{1}{32}$; (5) $\frac{175\pi}{2}$; (6) $\frac{8}{3}\pi$; (7) 486π.

25. $\frac{57\pi}{2}$.

26. 设 $f(x,y)$ 无界, 对于 $\forall x>0$, 记 $\Delta_x=\{(s,t):s^2+t^2\leqslant x^2\}$ 和 $M(x)=\max\limits_{(s,t)\in\Delta_x}\{|f(s,t)|\}$, 构造区域 $D=\{(x,y):0\leqslant y\leqslant \mathrm{e}^{-M(x)},0\leqslant x<+\infty\}$.

27. (1) $\pi^{\frac{3}{2}}$; (2) π^2; (3) $\frac{11}{6}\pi$. **28.** $\frac{1}{6}$.

29. (1) 当 $\min\{\alpha,\beta,\gamma\}>1$ 时, 收敛; 当 $\min\{\alpha,\beta,\gamma\}\leqslant 1$ 时, 发散.

(2) 当 $\alpha>3$ 时, 收敛; 当 $\alpha\leqslant 3$ 时, 发散.

(3) 当 $\alpha\geqslant 1$ 时, 发散; 当 $\alpha<1$ 时, 收敛.

(4) 当 $\alpha<1$ 时, 收敛; 当 $\alpha\geqslant 1$ 时, 发散.

(5) 当 $\alpha>3/2$ 时, 收敛; 当 $\alpha\leqslant 3/2$ 时, 发散.

(6) 发散.

30. 对充分小的 r, 构造 $D_r=\{(x,y,z):(x,y)\in\Omega, 0\leqslant z\leqslant f(x,y)-r\}$, 证明 $\lim\limits_{r\to 0+0}\iiint_{D_r}\dfrac{\mathrm{d}x\mathrm{d}y\mathrm{d}z}{|z-f(x,y)|^2}$ 收敛.

第十六章

1. $\left(\dfrac{\int_\Gamma x\rho(x,y,z)\mathrm{d}s}{\int_\Gamma \rho(x,y,z)\mathrm{d}s},\dfrac{\int_\Gamma y\rho(x,y,z)\mathrm{d}s}{\int_\Gamma \rho(x,y,z)\mathrm{d}s},\dfrac{\int_\Gamma z\rho(x,y,z)\mathrm{d}s}{\int_\Gamma \rho(x,y,z)\mathrm{d}s}\right)$.

2. (1) 0; (2) 0; (3) π; (4) 4.

3. (1) 0; (2) $-\dfrac{\pi}{3}$; (3) $\dfrac{2\pi}{3}$.

4. (1) (a) 0; (b) $-\dfrac{\pi}{\sqrt{2}}$. (2) $4a^{\frac{7}{3}}$. (3) $\dfrac{1+\sqrt{2}}{15}$. (4) $\dfrac{n\sqrt{n}}{2}$.

5. $\dfrac{1}{2}$. **6.** 仿照定积分第一中值定理的证明.

7. (1) (a) $-\dfrac{4}{5}$; (b) -3. (2) (a) 0; (b) 2π. (3) $\mathrm{e}+1$.

(4) $-\dfrac{1}{2}(a^2+b^2)$. (5) $-\sqrt{2}\pi$.

8. (a) (1) 2π; (2) 2π. (b) (1) 0; (2) 0.

9. $\dfrac{\mathrm{e}}{2}+\dfrac{1}{2\mathrm{e}}-2$.

10. 利用第一型曲线积分与第二型曲线积分的关系.

11. 0.

12. (1) $\dfrac{13}{3}\pi$; (2) $4-2\sqrt{3}\pi$; (3) $8\sqrt{3}$; (4) $48-24\sqrt{2}$; (5) $\dfrac{\pi}{|c|}(a^2+b^2+c^2)^{\frac{1}{2}}$.

13. $\sqrt{2}\pi$.

14. (1) $\dfrac{\pi}{2}$; (2) $\dfrac{\pi}{3}$; (3) $\dfrac{4}{15}\pi$; (4) 0; (5) $\dfrac{4}{3}\pi^3[\sqrt{2}+\ln(\sqrt{2}+1)]$.

15. $\frac{5}{8}\pi$. **16.** $\left(0,0,\frac{1}{2}(1+\cos\alpha)\right)$.

17. (1) 2; (2) 0; (3) $\pi/2$.

18. (1) $\frac{12\pi}{5}$; (2) $\frac{4\pi}{3}$. **19.** 0.

20. (1) $-\frac{2}{3}$; (2) $-\frac{64}{15}$; (3) 0; (4) 120π;

(5) $\frac{1}{28}\pi^2(3+2\pi)$; (6) $-\frac{\pi^2}{2}$.

21. $(a_2-b_1)A$. **22.** $2\pi b$. **23.** $\frac{9\pi}{8}$. **24.** $-\frac{3\pi}{2}$. **25.** $\frac{34}{3}$.

26. 注意到在 ∂D 上有 $x^2+y^2\equiv 1$. **27.** $\frac{3\pi a^2}{8}$.

28. (1) 3; (2) 24π; (3) $\frac{112}{3}\pi$; (4) $\frac{4}{5}\pi$; (5) 16.

29. 利用高斯公式.

30. 将 $\iint_S \frac{\partial f}{\partial \boldsymbol{n}}\mathrm{d}S$ 化为第二型曲面积分, 然后利用高斯公式.

31. (1) $-12\sqrt{2}\pi$. (2) 12π. (3) -6π. (4) $-2\pi Rr^2$. (5) (a) 3π; (b) $\frac{7}{2}$.

32. 0.

33. (1) $-\frac{10}{3}$; (2) $\mathrm{e}+\frac{2}{3}$; (3) $431+\ln\frac{2}{3}$; (4) -7; (5) $\sin 1-\mathrm{e}$; (6) 1.

34. (1) $xy\mathrm{e}^{xy}+y\sin x+C$; (2) $z\sin xy+x\sin yz+y\sin xz+C$.

35. (1) 利用格林公式; (2) 注意到 $\Gamma\cup\Gamma_0^-$ 是闭曲线.

36. (1) $-xy\mathrm{d}x\wedge\mathrm{d}y+(xy^2z-xz)\mathrm{d}y\wedge\mathrm{d}z-y^2z\mathrm{d}z\wedge\mathrm{d}x$;

(2) $(aA+bB+cC)\mathrm{d}x\wedge\mathrm{d}y\wedge\mathbf{d}\boldsymbol{z}$.

37. 注意到区域内任何两点的小邻域可以用 D 内的一个带状区域连接.

38. $r\mathrm{d}r\wedge\mathrm{d}\theta$. **39.** $r^2\sin\varphi\mathrm{d}r\wedge\mathrm{d}\varphi\wedge\mathrm{d}\theta$.

40. 直接验证. **41.** (1) 0; (2) $(-x\mathrm{e}^{xy}-2xy)\mathrm{d}x\wedge\mathrm{d}y$.

42. (1) $(\mathrm{e}^x\cos y+x\mathrm{e}^x\cos y, -x\mathrm{e}^x\sin y)$;

(2) $(yz\cos xyz, xz\cos xyz, xy\cos xyz)$.

43. (1) $\mathrm{div}\boldsymbol{F}=1+2\cos y\mathrm{e}^x$, $\mathbf{rot}\boldsymbol{F}=(0,0,2\mathrm{e}^x\sin y)$;

(2) $\mathrm{div}\boldsymbol{F}=0$, $\mathbf{rot}\boldsymbol{F}=(0,0,0)$.

44. (1) $\dfrac{\partial^2 f}{\partial x^2}+\dfrac{\partial^2 f}{\partial y^2}+\dfrac{\partial^2 f}{\partial z^2}$;

(2) $\left(\dfrac{\partial^2 P}{\partial x^2}+\dfrac{\partial^2 Q}{\partial x\partial y}+\dfrac{\partial^2 R}{\partial x\partial z},\dfrac{\partial^2 P}{\partial x\partial y}+\dfrac{\partial^2 Q}{\partial y^2}+\dfrac{\partial^2 R}{\partial y\partial z},\dfrac{\partial^2 P}{\partial x\partial z}+\dfrac{\partial^2 Q}{\partial z\partial y}+\dfrac{\partial^2 R}{\partial z^2}\right)$;

(3) $(0,0,0)$;　(4) $\boldsymbol{F}\cdot\mathbf{grad}f+f\mathrm{div}\boldsymbol{F}$.

第十七章

1. 例如：在 D 内取一个两两不同的点列 $\{(x_k,y_k)\}$, 使得 $\overline{\{(x_k,y_k)\}}=D$, 并定义函数 $f(x_k,y_k)=\dfrac{1}{k}\,(k=1,2,\cdots)$, 而对于 $\forall(x,y)\in D\backslash\{(x_k,y_k\}$, $f(x,y)=0$.

2. 利用 $I(x_1,u_1)-I(x_2,u_2)=\displaystyle\int_c^{u_1}(f(x_1,y)-f(x_2,y))\mathrm{d}y-\int_{u_1}^{u_2}f(x_2,y)\mathrm{d}y$.

3. 与定理 17.1.1 的证明类似.

4. (1) $\ln(\sqrt{2}+1)$;　(2) $\dfrac{\pi}{4}$.　　**5.** $\ln\dfrac{b}{a}$.　　**6.** $\sqrt{\pi}(b^{\frac{1}{2}}-a^{\frac{1}{2}})$.

7. (1) $\dfrac{1}{x}\left[\dfrac{(b+2x)\sin(x(b+x))}{b+x}-\dfrac{(a+2x)\sin(x(a+x))}{a+x}\right]$;

(2) $\displaystyle\int_x^{x^2}f(t,\sin x)\cos x\mathrm{d}t+\int_{x^2}^{\sin x}2xf(x^2,s)\mathrm{d}s-\int_x^{\sin x}f(x,s)\mathrm{d}s$;

(3) $-1+\dfrac{x^2}{1+x^2+\sqrt{1+x^2}}-\ln|x|+\ln(1+\sqrt{1+x^2})$;

(4) $\dfrac{1-\mathrm{e}^{-x^2}(\sin x^2-(1+4x^2)\cos x^2)}{2x^2}$.

8. 可以仿照定理 17.1.3 的证明.

10. 设 $f(t)$ 的傅里叶级数的前 $n+1$ 项部分和为 $T_n(t)$, 则最小值为

$$\frac{1}{\pi}\int_{-\pi}^{\pi}[f(t)-T_n(t)]^2\mathrm{d}t.$$

11. $\varphi(0)=0,\varphi'(0)=0$.

13. 验证 $f(x,y)$ 在 $(0,1)$ 的某个邻域内满足隐函数存在定理的条件.

14. 0.

15. (1) 注意到 $y=0$ 不是瑕点, 令 $u(x,y)=\dfrac{\sin y}{\sqrt{y}}$, $v(xy)=\mathrm{e}^{-xy}$, 并利用阿贝尔判别法;

(2) 利用狄尼定理;

(3) 注意到对任意 $x \geqslant a$, $\dfrac{|\sin(x^2y)\ln(1+y)|}{x^2+y^2} \leqslant \dfrac{\ln(1+y)}{a^2+y^2}$;

(4) 注意到当 $y \in (0,1)$ 时, 对于 $\forall x \in [0,1]$, 有 $\left|\dfrac{\sin\sqrt{xy}}{y^{\frac{1}{4}+x}}\right| \leqslant \dfrac{1}{y^{\frac{3}{4}}}$.

16. (1) (a) 一致收敛. 注意到 $y=0$ 不是瑕点, 当 $x \geqslant a$ 时, 有

$$\frac{1}{x^2\left(y+\dfrac{1}{y}\right)^2} \leqslant \frac{1}{a^2y^2}.$$

(b) 不一致收敛. 有注意到对于 $\forall A>0$, 有

$$\lim_{x\to 0+0}\int_A^{A+1}\frac{\mathrm{d}y}{x^2\left(y+\dfrac{1}{y}\right)^2} = +\infty.$$

(2) (a) 一致收敛. 注意到此时有 $\dfrac{\sqrt{xy}}{x^2+y^2} \leqslant \dfrac{b\sqrt{y}}{a^2+y^2}$;

(b) 不一致收敛. 注意到对于 $\forall k>2$, 取 $x_k = \dfrac{1}{k}$, 则有

$$\int_{\frac{1}{k}}^{\frac{2}{k}}\frac{\sqrt{x_ky}}{x_k^2+y^2}\mathrm{d}y \geqslant \frac{\dfrac{1}{k^2}}{\dfrac{1}{k^2}+\dfrac{4}{k^2}} = \frac{1}{5}.$$

(3) (a) 一致收敛. 注意到当 $x \geqslant a$ 时, $\mathrm{e}^{-(x-y)^2} \leqslant \mathrm{e}^{-(y-a)^2}$;

(b) 不一致收敛. 注意到对于 $\forall A>0$, 存在 $x'=A+1$, $x''=A+2$, 使得

$$\int_{A+1}^{A+2}\mathrm{e}^{-[y-(A+1)]^2}\mathrm{d}y = \int_0^1 \mathrm{e}^{-y^2}\mathrm{d}y > 0.$$

17. 利用柯西准则; 不一致收敛. **18.** $\lim\limits_{x\to 0} f(x) = \dfrac{\pi}{4}$, $\lim\limits_{x\to+\infty} f(x) = 0$.

19. $\dfrac{1}{2}\sqrt{\pi}\mathrm{e}^{-2}$. **20.** $\dfrac{\pi}{2}|x|$. **21.** $\dfrac{\pi}{2}$. **22.** $\dfrac{1}{1+x^2}$. **23.** $\dfrac{\pi}{2}$.

24. 0. **25.** 证明 $\displaystyle\int_1^{+\infty}\left(\frac{-\sin y\ln y}{y^x}\right)\mathrm{d}y$ 在 $(0,+\infty)$ 内局部一致收敛.

26. $\arctan\dfrac{b}{\alpha} - \arctan\dfrac{a}{\alpha}$.

28. 分别考虑 $\displaystyle\int_0^1 x^t f(x)\mathrm{d}x$ 与 $\displaystyle\int_1^{+\infty} x^t f(x)\mathrm{d}x$, 并利用阿贝尔判别法.

30. (1) $\dfrac{\sqrt{2}\pi}{4}$; (2) $\dfrac{\sqrt{2}}{2}\pi$; (3) $(-1)^n n!$; (4) $\dfrac{\pi}{2\cos\dfrac{p\pi}{2}}$; (5) $\sqrt{\dfrac{\pi}{2}}$;

(6) $\dfrac{8}{315}$; (7) $\dfrac{\sqrt{\pi}\Gamma\left(\dfrac{2}{3}\right)}{2\Gamma\left(\dfrac{7}{6}\right)}$; (8) $\left(\dfrac{1}{\ln 2}\right)^2$.

31. 利用变量替换. **32.** $\dfrac{3}{8}\pi$. **33.** $\dfrac{a^3}{90}$. **34.** 1. **35.** 1.

名词索引